普通高等学校“十四五”规划计算机类专业特色教材

网页制作与网站设计

（第4版）

主　编　阳西述

副主编　梁小满　郭广军　陈　娟　姜　华
　　　　肖自红　黄　邵　周端锋　黄益民
　　　　何明贵

华中科技大学出版社

中国·武汉

内容简介

本书按照循序渐进、从简到繁、从基础到提高、理论与应用结合、紧跟时代新技术原则，全面深入阐述了 Web 网页与网站、静态网页制作、网页图形图像、网页网站设计、动态网页与数据库技术、动态网站应用开发等内容。具体包括 HTML 网页基础、HTML 5 新技术、CSS 样式表技术、用 Dreamweaver 工具设计开发网页网站、用 Fireworks 制作网页图形图像、Web 网页网站的规则与设计、JavaScript 语言与行为、jQuery 基础、ASP 动态网页基础、ASP 动态网页数据库技术和 Web 动态网站设计开发实例等，并为读者提供了书中所有源程序和电子课件（请登录华中科技大学出版社网站 http://press.hust.edu.cn 上查询、下载），书中所有代码都经作者认真调试通过。

本书可作为高等院校计算机、教育技术、信息类专业和电子商务等专业网页网站、Web 设计开发及相关课程的教材或参考书，也可供专业网站设计和开发人员参考。

图书在版编目(CIP)数据

网页制作与网站设计/阳西述主编. —4 版. —武汉：华中科技大学出版社，2022.12
ISBN 978-7-5680-9023-0

Ⅰ.①网…　Ⅱ.①阳…　Ⅲ.①网页制作工具　②网站-设计　Ⅳ.①TP393.092

中国版本图书馆 CIP 数据核字(2022)第 249104 号

网页制作与网站设计(第 4 版)　　阳西述　主编

Wangye Zhizuo yu Wangzhan Sheji (Di-si Ban)

策划编辑：范　莹
责任编辑：余　涛
封面设计：原色设计
责任监印：周治超
出版发行：华中科技大学出版社(中国·武汉)　　电话：(027)81321913
武汉市东湖新技术开发区华工科技园　　邮编：430223
录　　排：华中科技大学惠友文印中心
印　　刷：武汉市籍缘印刷厂
开　　本：787mm×1092mm　1/16
印　　张：27
字　　数：670 千字
版　　次：2022 年 12 月第 4 版第 1 次印刷
定　　价：58.80 元

高等院校计算机系列教材

编　委　会

前　言

网站是 Internet 的信息发布平台，Web 网页是网站组织信息的主要形式。

网页制作与网站设计是计算机专业、教育技术专业、信息类专业和电子商务等专业学生应该掌握的一项基本技能。本书是一本满足高等院校教学和自修人员需要，从基础到提高、从理论到应用有机结合的网页制作与网站设计教材。

本书自第一版出版以来，得到了广大高校师生和自修人员的大力支持和青睐。现根据网页与网站的新形势和读者们的要求，对本书进行了新改版。新版在保留原书优点的基础上，删除了一些过时的内容，在新开发环境（Windows 10、Dreamweaver CS6、Fireworks CS6 和新版浏览器）重新开发调试所有案例，增加了 HTML 5、jQuery 等新技术，增添了具有实战意义的动态网站案例，如在线测试与自动评分系统、在线留言动态管理平台等。全书共分为 8 章，按照循序渐进、突出重点、难易适当、结合实例讲技术的方法，系统介绍了 Web 网页与网站基础、使用网页工具制作静态网页、网页图形与图像处理、网站网页规划与设计、JavaScript 语言与行为、ASP 动态网页基础、ASP 动态网页数据库技术和 Web 动态网站设计开发实例。书中的实例都经过了作者认真调试并通过。书中所有源代码文件和电子课件，可在华中科技大学出版社网站（http://press.hust.edu.cn）查找、下载。

本书由湖南第一师范学院阳西述教授主编，副主编分别是衡阳师范学院梁小满教授、长沙民政职业技术学院郭广军教授、湖南机电职业技术学院陈娟教授、湖南警察学院肖自红老师、吉首大学黄益民老师，以及湖南第一师范学院姜华老师、黄邵老师、周端锋老师和武汉大学何明贵老师。所有作者都是长期工作在教学第一线、具有丰富经验的老师。本书是国家社科基金项目“青少年网络文明话语引导机制研究”（19BYY073）的成果。

感谢华中科技大学出版社、高等院校计算机系列教材编委会、各参编作者及所在单位和老师对本教材的支持，感谢各位读者对本教材的支持。网站网页规划与设计实例中，采用了各类较典型的网站布局截图，就不一一列举了，在此一并表示感谢！

书中缺点及不足之处，恳请批评指正。

作　者
2022 年 10 月于长沙

目　　录

第 1 章　Web 网页与网站基础

【本章要点】

(1) WWW 服务、Web 网页与网站
(2) Web 静态网页与动态网页
(3) HTML 静态网页技术
(4) HTML 5 新规范
(5) CSS 基础
(6) 网站建设与管理的步骤

1.1　WWW 简介

因特网（Internet）是用路由器等设备和通信线路连接起来，按一定规则进行通信和资源共享的遍布全球的计算机网络，其主要目标是为了实现计算机（或手机等）之间的数据通信和信息资源共享。Internet 实现信息共享的主要方式是 WWW 服务。

WWW（World Wide Web）即万维网，全世界范围内所有网页集合的意思，可缩写为 W3，W3C（World Wide Web Consortium）是万维网联盟的英文缩写。WWW 服务采用浏览器 / 服务器（B/S）模式运行。在这种服务体系中，WWW 客户机通常比较简单，是具有浏览器且已连接到 Internet 的计算机（或手机等）。而 WWW 服务器是功能比较强大的计算机，它除了负责接收所有来自客户机的访问请求并进行相应的处理之外，还需要对自身的资源进行合理的配置、管理和优化。

WWW 服务的信息资源是以 Web 网页的形式组织起来的，这些 Web 网页存放在 WWW 服务器里。Internet 上每一台主机（计算机、手机等）都有一个不同的 IP 地址，普通的用户只要在自己计算机（或手机）的浏览器中输入 WWW 服务器的 IP 地址（或域名）与 Web 网页文件名，就能通过网络“浏览”WWW 服务器里的 Web 网页。Web 网页中的“链接”技术，可以实现 Web 网页跳转，用户只要单击 Web 网页里的某个“链接”就可以跳转并打开相应的另一个 Web 网页。

Web 网页在 WWW 服务器与客户机浏览器之间的网络上传输，按照 http（或 https）协议规则进行。http 是 hypertext transfer protocol（超文本传输协议）的缩写，https 是经 SSL 加密后安全的 http，它们都是 Internet 上传输 Web 网页的应用层协议。客户与 WWW 服务器之间通信的基本原理如图 1-1 所示。

从图 1-1 可以看出，客户机和 WWW 服务器之间的通信通常分为四个步骤：

(1) 客户机浏览器通过网络向服务器发送 http 请求，请求一个特定的 Web 网页；

图 1-1　客户与 WWW 服务器之间通信的基本原理

(2) 这个请求通过 Internet 传送到服务器端；

(3) WWW 服务器接收这个请求，找到所请求的网页，然后使用 http(或 https)协议再将这个 Web 网页通过网络发送给客户机；

(4) 客户机接收这个 Web 网页，将其显示在浏览器中。

1.2　Web 网页与网站的关系

Web 网页（简称网页），一般是用 HTML 语言和其他嵌入式语言编写而成的程序文件。HTML 是 Hyper Text Markup Language 的缩写，即超文本标签语言；嵌入式语言有 JavaScript、VBScript、JSP、PHP、C#等。文字可以直接输入在网页里，设置适当的格式即可；其他媒体素材(如图像、声音、动画和影像等)需要在网站中保存为单独的一个个的文件，然后才能在网页中链接或嵌入该媒体素材。

一个 WWW 服务器里常常有许多网页和相关文件，将这些网页及相关文件存放到一个主目录(或根目录、主文件夹)下；在主目录下创建一些子目录，将相关文件按类别存放到各个子目录里；在所有网页中确定一个主网页(放在根目录下)，建立主网页与子网页以及子网页之间的相互链接关系，就形成一个 Web 网站，常简称为网站。每个服务器有一个固定的 IP 地址，每个 Web 网站有一个单独的域名(如 www.sina.com 等)。当 Internet 用户通过域名或 IP 地址访问到某网站时，首先打开的就是该网站的主网页(简称为主页)，通过网页之间的链接，用户可以方便地访问网站内所有的网页。图 1-2 所示的为网站内多个网页之间的链接关系。

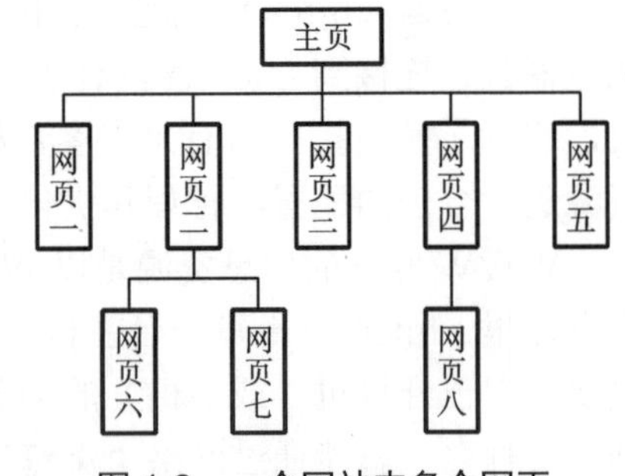

图 1-2　一个网站内多个网页之间的链接

从用户的角度来看，Web 网站的主要特征有以下几点。

(1) 拥有众多的网页。从某种意义上讲，建设网站就是制作网页，网站主页是网站默认的第一个网页，也是最重要的网页。

(2) 拥有一个主题与统一的风格。网站虽然有许多网页，但作为一个整体来讲，它必须有一个主题和统一的风格。所有的内容都要围绕这个主题展开，不切合主题的内容不应出现在网站上。网站内所有网页要有统一的风格，主页是网站的首页，主页的风格往往就决定了整个网站的风格。

(3) 有便捷的导航系统。导航系统是网站非常重要的组成部分，也是衡量网站是否优秀的一个重要标准。便捷的导航系统能够帮助用户以最快的速度找到自己所需的网页。导航系统常用的实现方法是导航条、导航菜单、路径导航等。导航是通过链接来实现的。

(4) 分层的栏目组织。将网站的内容分成若干个大栏目，每个大栏目的内容都放置在网站内的一个子目录下，还可将大栏目分成若干个小栏目，也可将小栏目分成若干个更小的栏目。这就是网站所采用的最简单、最清晰的层次型组织方法。

(5) 有用户指南和网站动态信息。网站除了能完成相应的功能外，还应有相应的网站说明，指导用户如何快捷地搜索、查看网站里的内容。网站还应具有动态发布最新信息的功能。

(6) 有与用户双向交流的栏目。网站还有一个重要的功能，就是收集用户的反馈信息，与用户进行双向交流。双向交流栏目常采用 E-mail、留言板或 BBS 等方式。

(7) 有一个域名。任何发布在 Internet 上的网站都要有一个不同于其他网站的域名，Internet 上每一台主机(客户机和服务器)都有一个不同于别的主机的 IP 地址。网站域名要与该网站所在 WWW 服务器的 IP 地址相对应，如百度网站的域名是 www.baidu.com，它的 WWW 服务器 IP 地址为 119.75.217.56。从域名到 IP 地址的解析，是由域名服务器(DNS)负责完成的。

1.3　Web 静态网页与动态网页

Web 网页有很多种，如 HTML 网页、ASP 网页、JSP 网页、PHP 网页等，可以将其分为两大类：静态网页和动态网页。

静态网页指的是 HTML 网页，即用 HTML 语言编写的网页，是所有其他网页技术的基础。1.4 节将学习 HTML 网页技术。其中所有的网页对象，包括文字、图片、超链接、Flash 动画、表格、列表等都需要通过 HTML 才能展现出来。当客户机通过 Internet 向 WWW 服务器发出 http(或 https)请求时，WWW 服务器响应请求，如果发现这是一个 HTML 网页，WWW 服务器找到这个 HTML 网页文件后，就用 http(或 https)协议通过 Internet 将这个网页发送到客户机，网页在客户机浏览器里按照 HTML 的规则呈现出来，如图 1-3(a)所示。静态网页中可以插入动画、使用 CSS 样式，也可以插入 JavaScript 代码，使网页具有一定的动感，如光标移上后弹出快捷菜单、随滚动条移动的广告图片等。

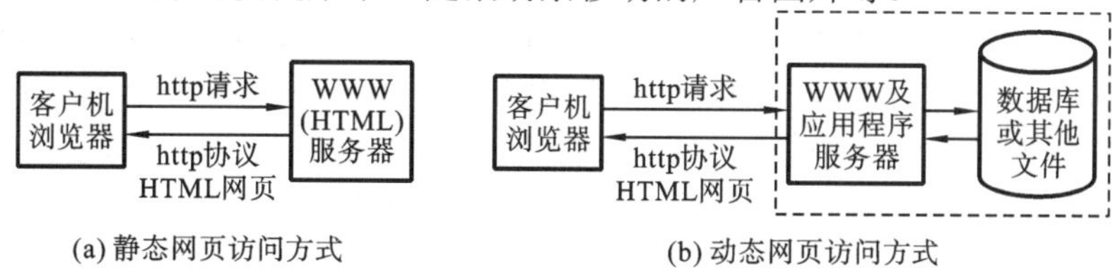

图 1-3　客户访问 WWW 服务器静态网页、动态网页的方式

动态网页技术是在 WWW 服务器端动态生成网页的技术，如 ASP，JSP，PHP 等。本书将介绍目前非常流行的 ASP 技术。动态网页一般需要通过访问数据库(或文本类文件)才能实现网页的生成，系统中可有一台单独的数据库服务器(存放数据库系统)，也可以将 WWW 服务与数据库系统放置在同一个服务器上。当 WWW 客户机通过 Internet 向 WWW 服务器发出 http(或 https)请求时，WWW 服务器响应客户机的 http(或 https)请求，如果发现请求

的是一个动态网页(如 ASP、JSP 或 PHP 网页等)，WWW 服务器就需要将这个请求转交给一个应用程序(如 ASP、JSP、PHP 程序等)，应用程序根据需要，从数据库(或其他文本型文件)中取出相应的数据并对其进行相应的处理，然后动态生成一个新的 HTML 网页，通过 http（或 https）协议再将这个 HTML 网页传递给客户机。最后，在客户机浏览器里按照 HTML 和一些脚本规则呈现出网页效果，如图 1-3(b)所示。

1.4 HTML 静态网页技术

1.4.1 HTML 简介

HTML 是英文 Hyper Text Markup Language 的缩写，即超文本标签语言。HTML 的发展经历了 HTML1.0～HTML4.0、XHTML，再到 HTML5。用 HTML 语言编写的网页是静态网页。HTML 是网页基本语言，也是其他网页技术的基础。学做网页，就应从 HTML 学起。

HTML 是一种结构化的语言，采用“标签”来描述 HTML 网页内的元素，如网页的头部信息、段落、列表、超链接、图片、表格等。网页内元素的一般格式如下：

<标签名 属性 1="值 1" 属性 2="值 2"> 描述的内容 </标签名>

标签名是一串英文字符。在 HTML 中，标签名字符串可以小写，也可以大写，但必须使用英文半角字符。同一个网站内网页文件的标签字符，最好统一使用小写或大写的格式(本章例题全部采用小写格式)，如头部元素(<head>……</head>)、段落元素(<p>……</p>)、超链接元素(<a>……</a>)等。<head>、<p>、<a>等是起始标签，</head>、</p>、</a>等是结束标签。

大多数元素都有配对的起始标签和结束标签，如上面已经介绍的头部元素(<head>……</head>)、段落元素(<p>……</p>)、超链接元素(<a>……</a>)，以及标题元素(<h1>……</h1>)、文本字符(<font>……</font>)等。少数元素只有起始标签而没有结束标签(或结束标签可省略)，如换行标签写成
格式。大多数元素都有一些属性，属性一般都是可选项，属性只出现在起始标签里，并且具有固定的描述结构：属性名="属性值"。属性值原则上都要用英文半角双引号" "括起来，但在 HTML 中，有些属性值可不加双引号，浏览器也能识别。例如，网页中的一个超链接元素：

```
<a  href="https://www.163.com"  target="_blank">网易网站</a>
```

或

```
<a  href="https://www.163.com"  target=_blank>网易网站</a>
```

两者都是在网页中显示“网易网站”的字符串。当单击这个字符串时，将在一个新窗口中打开网易网站(https://www.163.com)的首页。其中“<a>”是超链接元素的起始标签，</a>是超链接元素的结束标签。href 和 target 是超链接元素 a 的两个属性，“https:// www.163.com”是 href 的属性值，表示链接目标地址；_blank 是 target 的属性值，表示将在一个新窗口中打开目标网页。需要注意，标签名与属性之间、一个属性与另一个属性之间，都要用空格符间隔。

可以用任意一种文本编辑工具(如记事本、写字板、Word 等)，也可采用专业的网页编辑软件(如 Dreamweaver、FrontPage 等)来编写 HTML 网页文件。HTML 文件的扩展名为.htm 或.html。

HTML 的注释使用“<!--……-->”表示，凡在符号“<!--”与“-->”之间的所有内容(可以跨行)都是注释。浏览网页时，注释内容不会显示出来。本章将大量使用“<!--……-->”注释方法来解释 HTML 标签的功能、参数及含义。

注意：(1) HTML 标签(包括标签名、属性名、属性值、等于号=、双引号"等)只能使用英文半角字符，如采用全角或中文字符，则会出错。HTML 的标签字母，原则上可大写或小写，为了符合升级后的 XHTML 和 HTML5 规则，最好采用小写。

(2) 文件(包括 HTML 网页文件、嵌入到网页中的其他媒体素材文件等)名称以及网站内的文件夹名称，要采用半角英文或半角的其他 ASCII 字符。若用中文或其他全角字符命名文件(或文件夹)，在本机调试时可能没有问题，但由于有些服务器或浏览器不支持中文全角的文件名和路径名，在 Internet 上浏览时，就会出现找不到文件的故障。

1.4.2　HTML 静态网页基本结构

1. HTML 最基本的标签

HTML 网页最基本的标签有以下几对：

```
<html>      <!-- HTML 网页文件起始标签-->
</html>     <!-- HTML 网页文件结束标签 -->
<head>      <!--网页头部说明起始标签 -->
</head>     <!--网页头部说明结束标签 -->
<title>     <!--网页标题起始标签 -->
</title>    <!--网页标题结束标签 -->
<body>      <!--网页主体开始标签 -->
</body>     <!--网页主体结束标签 -->
```

上述几对 HTML 标签，可构成 HTML 网页文件的基本结构。

2. HTML 网页基本结构

HTML 网页文件的结构，总是从<html>标签开始，以</html>标签结束。里面分为文件头和文件体两部分，文件头从<head>开始，到</head>结束，网页的标题(浏览网页时，在浏览器上边标题栏显示)在文件头内用<title>、</title>标签进行描述；文件体从<body>开始，到</body>结束，网页的主要内容在这一对标签内描述。

HTML 网页文件的基本结构如下例(ch1-1.htm)所示。

```
-------------------------清单 1-1  ch1-1.htm-------------------------
<html>
  <head>
    <title>HTML 网页的标题</title>
  </head>
  <body>
```

```
      这是我制作的第一个最基本的 HTML 网页。
      Hello! How do you do!
      <!-- 这里是注释内容，不会显示  -->
    </body>
  </html>
  ------------------------------------------
```

这是在记事本里编辑，编辑好后“另存为”ch1-1.htm，保存类型选择“所有文件(*.*)”。保存好以后，双击 ch1-1.htm 网页文件，浏览效果如图 1-4 所示。

HTML网页的标题
这是我制作的第一个最基本的HTML网页。 Hello! How do you do!

图 1-4　基本 HTML 网页

以上浏览效果是将浏览器的“按钮”和“地址栏”隐藏后的效果，本章后面所有例题都是在此设置下浏览的。

由此可见，网页窗口里的主体内容是在<body>和</body>之间定义的。HTML 网页文件的扩展名可以是.htm，或者.html。

注意：当采用记事本编辑 HTML 文件，保存文件并给文件命名时，注意要将文件名和扩展名(.htm 或.html)都写上。特别注意在“保存类型”下拉框中选择“所有类型”(*.*)，才能确保文件的扩展名是.htm 或.html。如果采用默认的文件类型，可能会保存为文本型文件(*.txt)。

1.4.3　网页内的文字格式

1. 标题字体的定义

```
<hn align="xxx">……</hn>
<!-- 定义第 n 号标题字体。
n 取值范围是 1~5，n 值越大，字越小；
align 属性是可选属性，用于定义文字的水平对齐方式，xxx 可选 center、left 或 right，
    分别表示居中、左对齐、右对齐，双引号可以省略，align 属性为可选项。
下面许多标签中，都含有可选属性 align 项，格式、功能均与此相同。 -->
```

例如：<h1>……</h1>

<h2>……</h2>

等。

2. 文本文字的定义

```
<font  face="fontname"  size="n"  color="#rrggbb" >……</font>
<!-- 定义文字的各种属性。
face 属性定义文字的字体，fontname 为能获得的字体名称，如西文的 Arial、Times New
    Roman 等字体，中文的宋体、黑体、楷体、仿宋体等字体；
size 属性定义文字的大小，n 为正整数，n 值越大，字越大；
color 属性定义文字的颜色，颜色属性值由红（red）、绿（green）、蓝（blue）三原色所占
    比例来确定，每种颜色用 2 位十六进制数来表示，合起来用 rrggbb 表示，其取值范围为
```

```
    000000~ffffff，可在数字前加一个“#”，如#0077ff，表示这是个十六进制数，在 HTML
    规范中，也可以不写“#”，因为默认就是十六进制数；
  face、size、color 属性都是可选项，排列顺序任意。  -->
```

例如：<font face="黑体">……</font>

<font face="宋体" size="4">……</font>

等。

3. 加粗、倾斜与下划线的定义

```
<b>……</b>      <!--加粗文字-->
<i>……</i>       <!--文字倾斜-->
<u>……</u>      <!--加下划线-->
```

使用加粗、倾斜与下划线标签（b、i、u），可对文本文字进一步修饰。

例如：<b><font size=5>……</font></b>

等。

含有这些标签的一个网页文件（ch1-2.htm）内容如下：

```
------------------------清单 1-2  ch1-2.htm-------------------------
<html>
  <head>
    <title>标题字体与文本文字的定义</title>
  </head>
  <body>
      <h1>第 1 号标题字体</h1>
      <h2>第 2 号标题字体</h2>
      <h3>第 3 号标题字体</h3>
      <h4 align="center">(居中)第 4 号标题字体</h4>
      <h5 align="center">(居中)第 5 号标题字体，下面是文本文字:</h5>
      <font size=1>宋体 1 号字</font>
      <font size=2>宋体 2 号字</font>
      <font face="黑体" size=3>黑体 3 号字</font>
      <font face="楷体" size=4>楷体 4 号字</font> <br/>
      <i><u><font face="宋体" size=5 color=#ff0000>红色仿宋体 5 号文字(倾斜、
    下划线) </font></u></i> <br/>
    <font face="黑体" size=6 color=#00ff00>绿色宋体 6 号字</font> <br/>
    <font face="仿宋体" size=7 color=#0000ff>蓝色宋体 7 号字</font>
  </body>
</html>
------------------------------------------
```

上述
代码是换行标签。双击 ch1-2.htm 网页文件，浏览效果如图 1-5 所示。

由图 1-5 可见，<hn>标签中，标题字体字号 n 值越大，字却越小，n 为 1 时，标题字最大；<font>标签中，文字 size 值越大，字也越大，size 值为 1 时，字最小。

注意：HTML 标签大多都有起始标签(如<font>)和结束标签(</font>)，以成对的形式出现。起始与结束标签对可以嵌套（包含）使用，但不能交叉使用。

图 1-5 标题字体和文本文字的定义

1.4.4 分段换行、预格式与列表

1. 分段与换行标签

1）分段标签

```
<p align="xxx">……</p>
<!-- 分段标签，这对标签之间的内容分为一段，显示时自动在段前和段后各空一行。align
    属性为可选项，用于设置段落的水平对齐属性，属性值 xxx 可为 left、center 或 right，
    分别表示左对齐、居中或右对齐。在 HTML 规范中，双引号""可省略。-->
```

2）换行标签

```
<br>或<br />
<!--  换行标签，此标签没有与之配对的结束标签。-->
```

2. 预格式标签

```
<pre>……</pre>
<!--  预格式标签，即按照 html 网页源文件的格式显示文本。-->
```

含有分段标签、换行标签和预格式标签的网页文件 ch1-3.htm 如下：

```
-------------------------清单 1-3  ch1-3.htm -------------------------
<html>
  <head>
    <title>分段换行与预格式</title>
  </head>
  <body>
    <h3>以下是没有使用分段、换行与预格式标签的情况：</h3>
    星期一、星期二、星期三、星期四、
    星期五、星期六、星期日。
    <h3>以下是使用了三个换行标签的情况：</h3>
    星期一、星期二、<br>星期三、星期四、<br>
    星期五、星期六、星期日。<br>
    <h3>以下是使用两对分段标签的情况：</h3>
```

```
        <p>星期一、星期二、星期三、</p><p>星期四、
        星期五、星期六、星期日。</p>
        <h3>以下使用了预格式标签的情况：</h3>
        <pre>
        星期一、星期二、星期三、星期四、
        星期五、星期六、星期日。
        </pre>
    </body>
</html>
-----------------------------------------
```

浏览 ch1-3.htm 网页文件，浏览效果如图 1-6 所示。

图 1-6　html 分段、换行与预格式标签

从这个实例可看出，换行与分段标签的功能有区别。

3. 列表标签

1）无序列表（项目列表）

```
<ul>
    <li>……</li>
    <li>……</li>
    ……
</ul>
<!-- ul 标签是无序列表标签，内部的每一个列表项目用 li 标签框定。-->
```

例如，在 HTML 基本网页结构的 body 标签内输入如下代码：

```
<ul>
    <li>星期一早晨升国旗</li>
    <li>星期二下午开班会</li>
    <li>星期五下午卫生大扫除</li>
</ul>
```

浏览网页，结果如下：

- 星期一早晨升国旗
- 星期二下午开班会
- 星期五下午卫生大扫除

2）有序列表

```
<ol>
    <li>……</li>
    <li>……</li>
    ……
</ol>
<!-- ol 标签是有序列表标签，内部的每一个列表项目也用 li 标签框定。-->
```

例如，在 HTML 基本网页结构的 body 标签内输入如下代码：

```
<ol>
    <li>星期一第 1 节读英语</li>
    <li>星期二第 1 节读中文</li>
    <li>星期五第 3、4 节学习交流会</li>
</ol>
```

浏览网页，结果如下：

1. 星期一第1节读英语
2. 星期二第1节读中文
3. 星期五第3、4节学习交流会

1.4.5 媒体元素的插入

1. 图像的插入

```
<img src="path&filename" width="n1" height="n2" align="xxx"></img>
<!-- 在网页中插入图像的标签。
src 属性说明图片文件所在路径与名称，图像文件可以是 jpg、gif 或 png 格式的文件，
    path&filename 是图像文件所在路径与完整的文件名称；
width 属性定义图片的宽度，height 属性定义图片的高度；
n1、n2 取正整数，单位是像素；
align 与前面标签里的功能和设置相同；
width、height、align 属性都是可选项，缺省 width、height 属性时，图像为默认大小；
在 HTML 规范中，</img>标签可省略。 -->
```

例如：<img src="photo1.jpg"></img>

<img src="map1.gif">

等。

使用了 img 标签插入图像的网页文件 ch1-4.htm 如下：

```
------------------------清单 1-4  ch1-4.htm-------------------------
<html>
  <head>
    <title>网页图像的插入</title>
```

```
  </head>
  <body>
      <h3 align=center>一、gif 图像"笑脸"</h3>
       <p align=center>
         <img src="FC01.gif"> </img> <img src="FC02.gif"> </img>
         <img src="FC03.gif"> </img> <img src="FC04.gif" />
         <img src="FC05.gif"/> <img src="FC06.gif"/> <img src="FC07.gif"/>
       </p>
      <h3 align=center>二、jpg 图像"环境"</h3>
      <p align=center>
         <img src="RM01.jpg"> </img> <img src="RM02.jpg"> </img>
         <img src="RM03.jpg"/>  <img src="RM04.jpg"/>
      </p>
  </body>
</html>
-----------------------------------------------
```

浏览 ch1-4.htm 网页文件，效果如图 1-7 所示。

图 1-7　html 网页中的图像插入

2. 其他媒体元素的插入

```
< embed src="……" width="n1" height="n2" align="xxx"
   autostart="true|false" loop="true|false"
   showstatusbar="true|false"> </embed>
<!-- 其他媒体元素（如动画、声音、视频等）插入标签。
src 属性指明媒体文件的路径和名称；
autostart 属性指明视频、音频媒体元素在网页中是否自动播放，默认值 true；
loop 属性指明视频、音频媒体元素在网页中是否循环播放，默认值 false；
showstatusbar 属性指明视频、音频媒体播放器是否显示状态栏，默认值 false；
其他属性的含义与 img 标签的属性相同。在 HTML 中，</embed>可省略。此时按照严格模式，
   开始标签 embed 要用/关闭，即<embed …… />    -->
```

例如：

```
<embed src="movie1.avi"  autostart="true"  loop="true"></embed>
<embed src="flash1.swf" />
```

等。

使用 embed 标签插入视频、动画等媒体元素的网页文件 ch1-5.htm 如下：

```
------------------------清单 1-5 ch1-5.htm ------------------------
<html>
  <head>
     <title>视频、动画媒体的插入</title>
  </head>
  <body>
     <h4 align=center>一、avi 视频</h4>
     <p align=center>
        <embed width=200 height=120 src="movie0.avi" autostart="true"
   loop="true" showstatusbar="false"> </embed>
     </p>
     <h4 align=center>二、SWF 动画 </h4>
     <p align=center>
        <embed  width=200 height=120 src="flash0.swf" />
     </p>
  </body>
</html>
--------------------------------------------------------
```

浏览 ch1-5.htm 网页，效果如图 1-8 所示（如果浏览器缺少相应插件，将看不到效果）。

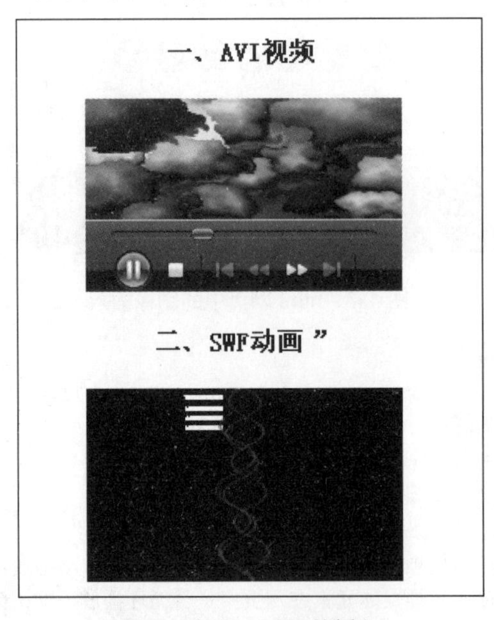

图 1-8 视频、动画的插入

1.4.6 超链接的使用

超链接标签的一般格式：

```
     <a  href="URL"|"#xxxx"· target="bpst">……</a>
```

或 `<a  name="xxxx"> </a>`

其中，target 属性值 bpst 可取_blank、_parent、_self 或_top，分别表示在新窗口、父窗口、当前窗口或顶级窗口中打开链接目标，默认属性值为_self。

1. 网页文件链接

```
<a  href="URL"  target="bpst">……</a>
```

<!-- 定义超链接。

href 属性指明链接的目标，链接目标可以是本网站里的一个网页、图片、媒体、其他文档；链接目标也可以是别的网站里的某个网页等文档。URL（uniform resource locator）称为统一资源定位符，包括路径和文件名（如 https://www.163.com/index.html）。如果链接目标是网页文件或浏览器能识别的其他文件（如图片、swf 动画、avi 视频等），则显示在浏览器中；如果是浏览器不能识别的文件（如 word 文件、ppt 文件、rar 压缩文件等），则会出现提示“保存”或“打开”该文档。当 URL 为 mailto:xxx@yyy.zzz 的形式时，则打开发送电子邮件的页面。

target 属性指明打开 URL 文件的位置，属性值 bpst 可取_blank、_parent、_self、_top 或者 iframename，分别表示在新窗口、父窗口、当前窗口、顶级窗口或在名为 iframename 的浮动框架中，打开链接 URL 指定文件。Target 的默认属性值为_self。

<a>与</a>之间的“……”是链接对象，它可以是一串字符，也可以是一幅图片（或图片的一部分，见 2.5 节），单击它会在 target 指定的窗口中打开 href 所指定链接目标 URL。-->

例如：

```
<a  href="https://www.sina.com.cn">新浪</a>
<a  href="https://www.sohu.com">搜狐</a><br/>
<a  href="ch1-2.htm">第一章第 2 个网页</a><br/>
<a  href="flower1.jpg">一朵花</a><br/>
<a  href="mailto:xiaoli@163.com">给我留言</a><br/>
<a  href="files/a1.pptx">幻灯片演示课件 1 </a>
```

浏览含有上述代码的网页，效果如下：

新浪 搜狐
第一章第2个网页
一朵花
给我留言
幻灯片演示课件 1

当单击“新浪”或“搜狐”时，会在当前窗口中打开相应的网页；当单击“第一章第 2 个网页”时，会在当前窗口中打开 ch1-2.htm 网页；当单击“一朵花”时，会在当前窗口中显示 flower1.jpg 图片；当单击“给我留言”时，会弹出给邮箱 xiaoli@163.com 发送邮件的窗口；当单击“幻灯片演示课件 1 ”时，因为浏览器不能直接浏览这一类文件，就会弹出是否要“打开 / 保存”的对话框。

网络路径分为绝对路径和相对路径，有时可将路径省略掉。

当链接目标网页与当前网页位于同一网站时，可采用相对路径，如上例中“幻灯片演示课件 1”，链接了当前网页相对路径 files 下的文件 a1.pptx；

当链接目标网页与当前网页在同一文件夹下时，可以省略路径，如上例中的“第一章第 2 个网页”链接，只指定了链接的文件名 ch1-2.htm，没有指明路径；当链接目标网页不在本网站时，就只能采用绝对路径了，如链接文字“新浪”的链接目标是新浪网站的首页，这时就要指明绝对路径和目标文件：https://www.sina.com/index.html。

网页文件名一般都需要在链接中指明，但网页文件为默认文件时，可以省略。每一个网站都有一个默认的网页文件名，如 index.asp（或 index.html、index.htm、index.php、index.jsp、index.aspx 等），或者 default.asp（或 default.html、default.htm、default.php、default.jsp、default.aspx 等）。如上例中关于“搜狐”的链接，href 后只有网络路径，没有指定网页文件名，则链接的就是搜狐网站的默认首页文件。

2. 锚点定义与页内链接

当一个网页内容很长而需要进行页内跳转时，就需要定义锚点和页内链接。

锚点是指定目标跳转点，页内链接就是单击某个对象（文字、图像或其他对象）时，光标会跳转到当前网页内某个锚点所在位置。如果网页内需要多个跳转目标点，就要在这些位置分别定义多个不同的锚点，并给网页内的适当对象设置页内链接，使其链接目标指向该锚点。

使用锚点和页内链接，可以方便地将内容很长的网页制作成一个提纲挈领、往返便捷的网页。锚点定义与页内链接的标签如下：

```
<a name="xxxx"> </a>
    <!-- 定义锚点名称 xxxx（锚点名称可取任意的半角英文字符串）。在 HTML 中，</a>可
    省略 -->
<a href="#xxx">链接对象</a>
<!-- 网页内跳转，单击“链接对象”时，光标跳转到预先定义锚点 xxx（xxx 必须是已存在
    的锚点名）位置，注意“#”不可省略-->
```

包含这些链接标签的一个网页文件 ch1-6.htm 如下：

```
------------------------清单 1-6  ch1-6.htm -------------------------
<html>
<head>
<title>超链接的使用</title>
</head>
<body>
    <h3>因特网链接</h3>
        <a href="https://www.hnfnu.edu.cn">湖南第一师范学院</a>
    <h3>本地网页的链接</h3>
        <a href="ch1-2.htm">第一章第 2 个网页</a>
    <h3>非网页文件的链接</h3>
        <a href="a1.ppt">幻灯片演示课件 1</a>
        <a name="a0"></a><h3>锚点与网页内链接的使用</h3>
        <a href="#a1">.第一段.</a>  <a href="#a2">.第二段.</a>
        <a href="#a3">.第三段.</a>  <a href="#a4">.第四段.</a>
        <br/><br/>
        <a name="a1"></a>第一段  春天的故事
        <br/><br/><br/><br/><br/><br/><br/><br/>
        <a href="#a0">返回</a><br/><br/>
        <a name="a2"></a>第二段  夏天的故事<br/>
        <br/><br/><br/><br/><br/><br/><br/><br/>
```

```
        <a href="#a0">返回</a><br/><br/>
        <a name="a3">第三段　秋天的故事<br/>
        <br/><br/><br/><br/><br/><br/><br/><br/>
        <a href="#a0">返回</a><br/><br/>
        <a name="a4">第四段　冬天的故事<br/>
        <br/><br/><br/><br/><br/><br/><br/><br/>
        <a href="#a0">返回</a><br><br><br/><br/><br><br><br><br>
  </body>
</html>
---------------------------------------------------------------
```

以上代码中包含有大量
和
标签，都是换行标签，其中
是 HTML 规范的换行标签，
是 xHTML 和 HTML 5 规范的换行标签（详见 1.5 节），在 html 网页文件中都能识别。在网页编辑工具里，按 Shift+Enter 组合键可得到换行标签。

浏览 ch1-6.htm 网页，效果如图 1-9 所示。

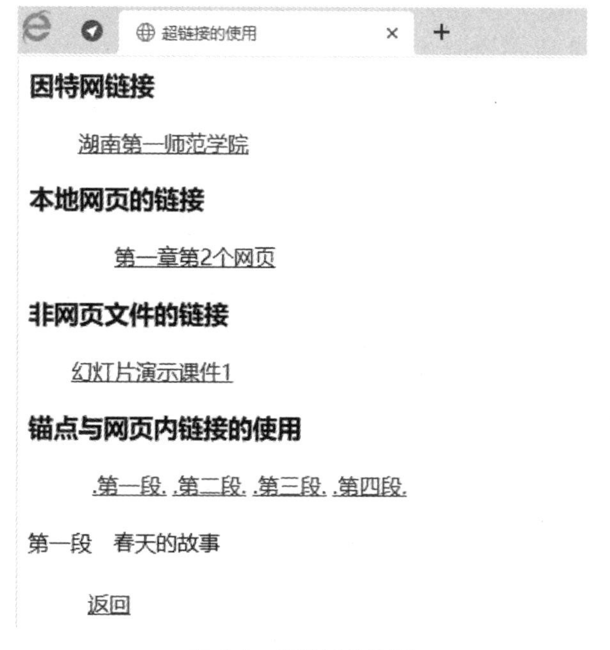

图 1-9　超链接的使用

在图 1-9 中单击网内链接文字“.第二段.”时，光标会立即跳转到页内锚点 a2 处（即“第二段”前面）。单击链接文字“第一段”“第三段”和“第四段”时，也分别能跳转到页内锚点 a1（第一段前）、a3（第三段前）和 a4（第四段前）处。单击“返回”按钮则跳转到锚点 a0 处（即文字“锚点与网页内链接的使用”前）。

注意：网页内的链接，只有当网页内容超过浏览器窗口显示范围时才起作用。

1.4.7 表格的设计与使用

1. 表格标签

```
<table border="n1" cellspacing="n2" cellpadding="n3" bgcolor="#rrggbb"
    width="n4" height="n5">……</table>
<!-- 定义一个表格。
border 指定表格边线宽度，cellspacing 指定单元格间距，cellpadding 指定单元格内填
    充空间，参数 n1、n2 和 n3 可取正整数 0、1、2、3、4 等，单位是像素；
width、height 分别指定表格的宽度和高度，参数 n4、n5 可取正整数或百分数，正整数表示
    像素点，百分数表示表格占整个浏览器窗口的百分比；
bgcolor 指定表格背景颜色，#rrggbb 表示红绿蓝 6 位十六进制数（每种颜色各占 2 位，在
    HTML 规范中，#号可省）。所有这些属性都是可选项；
"……"是表的内容，包括一个表题和若干个表行，每个表行内又包含有若干个单元格 -->
```

2. 表题标签

```
<caption>……</caption>
<!-- 定义表题（即表格的标题）。
表题会显示在表格的上方，并且居中。表题标签应嵌套在表格标签内，一个表格只能有一个表
    题。-->
```

3. 表行标签

```
<tr align="xxx1"  valign="xxx2"  bgcolor="#rrggbb">……</tr>
<!-- 定义表行，即表格内的一行。表行标签一定要嵌套在表格标签里。
bgcolor 定义表行的背景色，#rrggbb 表示该颜色中的红绿蓝值（#号可省）；
align 定义表行的水平对齐特性，xxx1 可取 center、left 或 right，分别表示水平居中、
    左对齐或右对齐；
valign 定义表行的垂直对齐特性，xxx2 可取 center、top 或 bottom，分别表示垂直居中、
    上对齐或下对齐。 -->
```

4. 单元格标签

单元格分为头单元格和普通单元格，单元格标签一定要嵌套于表行标签内。一个表行内可包含有多个单元格。

1）头单元格标签

```
<th align="xxx1" valign="xxx2" bgcolor="#rrggbb">……</th>
<!-- 定义表格第一行内的一个单元格（头单元格）。
bgcolor 定义头单元格背景色，#rrggbb 表示该颜色中的红绿蓝值（#号可省）；
align 定义头单元格的水平对齐特性，参数 xxx1 可取值为 center、left 或 right；
valign 定义头单元格的垂直对齐特性，参数 xxx2 可取值为 center、top 或 bottom。
-->
```

2）普通单元格标签

```
<td align="xxx1" valign="xxx2" bgcolor="#rrggbb">……</td>
<!-- 定义表行内的一个单元格。
bgcolor 定义单元格背景色，#rrggbb 表示该颜色中的红绿蓝值（#号可省）；
align 定义单元格的水平对齐特性，xxx1 可取值为 center、left 或 right；
valign 定义单元格的垂直对齐特性，xxx2 可取值为 center、top 或 bottom。
-->
```

例如，一个 3 行 4 列有表题、表头的表格可用以下 html 代码定义。

```
<table>
 <caption>……</caption>
    <tr>
      <th>……</th><th>……</th><th>……</th><th>……</th>
    </tr>
    <tr>
      <td>……</td><td>……</td><td>……</td><td>……</td>
    </tr>
    <tr>
      <td>……</td><td>……</td><td>……</td><td>……</td>
    </tr>
  </table>
```

注意：表格内的所有表行(<tr>……</tr>)一定要放在该表格的起始标签<table>和结束标签</table>之间；表行内的单元格(<th>……</th>或<td>……</td>)一定要放在同一表行的起始标签<tr>和结束标签</tr>之间。

一个表格内可有多个表行，一个表行内可有多个单元格。编辑网页时，可以在一行内写多个开始、结束标签对，也可以每行只写一个开始、结束标签对。为使结构清晰明了，最好按照缩进格式书写。

表格可嵌套使用，即在一个单元格内，可以再定义一个表格。

含有表格的一个网页文件 ch1-7.htm 如下：

```
-----------------------清单 1-7  ch1-7.htm  ------------------------
<html>
 <head>
   <title>表格的使用</title>
 </head>
 <body>
    <table border=1>
    <caption><b>课程表</b></caption>
    <tr bgcolor=#80ff80>
      <th>  </th>
      <th>星期一</th>
      <th>星期二</th>
      <th>星期三</th>
      <th>星期四</th>
      <th>星期五</th>
    </tr>
    <tr align=center>
      <th>第 1、2 节</th>
      <td>语文</td>
      <td>数学</td>
      <td>物理</td>
```

```
        <td>化学</td>
        <td>计算机</td>
      </tr>
      <tr align=center>
        <th>第 3、4 节</th>
        <td>政治</td>
        <td>历史</td>
        <td>地理</td>
        <td>生物</td>
        <td>英语</td>
      </tr>
      <tr align=center>
        <th>第 5、6 节</th>
        <td>体育</td>
        <td>英语</td>
        <td>语文</td>
        <td>数学</td>
        <td>物理</td>
      </tr>
      <tr align=center>
        <th>第 7、8 节</th>
        <td>音乐</td>
        <td>美术</td>
        <td>体育</td>
        <td>二课堂</td>
        <td>休息</td>
      </tr>
    </table>
  </body>
</html>
---------------------------------------------------
```

浏览 ch1-7.htm 网页文件，效果如图 1-10 所示。

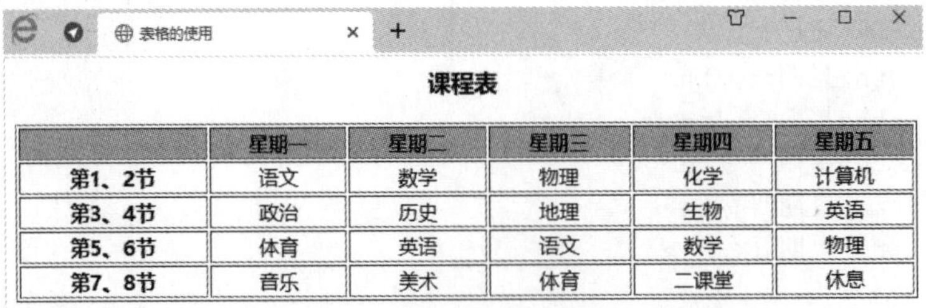

表格的使用

课程表

	星期一	星期二	星期三	星期四	星期五
第1、2节	语文	数学	物理	化学	计算机
第3、4节	政治	历史	地理	生物	英语
第5、6节	体育	英语	语文	数学	物理
第7、8节	音乐	美术	体育	二课堂	休息

图 1-10　网页里的表格

1.4.8　表单的设计与使用

表单是能够将用户信息提交给服务器的一种页面元素，是服务器与网页访问者之间沟通的纽带。主要标签有表单标签、表单元素（包括文本字段、密码字段、文本区域、隐藏域、复选框、单选按钮、列表项、图像域、跳转菜单、文件域、按钮等）标签等。表单元素要放在表单起始标签<form>与表单结束标签</form>之间。

1. 表单标签

```
<form name="xxxx" id="formn" action="filename" method="ppgg" enctype="
    tttppp" onSubmit="javascript:……">……</form>
<!--  定义一个表单。
name 参数定义该表单的名称，表单命名以后，脚本语言就可以通过表单名称来引用或操作该表
    单；
id 指定该表单的 id 号，省略该参数时，默认的表单 id 分别为 form1、form2、form3 等（分
    别表示该表单为本网页的第 1、2、3 个表单），id 号也可自行定义；
action 参数用于指定处理该表单的程序文件名 filename，该文件一般是动态服务器程序文
    件，如*.asp、*.php、*.jsp 或*.aspx 等类型的程序文件；
method 参数说明传递参数的方法，ppgg 可取 post 或 get，get 方法是将提交的变量名和参
    数值附加到 URL 查询字符串中，并发送 get 请求，形如
    "http://www.abc.com/login.asp? name=zhangsan"，其中"？"以前的部分是
    URL，"？"以后的部分是表单变量及参数；post 方法是在消息正文中发送表单值，并向
    服务器发送 post 请求，与 get 方法不同的是，表单元素变量及参数值不会出现在 URL 中，
    而且对提交信息的长度没有限制；
enctype 参数用于指定 MIME 文件的类型，当表单内有文件域时，该参数的值一般应设为
    "multipart/form-data"，也可不设置；
onSubmit="javascript:……"，当表单提交时触发该事件，接着启动 javascript……动
    作，可以不设置事件与动作。
-->
```

2. input 类标签

input 类标签一般用于定义表单内一个输入型、选择型或按钮元素。一般格式如下：

```
<input type="类型" name="名称" id="id 号" value="值"……>
```

其中，type 属性用于定义该元素的类型，可选类型有 text(文本)、textarea(文本区域)、password(密码)、hidden(隐藏)、checkbox(复选)、radio(单选)、image(图像)、button(普通按钮)、submit(提交按钮)、reset(重置按钮)等。

1）文本字段

```
<input type="text" name="textname" id="idn" value="texthere" size="n"
    maxlength="m"/>
<!-- 定义一个输入文本字段元素。
type="text"定义元素为一个文本字段；
name 属性指定该文本字段的变量名称 textname，id 属性指定该字段的 id 号，value 指定
    该文本字段变量的初始值，其值可以通过处理该表单的程序来改变;；
size 指定该文本字段的宽度，maxlength 指定该文本字段内能容纳的最多字符个数，n、m 取
    正整数值。
-->
```

例如，如下代码：

```
<form>
输入姓名：<input type="text" name="name01" id="id01" size=10 />
```

```
</form>
```

浏览效果如下：

输入姓名：

2）密码字段

```
<input type="password" name="pwd" id="idn" value="……" size="n"
    maxlength="m" />
<!-- type 属性值为 password，定义了一个密码字段。
当用户在该字段输入字符时，将以星号或项目符号的形式显示，以避免旁观者看到输入的真实
    内容。
与文本字段相比，除 type 属性值不同外，其余属性的含义相同。
-->
```

例如，如下代码：

```
<form>
输入密码：<input type="password" name="pwd" id="id02" value="1234" />
</form>
```

浏览效果如下：

输入密码：●●●●

3）隐藏域

```
<input type="hidden" name="namen" id="idn"/>
<!-- type 属性值为 hidden，定义一个隐藏域。
隐藏域的内容不会显示在页面上，主要用于存储用户输入的姓名、电子邮件地址等信息，并在
    该用户下次访问站点时使用这些数据。隐藏域在网页编程中常用作传递参数的手段。-->
```

4）复选项

```
<input type="checkbox" name="checkn" id="idn" value="xxyy"
    checked="checked "/>
<!-- type 属性值为 checkbox，定义了一个复选项。
name 定义该复选项变量名称，id 指定该字段 id 号，value 定义变量的初始值，属于同一组
    的几个多选项，name 名(checkn)应该相同，value 值应该不同。Checked 属性用于设
    定该复选框是否默认处于勾选状态(属于同一组的几个多选项，id 号可以相同也可以不同，
    含义不一样，也可以不设置 id 号）。      -->
```

例如，如下代码：

```
<form>
<input type="checkbox" name="check1" id="id4_1" value="value1"
    checked="checked"/> 篮球
<input type="checkbox" name="check1" id="id4_2" value="value2" /> 足球
</form>
```

浏览效果如下：

☑ 篮球 ☐ 足球

5）单选项

```
<input type="radio" name="radioname1" id="idn" value="xxyy"
    checked="checked "/>
```

```
<!-- type 属性值为 radio，定义了一个单选项；
name 定义该单选项变量名，id 指定该字段 id 号，value 指定单选项变量的初始值，name 属
    性名相同的几个单选项，只能有一项被选中，属于同一组的几个单选项，name 名(checkn)
    应该相同，value 值应该不同；Checked 属性用于设定该单选框是否默认处于勾选状态(属
    于同一组的几个单选项，id 号可以相同、也可以不同，含义不一样，也可以不设置 id 号)。
    -->
```

例如，如下代码：

```
<form>
<input type="radio" name="radio1" id="id5_1" value="b"
    checked="checked"/> 男
<input type="radio" name="radio1" id="id5_2" value="g"/> 女
</form>
```

浏览效果如下：

◉ 男 ○ 女

6）按钮

```
<input type="button" name="bottname" value="按钮" />
<!--用于定义一个按钮。
type 属性的值可取 button、submit 或 reset，分别表示三种不同类型的按钮：普通按钮、
    提交按钮、重置按钮；
name 定义按钮变量名，value 定义呈现在按钮上的字符。
-->
```

例如，如下代码：

```
<form>
<input type="button" name="butt" value="[按钮]"/>
<input type="submit" name="subm" value="[提交]"/>
<input type="reset" name="res" value="[重置]"/>
</form>
```

浏览效果如下：

[按钮] [提交] [重置]

7）图像域

```
<input type="image" name="imagename" id="idn" src="patchname" id="提交
    " />
<!-- 定义一个图像域，用于生成一个图形化按钮，用图形来代替“提交”或“重置”按钮。
name 指定图像字段变量名，id 指定图像字段 id 号；
src 指定图像所在路径和文件名称。
-->
```

3. 文本区域标签

```
<textarea name="areaname" id="idn" cols="n" rows="m"> …… </textarea>
<!-- 定义一个文本区域。
name 定义文本区域的名称，id 指定文本区域的 id 号；
cols 属性指定文本区域的列宽，n 取正整数；
rows 属性指定文本区域显示的行数，m 取正整数；
<textarea>与</textarea>之间的内容，为该文本区域中的初始值。
```

```
-->
```

例如，如下代码：

```
<form>
<textarea name="areaname" id="id06" cols="13" rows="4">
热烈庆祝中华人民共和国成立 74 周年!
</textarea>
</form>
```

浏览效果如下：

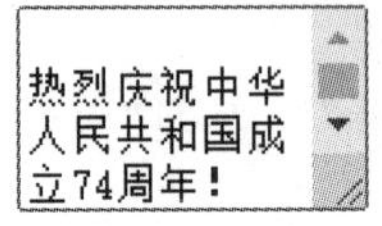

4. 列表项标签

```
<select name="selectname" id="idn" size="n" multiple="multiple">
<option value="m">……</option>
<option value=…>……</option>
……
</select>
<!-- select 定义一个列表菜单。
name 定义列表变量名，id 指定列表的 id 号；
size 定义列表的行数，n 取正整数；
multiple 属性确定是否允许同时选择多个选项。
option 定义一个列表项，其中 value 定义选项值，m 取值为 0，1，2，…，n。
一个列表菜单里可有多个列表项。
-->
```

例如，如下代码：

```
<form>
<select name="selectname" id="id07" size="1">
   <option value="0">请选择</option>
   <option value="1">清华大学</option>
   <option value="2">北京大学</option>
   <option value="3">南京大学</option>
</select>
</form>
```

浏览效果如下：

当单击请选择右边的向下箭头时，出现下拉列表。

一个含有表单各种元素的网页文件 ch1-8.htm 如下：

```
------------------------清单 1-8  ch1-8.htm --------------------------
<html>
```

```
<head><title>表单元素的应用</title>
</head>
<body>
 <form name="formlogin" id="form1" action="login.asp" method="post" >
  <h3>个人信息登记表</h3>
    姓名: <input type="text" name="textname" /> <br/>
    性别: <input type="radio" name="radio1" value="b" checked="checked"/>
    男
         <input type="radio" name="radio1" value="g" /> 女  <br />
    登录密码: <input type="password" name="pwd" value="1234" /> <br/>
    个人简介: <br/>
    <textarea name="areaname" cols="36" rows="4">
    请在这儿输入个人基本情况。
    </textarea>  <br/>
    <input type="submit" name="subm" value="[提交]"/>
    <input type="reset" name="res" value="[重置]"/>
 </form>
</body>
</html>
--------------------------------------------------------------------
```

浏览 ch1-8.htm 网页文件，效果如图 1-11 所示。

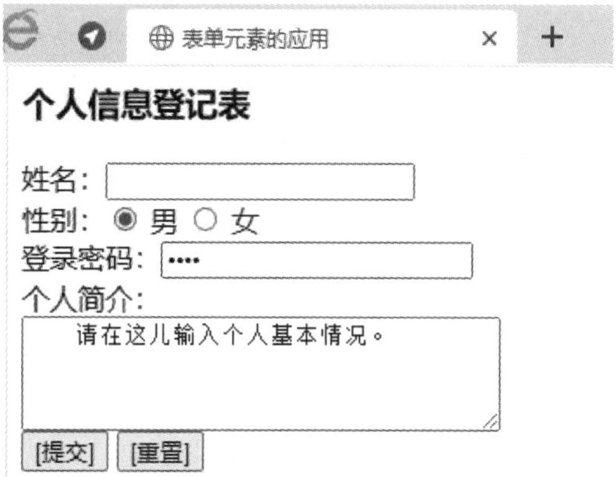

图 1-11　表单的应用

此表单的 action 属性值是 login.asp，method 属性值为 post。单击“重置”铵钮后，所有表单元素内容恢复初始值；浏览用户填写完表单各项内容以后，单击“提交”按钮，则将表单中所有元素提交给 action 指定的程序 login.asp 处理。

注意：表单是用户输入与提交信息的界面，是用户与 Web 网页交互的基本形式。表单内各字段（元素）值的获取与处理，要由<form>标签内 action 属性所指定的网页（一般是动态网页）来完成，动态网页一般是按表单内各元素的名称（或 id 号）来获取其值，脚本网页可以是 asp、php 或 jsp 等网页。

1.4.9 网页属性的设置

网页的属性有背景色、背景图片、默认字颜色、链接字颜色（分为未访问、正激活、已访问三种）、边距（分为左、右、上、下四种）等，这些属性在 body 标签内设置，都是可选项。

```
<body onload="……" onunload="……" bgcolor="#rrggbb"
   background="pathname" text="#rrggbb" link="#rrggbb" alink="#rrggbb"
   vlink="#rrggbb" leftmargin="n1" marginwidth="n2" topmargin="m1"
   marginheight="m2"> …… </body>
<!--
bgcolor 属性指定背景颜色（默认背景色为白色）;
background 指定背景图片，pathname 为背景图片的路径与名称;
text 指定网页文字的默认颜色，link 指定超链接文字的颜色;
alink 指定活动链接文字的颜色，vlink 指定已经访问过的超链接文字的颜色;
#rrggbb 是 6 位表示红绿蓝颜色的十六进制数（在 html 中，#号可省）;
leftmargin、topmargin、marginwidth 和 marginheight 用来指定网页内容的页边距。
   有的浏览器采用 leftmargin 指定网页的左边距，topmargin 指定网页的上边距（如 IE
   等浏览器）; 有的浏览器采用 marginwidth 指定网页左边距，marginheight 指定网页
   上边距（如 Netscape 等浏览器），两者可同时设置; 有的浏览器两种边距设置都能识别，
   但后一组设置优先级高（如 360 浏览器等）。n1、n2、m1、m2 取正整数，单位是像素。
   onload、onunload 是两个事件，分别在用户打开该网页、离开该网页时触发，事件被触
   发以后，会有“……”动作，“……”动作一般是一段 javascript 脚本代码。
-->
```

注意：当指定背景图时需指定图片文件所在路径与文件全名，背景图优先级比背景颜色优先级高，当背景颜色和背景图同时设定时，显示背景图，没有背景图的地方，显示为背景色；text 属性指定网页内文字的默认颜色，若网页内容中用其他方式指定了文字颜色，则显示为指定颜色，其余文字按默认颜色显示。

设置了网页属性的一个网页文件 ch1-9.htm 如下：

```
-----------------------清单 1-9  ch1-9.htm --------------------------
<html>
   <head>
     <title>网页属性的设置</title>
   </head>
   <body bgcolor=#abffab text=#0000ff link=#ffff00 alink=#00ff00
    vlink=#00ffff>
     <h3 align=center>(默认字颜色)1、锄禾</h3>
     <p align=center >锄禾日当午，汗滴禾下土。谁知盘中餐，粒粒皆辛苦。</p>
     <font color=#ff0000><h3 align=center>(指定红色字)2、锄禾</h3>
     <p align=center >锄禾日当午，汗滴禾下土。谁知盘中餐，粒粒皆辛苦。(指定红色
    字结束)</p></font>
     <h3 align=center>3、链接字颜色</h3>
     <p align=center ><a href="https://www.hnfnu.edu.cn">湖南第一师范</a>
     <a href="https://www.sohu.com">搜狐网</a>
```

```
      <a href="https://www.sina.com.cn">新浪网</a></p>
    </body>
  </html>
```

浏览 ch1-9.htm 网页文件，效果如图 1-12 所示。

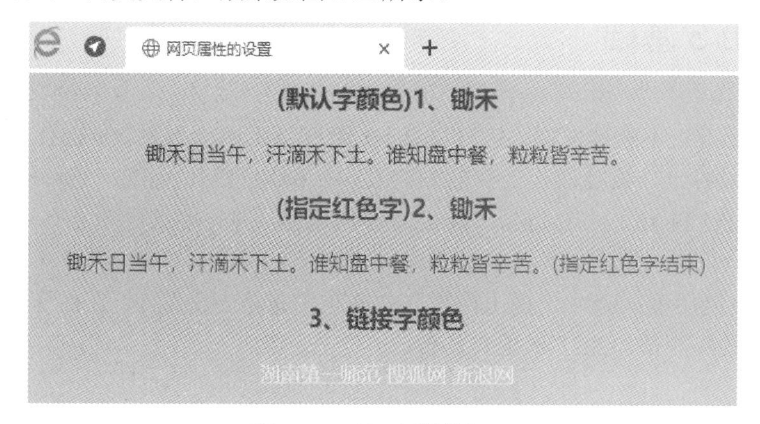

图 1-12　网页属性的设置

1.4.10　HTML 标签分类

HTML 4.0 有 50 多个标签对，本书将这些标签名称进行了分类，如表 1-1 所示。同学们通过后续章节的学习，逐步熟悉其他标签的使用方法。

表 1-1　HTML 4.0 标签分类

类别	标签名称
文档结构	html、head、body、frameset、frame
头部	title、meta、link、base、style
分段分块	center、address、pre、p、br、div、multicol
列表	dir、dl、dt、dd、li、ol、ul
表格	table、tr、td、th、caption
表单	form、input、select、option、textarea、menu、fieldset
超链接	a、map、area
字符格式	font、h1~h5、b、i、u、s、strike、small、big、spacer
框架(帧)	frameset、frame、noframe、iframe
图片、媒体元素	img、embed、bgsound
层	div、span、layer、ilayer
脚本	script
内嵌对象	applet、object、param
其他	hr、marquee、strong 等

HTML 静态网页文件可以采用上述手工编写代码的方法生成，也可以使用一种网页工具软件自动生成 HTML 网页文件（将在第 2 章学习）。但是，作为一个网页制作人员必须懂得 HTML 代码的功能与含义，这样才能灵活创作网页。

1.5 HTML 5 基础

Web 网页标准在不断地发展，从 HTML 1.0 到 HTML 4.0，再到 XHTML 标准，HTML 5 是最新 Web 网页标准，将要取代现有的 HTML 4.0 和 XHTML 标准。它希望能够减少互联网富应用（RIA)对 Flash、Silverlight、JavaFX 等的依赖，并且提供更多能有效增强网络应用的 API。

HTML 5 发展历程：2004 年提出构想，2008 年发布第一份草案，2012 年进入推广阶段，2020 年进行了最终测试，2022 年正式发布。

1.5.1 HTML 5 的优势

HTML 5 有八大新特性：语义化，多媒体，离线存储，三维、图形与特效，设备通用，性能集成，连接，CSS3。语义化：是指用合理 HTML 标记以及其特有的属性，格式化文档内容。通俗地讲，语义化就是对数据和信息进行处理，使得机器可以理解。语义化的 HTML 文档有助于提升网站的易用性。对于搜索引擎或者爬虫软件来说，则有助于它们建立索引，并可能给予一个较高的权值，具体来说有如下优势。

1. 解决跨浏览器跨平台问题

HTML 5 之前，使用不同的浏览器浏览同一网页，常常看到不同的页面效果，HTML 5 力求解决跨浏览器显示不同效果的问题；HTML 5 纳入已有各种浏览器中合理的扩展功能，具有良好的跨平台（Windows、Linux 等）性能，针对不支持新标签的老式浏览器，只需要简单添加 Javascript 代码也可以使用新元素。

2. HTML 5 新增特性

（1）新的内容标签元素，如 header、nav、section、article、footer；

（2）新的表单控件，如 calender、date、time、email、url、search；

（3）用于绘画的 canvas 元素；

（4）用媒体回放的 video、audio 元素；

（5）对本地离线存储的更好支持；

（6）提供地理位置、拖曳、摄像头等 API（applicatioin programming interface）。

3. 用户优先原则

HTML 5 标准的制定是以用户优先为原则的，一旦遇到无法解决的冲突，规范会把用户放在第一位。为增强用户使用 HTML 5 的体验，加强了以下两方面的设计。

（1）安全机制设计。

HTML 5 引入了一种新的基于来源的安全模型，该模型不仅易用，而且对不同 API 都通用，使用这个模型不需要借助任何不安全的中间件就能跨域进行安全对话。

（2）表现和内容分离。

XHTML 中就设计了表现与内容分离，但分离并不彻底。为了避免可访问性差、代码复杂度高、文件过大，HTML 5 规范更细致、清晰地分离了表现和内容。考虑到兼容性问题，以前的陈旧的内容与表现分离的代码，在 HTML 5 仍然可以使用。

4. 化繁为简的优势

HTML 5 尽可能实行标记简化，遵循简单至上原则。

（1）新的简化字符集声明；

（2）新的简化的 DOCTYPE;

（3）简单强大的 HTML 5 API;

（4）以浏览器原生能力替代复杂的 Javascript 代码。

5. HTML 5 网页文件创建方式

可以用记事本等文本编辑工具编写 HTML 5 网页，也可以用 Dreamweaver 等网页专用工具制作 HTML 5 网页。

Dreamweaver CS6 网页制作软件中新建静态网页时，可从“新建”→“更多...”里选择 HTML 5 标准，就可以创建 HTML 5 静态网页。如果不单击“更多...”，默认创建的是 XHTML 标准的 html 网页。

HTML 5 继承了 HTML、XHTML 的基本规则，HTML 5 文件的扩展名也是.html 或.htm；HTML 和 XHTML 绝大多数标签都可在 HTML 5 中使用，HTML 5 所有标签名必须使用半角英文字符。

6. HTML 5 浏览器支持情况

目前支持 HTML 5 的浏览器，有 IE（10）、火狐（Firefox4）、谷歌（Chrome）、Safari（5.0）、Opera、ipad 浏览器、iphone 浏览器、360 极速浏览器、百度浏览器、猎豹浏览器、2345 浏览器等。

1.5.2　HTML 5 基本格式与新标签

1. HTML 5 标准 Web 网页基本格式

```
<!doctype html>   <!-- HTML 5 网页的标志-->
<html>
<head>
    <meta charset="utf-8" />
      <!-- 指定显示字库为 utf-8，省略此项时采用浏览器默认字库-->
    <title>网页标题</title>
</head>
<body>
    网页文档内容
</body>
</html>
```

HTML 5 标准网页新格式与前面学过的 HTML 基本格式比较相似，只增加了两个新标签：<!doctype html>和<meta charset="utf-8">。<!doctype html>标签用于向浏览器说明当前文档使用 HTML 5 标准；<meta charset="utf-8">标签为浏览器指定文字显示字库为 utf-8，若省略则采用浏览器默认字库（GBK 或 GB2312）。

2. HTML 5 基本语法

为了兼容各种浏览器，HTML 5 采用宽松的语法格式：

（1）标签不区分大小写；

（2）允许属性值不使用引号；

（3）允许部分属性的属性值省略。

可省略属性值的常用属性有：checked、readonly、defer、ismap、nohref、noshade、nowrap、selected、disabled、multiple、noresize。例如，checked 等价于 checked="checked"，其他几个属性类似。

3. HTML 5 区域新标签

HTML 5 将浏览内容分为页眉区、导航区、主要内容区、其他内容区、页脚区等区域。有如下新标签：

<header> </header>标签，定义网页文档的页眉，或一个区段的页眉；

<section> </section>标签，定义文档中的区段；

<nav></nav>标签，定义导航链接；

<article></article>标签，定义文档或区段的主要内容；

<aside></aside>标签，定义文档中或区段的其他内容；

<figure></figure>标签，定义独立的流内容（图像、图表、照片、代码等）；

<figcaption></figcaption>标签，在<figure>与</figure>之间，为 figure 元素添加标题；

<footer></footer>标签，定义文档或区段的页脚。

一个应用 HTML 5 新标签的综合示例如下：

```
------------------------清单 1-10 ch1-10.htm-------------------------
<!doctype html>
<html>
<head>
  <!-- 此处省略<meta charset="utf-8"/>标签，采用浏览器默认字库 -->
  <title>第一个 HTML 5 网页</title>
</head>
<body>
<header>    <!-- 文档页眉 -->
   <h1 align=center>此网页标题</h1>
   <h3>此网页次级标题</h3>
</header>
 <hr color="#f55" size=5/>   <!--画一条横线，线宽 5 像素，颜色值#f55-->
<div id="container">     <!--定义一个 div 块-->
<nav>  <!--定义导航-->
<h3>导航：<a href="#">栏目 1</a><a href="#">栏目 2</a><a href="#">栏目
   3</a><a href="#">栏目 4</a></h3>
</nav>  <!--导航结束-->
```

```
<hr color="#f55" size=3/>  <!--画一条横线-->
<section>   <!--定义一个区段-->
  <header>  <!--这个区段的页眉-->
      <h1  align=center>(文章标题)HTML 5</h1>
  </header>
<article>   <!--定义主要内容-->
     <p>(文章内容)HTML 5 是最新的 HTML 标准。HTML 5 的标准草案目前(2022 年)已成
    为 W3C 推荐标准。</p>
</article>
   <footer> <!--这个区段的页脚 -->
          <h2>文章注脚</h2>
   </footer>
   <aside>
       <h3>相关内容</h3>
       <p>相关辅助信息或者服务......</p>
    </aside>
</section>   <!--该区段结束-->
<hr color="green" size=3/>  <!--画一条横线-->
<footer>   <!--网页的页脚 -->
    <h2>页脚</h2>
</footer>
</div>    <!-- div 块结束-->
</body>
</html>
```

浏览 HTML 5 网页，效果如图 1-13 所示。

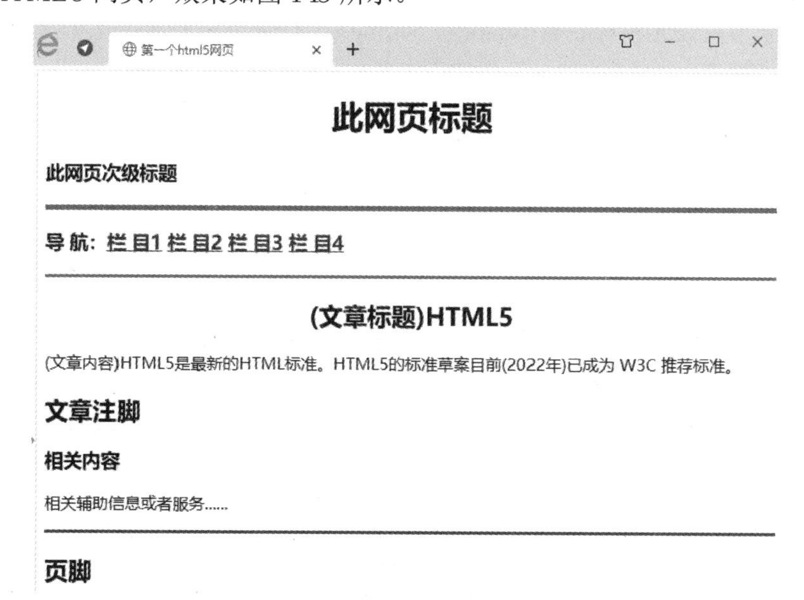

图 1-13　包含基本元素的 HTML 5 网页

<figure>标签与<figcaption>标签：

<figure>标签用于定义独立的流内容（图像、图表、照片、代码等）；使用 <figcaption> 标签为 figure 添加标题。例如：

```
<figure>
  <figcaption>中国第一艘航母辽宁舰</figcaption>
  <p>拍摄者：W3C 项目组，拍摄时间：2022 年 9 月</p>
  <img src="liaoningj.jpg" width="350" height="234" />
</figure>
```

将上述代码插入 HTML 5 网页中，浏览效果如图 1-14 所示。

中国第一艘航母辽宁舰

拍摄者：W3C 项目组，拍摄时间：2022 年9 月

图 1-14　<figure>与<figcaption>标签元素的使用

4. HTML 5 新增内联元素

HTML 5 新增内联元素标签有<mark>、<time>、<meter>和<progress>等标签。

1）<mark>标签

<mark>标签用于定义带有记号的文本。例如：

<p><mark>HTML 5</mark>的标准草案目前已成为 W3C 推荐标准。</p>

浏览效果：

HTML5的标准草案目前已成为 W3C 推荐标准。

2）<time>标签

<time>标签用于定义公历的时间（24 小时制）或日期、时间和时区。

<time>标签有如下几个属性：

（1）datetime 属性，用于指定日期 / 时间。如果不指定此属性，则元素的内容给定日期 / 时间。其语法格式如下：

```
<time datetime="YYYY-MM-DDThh:mm:ssTZD">
```

（2）pubdate 属性，用于指定 <time> 元素中的日期 / 时间，是文档发布日期。其语法格式如下：

```
<time pubdate="pubdate">
```

但目前多数浏览器不支持该标签。

3）<meter>标签

<meter>标签，用可视化尺度的方法显示数的大小或百分比。例如：

```
<meter min="0" max="20"  value="5"></meter>
<meter value="0.1"></meter>
<meter value="0.3" optimum="1" high="0.9" low="0.1" max="1"
   min="0"></meter> <span>30%</span>
<meter min="0" max="100"  value="80"></meter> <span>80%</span>
<meter min="0" max="100"  value="98"></meter>
```

浏览效果：

30% 80%

4）<progress>标签

<progress>标签，可视化显示进度。例如：

```
<p>下载进度：
<progress value="85" max="100"></progress> <span id="objprogress">85</span>%   <br/>
处理中，请稍候：<progress></progress></p>
```

浏览效果：

下载进度：85%
处理中，请稍候：

5）<menu>标签

<menu>标签，采用菜单列表式，列出各个项目。

<menu>与<li>标签的应用示例：

```
<menu type="toolbar">
 <li>
  <menu label="File">
   <button type="button" onclick="file_new()">新建</button>
   <button type="button" onclick="file_open()">打开</button>
   <button type="button" onclick="file_save()">保存</button>
  </menu>
 </li>
 <li>
  <menu label="Edit">
   <button type="button" onclick="edit_cut()">剪切</button>
   <button type="button" onclick="edit_copy()">复制</button>
   <button type="button" onclick="edit_paste()">粘贴</button>
  </menu>
 </li>
</menu>
```

上面的 file_new()、file_open()、file_save()、edit_cut()、edit_copy()和 edit_paste()都是自定义 JaraScript 函数。浏览结果如图 1-15 所示，单击某个按钮时，执行相应自定义函数。

•

新建 打开 保存

•

剪切 复制 粘贴

图 1-15　< menu >与< li >标签的组合

6）<details>与<summary>标签

<details>与<summary>标签，用于描述文档或文档某个部分的细节。例如：

```
<details>  <summary>数据库文档说明.</summary>
<p>本文档用于描述数据库结构.由开发部数据库小组维护。最后修改于 2022-08-15</p>
    </details>
```

浏览效果如图 1-16(a)所示，单击图 1-16(a)左边三角形后，出现图 1-16(b)所示的情况。

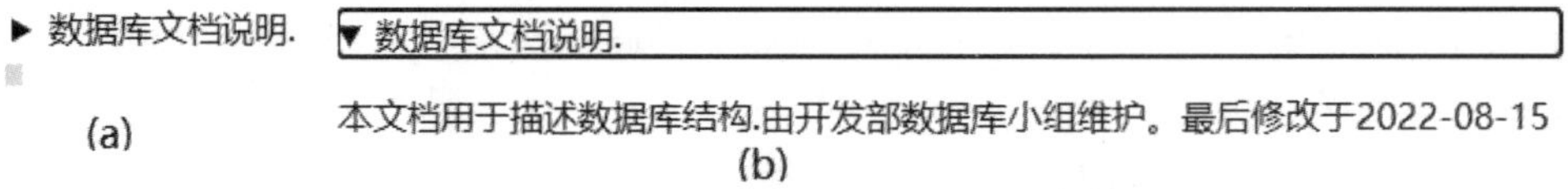

▶ 数据库文档说明.

(a)

▼ 数据库文档说明.

本文档用于描述数据库结构.由开发部数据库小组维护。最后修改于2022-08-15

(b)

图 1-16　<details >与<summary >标签的组合

5. 表单元素<Input>新类型

<Input>标签的新增类型有 number、range、Date pickers (date, month, week, time, datetime, datetime-local)、email、tel、url、search、color 等。

1）Input - number 类型

Input 的 number 类型，用于包含数值的输入域。还能设定对该输入框所输入或选择数字的最小值、最大值和步长值（多限定）。例如：

```
Nunber(0~10):<input type="number" name="points" min="0" max="10"
    step="3" value="6" />
```

浏览结果：Nunber(0~10): [6]，鼠标单击输入框右边的上下小三角形按钮，会分别出现数据：0、3、6 或 9，如右所示：Nunber(0~10): [9]。

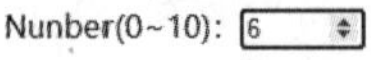

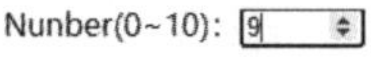

2）Input - range 类型

Input 的 Irange 类型，用于包含一定范围内数字值的输入域，显示为滑动条。还能够设定对所接受的数字的最小值、最大值等。例如：

```
Range(1~10): <input type="range" name="points" min="1" max="10"
    /><br/><br/>
```

浏览结果：Range(1~10):，中间圆点可左右拖动：Range(1~10):

3）Input - Date Pickers 类型（日期选择器）

HTML 5 拥有多个可供选取日期和时间的新输入类型：

```
date — 选取日、月、年；
month — 选取月、年；
week — 选取周和年；
time — 选取时间（小时和分钟）；
```

datetime —— 选取时间、日、月、年（UTC 时间）；

datetime-local —— 选取时间、日、月、年（本地时间）。

例如，Date：<input type="date" name="user_date" />

浏览效果：Date: 年 /月/日 ，单击右边小按钮，选择年月日之后效果：Date: 2022/08/15 。

Month: <input type="month" name="user_date" />

浏览效果：Month: ----年--月 ，单击右边小按钮，选择月份之后效果：Month: 2022年08月 。

Week: <input type="week" name="user_date" />

浏览效果：Week: ---- 年第 -- 周 ，单击右边小按钮，选择周之后效果：Week: 2022 年第 32 周 。

Time: <input type="time" name="user_date" />

浏览效果：Time: --:-- ，单击右边小钟按钮，选择时间之后效果：Time: 09:48 。

Date and time: <input type="datetime" name="user_date" />

浏览效果：Date and time: ，单击并输入日期时间后效果：

Date and time: 2022-08-15 22:34 。

Date and time local: <input type="datetime-local" name="user_date" />

浏览效果：Date and time local: 年 /月/日 --:-- ，单击右边小按钮，选择日期、时间之后效果：

Date and time local: 2022/08/15 22:34 。

4）Input - url 类型

url 类型用于应该包含 URL 地址的输入域。在提交表单时，会自动验证 url 域的值。例如，Homepage(url): <input type="url" name="user_url" />。

浏览效果：Homepage(url): ，单击右边输入框，输入 url 之后效果：

Homepage(url): index.htm 。

5）Input - email 类型

email 类型用于应该包含 e-mail 地址的输入域。在提交表单时，会自动验证 email 域的值。例如，E_mail：<input type="email" name="user_email" />。

浏览效果：E_mail: ，单击右边输入框，输入 email 之后效果：

E_mail: xiao@163.com 。

6）Input - tel 类型

tel 类型用于应该包含手机号码的输入域。在提交表单时，配合属性设置后，会自动验证 tel 域的值。例如，Tel：<input type="tel" name="tel1" />。

浏览效果：Tel: ，单击右边输入框，输入 tel 号码之后效果：

Tel: 13902703345 。

7）Input - search 类型

search 类型用于搜索域，如站点搜索或 Google 搜索。search 域显示为常规的文本域。例如，搜索：<input type="search" name="user_search" placeholder="Search W3School" />。

浏览效果：搜索: Search W3School 。

8）Input - color 类型

color 类型用于颜色拾取。例如，<input type="color" name="color1" />。

浏览效果：Color: ，单击右边颜色框，在弹出的色彩盘中选颜色之后效果：Color: 。

6. HTML 5 弃用的标签

HTML 5 已经弃用的标签有<acronym>、<applet>、<basefont>、<big>、<center>、<dir>、<font>、<s>、<isindex>、<frameset>、<frame>、<noframes>、<strike>、<tt>、<u>和<xmp>等。

以上学习了 HTML 5 标准的主要标签，HTML 5 还有其他一些标签，大家可去查询 HTML 5 有关资料。

1.6 CSS 基础

网页的设计最初采用 HTML 标签来定义页面文档及显示格式，如标题<h1>、段落<p>、表格<table>、链接<a>、字体<font>等标签，既定义了文档内容，又规定其显示格式，但这些标签不能满足更多的文档样式需求。为了解决这个问题，在 1997 年 W3C(The World Wide Web Consortium)颁布 HTML 4 标准的同时，也公布了 CSS（cascading style sheets，层叠样式表）的第一个标准 CSS1，自 CSS1 版本之后，又在 1998 年 5 月发布了 CSS2 版本，2001 年又发布了 CSS3 版本，层叠样式表得到了更多的充实。

层叠样式表（CSS）分为标签样式、类样式、ID 样式和伪类样式等几种。

你可以用 CSS 精确地控制页面里每一个元素的字体样式、背景、排列方式、区域尺寸、四周边框等。使用 CSS 能够简化网页的格式代码，加快下载显示的速度。当许多网页使用共同的样式时，可以将这些样式保存为一个单独的 CSS 文件，然后在每个网页里链接这个外部 CSS 文件，即可实现样式共享，能大大减少重复劳动。

1.6.1 CSS 的定义

1. CSS 的定义格式

CSS 的定义主要有以下三种格式。

格式一　标签样式的定义：

```
标签名{属性 1:值 1; 属性 2:值 2; …… }
```

格式二　类样式的定义：

```
.类名{属性 1:值 1; 属性 2:值 2; …… }
```

格式三　ID 样式的定义：

```
#ID 名{属性 1:值 1; 属性 2:值 2; …… }
```

其中，格式一为已有的 HTML 标签元素定义显示样式；格式二定义一个可通用的类样式；格式三是专为某个(组)元素定义一个 ID 样式，注意：每一个 ID 样式只能应用于一个（或一组单选、多选）元素，元素的 ID 号就是 ID 样式名。

在 CSS 规范中，各种样式名、属性名和属性值以及标点符号都要采用半角 ASCII 字符（包括半角的英文字母、数字及其他 ASCII 字符），font-family 属性值为中文字体名称时例外。

当样式的某个属性的值为中文字符（譬如汉字字体"宋体"）或多个英文单词（譬如英文字体"Times New Roman"）时，要用半角双引号" "将属性值引起来。当样式定义有多个属性时，为便于阅读，可以分行书写，多个属性不分先后。在样式定义里，可用/* …… */进行注释。

样式的属性有很多种，如表 1-2 所示，但常用属性却不多。这些属性可用来规范网页元素的显示样式，不同的属性有不同的属性值。

表 1-2　CSS 样式属性分类

类别	属性名称
文本	font-family、font-size、font-weight、font-style、font-variant、line-height、 text-transform、text-decoration、color
背景	background-color 、 background-image 、 background-repeat 、 background-attachment 、 background-position(X) 、background-position(Y)
区块	word-spacing、letter-spacing、vertical-align、text-align、text-indent、white-space、display
方框	width、height、float、clear margin-top、margin-right、margin-bottom、margin-left border-top、borde-right、borde-bottom、borde-left padding-top、padding-right、padding-bottom、padding-left
边框	style-top、style-right、style-bottom、style-left width-top、width-right、width-bottom、width-left color-top、color-right、color-bottom、color-left
列表	list-style-type、list-style-image、list-style-position
定位	position、visibility、width、height left、right、top、bottom、z-index、overflow、placement-top、 placement-right、placement-bottom、placement-left clip-top、clip-right、clip-bottom、clip-left
扩展	page-break-before、page-break-after、cursor、filter

常用属性有：**font-family** 属性用于定义中英文字体；**font-size** 属性定义字的大小（值：n px）；font-weight 属性定义字重（值：normal，bold，bolder，lighter，或一个数值）、font-style 属性定义字型(值：normal，italic，obligue)；**color** 属性定义颜色。background-color 和 background-image 属性分别指定背景颜色和背景图片。

颜色属性值的指定，可任选以下三种方法之一：

（1）使用 3 位(或 6 位)十六进制数字#rgb(或#rrggbb)，如#0f8 (或#00ff85)等；

（2）使用常用颜色的英文名称，如 red、green、blue、black、white 等；

（3）使用颜色十进制数 rgb(0~255，0~255，0~255)，如：rgb(0，127，255)等。

此外，text-align 定义文本水平对齐属性(值:left，ritht，center，justify)；vertical-align 定义文件垂直对齐属性(值：top，bottom，text-top，text-bottom，baseline 等)；line-height 定义行高属性(值：normal，或数值)；text-indent 定义文本缩进属性。

margin-top(-right，-bottom，-left)指定方框的顶部（右边、底部、左边）空白距离；boder-top(-right，-bottom，-left)指定方框的顶（右边、底边、左边）边框宽度；

padding-top(-right，-bottom，-left)指定方框内对象与方框的顶（右、底、左）边间隙。position(值:absolute，fixed，inhruit，relative，static)指定位置属性；width、height、left、right、top、bottom 和 z-index 属性分别指定宽、高、左、右、顶、底和 Z 轴深度值。page-break-before 和 page-break-after 定义分页、filter(滤镜)定义视觉效果。

注意：CSS 的定义与应用，在 HTML 网页中不区分大小写；但在 XHTML 网页中则区分大小写。

2. 网页内定义 CSS

1）在网页内定义 CSS 的一般格式

当 CSS（层叠样式表）只应用于当前网页时，CSS 的定义就在当前网页的头部 head 元素内进行，一般定义格式如下：

```
<head>
<style type="text/css">
<!--
    CSS1 定义
    CSS2 定义
    ……
-->
</style>
</head>
```

注意：<style>标签里的“<!--”和“-->”，不是作注释，而是将本网页内定义的样式全部界定起来。在“<!--”和“-->”之间可定义多个样式。

2）在网页内按格式一定义标签样式

标签就是 HTML 的标签符号，标签样式用于控制该标签元素的显示样式。在网页头部元素里定义标签样式的格式如下：

```
<head>
<style type="text/css">
  <!--
    标签名{
      属性 1:值 1;
      属性 2:值 2;
      ……
    }
  -->
</style>
</head>
```

下面是一个定义段落 p 标签样式的例子：

```
<head>
<style type="text/css">
  <!--
  p{                          /*定义 HTML 标签 p 的显示样式*/
    font-family:arial;        /* font-family 属性定义字体为 arial */
```

```
        font-size:16px;       /* font-size 属性定义字大小为 16 像素点 */
        color:red;            /* color 属性定义颜色为红色*/
        text-align:center;       /* text-align 属性定义文本水平对齐*/
        }
      -->
    </style>
    </head>
```

p 标签样式的这些属性都是可选项，还可给 p 的显示样式多增加一些其他类型属性。该 CSS（样式）只对 p 标签元素的显示格式起作用，对别的 HTML 元素不起作用。

当在网页主体（<body>……</body>）内应用段落标签 p 时：

```
<p>Hello,How do you do! </p>
```

浏览网页，p 元素就会受到 p 标签显示样式的控制，效果如下：

Hello,How do you do!

当有多个标签要定义同样的样式时，可以并列在一起同时定义，标签之间用半角逗号隔开。以下是多个同类标准定义为相同样式的情况：

```
<head>
<style type="text/css">
  <!--
    h1,h2,h3,h4{                         /*定义多个标签具有相同样式*/
    font-family: "黑体";color:#00f;}
  -->
</style>
</head>
```

当在网页主体（<body>……</body>）内使用 h1~h4 标签时：

```
<h1>第一号标题</h1>
<h2>第二号标题</h2>
<h3>第三号标题</h3>
<h4>第四号标题</h4>
```

浏览网页，显示效果如图 1-17 所示。

第一号标题

第二号标题

第三号标题

第四号标题

图 1-17　<hn>标签样式应用效果

也可采用类似的方式，同时定义多个不同的标签，使之具有相同的样式，如下例所示：

```
<style type="text/css">
<!--
body,td,th {
```

```
        font-size: 14px;
        color: #0000ff;
    }
    -->
    </style>
```

这里将 body、表格单元格 td 和 th 标签里的元素，定义为相同的显示样式。

3）在网页内按格式二定义类样式

在网页的头部元素内定义类样式，格式如下：

```
<head>
<style type="text/css">
<!--
.类名 {属性 1:值 1; 属性 2:值 2; …… }
-->
</style>
</head>
```

类样式定义的特点是类名前有一个“.”号。类名由用户自己定义，名称由英文字符、数字等半角字符组成，一般要选得较有意义，一看就明了，不能含空格，不要与已有的 HTML 标签名相同。类样式符可应用于某一类标签元素中。

实际定义时，为便于阅读，可将每个属性单独写成一行。

在网页头部定义的一个类样式的一个实例如下：

```
<head>
<style type="text/css">
<!--
.fontclass1{                       /*定义一个名为 fontclass1 的类样式*/
    font-family: "楷体";            /* font-family 属性定义字体为楷体 */
    font-size:12px;                /* font-size 属性定义字大小为 10 像素 */
    color:rgb(0,0,255);            /* color 属性定义文字颜色为红色*/
    text-align:center;             /* text-align 属性定义水平居中*/
}
-->
</style>
</head>
```

4）在网页内按格式三定义 ID 样式

在网页的头部元素内定义 ID 样式，格式如下：

```
<head>
<style type="text/css">
  <!--
    #ID 名{属性 1:值 1; 属性 2:值 2; ……}
  -->
</style>
</head>
```

ID 样式定义的特点是 ID 名前有一个“#”号。ID 名由用户自己定义，名称由英文字符、数字等半角字符组成，一般要选得较有意义，一看就明了，不含空格，不要与已有的

HTML 标签名相同。ID 样式符只能应用于某一个标签元素中。

实际定义时，为便于阅读，可将每个属性单独写成一行。

在网页头部定义的一个 ID 样式实例如下：

```
<head>
  <style type="text/css">
  <!--
  #fontid1{                          /*定义一个名为 fontid1 的 ID 样式*/
      font-family: "宋体";            /* font-family 属性定义字体为宋体*/
      font-size:13px;                /* font-size 属性定义字大小为 10 像素点*/
      color:rgb(0,255,0);            /* color 属性定义文字颜色为红色*/
      }
-->
</style>
</head>
```

3. CSS 文件内定义 CSS

将各种 CSS 编辑在一个特定的文件里，只要按照 1.6.1 节格式一、二、三进行 CSS 定义即可，文件内不含任何 HTML 标签。保存文件时，文件名也要用半角 ASCII 字符，扩展名规定为.css。这样保存的文件就是 CSS 文件。CSS 文件内容的一般形式是：

```
标签名 1{属性 1:值 1; 属性 2:值 2; …… }
标签名 2{属性 1:值 1; 属性 2:值 2; …… }
……
.类名 1{属性 1:值 1; 属性 2:值 2; …… }
.类名 2{属性 1:值 1; 属性 2:值 2; …… }
……
#ID 名 1{属性 1:值 1; 属性 2:值 2; …… }
#ID 名 2{属性 1:值 1; 属性 2:值 2; …… }
……
```

实际编辑时，为便于阅读，可将每个属性单独写成一行。

例如，有一个 type1.css 文件的内容如下：

```
p{                                 /*定义标签 p 的样式*/
   font-family: "黑体";
   font-size:16px;
   color:rgb(255,0,0);
   text-align:center; }
.fontclass1{                       /*定义一个名为 fontclass1 的类样式*/
   font-family: "楷体";
   font-size:12px;
   color:rgb(0,0,255);
   text-align:center; }
#fontid1{                          /*定义一个名为 fontid1 的 ID 样式*/
   font-family: "宋体";
   font-size:13px;
   color:rgb(0,255,0); }
```

1.6.2 在网页里应用 CSS

标签样式、类样式、ID 样式在网页里的应用方法如下。

标签样式定义好以后，在网页中应用该标签时，标签样式会自动控制元素的显示样式，如 1.6.1 节介绍的 p 标签样式和 h1~h4 标签样式的定义与应用。

类样式定义好以后，该样式可应用于一类(多个)标签元素中，采用名为“class”的属性来引用类样式，应用格式如下：

```
<标签名 class= "类名">……</标签名>
```

ID 样式定义好以后，该样式只能应用于某一个标签元素内，采用名为“id”的属性来引用 ID 样式，应用格式如下：

```
<标签名 id= "ID 名">……</标签名>
```

书写各种名、属性和属性值时，要注意采用半角字符(属性值为汉字字体名称的例外)，并区分大小写。虽然 HTML 规范对 CSS 不区别大小写，但 XHTML 规范却是严格区别 CSS 的大小写。

在网页中应用 CSS 时，常常要用到 div 和 span 这两种 HTML 标签。标签 div 用于定义块(或层)元素（可以跨几行），span 用于定义一行内元素。这两个标签都可应用样式类和 id 样式，以确定相应元素的显示样式。

span 与 div 的不同之处在于：span 是内联的，用在一小块内联 HTML 中，可嵌套在多种标签(如 div、p、table 等)内，如果不给 span 元素指定样式，则它什么也不做；而 div 是块级别的标签，用于组合一大块代码，div 元素内可嵌套 div 元素、span 元素和其他 HTML 元素，它的前后自动断行。

例 ch1-11.htm 在网页头部<head>标签内，按如下方式定义并应用类样式和 ID 样式。

```
-------------------------清单 1-11  ch1-11.htm------------------------
<html>
<head>
<style type="text/css">
<!--
p{                              /* 定义标签 p 的样式 */
   font-family: "黑体";          /* font-family 属性定义字体为黑体 */
   font-size:18px;              /* font-size 属性定义字大小为 18 像素 */
   color:rgb(255,0,0);          /* color 属性定义文字颜色为红色 */
   text-align:center;           /* text-align 属性定义水平居中 */
}
.fontclass1{                    /* 定义一个名为 fontclass1 的类样式 */
   font-family: "楷体";          /* font-family 属性定义字体为楷体 */
   font-size:12px;              /* font-size 属性定义字大小为 12 像素 */
   color:rgb(0,0,255);          /* color 属性定义文字颜色为蓝色 */
   text-align:center;           /* text-align 属性定义水平居中 */
}
#fontid1{                       /* 定义一个名为 fontid1 的 ID 样式 */
   font-family: "宋体";          /* font-family 属性定义字体为宋体 */
```

```
    font-size:14px;            /* font-size 属性定义字大小为 14 像素 */
    color:rgb(0,255,0);        /* color 属性定义文字颜色为绿色 */
    }
  -->
  </style>
  </head>
  <body>
    <p >锄禾</p>
    <div class="fontclass1">
      锄禾日当午，汗滴禾下土。
      <span id="fontid1">谁知盘中餐，粒粒皆辛苦。</span>
    </div>
  </body>
  </html>
-------------------------------------------
```

浏览 ch1-11.htm 网页文件，效果如图 1-18 所示。

图 1-18　几种 CSS 的应用效果

注意：当网页中出现元素嵌套时，一般情况下，内层元素会继承外层元素的样式，但内层元素设有独立样式时，按独立设定的样式显示。当多种样式作用于一个网页对象时，最里层的样式决定这个对象的显示形式。这是样式表的层叠特性。

1.6.3　CSS 文件

1. CSS 文件的建立

可以将一系列 CSS 定义集中起来，不包括任何 HTML 标签，单独保存为一个文件，文件扩展名为.css。然后采用链接或导入的方式，能够使这个 CSS 文件被网站内所有网页文件共享。

用记事本编辑一个 CSS 文件 type1.css，内容如下。

```
-------------------------清单 1-12  type1.css-------------------------
body,td,th {                          /* 定义 body,td,th 标签的共同样式 */
    font-size: 14px;                  /* 定义字大小为 14 像素 */
    color: #0000ff;                   /* 定义字颜色为蓝色 */
}
body {                                /* 定义 body 标签样式 */
    background-color: #e0e0e0;        /* 背景色为 e0e0e0 灰度色 */
    margin-left: 5px;                 /* 左边空 5 像素 */
    margin-top: 5px;                  /* 上边空 5 像素 */
```

```
      margin-right: 5px;                  /* 右边空 5 像素 */
      margin-bottom: 5px;                 /* 下边空 5 像素 */
   }
   .text1 {                               /* 定义一个类样式 */
      font-family: "宋体";                /* 定义字体为宋体 */
      font-size: 15px;                    /* 定义字大小为 15 像素 */
      color: blue;                        /* 定义字颜色为蓝色 */
   }
   #title1                                /* 定义一个 id 样式 */
   {
   font-size:150%;                        /* 定义字大小为默认大小的 150% */
   font-weight:bold;                      /* 定义字特性为加粗 */
   color:#ff0033;                         /* 定义字颜色为红色 */
   background-color:rgb(255,255,255);     /* 定义背景颜色为白色 */
   }
   ----------------------------------------
```

2. CSS 文件的应用

若在 HTML 网页的头部元素中，将已经建立 CSS 文件链接或导入进来，则 CSS 文件里所有定义的 CSS 就能够被网页元素直接使用。

1) 链接 CSS 文件与样式应用

链接 CSS 文件需要在网页头部进行。设 CSS 文件所在的路径和文件名是 path/filename.css，则在 HTML 网页头部链接 CSS 文件的格式如下：

```
<head>
   <link href="path/filename.css" rel="stylesheet" type= "text/css" />
</head>
```

若在网页里链接了 CSS 文件，则网页 body 主体内各种标签元素就可以很方便地应用 CSS 文件里已定义的各种样式，使用方式与 1.6.2 节所讲的方式一样。当用户浏览网页时，元素中有应用 CSS 的地方就会自动地到 CSS 文件里去查找相应的样式，并发送给用户浏览器，控制对应元素的显示样式。

若有一个网页文件 ch1-12.htm(与 type1.css 在同一目录下)，其内容如下。

```
------------------------清单 1-13  ch1-12.htm------------------------
<html>
<head>
  <link href="type1.css" rel="stylesheet" type="text/css" />
</head>
<body>
  <div class="text1">
<p id="title1">静夜思</p>
    <p>床前明月光，疑是地上霜。</p>
      举头望明月，低头思故乡。
  </div>
  <p>
```

```
    <table><capital id="title1">课程表</capital>
    <tr><th>第 12 节</th><th>第 34 节</th><th>第 56 节</th></tr>
    <tr><td>语文</td><td>数学</td><td>英语</td></tr>
    </table>
  </p>
</body>
<html>
----------------------------------------------------------------
```

在这个网页文件的 body 主体部分，应用了链接 CSS 文件定义的标签样式、类样式和 ID 样式。浏览 ch1-12.htm 网页文件，效果如图 1-19 所示。

网页文件中有“<p id="title1">静夜思</p>”和“<capital id="title1">课程表</capital>”两处都用到了同一个 ID 样式“title”(type1.css 文件中的#title 样式)。但从效果图 1-19 看来，ID 样式“title”只对第一次使用它的 p 元素(文字“静夜思”)产生了样式控制，对第二次使用它的 capital 元素(文字“课程表”)没有产生控制。这说明 ID 样式只能对第一个使用它的标签元素有控制作用，对后面应用它的其他元素没有控制作用。

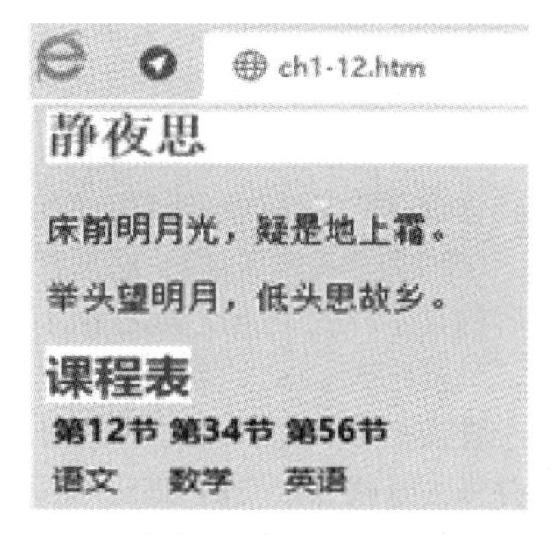

图 1-19　链接/导入外部 CSS 文件效果

网页也应用了样式的继承。从 CSS 文件 type1.css 中可以看到，没有给 p 标签定义样式，网页文件 ch1-12.htm 中的 p 元素：“<p>床前明月光，疑是地上霜。</p>”是按照父元素 div 的显示样式(type1.css 文件中的.text1 样式)来显示的。

2) 导入 CSS 文件及样式应用

导入 CSS 文件也是在 HTML 网页的头部进行的。设 CSS 文件所在的路径和文件名是 path/filename.css，则在 HTML 网页头部导入 CSS 文件的格式如下：

```
<head>
<style type="text/css">
  <!--
    @import url("path/filename.css");
    定义当前网页的其他样式
  -->
</style>
</head>
```

在 head 头部元素的 style 元素里导入 CSS 文件后，还可以继续在 style 标签里定义当前网页的其他样式。按照层叠样式表的规则，如果导入的 CSS 文件和网页里定义的 CSS 规则相冲突，则使用内部的样式表。

将 CSS 文件导入 HTML 网页以后，网页 body 主体内的各种标签就可以很方便地应用 CSS 文件里已定义的各种样式，使用方式与 1.6.2 节所述相同。由于 CSS 文件的全部内容已导入当前网页里，当用户浏览网页时，元素应用的 CSS 就在本网页内，不需要到 CSS

文件中去查找。这一方面增加了网页文件的大小，另一方面节省了查找 CSS 文件所需要的时间。当 CSS 文件里的样式不多，且被反复应用时，采用导入 CSS 文件的方法可提高网页访问的速度。

将例 ch1-12.htm 网页文件的头部元素修改为如下形式：

```
<head>
<style type="text/css">
<!--
   @import url("type1.css");
-->
</style>
</head>
```

修改后的文件为 ch1-12(1)1.htm。浏览该网页文件，效果与图 1-19 所示的相同。

CSS 文件将许多 CSS 定义在一个文件里，通过链接或导入网页的方式来控制多个网页内容的显示样式。当网页很多时，可大大提高网页编辑的效率。如果要改变网页的显示样式，只要修改 CSS 文件就可以了。

链接与导入 CSS 文件的区别是：链接样式文件，浏览网页时每次使用 CSS 都要到样式文件里去查找已定义的 CSS；导入 CSS 文件后，当用户浏览网页时，服务器便将整个 CSS 文件全部导入当前网页，应用 CSS 时，不需要再到 CSS 文件里去查找了。

1.6.4 其他样式应用

1. 标签符内直接定义和应用样式

有一种简单应用样式的方法，就是直接在标签符内添加样式。直接定义与应用样式的格式如下：

```
<标签符 style="属性名 1:属性值 1; 属性名 2:属性值 2;……">……</标签符>
```

例如，在网页 body 主体内有如下代码：

```
<p style="font-family:黑体; font-size:25px; color:#ff00ff;">锄禾</p>
```

浏览效果如下：

锄禾

2. 包含标签样式的定义

可以单独对某种标签元素包含关系定义样式表，如标签元素 1 里包含标签元素 2，这种方式只对在标签元素 1 里的标签元素 2 进行定义，对单独的标签 1 或标签 2 无定义，格式如下：

```
标签 1  标签 2{属性 1:值 1; 属性 2:值 2; ……}
```

例如，定义 table(表格)内 a(链接)的样式：

```
table a{font-size: 15px;}
```

当在网页中建立表格，并在表格内创建链接时，表内链接元素将改变样式，文字大小为 15 像素，而表格外链接的文字仍为默认大小。

3. 标签类样式的定义与应用

第 1.6.1 节格式二是类样式的一般定义方法，用该方法定义的样式类可应用于所有能适用这个类的标签元素。

还有一种专为某种标签定义的类——标签类，定义方法是在类名“.”号前再加一个 HTML 标签名。定义方法如下：

```
标签名.类名{属性 1:值 1; 属性 2:值 2; …… }
```

例如，一个标签类样式定义如下：

```
p.myfont2{font-family:"宋体";font-size:18px;color:blue;}
```

这个标签类样式 myfont2 只能对 p 元素起样式控制作用，对其他元素不会产生影响。

在网页应用这个标签类样式的方法仍然是：

```
<p class="myfont2">……</p>
```

4. 伪类的定义与应用

一般样式类的名字可由程序员随意选择，而伪类是一种能够被支持 CSS 的浏览器所识别的特殊类。伪类样式是 CSS 已经定义好的，是对象(标签元素)在某个特殊状态(伪类)下的样式。我们不能改变伪类的名称，但可以通过对伪类的重新定义来改变伪类原有的默认显示样式。

1) 伪类基本应用

伪类定义的一般方法如下：

```
标签名:伪类名{属性 1:值 1; 属性 2:值 2;……}
```

伪类的最大用处就是可以给链接的不同状态定义不同的样式效果。

HTML 标签 a 可以实现超链接。超链接有四种不同状态：link、visited、hover、active(未访问的链接、已访问的链接、光标停留在链接上和激活链接)。这四种状态的名称是确定的，在 CSS 看来，这就是名称已经被系统确定并有默认的显示样式的类——伪类。

标签 a 的四个伪类分别是：link、visited、hover 和 active。我们可以用伪类定义的方法给标签 a 的四个伪类重新设置样式，即为标签 a 的四种状态设置不同的显示效果。例如，对 a 的四个伪类定义如下：

```
a:link {color: #ff0000; text-decoration: none;}
                        /* 未访问链接时文字颜色为红色，无下划线 */
a:visited {color: #00ff00; text-decoration: none;}
                        /* 已访问的链接文字颜色为绿色，无下划线 */
a:hover {color: #ff00ff; text-decoration: underline;}
                        /* 光标在链接对象上时文字颜色为紫色，并有下划线 */
a:active {color: #0000ff; text-decoration: underline;}
                        /* 激活链接时文字颜色为蓝色，并有下划线 */
```

这四个伪类的定义给 a 的四个伪类分别定义了其 color 属性和 text-decoration 属性，color 属性指定四种不同状态的字颜色，text-decoration 属性指定文本的装饰性质(值为 none 无下划线，值为 underline 则有下划线)。可将上述伪类定义，放置在网页 head 头部的 style 标签内，或编辑到 CSS 文件中再将 CSS 文件链接到网页里。

这样，网页中所有 a 元素的四种状态，都会按上面定义的样式显示。例如，

```
<a href="https://www.163.com">网易</a>
```

浏览效果如下：

网易（未访问），网易（鼠标在链接上），网易（激活链接），网易（访问后）

上例中，链接文字“网易”未访问时的颜色是红色并无下划线，光标在链接上时的颜色为紫色并有下划线，激活链接时的颜色为蓝色并有下划线，访问后文字颜色是绿色并无下划线。

注意：有时候，在链接访问前光标指向链接时有效果，而链接访问后光标再次指向链接时却无效果了。那是因为把 a:hover 放在了 a:visited 的前面，这样的话由于后面的优先级高，当访问链接后就忽略了 a:hover 的效果。所以根据层叠顺序，我们在定义这些链接样式伪类时，一定要按照 a:link，a:visited，a:hover，a:actived 的顺序书写。

2) 标签类与伪类的混合使用

标签类和伪类可以混合定义与应用。对于有伪类的标签(如 a 标签)，可以为它定义不同的类(标签类)，从而实现在同一网页中伪类显示样式不一样的结果。标签类与伪类的混合定义格式如下：

```
标签名.类名:伪类名 {属性 1:值 1; 属性 2:值 2; ……}
```

上述格式中，标签名和伪类名是系统规定了的，但“.”后面的“类”名可由程序员自行命名。通过对专用于标签 a 的类及其伪类(link、visited、hover、actived)混合定义，可在同一个页面中做几组不同的链接效果。例如，下面是对标签 a 的类和伪类进行混合定义：

```
a.red:link {color: #ff0000;}          /*定义 red 类的 link 伪类颜色为红色 */
a.red:visited {color: #0000ff;}       /*定义 red 类的 visited 伪类颜色为蓝色 */
a.green:link {color: #00ff00;}        /*定义 green 类的 link 伪类颜色为绿色 */
a.green:visited {color: #ff00ff;}     /*定义 green 类的 visited 伪类颜色为紫色 */
```

我们把上述定义的 red 和 green 两个类(包含伪类)样式应用于网页的 a 元素上，例如，

```
<a class="red" href=" http://www.163.com ">红色链接</a>
<a class="green" href=" http://www.163.com ">绿色链接</a>
```

浏览网页，第一组链接的字颜色为红色，访问后字颜色为蓝色；第二组链接的字颜色为绿色，访问后字颜色为紫色。效果如下所示：

红色链接 绿色链接 (访问前)，　红色链接 绿色链接 (访问后)。

1.7 网站建设与管理的步骤

网站建设与管理一般要经历这么几个步骤，分别是网站需求分析、网站网页规划与设计、网站数据库设计、网页开发（代码编写）、网站发布和网站维护与管理。

1. 网站需求分析

网站需求分析是网站建设的第一步，在这一步中，需要分析客户对网站的商业需求和技术需求。了解客户为什么要建立网站，要达到什么样的目的；要创建一个什么性质的网站：是信息发布网站，还是以展示和销售为主的网站；网站的名称是什么，网站应有哪些栏目，主要发布些什么；是经常需要更换内容，还是做好以后长时间不需要改变；网站的

主要访问对象有哪些，访问量有多大，根据访问量的大小选择脚本语言和数据库；是否有内部局域网，局域网内是否有服务器，服务器的系统环境怎样，网站最终要放在内部局域网服务器上还是租用商业服务器空间？客户在技术上是否有特殊偏好？等等。要将这些需求分析，整理成分析文档，并得到客户的认可。

2. 网站网页规划与设计

完成需求分析以后，就要进行网站的规划与设计了。网站网页规划与设计分为网站逻辑结构设计、网站物理结构设计、网页静态结构设计、网页程序（代码）编写、服务器配置、测试环境等。

根据客户的目标，首先在逻辑上规划出网站各栏目和网页的大体情况，以及各栏目之间的导航关系，画出一个逻辑图；设计网站首页的风格，用图形制作软件设计出网站首页的布局，包括主图、栏目、主色调等；根据是否需要经常变换内容，确定是制作静态网页，还是动态网页，采用哪一种动态网页技术(ASP、PHP 还是 JSP)；根据访问量的大小，选择数据库系统(Access、SQL server 还是 Oracle)。

接着，规划网站的物理结构，建立一个树型目录结构，存放网站各个栏目的网页、图片及其他素材；在开发网站的计算机上配置好动态网页的调试环境，安装好数据库管理系统。

设计网页静态结构。在网页静态结构主要设计网页的页面布局，包括采集或制作网页静态结构所需素材(图片、多媒体资料和必需的文字材料)。

3. 网站数据库设计

如果网站里有动态网页，则需要创建数据库、设计数据表。数据库内创建几个数据表，数据表的结构如何，要根据网站和网页的需求而定。纯粹的静态网站不需要数据库。

4. 网页开发（代码编写）

网页静态结构设计好以后，要进一步编写网页代码，在网页编写程序读/写数据库等，这时网页就变成动态网页了。

在编写网页程序访问数据库和表的过程时，要反复测试、修改，尽量多找出程序中的错误并纠正它，可能同时要修改数据表。测试要贯穿在网站规划与设计整个过程中。全部网页程序与数据库开发好以后，要进行整体测试，并让客户参与到测试中来，听取客户意见，进一步修改网站和网页代码。

包括网页的开发（代码编写），可以纯手工编写，也可以采用网站网页开发工具软件（如 Dreamweaver 等）开发。大多采用工具可视化软件与手工编写代码相结合的方式进行开发。

5. 网站发布

完成网站的规划与设计、网页的开发以后，就进入网站的发布环节了。网站的发布包括 WWW 服务器空间的获取（采用本单位内部服务器，还是租用商业服务器空间）、域名注册、服务器配置（如果是租用服务器空间，则要取得出租方服务器管理员的配合）、网页程序上传、数据库的导入、在互联网上进行宣传等。

6. 网站维护与管理

网站维护与管理虽然是最后一个环节，实际上却贯穿于网站建设的全过程，只要网站没有停止运行，就需要对其进行维护和管理，这也是最费时的一步。网站维护与管理，主要包括系统环境检测、安全管理、性能管理和内容管理四个方面。

训练有素的专业技术人员在建设与管理网站一般都按以上 1~6 步进行。网站建设是一个循环过程，并不是一次过后就结束了，它需要随着需求的变化而不断地对网站进行再次规划与设计，不断地建设和发布新的内容与服务，不断地升级服务器和网络环境以保障网站与时俱进。

在学习网页与网站技术时，不必拘泥于上述步骤。可以先学习并掌握一些基本的网页制作技术，然后再去学习网站规划与设计、数据库表设计技术等内容，待水平提高以后，再进行需求分析和网站发布实践。这样能够循序渐进、事半功倍。

【练习一】

1. 使用记事本工具编辑一个具有 HTML 基本结构的网页。
2. 练习在 HTML 网页中使用各种文本编辑的标签，以及段落格式标签。
3. 练习在 HTML 网页中插入图像标签。
4. 练习在 HTML 各标签内属性的设置。
5. 练习 HTML 5 网页的制作。
6. 练习在网页定义和应用 CSS 样式的基本方法。
7. 练习建立 CSS 文件，并链接（导入）到 HTML 网页的方法。
8. 练习标签样式、类样式和 ID 样式的定义并应用样式控制 HTML 元素。
9. 练习用伪类定义的方法，改变链接元素的显示。

注意：所用 HTML 标签名、CSS 类名及属性名都必须为英文半角字符。保存 HTML 网页文件和 CSS 文件时，文件名也要使用英文半角字符。

【实验一】用 HTML 和 CSS 制作含多个静态网页的个人网站

实验内容如下。

(1) 在本地计算机上新建一个文件夹，作为本地个人网站的根目录，所有的网页文件及其他相关文件都保存在该目录下。

(2) 使用记事本工具编辑三个以上相互之间有“链接”关系的网页，其中一个为主页，其余几个为分网页(至少一个网页为 HTML 5 网页)。从主页可以方便地链接到两个分网页，从任意一个分网页可以方便地返回主网页。要求在实验报告中画出这几个网页之间的链接关系图。

(3) 主网页名称为“XXX 的主页”(XXX 是作者名称，浏览时显示在网页的标题栏)，主网页里有一个题目，还有作者基本情况介绍和作者的一张相片，并有到达其他分网页的链接，还要有两个以上著名网站的友情链接。

(4) 第一个分网页介绍作者的学习情况，还要有一张周作息时间(包括星期一到星期日的上课课程、自习和休息娱乐)安排表格，网页文字应采用多种字体、大小和颜色。

(5) 第二分网页反映作者兴趣爱好，网页要有淡淡的背景色，网页内要插入图片、视频、动画等媒体元素，使用标签属性对插入的媒体元素进行控制，文字的颜色与背景色要容易区别。

(6) 应用 CSS 来控制网页元素的显示样式，并将所有样式保存为一个文件，链接到网页。

(7) 所有网页的布局要合理、美观，分网页里应有返回主页的链接文字或链接图。

制作网页用的相片、图片、动画、视频等素材要在课前准备好，或到 Internet 上搜索。

第 2 章　使用网页工具制作静态网页

【本章要点】

(1) Dreamweaver 入门
(2) 文本编辑与 CSS 样式
(3) 插入图像、动画与其他媒体元素
(4) 使用超链接、表单
(5) 表格和表格的嵌套
(6) 层、浮动框架

第 1 章学习了 HTML 语言和 CSS，知道了使用文本编辑器(如记事本等)编辑制作网页的方法。但是对 HTML 和 CSS 的初学者来说，要用文本编辑器编写出理想效果的网页，还有一定难度。所见即所得的网页编辑软件为网页设计者带来极大的方便，在不太熟悉代码的情况下，使用合适的网页编辑软件也能较好地完成普通网页的制作。即使是精通网页代码的程序员，使用网页编辑软件也可以成倍地提高网页制作的效率。

常见的网页编辑软件有 FrontPage、Word、Dreamweaver 等，它们提供了可视化的菜单、工具按钮和一些面板，用户只要使用菜单、面板或工具按钮填写对话框，软件就会生成相应的网页代码。

FrontPage 是 Microsoft Office 系列软件的重要组成部分，它的使用方法与 Word 编辑文档相似。如果对 Word 非常熟悉，那么使用 FrontPage 制作网页一定会比较顺手。与其他网页软件相比，FrontPage 的强大之处是站点管理，它能通过 Internet 直接对远程服务器上的站点进行管理。Word 也是 Microsoft Office 的组成部分，以强大的文字处理功能而著称，而其网页编辑功能常常被用户忽略。在 Word 2016 中文版中，使用菜单“文件”→“新建”命令，选空白文档，编写好网页代码以后，点击菜单“文件”→“另存为”，输入文件名，保存类型选择“网页(*.htm;*.html)”即可。但是，在 Word 环境编写网页代码时，容易将半角英文字母或符号，输出成全角字母或符号；用 FrontPage 或 Word 编辑的网页不简洁，冗余代码比较多。

Dreamweaver 原是 Macromedia 公司开发的网页编辑软件，后来被 Adobe 公司收购，升级后改名为 Adobe Dreamweaver CS*。Dreamweaver 功能强大、界面友好，并具有强大的代码自动生成能力，已经远远超越了其他网页制作软件。用 Dreamweaver 开发出来的网页与几乎所有的浏览器都兼容。从综合性能来看，Dreamweaver 是目前最优秀的一个网页编辑软件，是网页程序员的首选软件。Adobe Dreamweaver CS*编辑静态网页，默认采用 XHTML 1.0 标准，也可采用 HTML 5 标准。

本章将学习 Dreamweaver 软件的使用，同时进一步学习静态网页的制作。“工欲善其事，必先利其器”，我们从学习网页制作工具 Dreamweaver 的使用开始吧！

2.1　Dreamweaver 入门

Dreamweaver(常简称为 DW)、Fireworks 和 Flash 并称“网页三剑客”，是制作网页网站的利器。本章以当前最流行的版本 Dreamweaver CS6 为例，学习使用此软件来编辑网页。

2.1.1　Dreamweaver CS6 的界面

打开 Dreamweaver CS6 时出现的界面中有“打开最近的项目”、“新建”(HTML、CSS、PHP、JSP、JavaScript、Dreamweaver 站点等，更多……)和“主要功能”的列表，如图 2-1 所示。

图 2-1　启动 Dreamweaver CS6 时的界面

选择“新建”下的“HTML”，会打开一个未命名的空白文档窗口，这就是制作网页时的系统界面。

Dreamweaver CS6 的界面由（1）菜单栏、（2）文档标签、（3）视图切换栏（代码、拆分、设计、实时视图)、（4）文档工具栏、（5）版面布局选择、（6）文档窗口、（7）标签选择和状态栏、（8）属性面板、（9）面板组等组成，如图 2-2 所示。

1. 菜单栏与版面布局切换

图 2-2 中（1）菜单栏描述了该软件的大部分功能，它提供软件功能的所有命令选项，包括文件、编辑、查看、插入、修改、格式、命令、站点、窗口、帮助等菜单命令。在菜单栏的右边，图 2-2 中（5）有 设计器 ▾ 下拉列表，可将 DW 的版面布局切换成：经典、设

计器（默认)、应用程序开发人员、设计人员、移动应用程序、双重屏幕流体布局等。

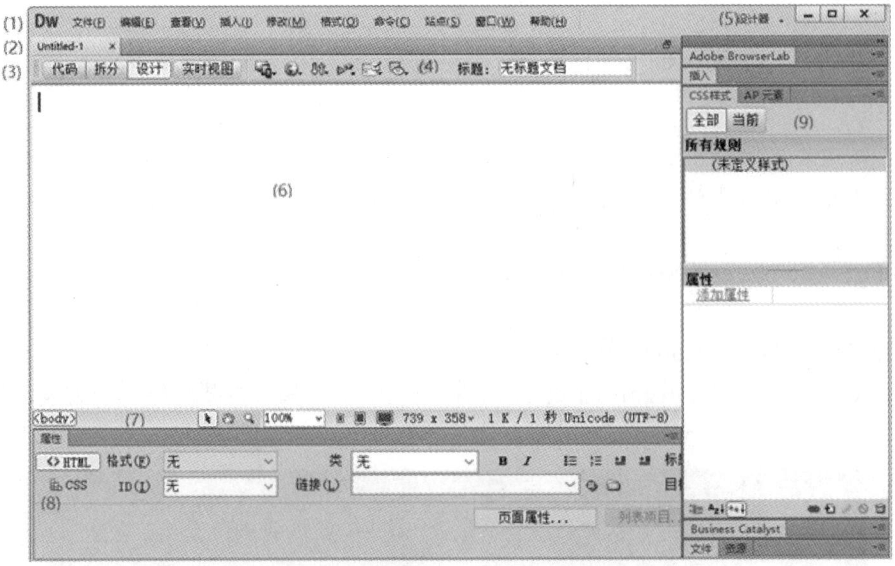

图 2-2　Dreamweaver CS6 工作界面

2. 视图切换栏与文档标签

图 2-2 中(3)视图切换栏有代码、拆分、设计和实时视图四个按钮，用于快捷地在这四种视图之间切换。

“代码”视图就是整个文档窗口都显示代码，网页设计人员可在代码模式下编辑网页；“设计”视图就是整个文档窗口都是可视化编辑空间，设计人员可在所见即所得的模式下(与 Word 相似)编辑网页；“拆分”视图就是将文档窗口拆分成两部分，一部分是所见即所得的设计区，另一部分是代码区；“实时”视图就是模拟网页在浏览器中的显示效果，这是 Dreamweaver CS6 新增的一种视图，大部分网页的浏览效果都能在这种模式下显示出来，这大大方便了网页的调试。

网页制作人员根据不同情况，利用视图切换的工具按钮，可以在几个视图之间快速切换，从而提高网页的开发效率。

图 2-2 中视图工具栏的上方的(2)文档标签，就是当前正在编辑的网页文件名。新建文件时，系统默认文件名是 untitled-1(2, 3, …)。

3. 文档工具栏

图 2-2 中(4)文档工具栏有网页标题框和文件管理器、在浏览器中预览/调试、刷新设计视图、视图选项、验证标签、检查浏览器兼容性下拉列表按钮，如图 2-3 所示。如果这些工具按钮隐藏了一些，只要将 Dreamweaver CS6 窗口的右边框向右拉动，即可完全显示出来。

“标题”框内可输入、编辑网页的标题(title)；“文件管理”可对正在编辑的网站内文件进行管理，有获取、取出、上传、存回、取消取出等功能；“在浏览器中预览/调试”即在默认的浏览器中预览当前正在设计的网页；“可视化助理”可设置 CSS、AP、表格、框架等元素中哪些可以看到哪些隐藏起来；“W3C 验证”可对当前文档、站点所有文档或站点内选择文档所书写标签的正确性进行验证；“检查浏览器兼容性”可对浏览器兼容性、链接等方面进行全面检查，检查完毕，属性栏的下面会多出一行标签，用来显示检查结果。单击某个标签即可查看相应的检查结果。

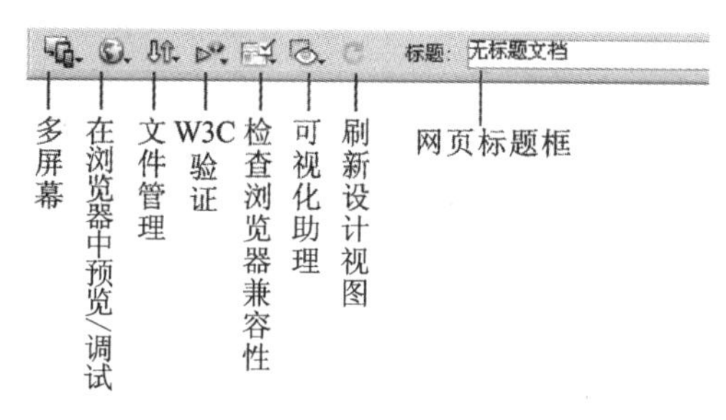

图 2-3　文档工具栏

4. 文档窗口

在视图切换栏和文档工具栏下方的大块区域就是“内容编辑区”，如图 2-2 中(6)所示。这是编辑和显示网页效果的地方。在视图切换栏单击“设计”按钮，文档窗口就成为所见即所得的网页编辑环境(动态效果不能显示)；在视图切换栏单击“代码”按钮，文档窗口就转为网页代码编辑环境；在视图切换栏单击“拆分”按钮，文档窗口被拆分为设计和代码两部分，一部分是所见即所得的编辑环境，另一部分则是对应的代码编辑环境；在视图切换栏单击“实时视图”按钮，该窗口就能模拟浏览器中显示网页的效果(包括 JS 动态效果)。视图被激活时，单击“实时代码”按钮，该窗口就会模拟在浏览器里查看源文件的状态。“实时视图”和“实时代码”是 Dreamweaver CS6 新增的视图，这大大方便了网页的调试。

5. 标签选择器和状态栏

图 2-2 中(7)就是标签选择器和状态栏，如图 2-4 所示。

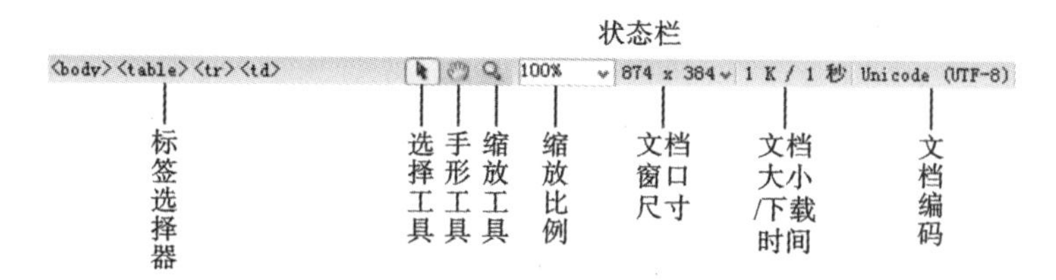

图 2-4　标签选择器和状态栏

“标签选择器”的功能是显示与当前光标位置内容有关的所有标签，在“标签选择器”中单击某个标签，网页里与该标签相对应的元素即被选中。

状态栏有缩放和显示网页信息的功能。其中的“缩放工具”可对选择区域缩小或放大显示，“文档大小/下载时间”可以很方便地了解网页文件(包括插入的图片和媒体元素)有多大，并能够预算出网页在一定连接速度下的下载时间。状态栏中其余各个状态的含义如图 2-4 所示。

6. 属性面板

图 2-2 中(8)是属性面板，用于查看和设置所选元素的属性。属性面板分为 HTML 属性和 CSS 属性两种，单击属性面板中的“HTML”或“CSS”可进行切换。在网页中选择不同

的元素，属性面板所显示的属性项及属性值也不同。HTML 属性主要设置元素内容，CSS 属性则主要设置元素的显示样式。例如，文本的 HTML 属性和 CSS 属性如图 2-5 所示。

图 2-5　属性面板(文本的 HTML 属性和 CSS 属性)

在图 2-5 中，单击“<>HTML”按钮，可为文本设置格式、ID、类、链接、加粗倾斜、项目/编号列表、左凸出/右缩进等属性。格式栏供用户选择文本为标题、段落、预格式等属性；ID 栏可让用户选择一种已定义的 ID 样式；类栏目可让用户选择一种已定义的类样式；链接栏目可为当前对象输入一个链接 URL。

若在图 2-5 中单击“CSS”按钮，则显示当前元素应用的 CSS 属性。可在该元素 CSS 属性面板中为文本设置字体、大小、颜色、加粗倾斜、水平对齐方式等属性，这将形成一个应用于当前元素的新 CSS；“目标规则”是为文本元素选择一种已经设置好了的 CSS 样式；“编辑规则”是为当前已经选择的文本元素编辑一个新 CSS 样式。

默认情况下，属性面板位于工作区的底部，如果需要，则属性面板与其他浮动面板一样可以通过拖动“属性”标签将它拖放到别的位置，还可以将它拖到文档窗口中变为浮动面板。

7. 面板组

图 2-2 中(9)在文档窗口的右边，是面板组。DW 有许多面板，未在面板组里全部呈现出来，可在“窗口(W)”菜单下，选择让哪些面板呈现或隐藏（已显示的面板前有“√”)。默认面板组中显示的有插入、CSS 样式、AP 元素、绑定、服务器行为、组件、文件、资源等面板，如图 2-6(a)所示。每个面板都一个标签名，显示在面板组中，当双击某个标签名时，就会显示出该面板所管理的内容，再双击标签名则将面板内容收藏起来。例如，双击“插入”标签，“插入”面板就展现出来。“插入”面板下有常用、表单、布局、数据、文本等选项，“插入”面板的“常用”选项下可插入各种常用元素(如图像、表格、链接、表单、脚本、锚点等)，如图 2-6(b)所示。双击“CSS 样式”标签，CSS 样式面板就展开了，“CSS 样式”面板可管理本站点内的所有 CSS(样式)，能够显示、创建、删除、修改 CSS，引入 CSS 文件等，如图 2-6(c)所示。双击“文件”标签，展开“文件”面板。“文件”面板可以管理当前站点下的所有文件，可以进行打开、新建、移动、删除文件和文件夹等操作，与 Windows 的资源管理器功能相似，如图 2-6(d)所示。面板组中的面板可以重新组合，也可以变为浮动面板停放在显示屏幕其他地方。

图 2-6 所示的是 Dreamweaver CS6 默认面板情况，可以通过其右上角的或按钮来折叠或展开面板组。Dreamweaver CS6 还有更多面板，可以在菜单栏的“窗口”菜单下选择显

示或隐藏某个面板，如显示或隐藏“行为”面板等。

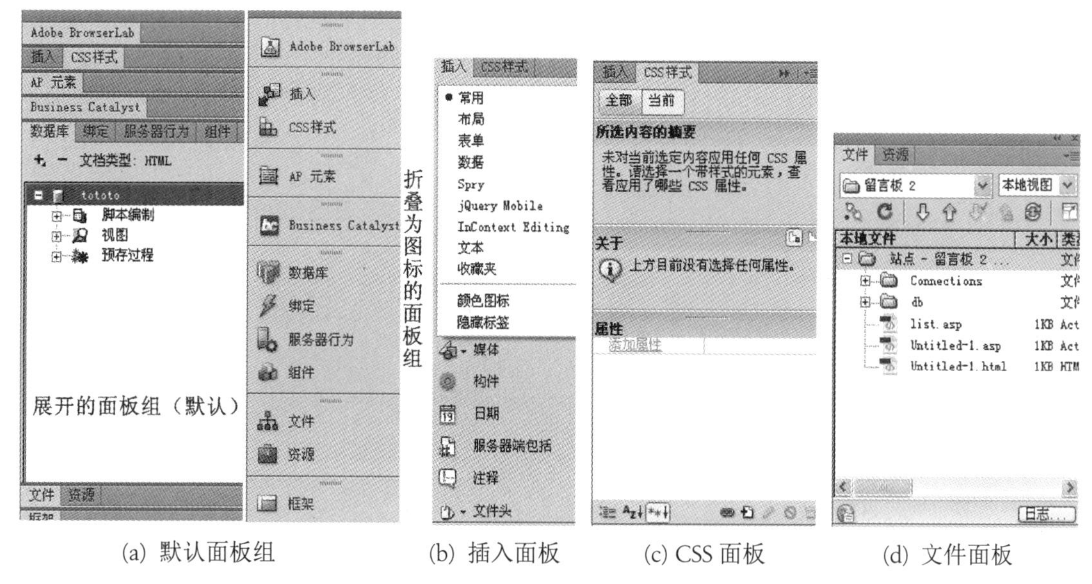

(a) 默认面板组　　(b) 插入面板　　(c) CSS 面板　　(d) 文件面板

图 2-6　面板组

2.1.2　建立本地站点

网站(也称为站点)由网页和相关文件组成，每个网页内一般都插入了图片等媒体元素，而每个图片、动画等媒体都是站点里的一个文件，网页离不开网站，离不开站点里的相关文件。所以，制作网页之前，要先建立一个本地站点，本地站点对应于本地计算机硬盘里的一个文件夹，所有的网页、图片、声音等文件都存放在这个文件夹下。当网页、图片等文件比较多时，通常还要在这个文件夹下面建一些子文件夹，将不同类别的文件分别存放在不同的子文件夹下，以方便管理。网站里用来存放图像的子文件夹，通常命名为 pic、pictures 或 images。在网站开发过程中，站点一般都先暂存于开发人员的本地计算机上，待制作完成后，再把整个站点的文件和子文件夹上传到远程 WWW 服务器（又称 Web 服务器）上。

例如，在“我的电脑”D：盘根目录下为将要创建的站点新建一个文件夹 web，以后创建的网页将放在这个文件夹下；再在 web 下新建一个名为 images 子文件夹，并把网页里需要用到的图片素材都放入该文件夹下面。

下面来学习在 Dreamweaver 下创建本地站点的具体步骤。

(1) 单击菜单栏的“站点”→“新建站点”命令，出现“站点设置”对话框，如图 2-7 所示。

(2) 可以使用“高级”选项进行站点的定义。

(3) 设置本地信息。

站点的本地信息共有 8 个项目需要设置：定义“站点名称”（输入站点名称）、选择网站本地根文件夹、选择“默认图像文件夹”、选择链接相对地址、选择“默认图像文件夹”

路径、输入“HTTP 地址”、“区分大小写的链接”、确认是否“启用缓存”。

下面通过一个实例，定义一个“我的网站 2”站点来看一下具体的操作过程。

(1) 在图 2-7 中“站点名称”文本框中输入“我的网站 2”。站点名称只会显示在 Dreamweaver 的某些面板或对话框中，供区分其他站点和选择此站点时使用，而不会显示在浏览器的任何地方，对站点的外观也没有任何的影响，它只是 Dreamweaver 中的一个站点的名称而已。所以，站点的名称可以起得比较随意的名字。

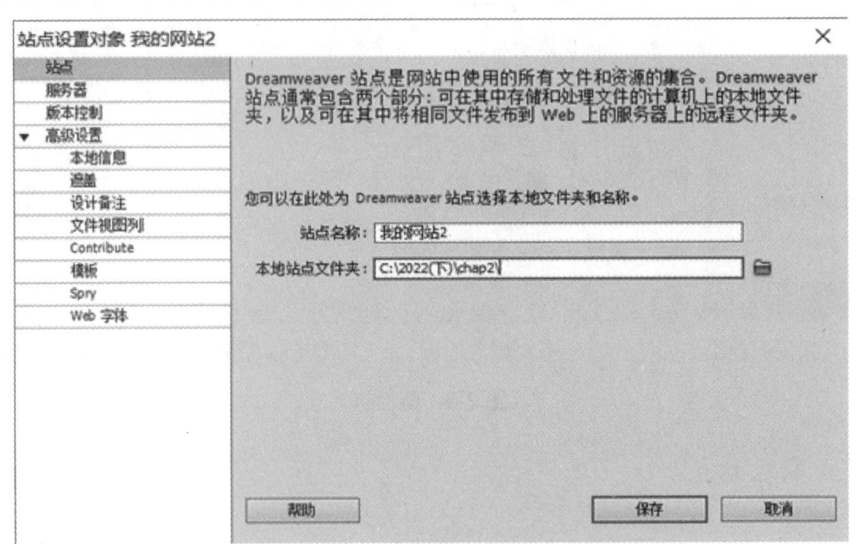

图 2-7　“站点设置”对话框

(2) 在图 2-7“本地站点文件夹”右边，单击文件夹图标，选择 C:\2022(下)\chap2 文件夹。

单击“保存”按钮即完成新建本地站点的设置。

一般来说，制作一个网站只需要建立一次站点就够了，重新启动计算机后，前面所新建的站点仍然存在于 Dreamweaver 中，不需要再次建立。对于初学者来说，使用 Dreamweaver 制作网页时，先建立站点，后制作网页，养成这样一个好习惯，可以避免本地站点上传到服务器以后出现文件找不到（路径不对）的错误。

2.1.3 新建 HTML 网页

1. 新建网页

Dreamweaver CS6 中可以创建 XHTML 标准网页或 HTML5 标准网页。打开 Dreamweaver CS6 以后，就会显示使用开始页面，在开始页面的“新建”选项区下选择某个新建项目选项，如 HTML，即可新建相应类型的新文档，当然也可以使用菜单来新建网页。选择 HTML 以后，Dreamweaver CS6 默认将创建一个基于 XHTML 标准的网页基本框架，切换到“代码”视图即可看到如下代码。

```
<!DOCTYPE html PUBLIC "-//W3C//DTD XHTML 1.0 Transitional//EN"
  "http://www.w3.org/TR/xhtml1/DTD/xhtml1-transitional.dtd">
```

```
<html xmlns="http://www.w3.org/1999/xhtml">
<head>
<meta http-equiv="Content-Type" content="text/html; charset=utf-8" />
<title>无标题文档</title>
</head>
 <body>
</body>
</html>
```

这是 XHTML1.0 标准网页的基本代码。

如果单击菜单“文件”→“新建”→“HTML”(或者在图 2-1 中“新建”下单击“更多”)，在出现的对话框右边“文档类型”下拉列表中，选择“HTML5”，再单击“创建”按钮，就创建一个 HTML 5 网页。在“代码”视图下，可看到如下代码：

```
<!doctype html>
<html>
<head>
<meta charset="utf-8">
<title>无标题文档</title>
</head>
<body>
</body>
</html>
```

这是 HTML 5 标准网页的基本代码。

通过对比可看出：HTML 5 网页的代码比 XHTML 网页代码更简洁。

注意：从“新建”选项区中，我们可以了解到有很多种类型的网页文档，HTML 是最基本的一种。初学者一般从 HTML 开始学习网页制作的。我们还将学习 CSS、JavaScript 和 ASP 文档的创建。

2. 保存网页

新建网页后，先把网页保存在站点目录下，对进行后面的工作是非常有必要的，保存网页可以避免很多麻烦。

保存新建的 HTML 文件时，默认的文件名是 Untitled-1 等名称，但一般不使用默认的文件名而是由自己定义文件名，如 temp、index、login 等有一定含义的英文(或汉语拼音)名称。

默认的位置是在站点根文件夹下面，当然也可以把网页保存在站点下面的其他子文件夹中。

提示：很多初学者都不习惯自己定义网页的名称，而使用默认的 Untitled-1、Untitled-2 等，但当站点下的网页慢慢变多的时候，就很难通过名称来判断网页的内容，这样会大大降低网站制作和维护的效率。

3. 预览网页

在制作过程中总想随时查看自己的网页在浏览器中显示结果，下面学习几种最常见的浏览正在制作的网页的方式。

(1) 单击视图切换栏的“实时视图”按钮，即可模拟网页的预览效果。这种方法最为简便，大部分显示样式都能预览，但也有少数样式不能预览。

(2) 先保存网页，再选择菜单“文件”→“在浏览器中预览”→“IExplore”命令，即可在浏览器中预览网页的实际效果。如果没有安装 IE 浏览器，可以单击“文件”→“在浏览器中预览”→“编辑浏览器列表”添加一种已安装的浏览器（如 360 浏览器等）。也可以通过单击文档工具栏“在浏览器中预览”快捷按钮，或者使用快捷键 F12 预览网页。

(3) 打开站点文件夹，找到已经保存过的网页文件，双击文件就可以在浏览器中预览此网页。

4. 打开网页

在 DW 中重新编辑一个已经保存的网页，就要在 DW 中打开这个网页。若网页所在站点已经打开(最近建立的站点一般都是打开着的)，则在 DW 的文件面板中找到这个网页文件，双击该文件就可以打开。也可以通过菜单“文件”→“打开”命令打开网页。

如果要打开的网页不在当前站点里，那么，先要打开网页所在的站点。打开已有站点的方法是单击“站点”菜单下的“管理站点”，在出现的对话框中选择站点名称，打开站点，然后在 DW 文件面板里查找并打开网页文件。

2.2 文本编排与 CSS 样式

Dreamweaver CS6 按照 XHTML(默认)或 HTML 5 规范来编辑静态网页，无论 XHTML 还是 HTML 5 都要求使用 HTML 负责网页内容，而由 CSS 负责显示样式。当输入完文本以后，要对文本的显示样式进行处理，就要设置 CSS 样式。

2.2.1 文本输入及 HTML 属性

网页内容的编辑一般在“设计”视图下进行，必要的时候转换到“代码”视图修改代码。当处于“设计”视图时，可直接在文档窗口中输入文本，但在网页中输入空格字符是有讲究的，直接使用空格键只能插入一个空格字符，要连续插入多个空格时可以选用下列方法之一：

(1) 选择菜单“插入”→“HTML”→“特殊字符”→“不换行空格”命令；

(2) 在“代码”视图中加入“ ”占位符；

(3) 按 Ctrl+Shift+空格快捷键插入空格。

在“设计”视图中，每按一次回车键，系统默认为一个段落，转换到“代码”视图，可以看到在一段文本的前后加上了一对<p>……</p>标签。

例如，选择“设计”视图时，在文档窗口输入：

锄禾

锄禾日当午，

汗滴禾下土。

谁知盘中餐，

粒粒皆辛苦。

我们来设置其 HTML 属性。从图 2-5 所示的文本属性面板可以看出，文本的 HTML 属性主要有格式、类、加粗倾斜、列表、ID、链接等项目。

下面对这首诗应用格式与列表来编排一下。选择“锄禾”，在 HTML 属性的“格式”下拉列表选项中选择“标题 2”，加粗；再选择其余四句，单击“项目列表”或“编号列表”按钮，转到“代码”视图，可看到 body 标签内有如下代码：

```
<h2><strong>锄禾</strong></h2>
<ul>
  <li>锄禾日当午，</li>
  <li>汗滴禾下土。</li>
  <li>谁知盘中餐，</li>
  <li>粒粒皆辛苦。</li>
</ul>
```

```
<h2><strong>锄禾</strong></h2>
<ol>
  <li>锄禾日当午，</li>
  <li>汗滴禾下土。</li>
  <li>谁知盘中餐，</li>
  <li>粒粒皆辛苦。</li>
</ol>
```

切换到“实时”视图，可看到如图 2-8 所示的效果：

锄禾

- 锄禾日当午，
- 汗滴禾下土。
- 谁知盘中餐，
- 粒粒皆辛苦。

锄禾

1. 锄禾日当午，
2. 汗滴禾下土。
3. 谁知盘中餐，
4. 粒粒皆辛苦。

图 2-8　文本标题、加粗与列表

如果要给文本选择某一种汉字字体、字颜色、字大小等属性，就要为文本设置 CSS 属性才行。其中的“类”是指通用的样式类，“ID”就是指 ID 类，要应用这些类，就必须要先定义才行。

在图 2-5 所示的文本 CSS 属性栏里，有“目标规则”、“编辑规则”、“CSS 面板”、字体、大小、颜色、加粗倾斜、水平对齐方式(左对齐|右对齐|居中|两端对齐)等选项。通过这个面板可以为文本创建和指定 CSS 样式。

2.2.2　CSS 样式的创建与应用

1.6 节介绍了 CSS 样式的类型、代码含义与代码定义法。下面将介绍如何在 Dreamweaver CS6 中用可视化方法创建 CSS 样式。

1. CSS 样式的创建

在 Dreamweaver 中创建 CSS 样式，可以通过 CSS 样式面板，或者通过属性面板来进行。

在 Dreamweaver CS6 右边的面板组中找到“CSS 样式”标签，双击，就可打开 CSS 样式面板。单击 CSS 面板下边的按钮，或者在属性面板里选择“CSS”并单击“编辑规则”，就能打开“新建 CSS 规则”对话框，如图 2-9 所示。该对话框中有“选择器类型”、“选择器名称”、“定义规则”等选项。单击“选择器类型”下拉列表，出现类、ID、标签、复合内容 4 个选项，这就是在 1.6 节介绍过的四种 CSS 样式的类型：样式类、ID 样式、标签样式和伪类样式(复合内容样式)。在“选择器类型”下拉列表中选择“类”，在“选择器名称”

下输入类样式的名称（如 fontclass1）。

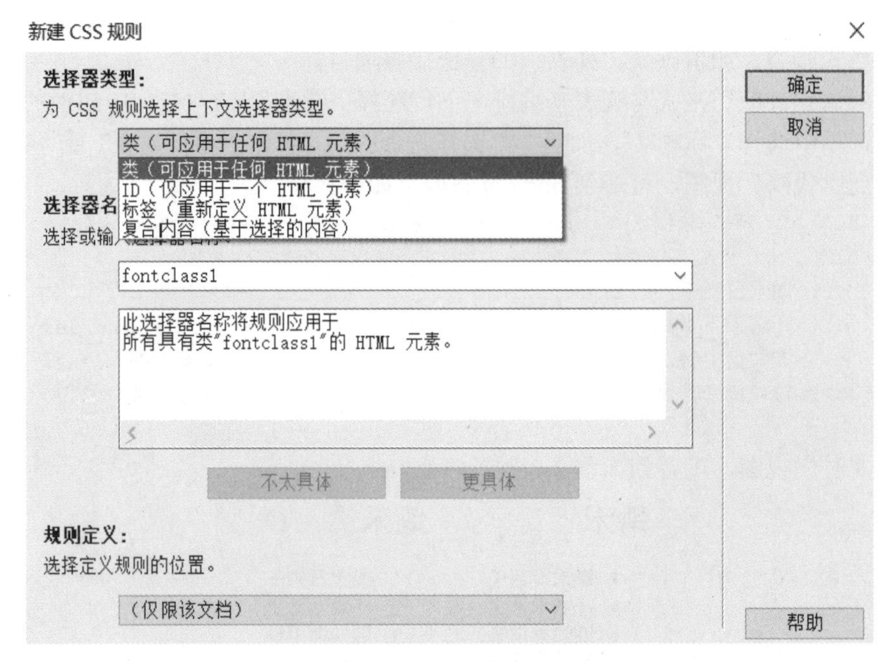

图 2-9 “新建 CSS 规则”对话框

当选择类型为“类”时，系统会自动在样式类名前加“.”号。如果在“选择器类型”中选择“ID”，则系统会自动在样式名前加“#”号。

“规则定义”下拉列表中有“仅限该文档”、“新建样式表文件”等选项(如果当前文档链接了一个外部 CSS 样式表文件，则下拉列表还会出现这个 CSS 样式表文件)。若选择“仅限该文档”选项，则 CSS 样式建在当前网页文档的头部，只能在该网页文档中应用；若选择“新建样式表文件”，则在创建 CSS 样式的同时，还要创建一个 CSS 样式表文件，并将这个新建的 CSS 样式保存在新建的 CSS 样式表文件里，单击“确定”按钮，接着会出现一个新建文件的对话框，在此输入 CSS 样式表文件名并选择保存 CSS 文件的路径。在这里，选择默认的“仅限该文档”选项。

单击“确定”按钮，出现如图 2-10 所示的对话框。

在这里可以设置样式类的各种属性，如类型、背景、区块、方框、边框、列表、定位和扩展几大类属性，这些属性与表 1-2 中的内容相对应。在“类型”下可设置文本的字体、字大小、字颜色等属性；在“背景”下可设置背景颜色、背景图等属性；在“扩展”下可设置滤镜属性等。若 Font-Family 下没有需要的字体，则选择最后一项“编辑字体列表”选项，然后将需要的字体添加进来即可。如图 2-10 所示，设置 fontclass1 的字体、字大小和字颜色，再在“区块”下设置 text-align 属性的值为 center，单击“确定”按钮，就建立了一个名为 fontclass1 的样式类。

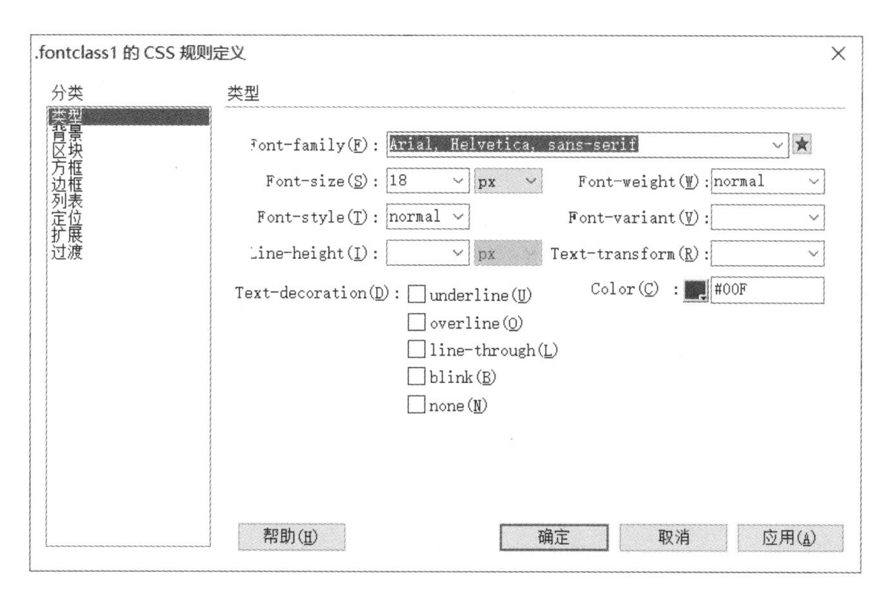

图 2-10　CSS 类属性的设置

类似地，再新建一个样式类 fontclass0：在“类型”属性面板下设置 font-family 为黑体、字大小为 24px、color 为#F00(红色)，将“区块”下的 text-align 属性值也设置为 center。

这样就在本网页内新建了两个样式类：fontclass1 和 fontclass0，如图 2-11 所示。

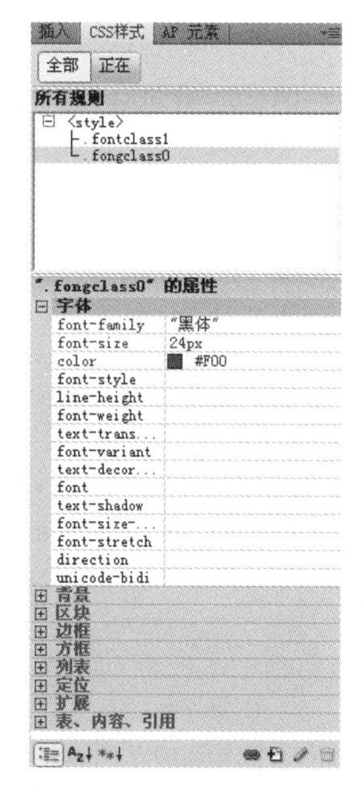

图 2-11　CSS 样式面板

这是一个新建样式类的例子。如果要新建另外三种样式：标签样式、ID 样式、复合内容样式(伪类样式)，则在图 2-9 所示的“新建 CSS 规则”对话框中的“选择器类型”下选择：标签、ID 或复合内容；此外，新建样式类和 ID 样式需要用户自定义一个名称，而新建标签样式和复合内容样式(伪类)不需要用户自定义名称，只要在“选择器名称”下拉列表中选择标签名(如 body、p、h2、table、tr、td 等)或伪类名(如 a:link、a:visited、a:hover、a:active 等)就可以了。

2. CSS 样式应用于文本

下面应用上面已经创建的两个样式。

应用 CSS 样式，既可在属性面板的“HTML”属性中设置，也可在“CSS”属性中设置，文本的 HTML 属性和 CSS 属性如图 2-5 所示。选择前面输入的诗《锄禾》标题，在其 HTML 属性中的“类”下拉列表中选择 fontclass0，也可以在 CSS 属性的“目标规则”下拉列表中选择 fontclass0。

同样地，将样式类 fontclass1 应用于诗句“锄禾日当午，汗滴禾下土。谁知盘中餐，粒粒皆辛苦。”

保存网页文件，名称为 chuhe.html。切换到“代码”视图，可看到自动生成了如下代码。

```
------------------------清单 2-1  chuhe.html------------------------
<!DOCTYPE html PUBLIC "-//W3C//DTD XHTML 1.0 Transitional//EN"
   "http://www.w3.org/TR/xhtml1/DTD/xhtml1-transitional.dtd">
<html xmlns="http://www.w3.org/1999/xhtml">
<head>
<meta http-equiv="Content-Type" content="text/html; charset=utf-8" />
<title>无标题文档</title>
<style type="text/css">                        /* 样式定义开始标签 */
<!--
.fontclass1 {                                  /* 定义样式类 fontclass1 */
  font-family: "楷体_GB2312";
  font-size: 18px;
  color: #00F;
  text-align: center;
}
.fongclass0 {                                  /* 定义样式类 fontclass0 */
  font-family: "黑体";
  font-size: 24px;
  color: #F00;
  text-align: center;
}
-->
</style>                                       /* 样式定义结束标签 */
</head>
<body>
  <h2 class="fongclass0">锄禾</h2>            /* 应用样式 fontclass0 */
  <p class="fontclass1">锄禾日当午，</p>      /* 应用样式 fontclass1 */
  <p class="fontclass1">汗滴禾下土。</p>
  <p class="fontclass1">谁知盘中餐，</p>
  <p class="fontclass1">粒粒皆辛苦。</p>
</body>
</html>
------------------------------------------
```

切换到“实时”视图，预览效果如图 2-12 所示。

这里只举了一个样式类应用于文本的例子。不光样式类能够应用于文本，标签样式、ID 样式都可应用于文本。

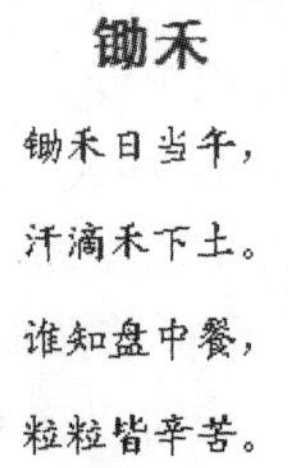

锄禾

锄禾日当午，

汗滴禾下土。

谁知盘中餐，

粒粒皆辛苦。

图 2-12　文本应用 CSS 样式的效果

3. 使用标记符样式定义整个网页的字体

要使整个页面文字属性统一为某种样式，可以使用菜单“修改”→“页面属性”命令，在“页面属性”对话框中选择外观(CSS)，然后设置页面字体、字大小、文本颜色、背景色、背景图像和重复次数，以及网页的左、右、上、下边距，如图 2-13 所示。

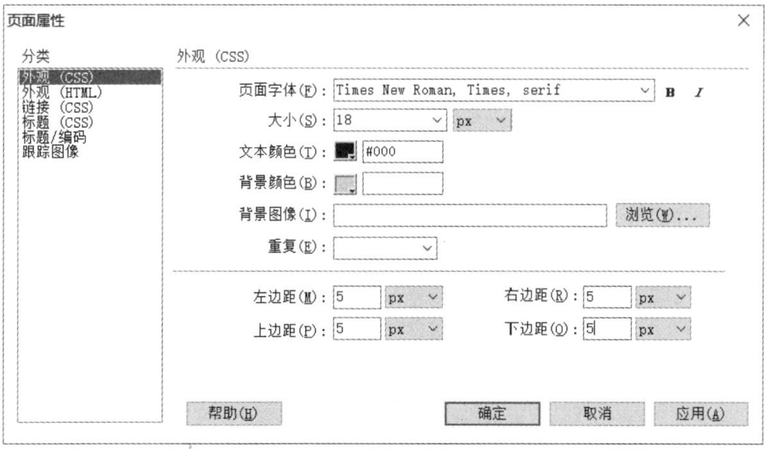

图 2-13　设置页面外观(CSS)属性

单击“确定”按钮，会在网页头部自动生成关于 body、td、th 的标签样式，其代码如下。

```
<style type="text/css">
<!--
body,td,th {
    font-family: Times New Roman, Times, serif;
    font-size: 18px;
    color: #000;
}
body {
    margin-left: 5px;
    margin-top: 5px;
    margin-right: 5px;
    margin-bottom: 5px;
}
-->
</style>
```

如果创建的是 HTML 5 网页，则上述代码中的“<--　-->”不出现（XHTML 才自动出现）。上述 CSS 样式中出现两处 body，当多处对同一个标签符的不同 CSS 属性进行定义时，它们对标签符的作用是叠加的样式效果。这体现了 CSS 的“层叠”含义。

对于未定义文字显示样式的网页，用户在浏览网页时，可以选择网页文字的大小。例如，使用 Internet Explorer 浏览器的用户，使用菜单“查看”→“文字大小”→“最大|较大|中|较小|最小”命令来选择网页中文字的大小，这个功能为用户浏览网页时改变文字大小提供了方便，但有时候随意改变文字大小会破坏网页的外观。对于使用了 CSS 样式的文本，用户就不能通过这种方式随意改变文字大小。

在很多大型网站(如新浪、163 等)中，网页的文字是固定的；而另一些网站(如天涯、色影无忌等)允许用户改变网页文字大小。在网页的内容较多，排版较复杂且很注重网页外观的情况下，一般使用 CSS 来固定文字大小。

在网页属性对话框中，还可以设置网页的外观(HTML)、链接(CSS)、标题(CSS)等属性。例如，设置网页外观的 HTML 属性如图 2-14 所示。

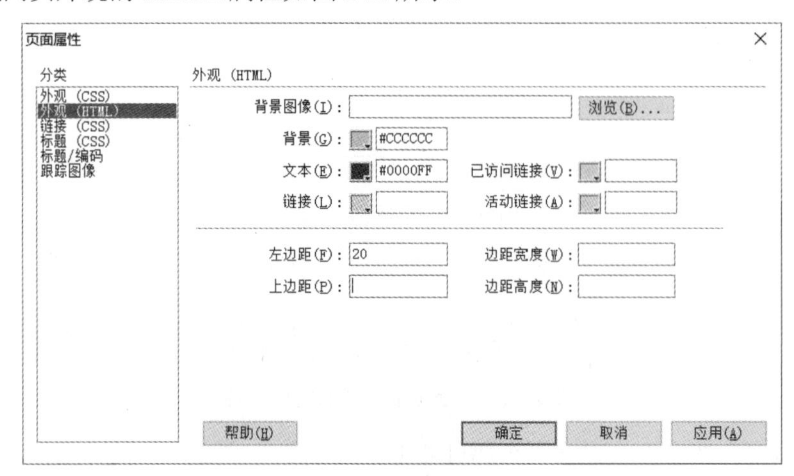

图 2-14　设置网页外观(HTML)属性

这将给网页的 body 标签加上一些属性，代码如下：

```
<body bgcolor="#CCCCCC" text="#0000FF" leftmargin="20">
```

HTML 外观和 CSS 外观都可以定义网页的某些属性，当 HTML 外观与 CSS 外观同时定义了网页的某种属性(如文本颜色)时，CSS 外观优先级高，只有 CSS 未定义的，HTML 定义才起作用。

如果已经熟悉了 CSS 代码的写法，也可在“代码”视图下直接输入或修改 CSS。

CSS 功能强大，属性和属性取值非常繁多，本节只对文本的一些 CSS 属性进行了定义与应用，在下面章节中遇到相关的 CSS 属性，会有相应的阐述。

以上新建的 CSS 样式，都是在网页的头部产生一段 CSS 样式代码，但是在网页头部定义的样式，只能在当前网页中使用。

4. 标签符内直接定义并应用 CSS 样式

如果针对某个 HTML 标签的样式应用很少，甚至只应用一次，则建议采用 style="...; " 的方式直接在 HTML 标记符内定义和应用样式。例如，

```
<td style="font-family:Times New Roman; font-size:14px; ">HELP? </td>
```

这是直接在表格单元格内定义的样式，引号中间的样式规则(属性名:属性值;)直接应用于当前的单元格中，并且只能应用于当前的单元格中。

标签符内直接定义和应用 CSS 样式，一般只能在“代码”视图下直接编辑。

2.2.3　CSS 样式表文件

建设网站时，通常要把一个 CSS 样式应用到整个站点的所有网页中去，这可以通过 CSS 样式表文件来实现。CSS 样式表文件是将多个 CSS 样式定义集中保存在一起的一个文件，文件扩展名为.css。当其他网页要使用此样式表文件中的样式时，只要把此样式表文件链接到这些网页就可以了。创建 CSS 样式表文件的方法有两种。

1. 单独新建 CSS 样式表文件

使用菜单“文件”→“新建”命令，打开“新建文档”对话框，在该对话框中选择“页面类型”为 CSS，如图 2-15 所示。单击“创建”按钮，即可进入新建 CSS 代码文件的窗口。

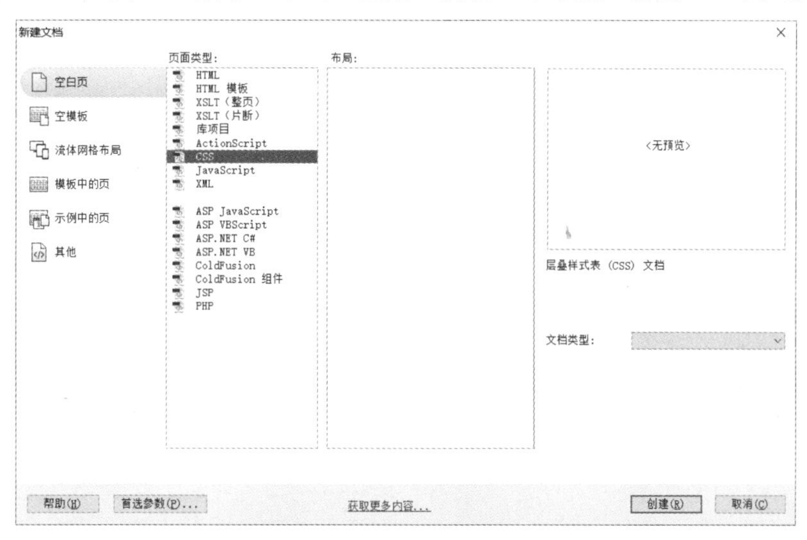

图 2-15　“新建文档”对话框

或者在 Dreamweaver CS6 中未打开任何文件时，选择“新建”下“CSS”(见图 2-1)，也可新建 CSS 文件。这时出现的新建 CSS 样式文件窗口是一个代码窗口。通过单击 CSS 样式面板下的按钮或者在属性面板里选择“CSS”并单击“编辑规则”来新建 CSS 样式，打开“新建 CSS 规则”对话框，如图 2-16 所示。

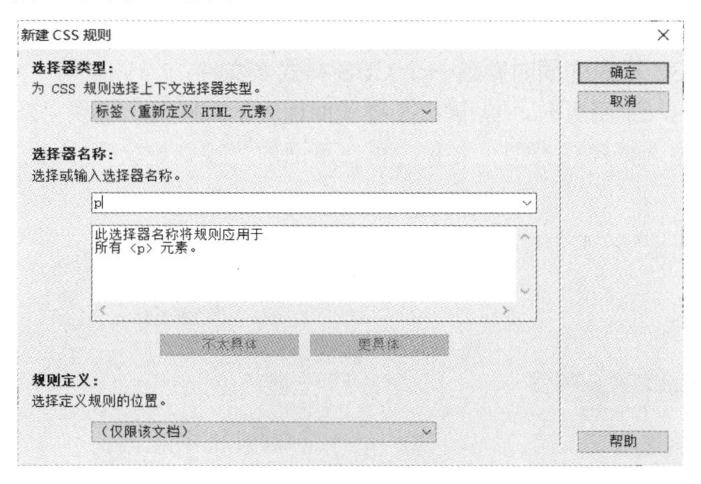

图 2-16　标签样式的定义

假如要在该样式文件里为段落标签 p 新建一个样式，则在该对话框的“选择器类型”中选择“标签”，在“选择器名称”中选择“p”，“规则定义”采用默认。单击“确定”按钮，进入图 2-10 所示的对话框，在该对话框中，对标签 p 的显示属性进行具体设置。采用同样的方法，在该 CSS 样式文件中创建几种不同的样式，代码如下。

```
h2 {                                    /* 定义 h2 的样式 */
    font-family: "黑体";
    font-size: 24px;
    color: #F00;                        /* 在 CSS 中，用 3 位十六进制数表示颜色 */
}
p {                                     /* 定义标签 p 的样式 */
    font-family: "楷体_GB2312";
    font-size: 18px;
    font-style: normal;
    color: #000;
    text-align: center;
}
.class1 {                               /* 定义一个样式类 */
    font-family: "华文新魏";
    font-size: 18px;
    font-style: normal;
    color: #000;
}
#id-css1 {                              /* 定义一个 ID 样式 */
    font-family: "方正姚体";
    font-size: 14px;
    color: #0F0;
}
```

保存文件，并将文件命名为 type0.css。查看文件面板，如图 2-17 所示，可以看到站点内多了一个名为 type0.css 的样式文件。

也可以在新建 CSS 文件窗口中通过直接输入代码来编辑 CSS 样式文件。

2. 在创建 CSS 样式的同时新建一个 CSS 样式表文件

在编辑网站内一个网页时，单击 CSS 样式面板下的按钮，出现“新建 CSS 规则”对话框，在对话框中选择样式类型、名称，再在下面的“规则定义”中选择“新建样式表文件”，如图 2-18 所示。

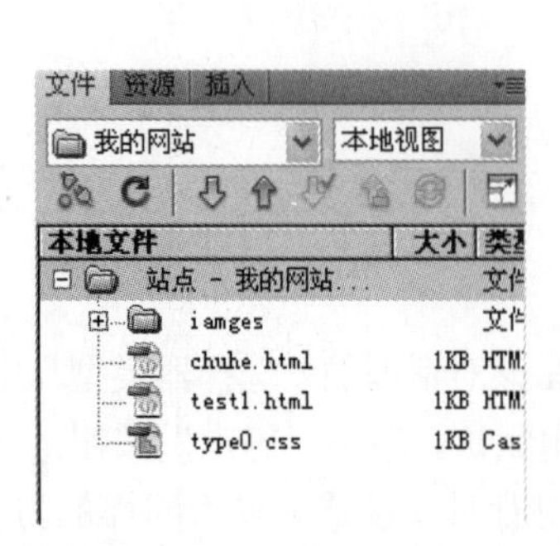

图 2-17　新建 CSS 文件后站点内的文件

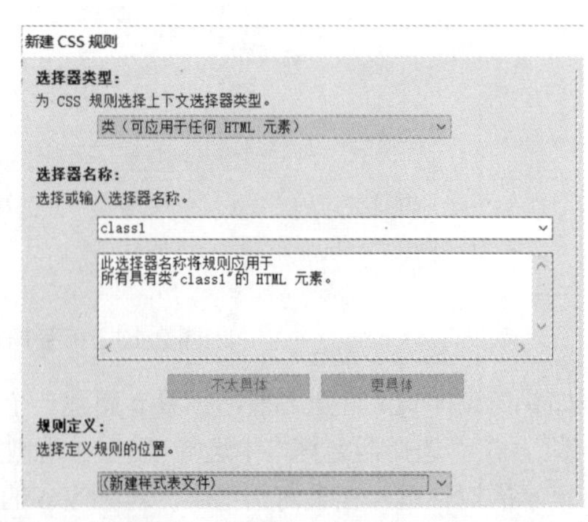

图 2-18　将新建 CSS 样式存储到一个新的 CSS 文件里

单击“确定”按钮，出现“将样式表文件另存为”对话框，在文件名文本框中输入 CSS 样式表文件名(如 type.css)，其他选项采用默认设置，如图 2-19 所示。

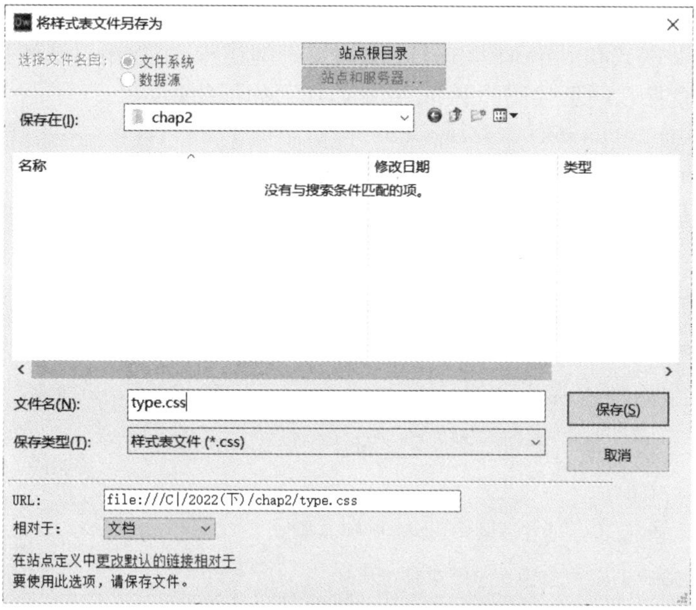

图 2-19　给新建 CSS 样式文件命名

单击“保存”按钮，出现 CSS 样式定义的对话框(见图 2-20)，在该对话框中设置类样式.waibufont1 的各种属性，设置完毕，单击“确定”按钮。这时，可以在网页代码的头部内自动增加一行链接外部 CSS 样式文件的代码：

```
<link href="type.css" rel="stylesheet" type="text/css" />
```

这说明在创建 CSS 样式的同时创建了样式文件，自动链接到当前网页中。

再打开站点的文件面板，可以看到当前站点里多了一个名为 type.css 的文件。查看 CSS 样式面板，可以看到一个名为“.waibufont1”的 CSS 样式位于 type.css 下(图中样式类.fontclass1 和.fontclass0 是前面已经定义的样式)，如图 2-20 所示。

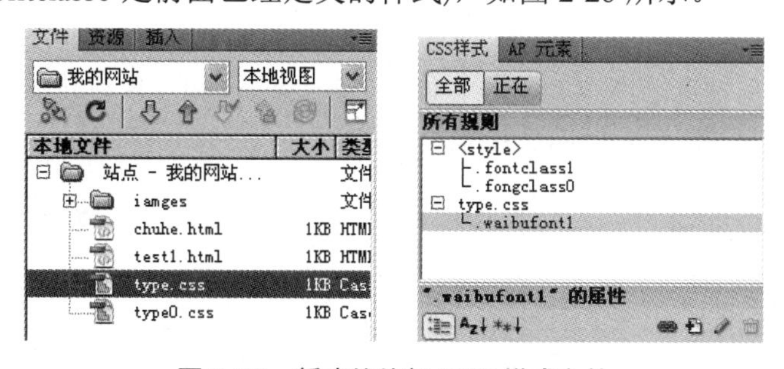

图 2-20　新建的外部 CSS 样式文件

双击 CSS 面板的.waibufont1 样式，再一次打开.waibufont1 样式设置对话框，可进一步修改该样式的属性。

3. 将新建 CSS 样式保存到已有的外部 CSS 样式表文件里

在编辑一个网页时，要将新建 CSS 样式保存到外部样式文件里(说明：这里的外部文件是指网页以外站点以内的文件)，首先需要将样式文件链接到当前网页中。将网页链接样式文件的方法有 link 模式和 import 模式(1.6 节有详细阐述)，可使用以下两种方法之一。

一种方法是直接在网页代码的 head 元素内加入如下代码：

```
<link href="path&filename.css" rel="stylesheet" type="text/css" />
```

其中，"path&filename.css"是样式文件的路径和名称。

另一种方法是单击 CSS 样式面板下的链接按钮，在弹出的对话框中选择样式文件，并在单选项“链接”(link)、“导入”(import)中选择一种链接方式，如图 2-21 所示。单击“确定”按钮，即将样式文件链接到当前网页中。

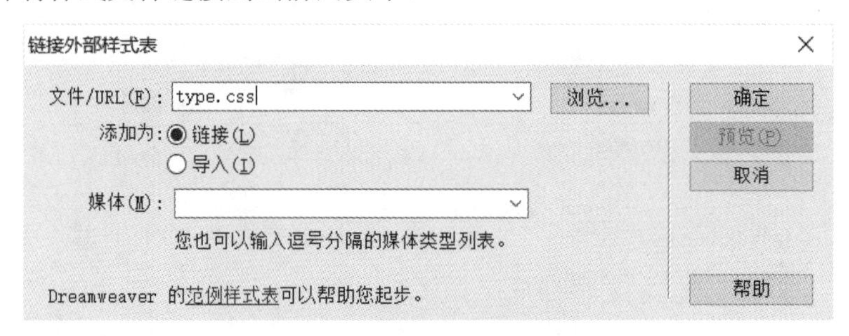

图 2-21　链接样式文件的方法

链接好 CSS 文件 type.css 以后，创建新的 CSS 样式。在“新建 CSS 规则”对话框(见图 2-18)的“规则定义”下拉列表框里选择 type.css，即可新建 CSS 样式并保存到 type.css 样式文件里。

注意：在站点中有相同样式的文字、表格、层等最好使用同一个 CSS 样式，色彩不要太过繁杂，可以参照一些较有名气的站点学习网页的布局和色彩的搭配。

2.3　插入图像、动画与媒体元素

图像、动画等是常见的网页元素，它们具有美化网页和形象化传递信息等重要作用，一张没有图像动画或媒体元素的网页很难吸引用户。

2.3.1　插入并编辑图像

网页中使用图像的常用格式有 jpeg、gif、png 等，其中 jpeg 图像(文件扩展名为.jpg)压缩比较高、图像质量也较好，gif 图像(文件扩展名为.gif)具有文件较小、支持透明背景和动画等特性，png 是网页标准图像。jpeg 图和 png 图在网页中应用最广。大图一般采用 jpeg 图，小图或需要支持透明背景、动画的就使用 png 图。

1. 插入图像

一般情况下，先把要插入的图像放到站点的图像文件夹(如 images 文件夹)中；然后在网页中插入表格对网页内容进行安排，确保网页已经保存在站点文件夹中；最后再把图像插入表格的单元格内。

使用菜单插入图像的步骤如下：

(1) 将光标置于需要插入图像的位置；

(2) 选择“插入”→“图像”菜单命令，或者在“插入”面板中单击图像按钮，弹出“选择图像源文件”对话框，在此对话框中选择合适的图像，单击“确定”按钮即可。

注意：为保证图像能正常显示，应在插入图像前做两件事：一是把图像放入站点目录的图像文件夹内；二是把网页保存在站点文件夹下。

2. 图像属性编辑

选择图像，可以通过“属性”面板来修改图像的属性。图像的属性有基本属性的扩展属性，默认只打开图像的基本属性。通过单击属性面板右下角的▽按钮(Dreamweaver 窗口要足够宽才能显示该按钮)，可以打开扩展属性；打开扩展属性时，再单击右下角的△按钮，扩展属性即收缩起来。图像及其属性面板如图 2-22 所示，图像的基本属性和扩展属性都可显示出来。

图 2-22　图像的属性

1) 图像的基本属性

图像的基本属性主要有以下几方面。

(1) 设置“宽”、“高”属性改变图像的大小。

(2) 通过设置“源文件”来选择图像。

(3) “替换”的含义为：当浏览网页时把光标放在图像上会显示文字提示。“Cs3C60 分子结构”；当图像不能正常显示时，显示一个红 X 的同时，把“Cs3C60 分子结构”显示在红 X 的边上。

(4) “类”就是为图像应用已经定义了的样式。

(5) 在“链接”处输入新目标 URL。当单击图像时，可以打开新目标 URL 网页或其他文件，第 1 章已学习过超链接的含义。当新目标 URL 是浏览器能打开链接的文件(如 gif 图像、HTML 网页等)时，用浏览器打开此文件；当链接的新目标 URL 文件浏览器不能打开(如压缩文件 RAR 等)时，则弹出下载对话框，用户可以下载该文件。

(6) “编辑”就是使用该图像默认的编辑器来编辑它。

2) 图像的扩展属性

图像的扩展属性主要有以下几方面。

(1) “垂直边距”和“水平边距”用于确定图像上下、左右间距。

(2) 简单图像处理工具边框(B)中的“边框”用于给图像加一个指定宽度的边框，后面几个工具按钮依次是裁剪、重新取样、亮度和对比度、锐化。使用这几个工具按钮，可以对插入进来的图像进行简单的处理。与第 1 章所讲的图像滤镜完全不同，这些处理会实质性地改变图像文件。例如，给图 2-22 所示的图形添加边框、进行裁剪和锐化，其结果如图 2-23 所示。

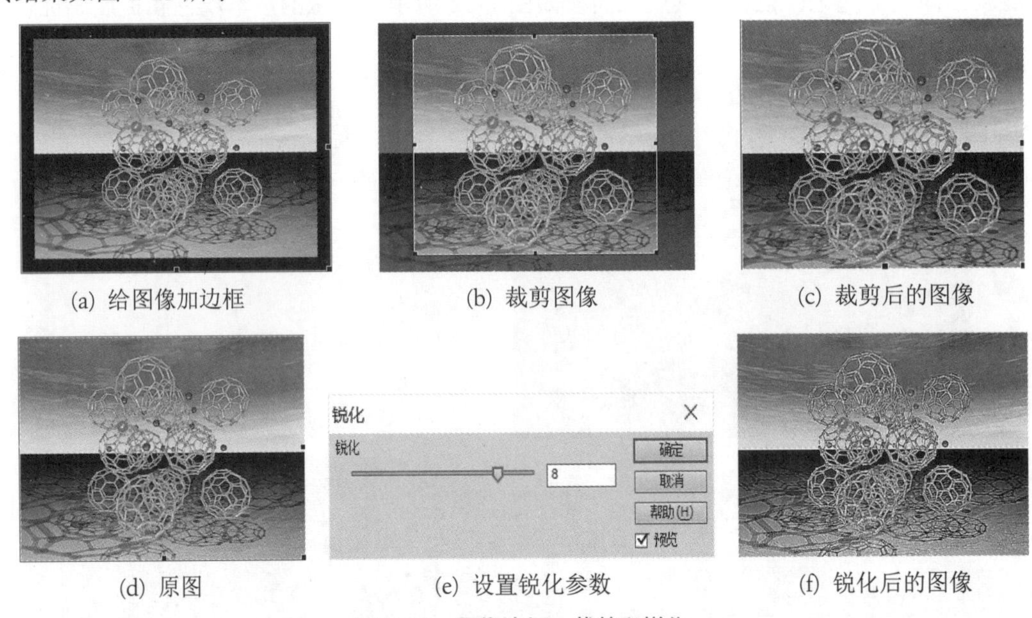

(a) 给图像加边框　(b) 裁剪图像　(c) 裁剪后的图像

(d) 原图　(e) 设置锐化参数　(f) 锐化后的图像

图 2-23　图像边框、裁剪和锐化

(3) 热点工具按钮用于设置图像的热点区域，热点主要用于链接。图 2-24 所示的图像设置了 3 个热点区域，每个热点区域都可以单独做一个链接。

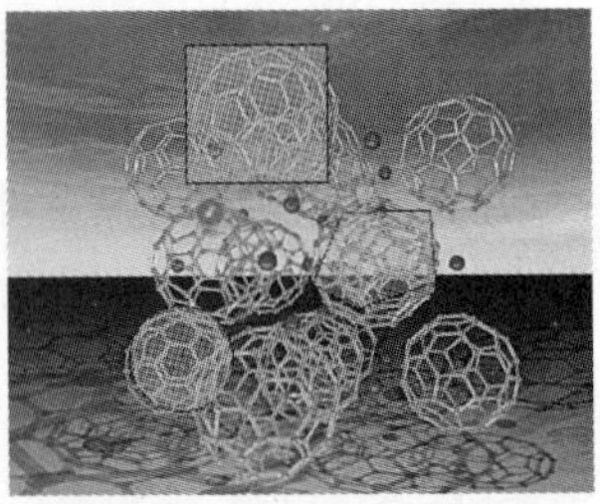

(4) “对齐”属性用于指定图像在网页区域的左右、上下对齐方式。

其他一些不常用的图像属性，请自行练习。

3. 图像占位符的使用

图像占位符是在准备好将最终图形添加到网页之前使用的图形，在网页布局时常常用到。可以设置占位符的大小、

图 2-24　图像的热点区域

颜色，并为占位符提供文本标签。

1) 插入图像占位符

在文档窗口中，将光标置于要插入点的位置，选择“插入”→“图像对象”→“图像占位符”命令，或者在插入面板中单击图像下拉按钮，再选择 **图像占位符**。

在“图像占位符”对话框的名称文本框中输入占位符名称(以字母开头)、宽度、高度、颜色等，如图 2-25(a)所示。这样就插入了一个图像占位符。用同样的方法，连续插入几个图像占位符，如图 2-25(b)所示。

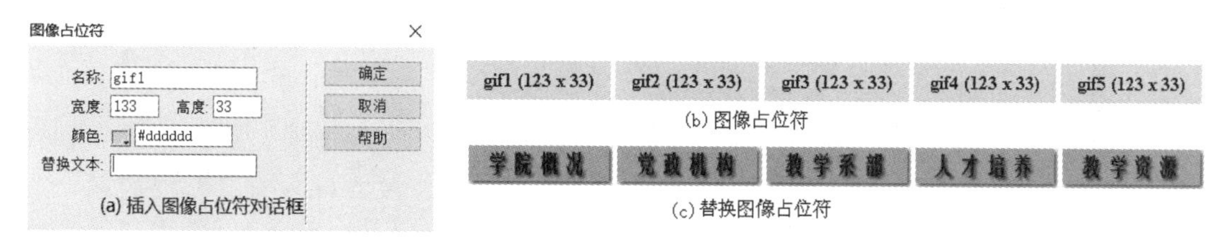

(a) 插入图像占位符对话框　(b) 图像占位符　(c) 替换图像占位符

图 2-25　图像占位符的插入与替换

2) 替换图像占位符

根据图像占位符的尺寸，用 Fireworks 或 Photoshop 等软件制作相应大小的图像，然后在 Dreamweaver 中替换它。替换图像占位符(见图 2-25(c))，执行下列操作：选择图像占位符，然后在属性面板中单击“源文件”框旁的文件夹图标，或者双击占位符，将出现“选择图像源文件”对话框，在该对话框中选择要替换占位符的图像，然后单击“确定”按钮。

4. 图像应用 CSS 样式

图像属性面板(见图 2-22)中有“类”这个栏目，这是为图像选择 CSS 样式而设计的。图像对象可以应用标签(img)样式、ID 样式、类样式，可以将样式单独定义再应用，也可以直接在 img 标签里定义并应用样式。

例如，在 CSS 样式面板中单击“新建”按钮，新建一个样式类，类名“.imageclass1”（参考图 2-9），“规则定义”选择“仅限该文档”，单击“确定”按钮，在“CSS 规则定义”对话框的“分类”→“扩展”→“Filter”下选择“FlipH”命令，单击“确定”按钮，即建好了样式类.imageclass1。

切换到“代码”视图，在头部的 style 样式定义元素内可看到如下代码：

```
.imageclass1 {
   filter: FlipH; }
```

在网页中插入一张图片，如图 2-26(a)所示。网页代码如下：

```
<img src="iamges/tiane.jpg" />
```

选择该图，在属性面板的“类”属性下拉列表中选择“.imageclass1”，切换到“代码”视图，可以看到如下代码：

```
<img src="iamges/tiane.jpg" class="imageclass1" />
```

保存文件。按 F12 键预览，效果如图 2-26(b)所示。这是水平镜像的滤镜效果。

相似地，再定义一个样式类.imageclass2，与.imageclass1 的不同之处，只在“Filter”下选择 Xray 滤镜，其他相同。给原图应用“.imageclass2”样式类，保存后，预览效果如图 2-26(c)所示，这是 X 射线透射的滤镜效果。

（a）原图

（b）应用 FlipH 滤镜样式

（c）应用 Xray 滤镜样式

（d）应用边框样式

图 2-26　图像应用 CSS 样式

再新建一个名为“.imageclass3”样式类，在“CSS 规则定义”对话框的“分类”→“边框”的“style”下拉列表中选择“Double”(双边框)，并勾选“全部相同”(指上、下、左、右相同)；在“color”下设置颜色为#F00，并勾选“全部相同”。单击“确定”按钮，即建好了“.imageclass3”样式类。

将样式类.imageclass3 应用于图 2-26(a)所示的图像，切换到“实时”视图，预览效果如图 2-26(d)所示。

可应用于图像的 CSS 样式还有很多，这里只是举了几例，其余的大家自己练习。

注意：将滤镜样式应用于图像时，在“实时”视图下将看不到滤镜的效果，只有在浏览器中才能预览到滤镜效果，其他样式(如加边框样式)则可以在“实时”视图中预览到样式的效果。将 CSS 样式应用于图像，只是改变了图像在浏览器的显示样式，图像原文件并未发生变化。

2.3.2　插入动画和其他媒体元素

1. 插入动画

常见的动画有 gif 和 swf(Flash 动画)两种形式，插入 gif 动画的方法与插入一张普通的图片相同，插入 swf 动画的步骤如下：

(1) 将插入光标置于页面中需要插入 swf 文件的位置；

(2) 选择“插入”→“媒体”→“SWF”命令，或者在“插入”面板中单击 媒体 下拉按钮再选择 SWF ，即在弹出的“选择文件”对话框中选择要插入的 swf 文件，单击“确定”按钮；

(3) 在属性面板中，对插入的动画属性进行设置。

2. 插入声音

在网页中使用声音的方法通常有两种：一是将声音作为网页的背景音乐；二是直接将声音文件嵌入到网页中。

1) 将声音作为背景音乐

(1) 将音乐文件放到站点文件夹下面。

(2) 在网页的 head 部分使用标记符 bgsound，例如，<bgsound src="tunes/beethoven.mid" loop="1">。

2) 直接将声音文件嵌入到网页中

(1) 将音乐文件放到站点文件夹下面。

(2) 将光标置于页面中需要插入音乐文件的位置。

(3) 选择“插入”→“媒体”→“插件”菜单命令，或者在“插入”面板中单击 媒体 下拉按钮 插件，在出现的“选择文件”对话框中，选中要插入的声音文件，并加以确定。

(4) 使用属性面板对插件的一些属性进行设置。

说明：用此种方式不但可以插入声音文件，还可以插入 swf 动画或其他视频文件，用户浏览网页时会自动调用本地媒体播放软件进行播放。

2.4　插入超链接

超链接，简称链接，是网页之间关联在一起的纽带。许多网页存放在一起，之所以能够成为一个网站，就是因为它们之间设置了合适的超链接，成为一个有着“千丝万缕”联系的有机整体。第 1 章已经学习过超链接(标签 a)代码的使用，这一节将学习使用 Dreamweaver 可视化方式创建超链接的方法。

1. 创建页面链接

(1) 选中要创建链接的文本、图片或图片中的一个热点(2.3.1 节阐述了图片热点)。

(2) 建立链接。在属性面板的“链接”文本框中输入目标文件的路径和文件名称(注意：文本的属性面板如图 2-5 所示，其“链接”文本框只出现在 HTML 属性里)，或单击“浏览文件”按钮，在对话框中选择一个文件作为超链接的目标文件，或拖动“指向文件”按钮至文件面板中的某一个文件(先要打开文件面板)。

(3) 指定打开链接网页的窗口。属性面板的“目标”属性下拉列表中有_blank、_parent、_self、_top 选项。其中“_blank”表示在新窗口中打开链接网页，“_self”表示在当前窗口中打开链接目标网页，“_parent”表示在父窗口中打开链接网页，“_top”表示在最上级窗口中打开链接目标网页。

2. 锚点链接

锚点链接是应用于同一个网页内的超链接。首先要在每个需要定位的地方设置一个锚点，然后给文字或图片等对象设置超链接，让链接的目标指向网页内的某个锚点。

锚点链接建立过程如下。

(1) 把光标定位到要插入锚点的区域。

(2) 选择“插入”→“命名锚记”菜单命令，在“命名锚记”对话框中输入锚点的名称，如“No1”。

(3) 将光标定位到文档窗口中要跳转到定义锚记的对象，选中文本、图像或图像热点。

(4) 在属性面板的“链接”文本框中输入“#”和命名锚点的名称，如“#No1”。

3. 电子邮件链接

(1) 选中要创建电子邮件链接的文本、图片。

(2) 在属性面板的“链接”文本框中输入“mailto:电子邮件地址”。

4. 图像热点区链接

2.3.1 节学习插入图像时，介绍了图像的热点设置(见图 2-24)。在图像中设置多个热点，能够达到在一幅图做多个链接的目的。

在一幅图中设置若干个热点区域，并为每个区域指定一个不同的超链接。浏览网页时，单击不同区域便可以跳转到相应的目标页面。

图像映射在网页上应用非常广泛，最常见的用法有电子地图、页面导航等。

在 Dreamweaver 中设置热点链接的步骤如下。

(1) 把图片插入合适的位置。

(2) 选中图片，使用属性面板左下角的热点工具(矩形、圆和多边形)，在图片合适的地方拖动(多边形是在图像上单击以产生多边形的顶点)以产生矩形、圆或多边形热区域。

(3) 选中一个热点区，在属性面板中为该热点区设置链接。

重复第(3)步，直到给每个热点区设置不同的链接目标。

如图 2-24 所示的热点，切换到“代码”视图，可以看到如下代码。

```
<img src="iamges/Cs3C60_0.jpg" usemap="#Map" />
  <map name="Map" id="Map">
    <area shape="rect" coords="130,26,212,104" href="#" />
    <area shape="circle" coords="127,202,30" href="#" />
    <area shape="poly" coords="194,123" href="#" />
    <area shape="poly" coords="202,160,228,174,273,159,270,119"
    href="#" />
  </map>
```

可以清楚地看到，图像热点使用<map>……</map>标签，在此标签中再使用<area>标记符指定热点的区域属性。图像热点大多使用 Dreamweaver 等可视化的软件指定热点，而很少手工编写热点的代码，href="#"说明尚未为该热点指定链接，请读者留意<map>……</map>标签中的内容和<img>标记符的 usemap 属性值，以及其他属性的值。

5. 使用 CSS 伪类改变超链接的显示样式

链接有四种状态：未使用的链接(link)、访问过的链接(visited)、鼠标光标在链接对象上(hover)和链接激活(actived)，在这四种状态时使用样式面板定义伪类。HTML 对这四种状态有一套默认的显示样式。但是，可以使用伪类定义的方法改变超链接的默认显示样式。

1) 伪类定义改变超链接显示样式的一般方法

CSS 中使用标签 a 的四个伪类(a:link、a:visited、a:hover、a:actived)来表示链接的这四种状态，可以通过重新定义这四个伪类来改变超链接的显示样式，其步骤如下。

(1) 在 CSS 样式面板中，单击“新建”按钮。

(2) 在出现对话框的“选择器类型”下拉列表中选择“复合内容”选项，在“选择器名称”下拉列表中选择“a:link”选项,“规则定义”取默认值，单击“确定”按钮。

(3) 在“CSS 规则定义”对话框中，设置该伪类的各种属性值，例如，在“类型”下指定 Fong-family(字体)、Font-size(大小)、Color(颜色)、Text-decoration(装饰)参数是否要下划线，还可为该伪类设置各种复杂的属性值，单击“确定”按钮。

重复以上步骤 3 次，只是第(2)步将名称分别改为 a:visited、a:hover、a:actived，分别为 3 个伪类设置 CSS 样式。关系标签 a 的这 4 个伪类(a:link，a:visited，a:hover 和 a:actived)重新定义后，网页中的超链接样式自动变为新设置的样式。

2) 伪类和类结合定义多组超链接样式

还可以将伪类和类相结合，为网页定义几组超链接的样式。例如，将标签 a 的伪类与类 x 相结合，采用上述方法分别为 a.x:link、a.x:visited、a.x:hover 和 a.x:actived 定义好 CSS 样式。

在给网页中的文本对象应用超链接时，要在属性面板的“类”下拉列表中选择“x”，这样就会出现新的一组超链接的显示样式。

3) 超链接 CSS 样式的简单定义法

超链接伪类有一种简单定义方法，就是在网页的“页面属性”中进行。

具体方法是：选择菜单“修改”→“页面属性”→“链接(CSS)”选项，如图 2-27 所示，在对话框中为链接、已访问的链接、活动链接、变换图像链接设置几种简单属性(字体、大小、颜色)。这样也可以改变超链接的样式。

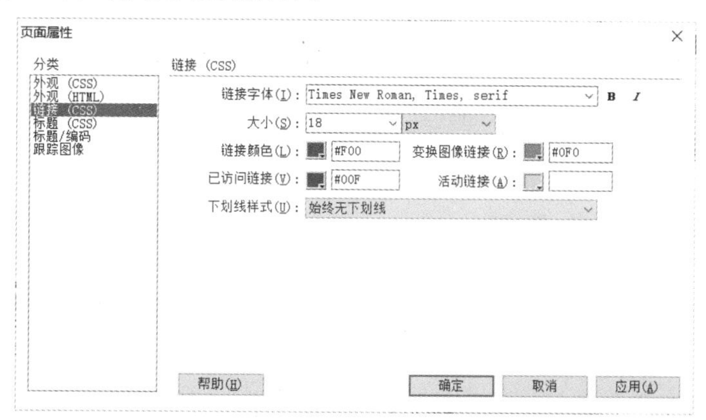

图 2-27　在“页面属性”对话框里设置链接 CSS

2.5　网页表格

第 1 章已经介绍了表格的基本 HTML 代码，这里还要深入学习表格。这是因为表格可以排版布局网页中的文本、图形等其他元素，是网页的“骨架”，在静态网页中有举足轻重的地位。掌握表格的创建、拆分合并，运用表格进行网页排版是网页制作的基本技能。

2.5.1 插入表格

在 Dreamweaver CS6 中，有多种插入表格的方法。下面学习在“设计”视图中，使用菜单命令和工具按钮的方法插入和编辑表格的方法。例如，网页中插入类似于 1-7.htm 的表格，可以采用如下步骤。

(1) 将鼠标光标置于文档中需要插入表格的位置。

(2) 选择“插入”→“表格”菜单命令，或者在“插入”面板下单击 表格 按钮，弹出“表格”对话框，如图 2-28 左图所示。

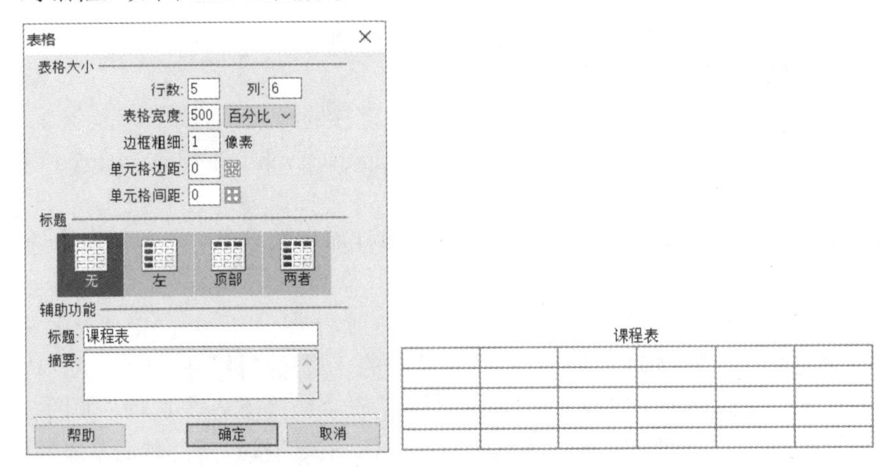

图 2-28 新建表格对话框与生成的表格

(3) 在对话框中输入图 2-28 左图所示的表格参数，就可以得到右图所示的表格。使用“代码”视图查看自动生成的 HTML 代码如下。

```
<table width="500" border="1" cellspacing="0" cellpadding="0">
<caption> 课程表 </caption>
  <tr>
    <td> </td> <td> </td> <td> </td>
    <td> </td> <td> </td> <td> </td>
  </tr>
  <tr>
    <td> </td> <td> </td> <td> </td>
    <td> </td> <td> </td> <td> </td>
  </tr>
  <tr>
    <td> </td> <td> </td> <td> </td>
    <td> </td> <td> </td> <td> </td>
  </tr>
  <tr>
    <td> </td> <td> </td> <td> </td>
    <td> </td> <td> </td> <td> </td>
  </tr>
  <tr>
```

```
    <td> </td> <td> </td> <td> </td>
    <td> </td> <td> </td> <td> </td>
  </tr>
</table>
```

同时会发现每一个单元格中都自动插入了一个占位符空格( )，若在“设计”视图的单元格内插入内容，则占位符会自动消失。

从插入表格可以看出，合理地使用 Dreamweaver 可视化操作，自动生成代码比用记事本编写 HTML 代码要简单得多。在实际制作网页时，网页的外观大多可在 Dreamweaver 中可视化操作完成，使网页制作者省去很多简单重复劳动，大大提高网页制作的效率。

2.5.2　编辑表格

使用菜单或面板等可视化方法插入的表格，往往需要进一步编辑，以使表格显得更美观。一般需要在表格中插入文字、图片等内容。

1. 表格元素的选定与属性

使用标签选择器可以方便地选定整个表格，也可以选定表格的单元格、行或其他元素。如要选定第一行，可以把光标置于第一行的任一单元格内，然后单击状态栏的标签选择器中的<tr>标记，如图 2-29 所示。

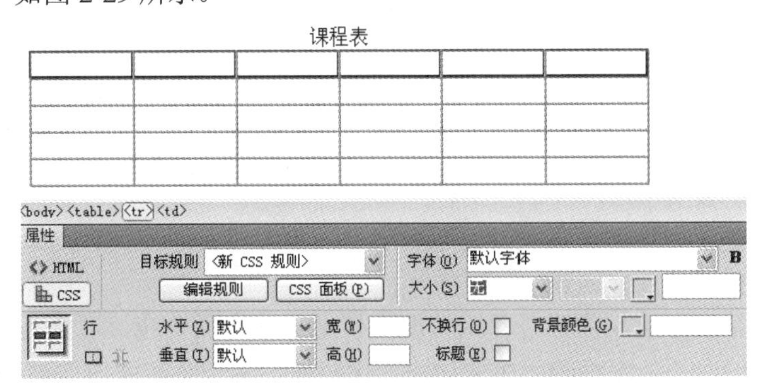

图 2-29　通过标签选择器选中表格的一行

使用相同的方法可以选中整个表格或一个单元格，它是选择对象最方便、快捷的方法。当然，还有其他如拖放法等选择对象的方法，这些与 Word 软件相似。

当选择对象变了，相应的属性栏也改变了。

2. 编辑表格结构

使用“属性”面板可以快捷地编辑表格的多个属性，如行数、列数、宽度、填充、间距、边框、对齐等，表格属性面板中的“填充”、“间距”、“边框”与新建表格对话框(见图 2-28)中的“单元格间距”、“单元格边距”和“边框粗细”相对应。

还可以为表格应用 CSS 样式类、标签样式。

1) 表格的宽度

要想随心所欲地控制表格，必须精确地控制表格的每一个元素，其中表格的宽度是一个很重要的因素，对表格的外观有很大的影响。

如上面的课程表，在第一行第一、二个单元格输入内容“星期一”、“星期二”后，发现表格单元格的宽度自动改变了，如图 2-30 所示，初学者往往会用鼠标拖动表格的竖线来调整某一列的宽度，但不推荐用拖动的方法改变单元格的宽度。

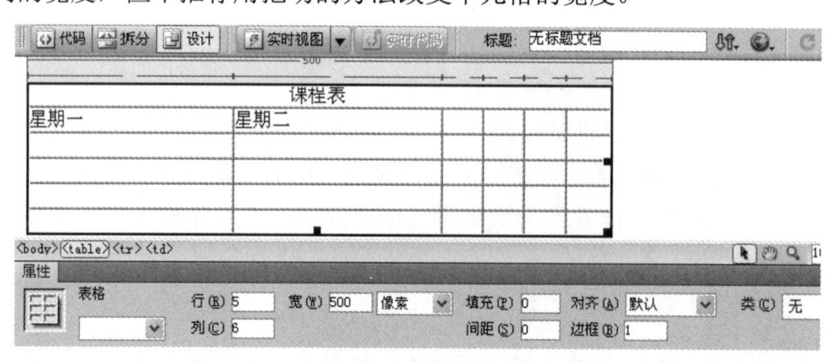

图 2-30　输入内容后单元格宽度发生变化

为什么会变形？这是因为只定义了整个表格的宽度为 500 像素，而没有定义每一列的宽度，在每一列内容长度不同时，表格就自动调整了某些列的宽度。

要制作固定宽度的表格，通常有以下两种方法。

(1) 定义所有列的宽度(第一行单元格的宽度)，但不定义整个表格的宽度。整个表格的实际宽度为：所有列的宽度和+边框宽度和+间距和+填充和，这时候，只要单元格内的内容不超过单元格的宽度，表格就不会变形。

(2) 定义整个表格的宽，如 500 像素、98%等，再留一列的宽度不定义。未定义的这一列的宽度为：整个表格的宽度－已定义列的宽度和－边框宽度和－间距和－填充和，同样在插入内容时也不会变形。

表格、表行和单元格的宽度属性，以及表行、单元格的高度属性，既可用绝对的像素点表示，也可用相对的百分比表示。

那么，什么情况下该用像素，什么情况下该用百分比呢？应该区别两种宽度的差别：像素宽度是固定的，不随表格的环境变化而变化，如定义一个宽度为 500 像素的表格，在窗口最大化时表格宽度是 500 像素，窗口缩小时表格宽度还是 500 像素；如果把表格宽度定义为 98%，窗口缩小时表格会按比率缩小。应根据需要灵活地确定表格宽度。

2) 表格的边框与间距

边框与边线间距对表格的外观有很大的影响。定义表格时，设定表格边框的粗细、单元格边距和单元格间距，可以设计不同边框的表格，如图 2-31 所示。

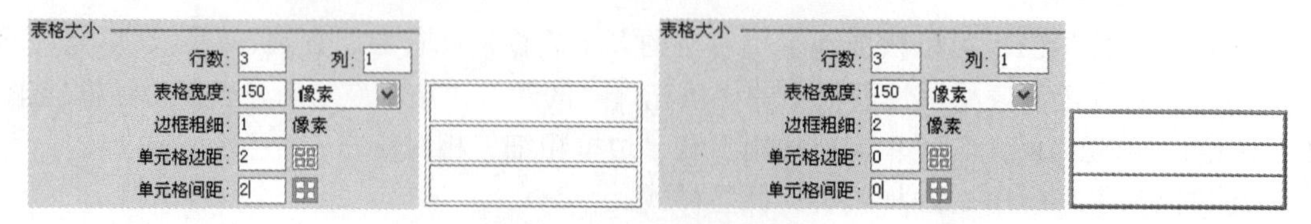

图 2-31　表格的边框属性

表格制作好后，应用标签选择器选择整个表格，再用表格属性栏(见图 2-29、图 2-30)

来修改表格的边框、填充和间距，同样可以达到目的。

3) 表行与单元格的属性

表行(或单元格)的属性分为基本属性和扩展属性，两者以中间的一条水平半隐分界线分开，扩展属性可通过单击属性栏右下角的按钮▽展开或按扭△收缩。基本属性包括 HTML 属性和 CSS 属性，与文本的属性类似；扩展属性包括合并□、拆分⊐⊏、水平、垂直、宽、高、不换行、标题、背景颜色等属性项，如图 2-32 所示。

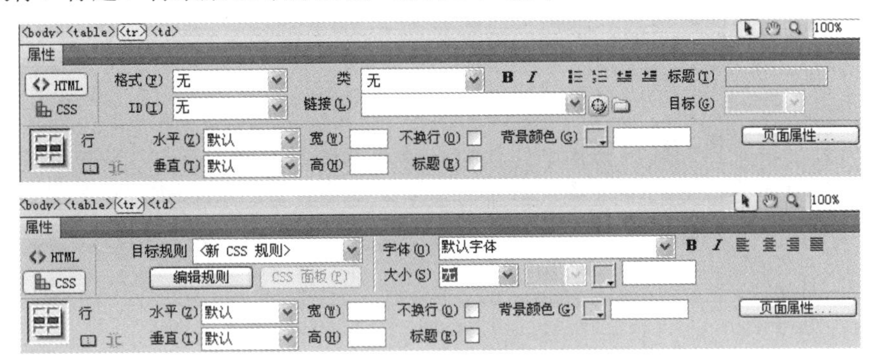

图 2-32　表行的属性

利用表格和单元格的属性，可以制作一个“表格线”。例如，创建一个单行单列的表格，表格的边框、间距及填充都为 0，再设置单元格的高度为 1px，背景色为蓝色，<td height="1" bgcolor="#0000FF"> </td>，去掉单元格里的“ ”，按 F12 键，显示效果如下：

这是一行一列、单元格高度为1px、背景色为蓝色的表格

4) 单元格的拆分与合并

使用单元格拆分与合并功能，可以将一个单元格水平或垂直地拆分为几个单元格，也可将几个相邻的单元格合并为一个单元格。选中要拆分的单元格(如第一行第二格)，再单击属性面板(扩展属性)左下角的“拆分”工具⊐⊏按钮，在弹出的对话框中，选择拆分为 2 列，单击“确定”按钮，即按要求拆分了单元格，如图 2-33 所示。

图 2-33　拆分单元格

被拆分的单元格代码由原来的<td> </td>变为

```
<td> </td> <td> </td>
```

原先同列的单元格，代码也都由<td> </td>变为

```
<td rowspan="2"> </td>
```

同样，选中 2 个以上的连续单元格，再单击属性面板(扩展属性)左下角的“合并”工具□按钮，即可把它们合并为一个单元格，如图 2-34 所示。

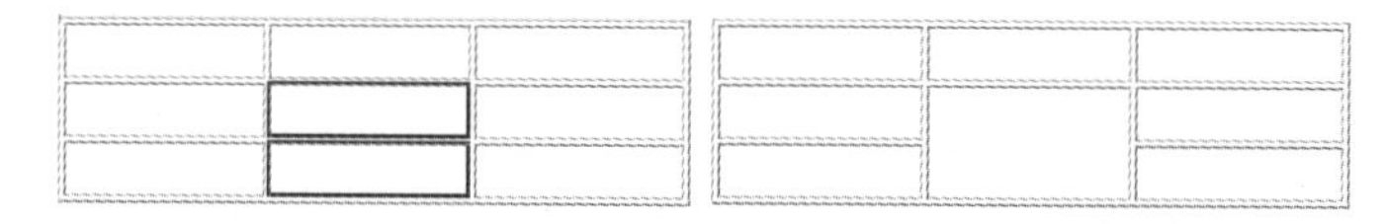

图 2-34　合并单元格

合并单元格的代码变为

```
<td rowspan="2"> </td>
```

合并单元格右边的两个单元格的代码都变为

```
<td colspan="2"> </td>
```

5) 表格的嵌套

通过拆分与合并单元格可用来制作比较复杂的表格，如果要将一个单元格拆分为多行多列，则使用单元格拆分功能来实现就不方便了。这时，就要用到表格的嵌套，即在一个单元格内再嵌套一个表格，如图 2-35 所示。

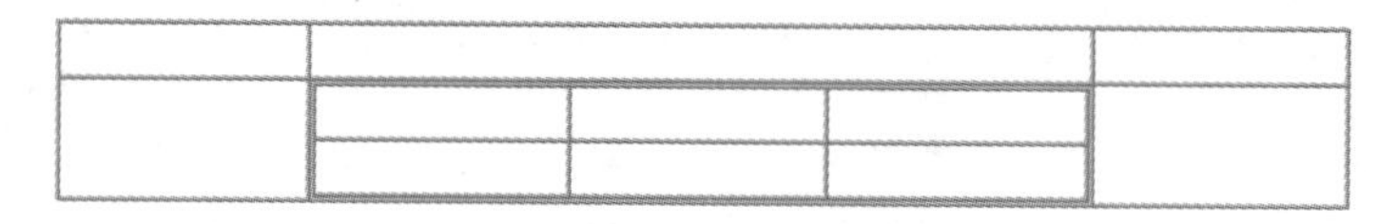

图 2-35　表格的嵌套

3. 在表格中插入对象

在表格的单元格内，可以插入文本、图像、媒体元素等。首先制作一个 2 行 3 列的表格，再将第一行的三个单元选中，将其合并为一个单元格，然后在各个单元格内插入文本、图像等对象，如图 2-36 所示。

图 2-36　在表格内插入对象

2.5.3　表格中应用 CSS 样式

表格、表行与单元格，以及插入对象的显示格式，都要通过应用 CSS 样式才能实现。

1. 单元格里的对象应用 CSS 样式

表格的内容都放置在单元格里，在单元格里插入了文字、图片、媒体对象后，也可以将 CSS 样式应用于这些对象，如同前面各节给对象应用 CSS 样式一样，这里不再重复。

2. 表格、表行和单元格应用 CSS 样式

逐个地给单元内插入的对象设置 CSS 样式，具有个性化优点，但若要对整个表格所有单元格设置相同样式，就显得麻烦了。

如果可以给表格、表行及单元格标签 table、tr、th、td 设置 CSS 样式，就能使表格、表行和单元格都按规定的 CSS 样式显示。

定义标签符样式的方法与定义样式类的方法相似，所不同的是在图 2-9 所示对话框的“选择器类型”中要选择“标签”，“选择名称”要从下拉列表中选择 table、tr、th 或 td(不要输入名称)，其余方面与样式类的定义没什么区别。

同样地，如果需要对整个网站内所有表格都应用这些标签样式，则将标签样式定义在一个外部 CSS 样式文件里；若标签样式只应用于正在编辑的网页，则定义在网页头部；若标签样式只应用于某一个表格、某一行、某一个单元格，那就将样式定义在 table、tr、th、td 标签元素内,例如：

```
<tr style="color:#F00">  <td style="font-family:Tahoma">……</td>
    </tr>
```

这样，就会出现多个 CSS 样式对一个单元格内对象发挥作用了，如果都起作用的 CSS 样式对同一个属性(如 color)有不同的定义，那么最终显示结果是按哪个样式显示呢？

按照 CSS 的规定，控制范围越小的样式，其优先级越高。对于一个单元格里的对象，如果同时有如下样式：直接应用于对象的样式类、td 标签符样式、tr 标签符样式、table 标签符样式，则这些样式的优先级依次降低。

3. 应用表格标签样式制作彩色细线表格

应用 table、tr、td 标签样式，并适当设置边框线、填充和边距，可以制作漂亮的彩色细线表格。

例如，要设计一个边线为细红线、表行有灰色背景的表格。

先在网页里插入一个 3 行 1 列的表格，宽 500 像素，在属性面板里将边框线设为 0(border="0")、边距设为 1(cellspacing="1")、填充设为 0(cellpadding="0")。

再通过 CSS 标签样式，使表格的背景色为红色、表行的背景色为灰色。这里对这一个表格应用 CSS 标签样式，所以就直接在标签元素内定义并应用标签样式。

在 table 元素内定义样式：style="background-color:#F00"

在第一行 tr 元素内定义样式：style="background-color:#DDD"

在第二行 tr 元素内定义样式：style="background-color:#DDD"

在第三行 tr 元素内定义样式：style="background-color:#DDD"

浏览效果如图 2-37 所示。

其实这个表格显示出来的红色细“边线”并不是表格 table 的边框线 border，而是 table 的背景红色，由于三个表行 tr 的背景色都是灰色，而单元格之间、单元格与边框之间的间距都是 1，而红色底色就透过 1 像素的间隙显露出来了，给人感觉就是一个边线为细红线的表格。其实这是表行 tr 背景色的优先级比表格 table 背景色的优先级高的体现。

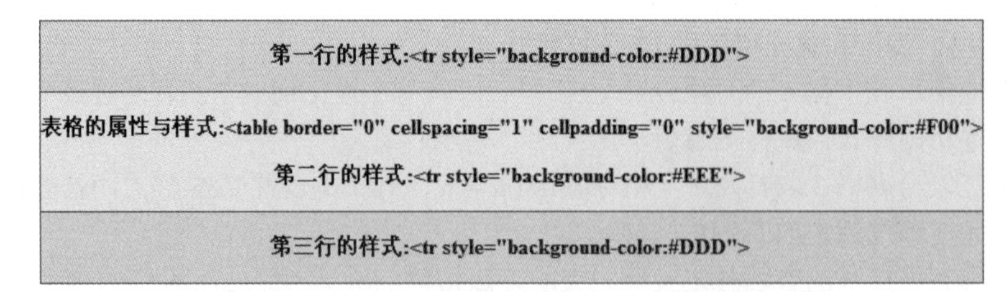

图 2-37　应用 CSS 样式设计的红色细边线表格

注意：当使用“属性”面板等可视化方法编辑表格等对象时，Dreamweaver 会自动修改网页的 HTML 代码或 CSS 样式。有时候 Dreamweaver 会产生一些多余的代码，这时可使用“代码”视图手动修改网页代码，这样使网页代码更加简洁。

2.5.4　使用表格布局网页

表格常常用来给网页布局，采用表格将整个显示窗口划分为几部分，在划分时要指定表行、单元格的宽度和高度(单位可用像素，也可使用百分比)。当网页组成很复杂时，可以采用表格嵌套来布局网页。

例如，要设计一个 3 行(中间一行分两列)的网页布局。

先设计一个 3 行 1 列的表格，设置表格的边框线为 0(border="0")、间距为 5(cellspacing="5")、填充为 0(cellpadding="0")，根据当前显示器分辨率的普遍情况，将表格宽度设计为固定的 1000 像素；

设置第一行(网站名称区)高度为固定值为 150 像素；

在第二行单元格内单击，单击属性面板中的“拆分”按钮，将单元格拆为 2 列，然后在左边单元格(列表区)内单击，设置其宽度值为 300 像素、高度值为 420 像素；

在第三行(页脚区)内单击，设置其高度值为 60 像素。

结果如图 2-38 所示，这是一种典型的网页布局。

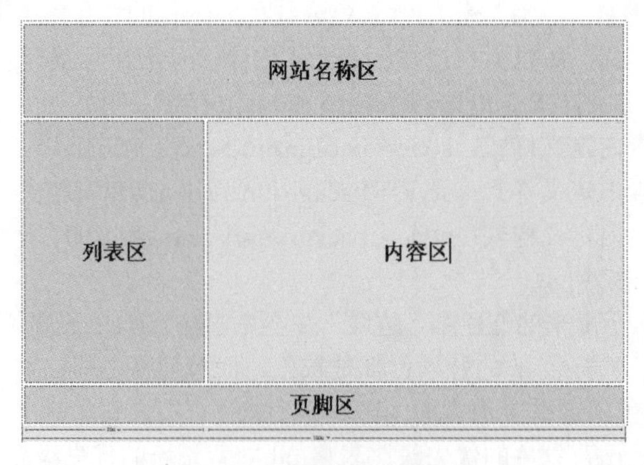

图 2-38　使用表格布局网页

这个网页布局的表格和相关 CSS 代码如下(完整代码在压缩包 template1.html 文件里)。

```
<head>
<style type="text/css">
<!--
.font1 { text-align: center; font-weight: bold; font-size: 36px; }
-->
</style>
</head>
<body>
<table width="1000" border="0" cellspacing="5" cellpadding="0">
  <tr>
    <td height="150" colspan="2" bgcolor="#DDDDDD" class="font1">网站名
    称区</td>              /* 在 HTML 中，用 6 位十六进制数表示颜色 */
  </tr>
  <tr>
    <td width="300" height="420" bgcolor="#DDDDDD" class="font1">列表区
    </td>
    <td height="400" bgcolor="#EEEEEE" class="font1">内容区</td>
  </tr>
  <tr>
    <td height="60" colspan="2" bgcolor="#DDDDDD" class="font1">页脚区
    </td>
  </tr>
</table>
</body>
```

设计好网页布局以后，在各区域内填充文本、图片、媒体、表格、程序脚本等内容，才能形成一个完整的网页。

注意：(1) 在表格嵌套的时候，通常不设外层表格的高度，它的高度由最里层的单元格高度和决定。

(2) 同样要注意表格的宽度设置，要认真思考再设定表格的宽度：单位是百分比还是像素？是设定外层单元格宽度还是设定里层表格的宽度？

2.6　使用表单

表单是用于实现网页浏览者与服务器之间信息交互的一种页面元素，在 WWW 上它被广泛用于各种信息搜集和反馈，如图 2-39 所示。

图 2-39　典型的登录表单

用户在填写某些信息后再单击“登录”按钮，则用户填写的内容将被传送到服务器，由服务器里的动态网页进行具体的处理，然后进行下一步操作。第 5 章将介绍如何对表单元素输入内容进行分析和符合性检查，第 6 章、第 7 章将介绍如何接收和处理表单所提交元素信息。

2.6.1 插入表单和表单对象

选择“插入”→“表单”菜单命令，会弹出表单和十几种表单元素(对象)，如图 2-40 所示，选择其中一个就可以在网页中插入表单或表单元素。采用可视化的方法在网页中插入表单及表单元素后，在“代码”视图下看到的表单代码与 1.4.8 节学习的代码是一致的。

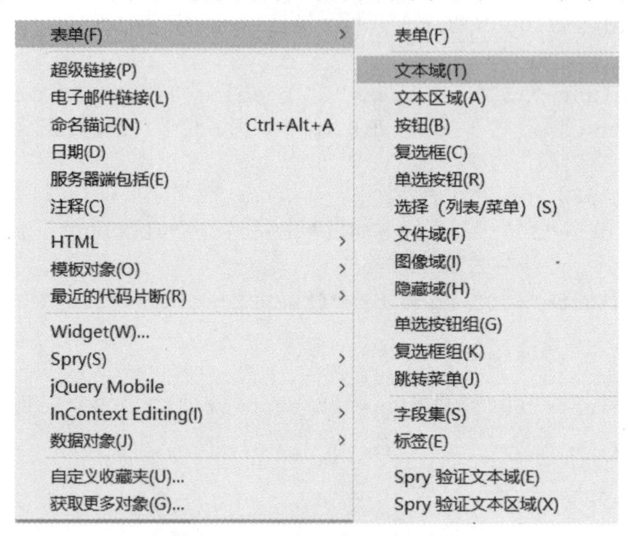

图 2-40 多种类型的表单元素

每一种类型的表单对象有不同的作用，下面对表单和表单对象做一个简要的介绍。

1. 表单

表单元素的种类很多，如输入文本框、按钮、密码框等。而表单作为表单元素的容器，其功能是把众多的表单元素集中在一起并把表单内数据提交到服务器。例如，要制作一个类似于图 2-39 所示的用户登录界面，就必须先插入表单，再插入表单对象。

表单的属性面板如图 2-41 所示。其中的“动作”属性非常重要，它可为表单选择一个处理程序。例如，选择动作处理程序为 register.asp，则提交表单数据时，会重定向(跳转)到 register.asp，register.asp 程序接收并处理表单提交的数据。

图 2-41 表单属性

表单中可以包含表格，表格中也可以包含表单，很多时候把表格和表单结合起来使用，如用表格和表单设计出漂亮的注册、登录等网页。

2. 文本域

文本域用于让用户输入文字信息，如用户名、E-mail 地址、用户密码等，根据不同的需要，文本域的类型分为单行、多行和密码三种。当用户在密码类文本域里输入文字时，文本域不会显式地显示输入的字符，而只显示●或*。我们可以通过属性面板来修改文本域的类型和其他属性。例如，先插入一个表单，再在表单中插入文本域表单对象，在新建文本域对话框中，在标签栏输入“姓名：”，其他默认；再插入一个文本域对象，标签为“密码：”文本域的类型为“密码”，如图 2-42 所示。

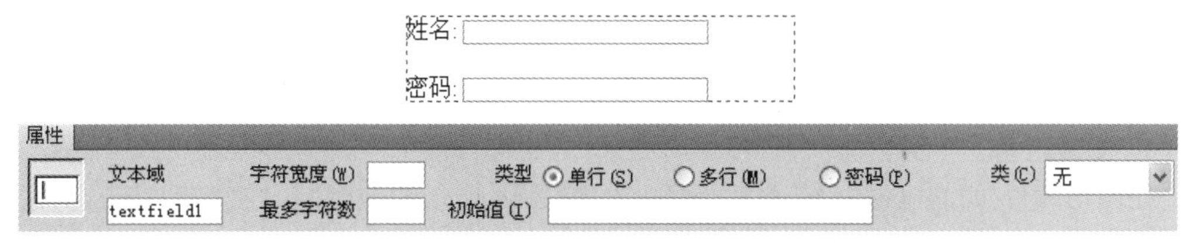

图 2-42　选择文本域的类型

表单对象的属性可以在建立的时候就指定，也可以在建好以后，并确定已选择的情况下，在其属性面板中修改，如图 2-42 所示。

转换到“代码”视图，可以看到网页中添加了如下代码。

```
<form id="form1" name="form1" method="post" action="">
  <p>
    <label>姓名：
      <input type="text" name="textfield1" id="textfield1" />
    </label>
</p>
 <p>
    <label>密码：
      <input type="password" name="textfield2" id="textfield2" />
    </label>
</p>
</form>
```

3. 按钮

按钮的作用是提交表单，或清空已填写的表单内容。它也有两种类型：“提交表单”和“重设表单”，如图 2-43 所示。

图 2-43　按钮的属性

图 2-39 所示的“登录”按钮是提交表单的按钮，用户信息全部填写完成后，单击“登录”按钮，即把数据提交给服务器里的动态网页程序进行处理。

4. 其他表单元素

表单元素还有文件区域、单选按钮组、复选、跳转菜单等，每一种都具有不同的作用，但它们的使用方法相差无几，这作为自学内容。

在图 2-39 中，表单内“用户名”表单对象是单行文本域，“密码”表单对象是密码文本域，“记住登录状态”是复选框，而“登录”则是按钮。

网页中插入表单和表单对象以后，在“代码”视图中可以看到表单代码与 1.4.8 节所介绍的一致。

也可以插入 HTML 5 表单元素。

2.6.2 表单应用示例

下面制作一个类似于图 2-39 所示的登录页，学习表单、表格、表单对象的制作方法。

1. 图片准备

在图形软件(如 Firworks 等)中制作四张如图 2-44 所示的 gif 图片，复制到站点图像文件夹 images 中，为制作登录网页做好准备。

图 2-44 登录网页的图像素材

2. 新建 3 张 HTML 网页

新建 3 张 HTML 网页，分别保存为：

(1) 登录页 login.html，用户填写登录信息页；

(2) 提示页 result.html，提示登录成功或失败；

(3) 网站主页 index.html，登录成功后自动进入网站主页。

3 张网页间的关系如图 2-45 所示。

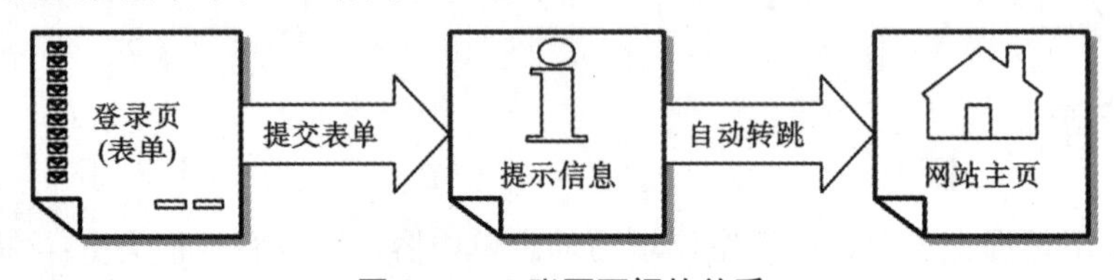

图 2-45 3 张网页间的关系

3. 插入表格

在登录页 login.html 中插入 3 行 1 列的表格 1。

(1) 将表格边线、间距、填充都设为 0，未设定表格宽度，将表格对齐属性设为居中对齐。

(2) 在第一行插入图片 login_main.gif。

(3) 选择第三行，在 HTML 属性中设定其表格背景色为蓝色#3080B0(在扩展属性中)，高度为 2 像素，去掉单元格中的“ ”占位符，这一行就成了一条蓝色水平线段。这里利用单元格来制作水平线段。

4. 单元格内插入表格

在表格 1 的第二行插入 1 行 3 列的表格 2。

(1) 设置表格宽为 100%，表格边框线、间距、填充都设为 0。

(2) 设定表格第一列和第三列背景色为颜色#3080B0，宽度为 2 像素，去掉单元格中的占位符“ ”，这两列就成了两根蓝色的短竖线。这里使用单元格来制作垂直线段，结果如图 2-46 所示。

图 2-46　利用单元格制作水平线段和竖直线段

与图 2-44 中的图像素材相比较，可看出 login_main.gif 图像下面多出了一长横线和两短竖线。

5. 插入表单

(1) 在表格 2 的第二列(见图 2-46 中两短竖线之间的空白部分)插入表单，并设置表单的“动作”属性为：result.html，这里指定了表单提交以后的处理程序(网页)。

(2) 在表单中插入 4 行 1 列的表格 3，设置表格 3 的宽度为 300 像素，对齐类型为居中对齐，边框为 0，间距为 0，填充值为 5 像素。

(3) 在表格 3 的第一行插入“用户名：”文本域，类型为“单行”，在第二行插入“密码：”文本域，类型为“密码”。

(4) 在表格第三行插入复选框和文字“记住本次登录”，以及一个按钮，切换到“代码”视图，将按钮代码改为“登录”图片按钮，代码如下：

```
<input  type="image" src="images/login_button.gif" name="Submit"
    value="提交"/>
```

(5) 在表格的第四行插入两个按钮，与上一步类似地修改代码，将两个按钮修改为“免费注册”和“取回密码”的图片按钮(图片文件名分别为 register.gif、getpass.gif)。

(6) 补上合适的文字和空格。

到此，login.html 网页已经完成，浏览结果如图 2-39 所示。

6. 修改网页 result.html

(1) 在网页中写入内容“登录成功！6 s 后自动转跳到主页”。

(2) 在 head 部分写入以下代码：

```
<meta http-equiv="refresh" content="6; url=index.html">
```

meta 标签有许多功能，其中一个常用功能是设置自动转跳功能，使浏览器从一个地址转跳到另一个地址，其中 http-equiv="refresh"是更新浏览器内容，content 属性后的第一个整数值是延迟的秒数，第二个是表示更新显示（转跳）的新网页的 URL。

7. 修改主页 index.html

在主页 index.html 中写入适当的内容。

双击 login.html 网页，随便输入一个用户名和密码，单击“登录”按钮，即转到 result.html

网页显示提示语，过 6 s 后自动跳转到 index.html 网页。

在这 3 张网页中，login.html 是最新学习的表单网页，也是最基础的一张网页。这几张网页只实现了登录的外观与网页自动转跳，还没有真正接收并检查验证用户名和密码，第 7 章将介绍怎样判断用户名与密码是否正确。

2.7 层的使用

层也叫块，HTML 标记符是<div>……</div>，层（块）是在网页中定义一个矩形区域。与表格相比，层的最大特点是：层的大小可任意设置，层在网页中位置可随意设置；层可以嵌套，还可以叠加。一般用 CSS（ID 样式）来规定层的属性，如精确定位、大小、背景色、是否隐藏等。

用层和 CSS 可以实现表格的功能，层及 CSS 的主要应用是进行页面布局。

2.7.1 在网页中插入层

使用 Dreamweaver 在网页中插入层有两种方法：一是先插入一个应用层(AP DIV)，再设置该层的属性(HTML 属性和 CSS 属性)；二是先为层定义一个样式类或 ID 样式，创建层(DIV)时为它指定 CSS 样式，或者在创建 DIV 层的同时创建样式。

1. 插入应用层

选择“插入”→“布局对象”→“AP DIV(A)”菜单命令，即可在网页中插入一个应用层，如图 2-47 左所示。拖动其左上角的“回”字形控制柄，可在网页里移动层的位置；拖动边框上的六个控制小方块之一，可改变层的大小。在选中层的情况下，可看到层的属性面板如图 2-47 右所示，在层的属性面板中，可以设置层的左上坐标、宽度、高度、Z 轴(当多层重叠时，Z 轴值越小层次越低)、背景图像、背景颜色、类、剪辑、溢出属性等。溢出属性是指内容超出层的范围时如何显示，可选项有 visible、hidden、scroll 和 auto。

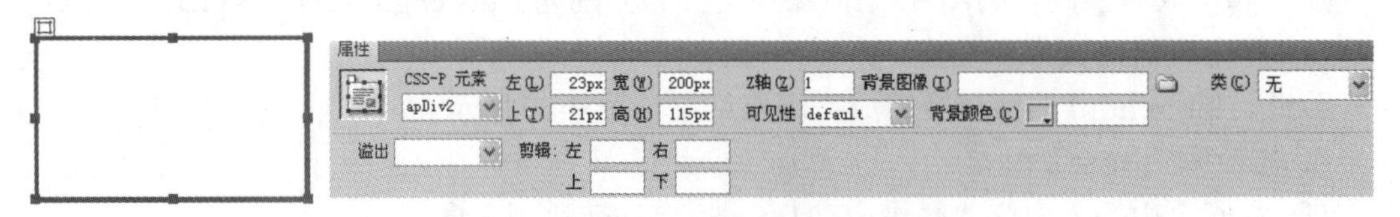

图 2-47　层及其属性

转换到“代码”视图，可以看到，在网页头部自动定义了一个名为 apDiv2 的 ID 样式，样式的内容就是层属性面板中相关设置；在网页主体 body 元素内插入一个 div 元素，该元素应用了 ID 样式 apDiv2。层及其 CSS 样式的代码如下。

```
<head>
<style type="text/css">
<!--
#apDiv2 {
```

```
        position:absolute;              /* 指定绝对坐标，即窗口左上角为原点 */
        left: 23px;   top: 21px;        /* 指定层左上角的坐标值 */
        width:200px;  height:115px;     /* 指定层的大小 */
        z-index:1;  }    -->            /* 指定层的层次 */
    </style>
    </head>
    <body>
        <div id="apDiv2"></div>       /* 插入一个 Div 元素 */
    </body>
```

在层（div）里，可以插入文字、图片、媒体、表格、表单等元素。

2. 插入层(DIV)

也可以选择“插入”→“布局对象”→“DIV 标签”菜单命令的方式来插入层，或者在插入面板中单击 插入 Div 标签 按钮也可实现这一功能。这时出现如图 2-48 所示的对话框。在该对话框中，在插入 Div 标签(层)的同时，还需要用户为它指定已有的样式类、ID 类，或者单击“新建 CSS 规则”按钮新建一个样式。用这种方式插入层，操作方法没有前一种那么简便。

由于插入 apDiv 时，通过修改属性面板就能自动生成一个 ID 样式，操作比较简便，所以初学者大多使用插入 apDiv 的方法来创建层。

层的 Z 轴值越大，所在层次越高。在图中插入两个 apDiv 层，其中一层背景色为红、Z 轴值为 1(下面的层)，另一层背景色为蓝、Z 轴值为 2(上面的层)。浏览效果如图 2-49 所示。

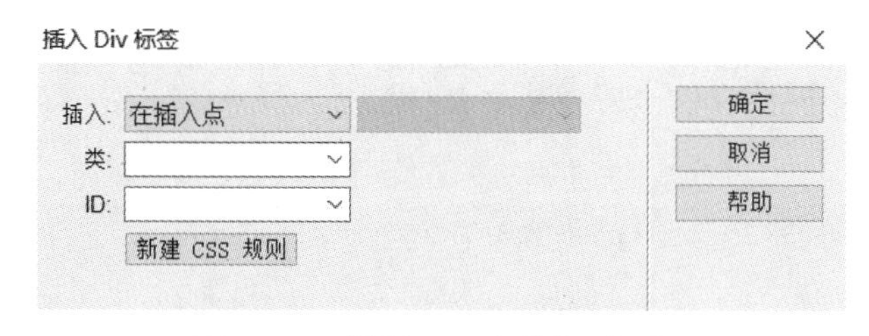

图 2-48　“插入 Div 标签”对话框

图 2-49　层的 Z 轴值与上下层次关系

2.7.2　表格和层的相互嵌套

在层中可嵌套表格、表单和层；表格中也可以嵌套层和表格。要把表格和层灵活地用到网页中去，对于初学者来说，可以以表格为主，以层为辅，将两者联合起来应用。

由于层可以叠加在其他对象(如表格、层等)的上面或下面，因此在制作菜单等需要重叠的情况时，可以使用层。当 ID 标记符样式中没有定义层的位置时，层会显示在放置<div>……</div>标签的地方。

例如，制作一个 2 行 3 列的表格，设置表格宽度为 300 像素，表格边框(border)属性为

1、间距(cellspacing)属性为 0、填充(cellpaddint，也叫边距)属性为 5。在第一行的三个单元格里分别输入文字“菜单 1”、“菜单 2”、“菜单 3”。

再在第二行第一单元格内单击，插入一个 apDiv 层，单击层的边框或左上角的“回”字形控制柄，设置层的属性如下：宽度为 99、高度为 120、背景色为#EEE、溢出属性为 auto。然后在该层内输入文字：菜单 1-1、菜单 1-2、菜单 1-3，用拖动的方法适当地调整层的水平位置，如图 2-50 左所示。类似地，再在第二行另外两个单元格里插入 apDiv 层，并在层内输入相关文字信息。按 F12 键，浏览效果如图 2-50 右所示。

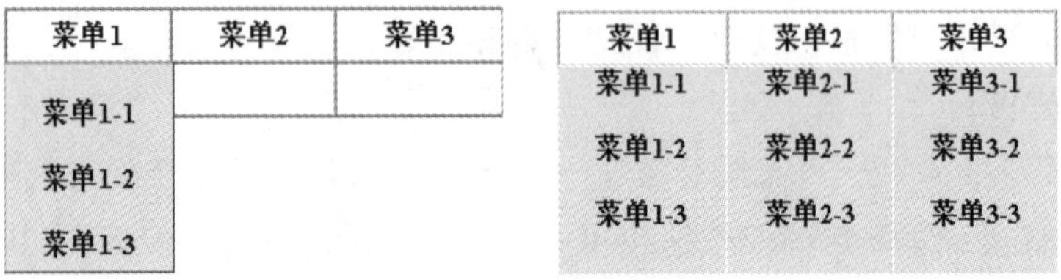

菜单1	菜单2	菜单3
菜单1-1 菜单1-2 菜单1-3		

菜单1	菜单2	菜单3
菜单1-1	菜单2-1	菜单3-1
菜单1-2	菜单2-2	菜单3-2
菜单1-3	菜单2-3	菜单3-3

图 2-50　在单元格中嵌套层

转换到“代码”视图，可以看到 body 元素内有如下代码。

```
<table width="300" border="1" cellspacing="0" cellpadding="5">
  <tr>
    <td>菜单 1</td> <td>菜单 2</td> <td>菜单 3</td>
  </tr>
  <tr>
    <td><div id="apDiv1">
      <p>菜单 1-1</p> <p>菜单 1-2</p> <p>菜单 1-3</p>
    </div></td>
    <td><div id="apDiv2">
      <p>菜单 2-1</p> <p>菜单 2-2</p> <p>菜单 2-3</p>
    </div></td>
    <td><div id="apDiv3">
      <p>菜单 3-1</p> <p>菜单 3-2</p> <p>菜单 3-3</p>
    </div></td>
  </tr>
</table>
```

其中 3 个 ID 样式(apDiv1、apDiv2 和 apDiv3 样式)都在 head 元素内定义(略)。

层里面也可以创建表格，层与表格结合使用，可以互不嵌套，上例中的层可以在表格以外创建。由于层可以叠加（或部分重叠）在别的对象上，层可以通过 CSS 样式设定大小、可随机定位，所以层的应用就非常灵活，上述下拉菜单 div 层在实际应用时往往并不放在单元格里（因为单元格是占位元素），而是由 CSS 样式来直接定位、定大小、定 Z 轴值。

在学习第 5 章的 JavaScript 脚本行为以后，结合鼠标事件，修改这个例题，就可以制作动态的下拉菜单。

注意：使用 Dreamweaver 可视化设计层很方便，但有时候可视化操作不能实现自己想要的效果，这时就需要手工修改 CSS 样式代码和 HTML 代码。

2.7.3　使用层和 ID 样式布局页面

布局网页时，除了可以使用表格外，还可以使用 DIV 层(块)和 CSS 样式（ID 样式）来布局网页：可以把层想象成一行一列，层可以嵌套，同时又可交叉层叠，用 CSS 样式控制格式，还可以设计无边框的特殊表格。

选择“文件”→“新建”菜单命令，“新建文档”对话框如图 2-51 所示，在对话框中选择“空白页”，“页面类型”选择“HTML”，并选择一种布局(如 2 列固定，左侧栏、标题和脚注)。

单击“创建”按钮，出现如图 2-52(e)所示的网页布局，这是一种 DIV+CSS 的网页布局。图 2-52 中的其他网页布局方式由前一步的选择项确定。

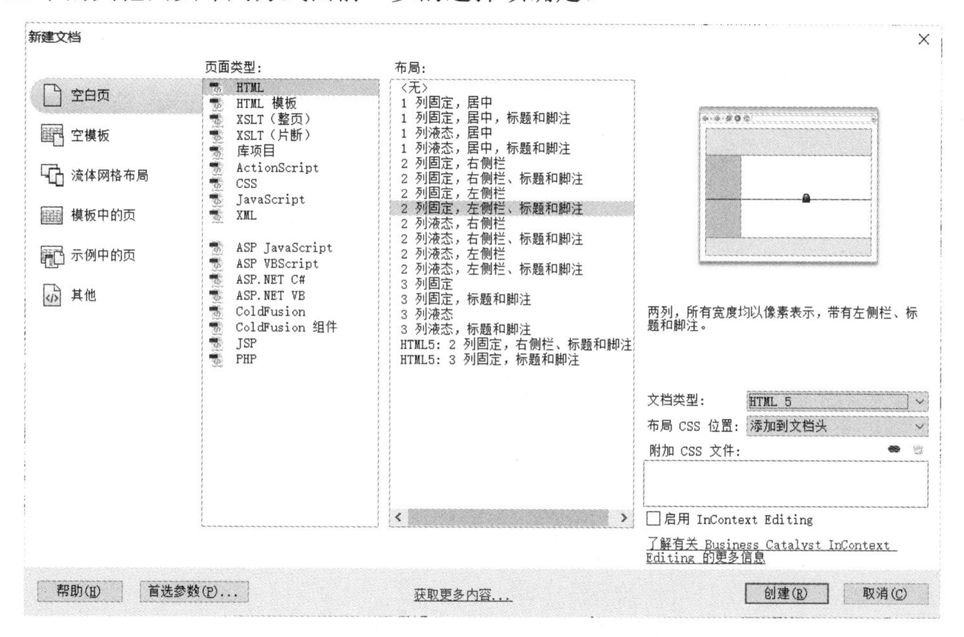

图 2-51　新建文档对话框

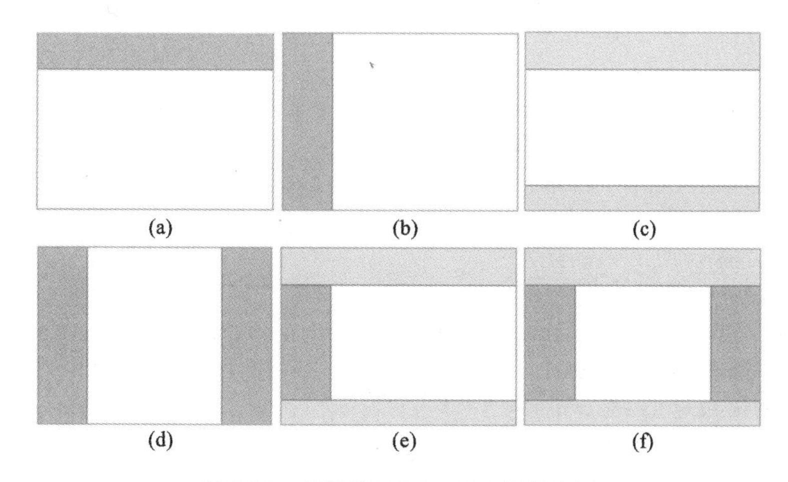

图 2-52　几种常见 DIV+CSS 网页布局

这个网页布局的 DIV 及 CSS 代码如下(完整代码在压缩包 template2.html 文件里)。

```
<head>
<style type="text/css">
<!--
body  {
    font: 100% 宋体, 新宋体;    background: #666666;
    margin: 0;    padding: 0;    text-align: center;  color: #000000;}
.twoColFixLtHdr #container {
    width: 780px;     background: #FFFFFF;
    margin: 0 auto;     border: 1px solid #000000;    text-align: left; }
.twoColFixLtHdr #header {
    background: #DDDDDD;    padding: 0 10px 0 20px; }
.twoColFixLtHdr #header h1 {
    margin: 0;   padding: 10px 0; }
.twoColFixLtHdr #sidebar1 {
    float: left;width: 200px;background: #EBEBEB;padding: 15px 10px 15px
    20px; }
.twoColFixLtHdr #mainContent {
    margin: 0 0 0 250px;
    padding: 0 20px; /* 填充：div 块内部的空间，边距：div 块外部的空间 */
}
.twoColFixLtHdr #footer {
    padding: 0 10px 0 20px; /* 此填充会将它上面 div 中的所有元素左对齐 */
    background:#DDDDDD; }
.twoColFixLtHdr #footer p {
    margin: 0;   padding: 10px 0; }
.fltrt { /* 此类可用来使页面中的元素向右浮动 */
    float: right;    margin-left: 8px;}
.fltlft { /* 此类可用来使页面上的元素向左浮动 */
    float: left;    margin-right: 8px;}
.clearfloat { /* 此类应放在 div 或 break 元素上，而且该元素应当是完全包含浮动的
    容器关闭之前的最后一个元素 */
    clear:both; height:0; font-size: 1px; line-height: 0px; }
-->
</style>
</head>
<body class="twoColFixLtHdr">
<div id="container">
   <div id="header">
       <h1>标题</h1>
   </div>
   <div id="sidebar1">
```

```
            <h3>Sidebar1 内容</h3>
        </div>
        <div id="mainContent">
            <h1> 主要内容 </h1>
        </div>
        <div id="footer">
            <p>页脚内容</p>
        </div>
    </div>
    </body>
```

采用这种方法，还可以创建如图 2-52(a)、(b)、(c)、(d)、(f)所示形式的 DIV+CSS 网页布局。

选择 Dreamweaver CS6 的“文件”→“新建”菜单命令，在出现的对话框中选“空白页”，页面类型选“HTML”、布局选“3 列固定，标题和脚注”。在“设计”视图模式下，右击标题 logo，选择“源文件”，如文字图片 zgwysjxy.png（含艺术字“中国网页设计学院”，该图采用 Fireworks CS6 设计，方法见第 3 章），调整好图片大小使之与标题栏适应。再修改左、中、右及脚注内容，保存、浏览，效果如图 2-53 所示。

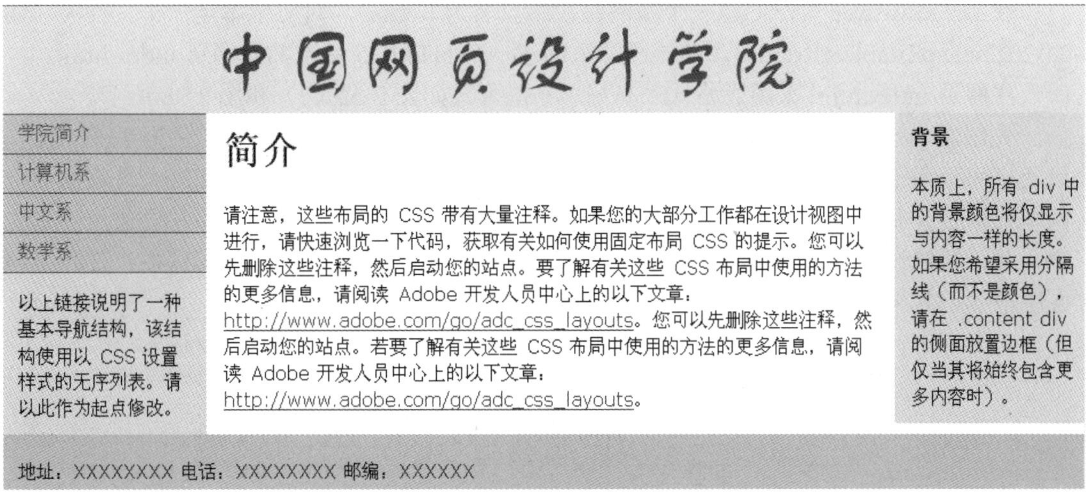

图 2-53　使用层布局的网页

提示：当使用的 CSS 比较复杂时，熟悉代码的程序员用手工编写 HTML 和 CSS 代码比使用 Dreamweaver 自动生成代码更快，效率更高。

2.8　使用浮动框架布局网页

1. 浮动框架标签 iframe

HTML 5 标准中虽然弃用了框架集标签(frameset)和框架标签(frame、noframe)，但仍保留了对浮动框架标签（iframe）的支持。在浮动框架内，不仅可以插入表格单元格或者层，还可以打开一个网页。应用浮动框架与表格布局（或层布局）相结合，可以创建出非常方便的网站或栏目。浮动框架（iframe）标签基本格式如下：

<iframe name="……" id="……" src="url" width="……" height="……" scrolling="……" ></iframe>

Iframe 标签的 src 属性，指定浮动框架内打开哪一个网页；scrolling 属性用来指定浮动框架是否有滚动条，其值有 auto(自动，默认)、yes(有)和 no(没有)三种。

浮动框架（iframe）元素有自己的名称(如 ifname)，如果网页中某个超链接<a>标签里指定 target=ifname，则所链接的网页将在这个浮动框架元素(ifname)里打开。如果该网页有多个超链接，每一个标签<a>里都指定 target=ifname，则单击这些超链接时，每个链接目标网页都在这个浮动框架元素(ifname)里打开。这样，就可以实现在一个大网页里，通过超链接，在同一网页另一个局部方块（浮动框架）里打开超链接所指向的其他所有网页，从而方便地实现了一个小网站或一个栏目组网页的动态布局。

可以将浮动框架与表格相结合来布局网页，也可以采用浮动框与层（块）结合来布局网页。下面是采用用表格与浮动框架相结合的方法来布局网页的例子。

2. 表格布局网页结构雏形

在 Dreamweaver 里，创建一个新网站，站点名为 frame2，对应于本地一个文件夹（如 C:\2022\chap2\table&iframe）。在该网站里创建一个 HTML 5 标准的主网页 index.html。

主网页 index.html 采用表格式来布局，布局形式如图 2-52（e）和图 2-38 所示。

先创建 3 行 2 列的表格，表格宽度为 1000 像素，边线为 0，表格背景色为#6633CC，单元格间距为 1；第一行的背景色为#aaFFFF，第二、三行背景色为#FFFFFF；再将第一行两单元格合并及第三行两单元格合并，并恰当设置宽度、高度，在上方和左边输入一些文字，并可视化设置其 CSS 样式。这样得到了 index.html 网页静态结构雏形，在“设计”视图中的显示效果如图 2-54 所示。

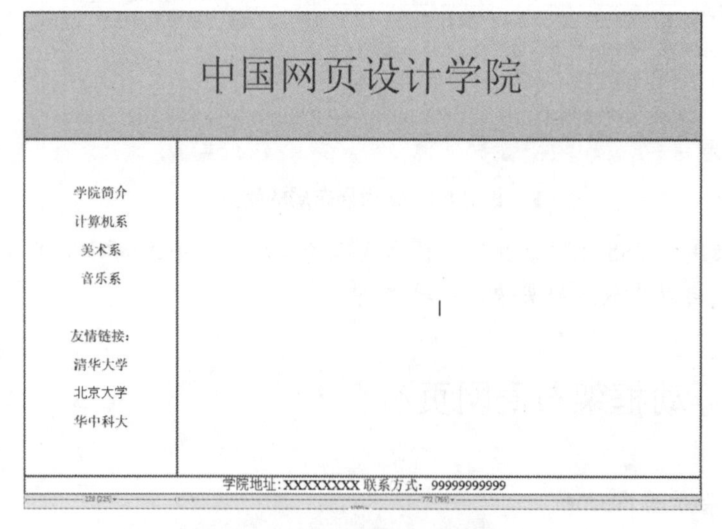

图 2-54　表格布局的网页结构

此时，主页 Index.html 静态结构雏形的代码如下：

```
<!DOCTYPE html>
<html>
<head><meta charset=utf-8" />
<title>网页设计学院主页</title>
<style type="text/css">
.class1 {
    font-size: 60px;
    color: #F00;
    text-align: center;
    word-spacing: 30em;
}
</style></head>
<body>
<table width="1000"  bgcolor="#6633CC" border="0" cellpadding="1">
  <tr bgcolor="#aaFFFF">
    <td  height="180" colspan="2" class="class1">中国网页设计学院</td>
  </tr>
  <tr bgcolor="#FFFFFF">
    <td  width="228" height="480" align="center">
     <p>学院简介</p>    <p>计算机系</p>
     <p>美术系</p>    <p>音乐系</p>    <p> </p>
     <p>友情链接：</p>
     <p>清华大学</p>   <p>北京大学</p>   <p>华中科大</p>
</td>
    <td width="772" align="center" valign="center">
       </td>
  </tr>
  <tr bgcolor="#FFFFFF">
    <td colspan="2" align="center">学院地址：XXXXXXXX 联系方式：
    99999999999</td>
  </tr>
</table>
</body></html>
```

这里的类样式 class1 就是采用前面学过的可视化方式生成的，先暂时保存好。

3. 分网页及其他 url 准备

在 Dreamweaver 环境下，在本网站（iframe2）所在目录下创建 4 个简单的 HTML 5 标准网页，即学院简介：xueyuan.html，计算机系：jisuanjixi.html，美术系：meishuxi.html，等待。

这几个网页的内容，都是简单介绍本部分的文字，保存在当前本地网站的主目录下。其中，jisuanjixi.html 显示效果如下：

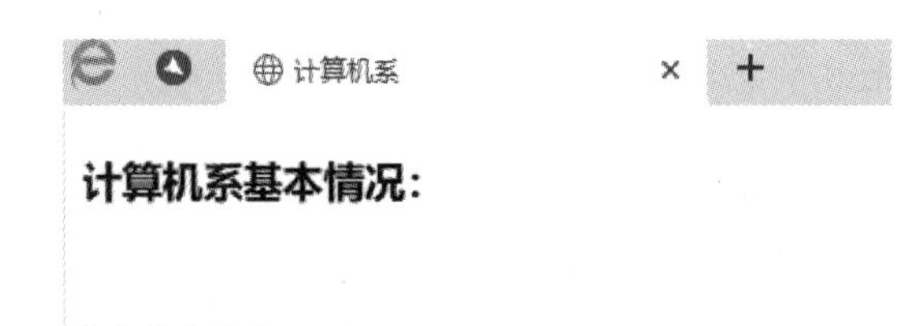

为超链接做准备，再找到以下这几个大学网站的 URL，即

清华大学：https://www.tsinghua.edu.cn

北京大学：https://www.pku.edu.cn

华中科技大学：https://www.hust.edu.cn

4. 浮动框架参与动态布局

1）插入浮动框架

在 Dreamweaver 环境下，回到 index.html 主页编辑状态，在“设计”视图下，单击第二行第二个单元格，然后选择“插入”→“HTML”→“框架(S)”→“IFRAME”菜单命令，给这个浮动框架命名为 iframe1，并根据单元格的宽度和高度来设计浮动框架的宽度和高度，于是在该单元格里出现以下代码：

```
<td width="772" align="center" valign="center">
  <iframe  name="iframe1" width=765 height=470></iframe>
</td>
```

2）做好在浮动框架中打开网页的超链接

在 index.html 网页的左边，分别给“学院简介”、“计算机系”、“美术系”、“清华大学”、“北京大学”、“华中科大”等分别加上超链接，这些超链接对象分别打开第 2 步指定的网页（URL），打开的位置（target）都指定在浮动框架 iframe1 里。例如：

```
<a href="jisuanjixi.html" target="iframe1">计算机系</a>
<a href="https:/www.tsinghua.edu.cn" target="iframe1">清华大学</a>
```

就这样，一个由表格和浮动框架动态布局的 index.html 就开发好了，其完整代码如下：

```
--------------------------清单  index.html ---------------------------
<!DOCTYPE html>
<html>
<head>
<meta charset=utf-8" />
<title>网页设计学院主页</title>
<style type="text/css">
.class1 {
    font-size: 60px;
    color: #F00;
    text-align: center;
    word-spacing: 30em;
}</style></head>
<body>
<table width="1000"  bgcolor="#6633CC" border="0" cellpadding="1">
  <tr bgcolor="#aaFFFF">
```

```
    <td  height="180" colspan="2" class="class1">中国网页设计学院</td>
  </tr>
<tr bgcolor="#FFFFFF">
    <td  width="228" height="480" align="center">
    <p><a href="xueyan.html" target="iframe1">学院简介</a></p>
    <p><a href="jisuanjixi.html" target="iframe1">计算机系</a></p>
    <p><a href="meishuxi.html" target="iframe1">美术系</a></p>
    <p>音乐系</p> <p> </p>
    <p>友情链接：</p>
    <p><a href="https:/www.tsinghua.edu.cn" target="iframe1">清华大学
    </a></p>
    <p><a href="https://www.pku.edu.cn" target="iframe1">北京大学
    </a></p>
    <p><a href="https://www.hust.edu.cn" target="iframe1">华中科大
    </a></p></td>
    <td width="772" align="center" valign="center">
      <iframe  name="iframe1" width=765 height=470></iframe>
     </td>
  </tr>
  <tr bgcolor="#FFFFFF">
    <td colspan="2" align="center">学院地址：XXXXXXXX 联系方式：
    99999999999</td>
  </tr> </table>
</body></html>
```

浏览 index.html，并单击左边的“计算机系”，效果如图 2-55 所示。

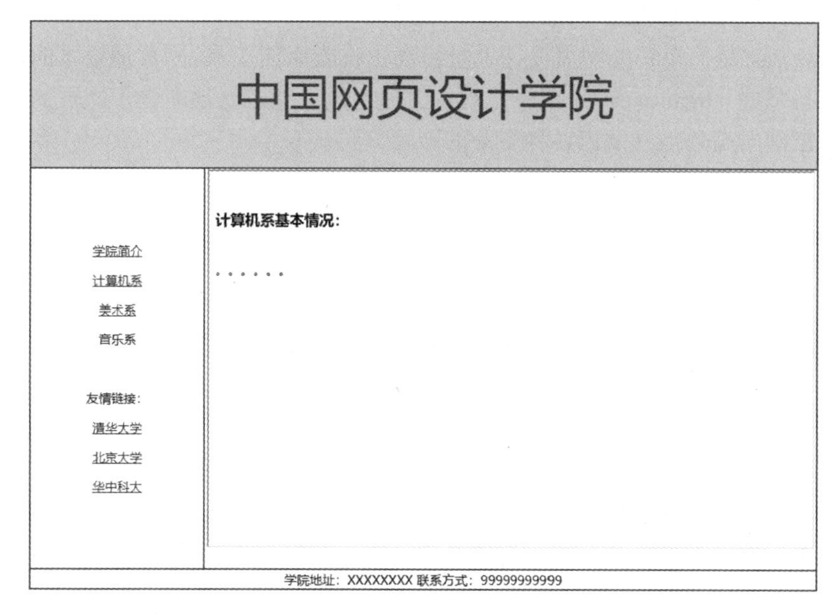

图 2-55　浏览 index.html 并单击“计算机系”的效果

单击左边“清华大学”后，清华大学网站首页就出现在右边的浮动框架，如图 2-56 所示。

图 2-56　浏览 index.html 并单击“清华大学”后呈现的效果

同样，单击左边的学院简介、美术系、北京大学、华中科大等超链接对象时，对应的 URL 网页将在右边的浮动框架 iframe1 中打开。

这是使用表格和浮动框架进行网页动态布局的范例，也可以使用层和浮动框架进行网页的动态布局，大家课后去做一做。

Dreamweaver 是一个帮助网页设计人员提高工作效率的工具，网页最根本的内容还是代码。若能熟悉掌握 Dreamweaver 可视化软件的使用，又能较好地掌握了网页的代码知识，那么就能够正确而高效地开发出各种复杂的网页。

【练习二】

(1) 在 D 盘中建立站点 mySite，并建立图像文件夹和网站主页。

(2) 使用表格布局页面，插入图片，使用 CSS 样式格式化文字，制作如图 2-57 所示的网页。

(3) 使用插入栏插入表单和不同的表单元素，制作用户注册网页。

(4) 使用层（div）和活动框架（iframe）技术开发网站主页，实现类似图 2-56 所示的效果，并把每一个系部简介的分网页超链接都做好，目标都在浮动框架里打开。

图 2-57　使用表格布局与 CSS 样式制作网页

【实验二】 投票系统外观设计

实验内容如下。

(1) 使用表格并插入表单，制作如图 2-58 所示的投票系统的外观。

(2) 使用层和 CSS 技术实现同样的效果。

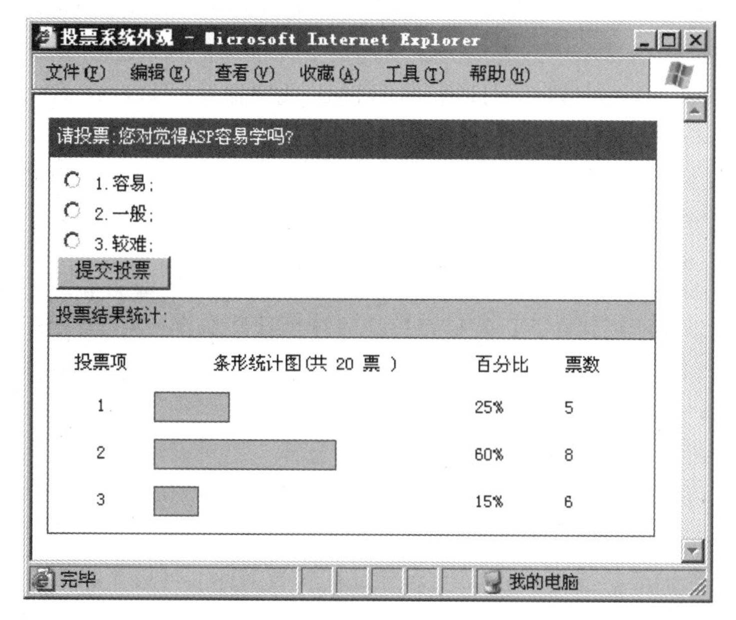

图 2-58　制作投票系统外观

第3章　网页图形与图像处理

【本章要点】

(1) Fireworks 基础
(2) 矢量图形与位图的绘制
(3) 按钮、动画与蒙板
(4) 图像的编辑与处理
(5) 图形与图像的美化、优化与导出

3.1　Fireworks 基础

Adobe Fireworks(以前是 Macromedia Fireworks)是用来设计和制作专业化网页图形的终极解决方案。Fireworks 常简称为 FW，它是第一个可以帮助网页图形设计人员和网页开发人员解决所面临的有关图形图像问题的工具。

使用 Fireworks 可以在一个专业化的环境中创建网页图形、编辑适用于网页的图像、对图形作动画处理、添加高级交互功能以及优化图像。Fireworks 有着在同一个应用程序中合二为一地处理位图和矢量图的巨大优势。此外，它的工作流可以实现自动化，能而满足随时更新和更改的要求。它还与 Adode 公司的其他软件(Dreamweaver、Flash、Photoshop 等)、其他 HTML 编辑器等多种产品集成在一起，提供了一个真正的 Web 开发解决方案。用户可以轻松地导出 Fireworks 图形，还可以利用 HTML 编辑器编写 HTML 和 JavaScript 代码。本章将学习使用 Fireworks CS6 创建网页图形、处理网页图像的方法。

3.1.1　Fireworks CS6 的新功能

Fireworks CS6 不仅继承了以前 Fireworks 的强大功能，还增加了更友好、高效的新特性、新功能。在新功能的帮助下，我们可以更方便地使用 Fireworks。

改进的性能和稳定性：从文件打开、保存到元件更新，以及密集的位图和矢量操作等，使整体性能增强，用户能够更快速、有效地工作。

全新的用户界面：简单易用的通用用户界面设计，用户可以从其他 Creative Suite 应用程序(如 Photoshop CS6、Illustrator CS6、Flash CS6)轻松切换到 Fireworks CS6。

基于 CSS 布局：用户可以在 Fireworks CS6 功能强大的图形环境中设计完整的网页，然后一次性导出符合标准、基于 CSS 且附有外部样式表的标准网页兼容布局。可以从最常用的 6 个版面之一着手，并使用自动边缘和边距功能检测合并前景和背景图形。将 Fireworks CS6 元件拖放到 Fireworks CS6 布局上，即可指定标题、链接和表单属性，以进行精确的

CSS控制。

导出Adobe PDF：从Fireworks CS6设计组件复合生成高精度、交互式且安全的PDF文档，以增强客户端通信，并且可以为查看以及打印、复制和注释等其他任务单独创建密码来保护您的设计。

动态样式：使用专业设计的样式或自定义样式集来自定义Fireworks对象或文本。修改一个样式源即可更新样式所有实例的已应用效果、颜色和文本属性。使用增强的样式面板可以提高工作效率。单击图标，可以在默认Fireworks样式、当前文档样式或其他库样式之间进行选择，轻松访问多个样式集。

Adobe文字引擎：Fireworks CS6也具备Photoshop和Illustrator用户熟悉的“Adobe文字引擎”，可使用增强排版能力实现出众的字体设计；可以从Photoshop(CS3以上)和Illustrator(CS3以上)导入或复制/粘贴双字节字符，并保持相同的清晰度；可以在紧凑的文本徽标路径内浮动文字。

工作区改进：将智能辅助线快速置入画布中，以实现快速、准确定位和测量画布上的辅助线和元素。当在画布上将辅助线拖动到位时，屏幕警告并表明相应位置。本地元件编辑可使用设计的其余部分来精确美化内容中的元件；扩展的9切片缩放工具可应用于画布上的任何对象，而不仅仅是元件。

可自定义、重用的资产：借助公用库启动您的设计流程，这是一个由Web和软件应用程序、界面及网站中常用的图形元件、表单元素、文本符号和动画组成的库。使用您的自定义符号和样式扩大集合，可加快设计速度。

集成Adobe Kuler：在Fireworks CS6中可以直接访问Adobe Kuler在线服务提供的最新颜色主题以采样并应用于用户的Web设计，也可以调制出和谐的颜色供自己使用或上传到Kuler。

建立jQuery Mobile主题：可以根据预设的Sprite和色彩来建立jQuery Mobile主题。也可以预览jQuery Mobile主题并将其导出为CSS和Sprite。

集成Adobe ConnectNow：在Fireworks CS6中可以借助Adobe ConnectNow服务连通客户与设计人员，使他们能跨越平台和所在国家/地区、通过在线会议实现全屏共享。生成高清晰pdf文件或交互式HTML组件供查看。创建一个可以在任何平台上运行的Adobe AIR原形。

3.1.2　Fireworks CS6的安装、启动与退出

1. 安装

(1) 将Fireworks CS6安装光盘插入计算机的光盘驱动器。

(2) 开始安装：在Windows系统中会自动启动Fireworks 安装程序。

(3) 根据屏幕上安装向导的提示输入相关信息。

(4) 安装完成时，重新启动计算机。

2. 中文版Fireworks CS6的启动

概括来讲，启动一个软件的方法有许多种，其实质是运行应用程序的主程序文件(文件

名通常与软件名称主体相同，扩展名为.exe)。Fireworks CS6 的主程序文件名为 Fireworks.exe。

运行主程序文件有两种方式：一是通过快捷方式运行，例如，运行“开始”菜单下“所有程序”→“Adobe CS6”→“Adobe Fireworks CS6”；二是双击扩展名为.png 的图像文件，同样能够运行该程序文件，同时打开图像文件。

启动 Fireworks CS6 的初始界面如图 3-1 所示。

图 3-1　Fireworks CS6 的初始界面

3. 中文版 Fireworks CS6 的退出

在启动一个应用程序后，在不需要使用的时候应该将其关闭，关闭 Fireworks CS6 通常有以下三种方式。

(1) 选择“文件”→“退出”菜单项。

(2) 单击程序窗口标题栏右侧的“关闭”按钮。

(3) 直接按 Alt+F4 组合键。

如果修改了 Fireworks 文件内容后直接关闭应用程序，系统会弹出一个对话框，提示用户对所做的修改是否保存。若单击“是”按钮，则在进行必要的文件保存设置后，保存对文件的修改并退出；若单击“否”按钮，则不保存对文件的修改而直接退出。

3.1.3　Fireworks CS6 的界面

1. 中文版 Fireworks CS6 工作界面

启动 Fireworks CS6 后，首先弹出 Fireworks CS6 的初始化界面，然后进入 Fireworks CS6 的工作界面，如图 3-2 所示。

从图 3-2 可以看出，Fireworks CS6 程序窗口由菜单栏、主要工具栏、文件名标签、绘图工具箱、属性面板、状态栏、编辑窗口和浮动面板组等部分组成。绘图工具箱位于屏幕的左侧，它分成多个类别并用标签标明，其中包括选择、位图、矢量、Web、颜色、视图等部分。属性面板在文档底部显示，它在不同的时刻显示不同的属性，分别为文档属性、被选择新工具的属性或文档中选择对象的属性。其他面板组最初沿屏幕右侧成组地摆放。编辑窗口位于中央一大片区域，是编辑图形与图像的地方。在编辑窗口下面、属性面板上面的窄横条，是状态栏，这里显示当前文档的状态、可修改窗口显示的百分比等。

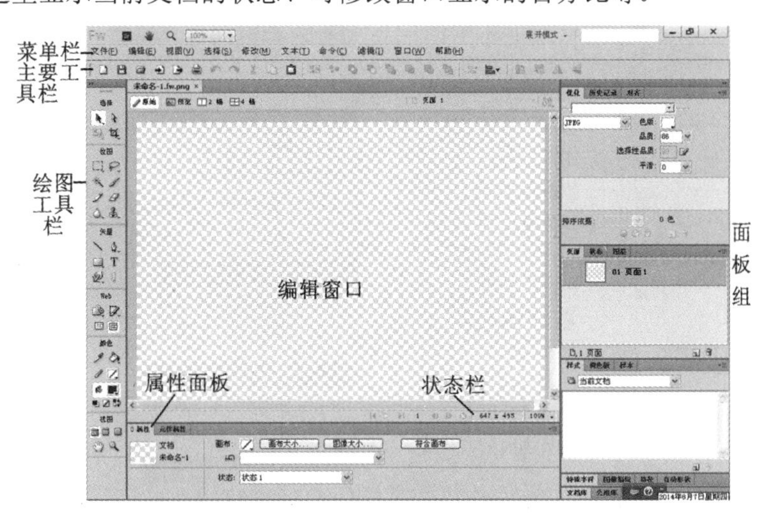

图 3-2　Fireworks CS6 的工作界面

2. 常用工具栏与修改工具栏

Fireworks CS6 的常用工具栏及修改工具栏在菜单栏的下方。

常用工具栏有新建、保存、打开、导入、导出、打印(文档)，撤销、重做(步骤)，剪切、复制与粘贴(复制)，除了导入、导出文件的按钮以外，其余与 Office 软件常用工具栏差不多，如图 3-3 所示。

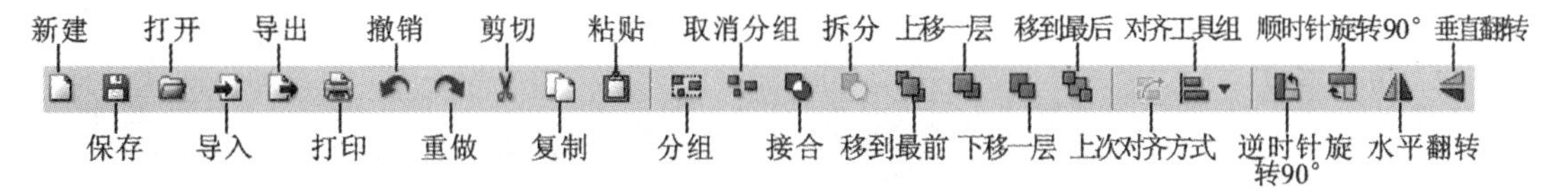

图 3-3　Fireworks CS6 常用工具栏

修改工具栏提供一些常用的图形操作命令：分组、取消分组、接合、拆分(组合系列)，移到最前、上移一层、下移一层、移到最后(层次排列)、左对齐、水平居中对齐、右对齐、顶对齐、垂直居中对齐、底对齐、均分宽度、均分高度、上次对齐方式(对齐)、顺时针旋转 90°、逆时针旋转 90°(旋转)、垂直翻转、水平翻转(翻转)。

3. 绘图工具箱

绘图工具箱包含选择、位图、矢量、Web、颜色、视图等多组工具，每组工具中包括有多个绘图工具，如图 3-4(a)所示。

有些工具按钮的右下角有一个小三角形，如等，这是组合工具的标志，当用光标对准它并按住左键 3 s，即可展开全部隐藏的工具按钮。按住按钮 3 s 后就会看到展开的矩形、椭圆、多边形、L 形、圆角矩形、度量工具、斜切矩形、斜面矩形、星形、智能多边形、箭头、箭头线、螺旋形、连接线形、面圈形和饼形共 16 种几何图形工具，单击其中一个就可选择这个工具绘图。

图 3-4(b)列出了绘图工具箱中所有的组合工具以及它里面隐藏的工具。

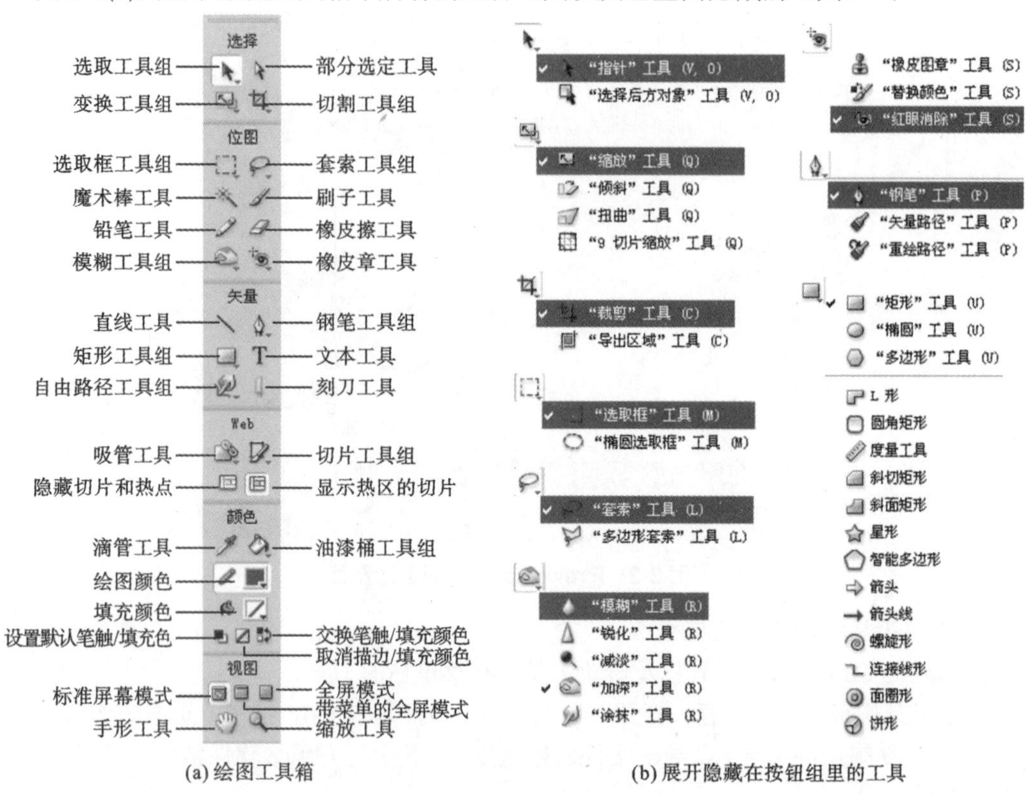

(a) 绘图工具箱　　(b) 展开隐藏在按钮组里的工具

图 3-4　Fireworks CS6 的绘图工具箱

4. 属性面板

属性面板(见图 3-5)是一个上下文关联面板，它显示当前选区、当前工具选项或文档的属性，在不同的情况下，显示的内容不同。没有选择任何对象时，属性面板显示文档的属性，可在此设置画布大小、图像大小、画布底色等参数。

图 3-5　Fireworks CS6 的属性面板

默认情况下，属性面板摆放在工作区的底部，如图 3-5 所示。

属性面板有“属性”和“元件属性”两个标签。属性面板可以半高、全高方式打开，也可以折叠起来，半高只显示两行属性，全高显示四行属性。还可以通过拖放将属性面板留在工作区中。

(1) 取消摆放属性面板：将左上角的抓取器拖动到工作区的其他部分。

(2) 在工作区底部摆放属性面板(仅适用于 Windows)：将属性面板上的边条拖到屏幕底部。

(3) 属性面板半高、全高转换：单击“属性”左边的按钮，可将属性面板在半高、全高和折叠状态之间转换。

5. 浮动面板组

浮动面板组可以展开，也可以折叠为图标，单击浮动面板组右上方的或按钮即可进行切换。浮动面板组可以帮助我们编辑文档中选择对象或元素，以及处理帧、层、元件、颜色样本等。Fireworks CS6 浮动面板组如图 3-6 所示。

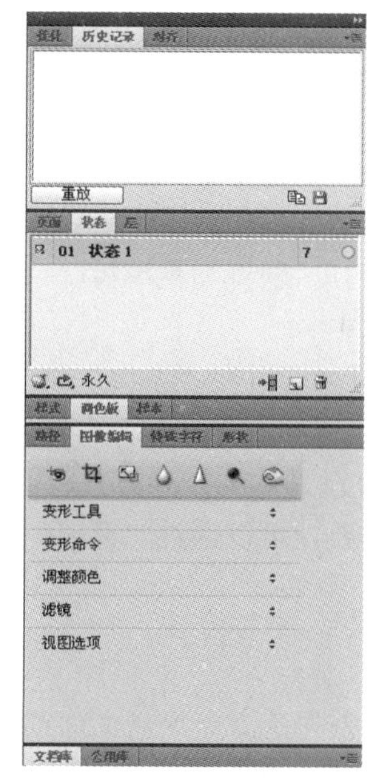

（展开面板时）　　　（折叠为图标时）

图 3-6　Fireworks CS6 浮动面板组

浮动面板组主要有以下面板。

优化：用来指定当前文档的导出设置，如导出文件的大小比例、文件类型的设置、调色板设置。

层：将多个图片和对象当作组来处理。每个对象依次放在不同的层上，可隐藏层，也可显示层，或根据需要将层在多帧之间共享，还可创建层、删除层。

状态：Fireworks CS6 以前版本称之为“帧”，通过状态面板，不需 Javascript 就可方便地实现动画。

历史记录：列出最近使用过的命令，以便能够快速实现撤销和重做命令。另外，也可以选择多个动作，然后将其作为命令保存和重新使用。

形状：选择所需要的外形对象，可方便地实现对象的三维处理等操作。

样式：用于存储和重用常用样式。通过大量内置的样式，可以灵活地创建对象所需要的属性，也可以将对象的集体属性保存为样式，或导入编辑好的样式。

公用库：系统提供二维对象、动画、按钮、HTML、MAC、菜单栏元件组，可以轻松地将这些元件从“库”面板拖到文档中，也可以通过只修改该元件而对全部实例进行全局更改。

文档库：当前 Fireworks 文档库包含所有元件(包括使用了的公有库元件和自建元件)。

URL：用于保存经常使用的 URL 地址。

混色器：用于创建要添加至当前文档调色板或要应用到所选对象的新颜色。

样本：管理当前文档的调色板。

信息：提供关于所选对象的尺寸，以及指针在画布上移动时的精确坐标信息。

行为：用来管理行为，可方便地为图像添加需要的动作组合，并删除不满意的动作，省去了编写 Javascript 的麻烦。

查找：用于在一个或多个文档中查找和替换元素，如文本、URL、字体和颜色等。批量处理时使用该面板可起到事半功倍的效果。

对齐：用于实现在画布上的对象之间的对齐操作。

图像编辑：包含经常使用的图像编辑工具、滤镜和菜单等。

特殊字符：可将特殊字符直接插入文本中。

Fireworks CS6 有些面板未显示出来，可以通过在“窗口”菜单选择打开某个面板或隐藏某个面板。

每个面板都是可拖动的，因此可以按自己喜欢的排列方式将面板组合到一起。默认情况下，某些面板不会显示出来，但是如果需要，可以通过“窗口”菜单显示它们。

3.1.4 创建 Fireworks 文件

在 Fireworks 中创建一幅新图像，必须首先建立一个新文件或打开一个已存在的文件。对于新文件，通常在建立时设置好它们的属性，以免在后续的创作中再费力去修改。

在 Fireworks 中创建文件，其默认格式是 png 文件，即可移植网页图形文件。当完成图像的制作和处理后，也可以轻松地将文件转换为其他网页图形格式输出，如 jpeg 或 gif 格式的图形。

1. 创建新文件

创建新文件的步骤如下。

(1) 选择“文件”→“新建”菜单命令，打开“新建文档”对话框，如图 3-7 所示。

(2) 以像素、英寸或厘米为单位输入画布宽度和高度值。

(3) 以像素/英寸或像素/厘米为单位输入分辨率。

(4) 为画布选择白、透明或自定义颜色。如果选择“自定义”颜色，可以单击“自定义”颜

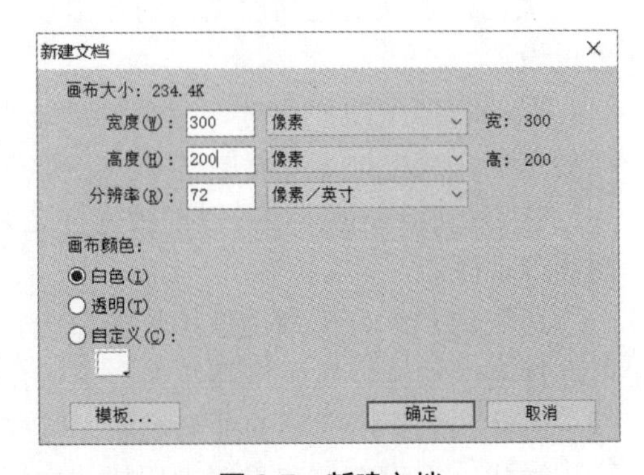

图 3-7　新建文档

色选择框上的小黑三角按钮，在弹出的颜色选择框中选择所需画布颜色。

(5) 单击“确定”按钮，进入图 3-2 所示的编辑界面后，便可开始创作了。

2. 打开文件

在 Fireworks 中，可以很容易地打开、导入和编辑在其他图形程序中创建的矢量图和位图。

打开已有的 Fireworks 文件时，可以选择“文件”→“打开”菜单命令，在弹出的“打开”对话框中，找到文件所在的文件夹，选择文件并单击“打开”按钮。

使用 Fireworks 可以打开在其他应用程序中或以其他文件格式创建的文件，其中包括 Photoshop、FreeHand、Illustrator、未压缩的 CorelDraw、WBMP、EPS、jpeg、gif 和 gif 动画文件。但如果使用“文件”→“打开”菜单命令打开非 png 格式的文件时，将基于所打开的文件创建一个新的 Fireworks png 文件。可以使用 Fireworks 的所有功能来编辑图像。然后可以选择“另存为”将所编辑的文档保存为新的 Fireworks png 文件或保存为另一种文件格式，这样做，原始文件仍然保持不变，只是增加了新的格式文件。

3. 保存文件

新建的文件可以在任何时候保存，具体的做法是：

(1) 选择“文件”→“保存”菜单命令，将弹出“另存为”对话框；

(2) 选择好保存路径，并在该对话框中的“文件名”中输入文件名称，无需输入扩展名；

(3) 单击“保存”按钮即可完成保存。

在创建了该文档后，再次选择“保存”命令，则保存对此文件的修改。

3.2　图形的绘制与编辑

Fireworks CS6 集成了从前只在矢量图形处理软件中出现的工具和位图图像处理软件中丰富的艺术处理手段。它既包含矢量工具，又包含位图工具，淡化了矢量图与位图两种格式文件的区别，具备制作与处理两种格式图形的功能。

3.2.1　绘图工具简介

Fireworks CS6 有许多工具可对图形进行操作，它们主要集中在工具箱的矢量、位图和选择三个类别中。表 3-1 列出了部分图形操作工具。

表 3-1　图形操作工具

工　具	说　明
徒手和放大镜	用来移动操作界面的徒手工具，用来放大对象的放大镜工具
矢量的选择	指针工具和选择后方对象工具
图形选择	对对象的组成部分进行选定工具、
编辑选择	套索工具及魔术棒工具
铅笔和钢笔	铅笔通过拖曳、钢笔则通过逐段单击鼠标来完成绘制线

续表

工　具	说　明	
矩形等图形绘制	矩形等工具用来绘制矩形等图形形状	
文本	文本工具T用来实施文本的输入	
画刷与纹理调整	画刷绘制纹理图形、在属性面板中调整纹理	
形体变换	缩放工具	旋转/缩放变形，边角及形体内部像素不变
	倾斜工具	以某边为轴的倾斜变形
	扭曲工具	拉伸的边角扭曲变形
	自由变形工具	实施边处理
路径修改	涂饰路径及修改路径的纹理效果	
吸管及油漆桶	吸管用来取色，油漆桶用来填充	
刀子/橡皮	刀子用来切割路径，橡皮用来涂改图像	
印章	印章用于复制局部图像	

3.2.2　基本图形绘制与变形

矢量图形是由一组数学公式描述的点、线、面信息构成的图形，任意缩放不影响图形的质量。矢量图形由工具箱中的“矢量”类工具来绘制。位图由称为像素的彩色小正方形组成，能表现图像中的阴影和色彩的细微变化，缩放位图会改变图像的质量，位图可用工具箱中的“位图”类工具来绘制。

1. 基本矢量图形的绘制

最基本的矢量图形有直线、矩形、椭圆和多边形，可以使用“直线”、“矩形”、“椭圆”或“多边形”工具快速绘制基本形状。“矩形”工具将矩形作为组合对象进行绘制。若要单独移动矩形的角点，必须取消组合矩形(右击图形，在快捷菜单中选择“取消组合”)或使用“部分选定”工具。

绘制直线、矩形、椭圆或多边形的步骤如下。

(1) 从工具箱中选择“直线”、“矩形”、“椭圆”或“多边形”工具。

(2) 在属性面板中设置笔触和填充属性，多边形工具还要选择形状、边数(默认为正五边形)等参数。

(3) 在画布上拖动以绘制形状。

对于“直线”和“多边形”工具，按住 Shift 键并拖动可限制只按 45°的倾角增量来绘制直线和多边形。对于“矩形”或“椭圆”工具，按住 Shift 键并拖动可以将形状限制为正方形或圆形。若要从特定中心点绘制直线、矩形或椭圆，则将指针放在预期的中心点，然后按 Alt 键并拖动绘制工具。若既要限制形状又要从中心点绘制，则只要将指针放在预期的中心点，按 Shift+Alt 键并拖动绘制工具。

(4) 释放鼠标。

采用上述方法绘制出来的直线、矩形、椭圆和多边形如图 3-8 所示。当将直线工具的笔触粗细设为 16、红色、“油画效果|泼溅”效果，画出来的图形已经不像直线了，而是沿直

线泼溅的图形(见图 3-8 中第二行第一个图形)。当将“矩形”工具的笔触和填充改变设置以后，矩形的边框与填充也都发生了变化(见图 3-8 中第二行第二个图形)。

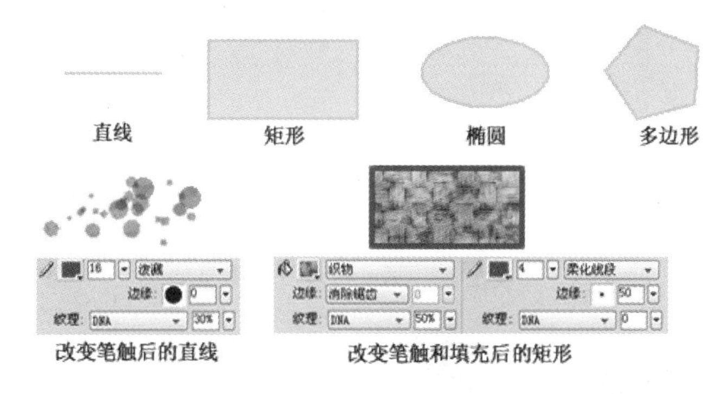

图 3-8　基本矢量图形的绘制与笔触、填充设置

2. 扩展图形的绘制

除了直线、矩形、椭圆和多边形这些基本的矢量图形工具以外，Fireworks CS6 还提供了一组扩展的矢量图形工具：L 形、圆角矩形、度量工具、斜切矩形、斜面矩形、星形、智能多边形、箭头、箭头线、螺旋形、连接线形、面圈形和饼形，这些工具隐藏在矩形按钮下，只要按住“矩形”工具 3 s，就会展开这些工具，如图 3-4(b)右下图所示。

扩展矢量图形有一个共同特点，除了一般矢量图形具有的可进行缩放的变形手柄以外，还有几个可以改变图形形状的控制节点。星形有 5 个控制节点，是典型的扩展矢量图形。下面以星形制作为例，来学习扩展矢量图形的制作。

一般情况下，“星形”工具是隐藏起来的。在绘图工具箱中，按住“矩形”工具展开隐藏的几何图形工具，在下拉工具列表中选择“星形”工具，通过拖放的方式可以绘制出星形。星形上有 5 个控制节点：“半径 1”、“半径 2”、点数、“圆度 1”和“圆度 2”。这些控制节点的作用分别是：“半径 1”用于控制星形外顶点的半径；“半径 2”用于控制星形内顶点的半径；“点数”控制星形的顶点数；“圆度 1”控制外角的圆度；“圆度 2”控制内角的圆度。往外或往内移动这些节点，便可改变相应的参数(“点数”节点例外，是通过上、下移动来改变星形顶点数的)，从而改变星形的形状。

具体操作步骤如下。

(1) 从工具箱中选择“星形”工具。

(2) 设置属性，制作基本星形。

在属性面板中给“星形”工具设置适当参数。在画布上拖动，释放鼠标后，便可绘制出星形。刚绘制的星形已被选中，如上所述，可以看到星形上有 5 个黄色的小控制节点(“半径 1”、“半径 2”、“点数”、“圆度 1”和“圆度 2”)，如图 3-9 第一行第一个图所示。

(3) 改变单个控制节点的效果。

在制作好第一个星形的基础上，通过往内、往外移动“圆度 1”节点，或者往外、往内移动“圆度 2”节点，分别可以得到图 3-9 中第一行第 2、3、4、5 图。

(4) 综合改变多个控制节点的效果。

在第一个星形的基础上，上移“点数”节点(增加顶点数)，并且将“半径 1”、“半径 2”

往外移动(适当放大)，得到图 3-9 中第二行的第一个星形；在此基础上，再将“圆度 1”节点往内移动一点(使外角变圆一些)，并适当外移半径 1 节点(适当扩大外径)，得到图 3-9 中第二行第二个星形；在此基础上，再将“圆度 2”节点移向中心点附近，可得图 3-9 中第二行第三个图形。

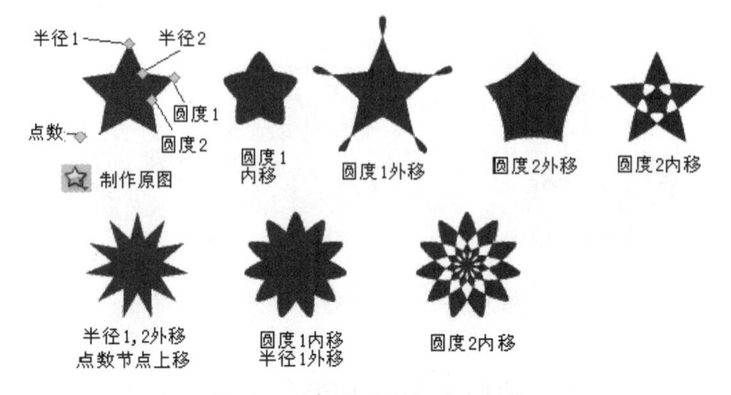

图 3-9　星形的绘制与节点调节

类似地，可以制作出其他扩展矢量图形，如图 3-10 所示(图中适当调节了图形的控制节点)。

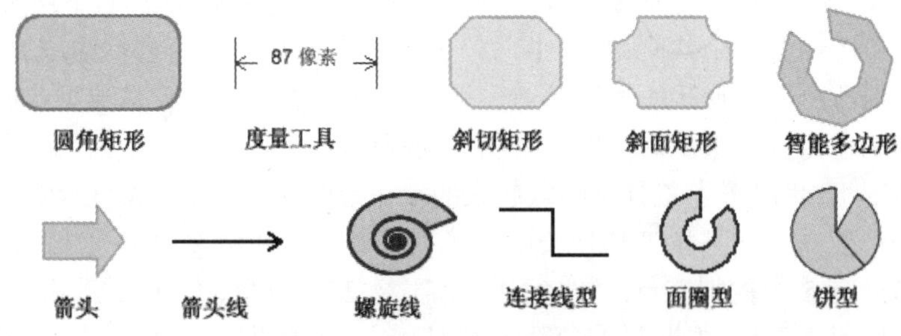

图 3-10　扩展矢量图形的绘制

3. 不规则图形的绘制

Fireworks 中不规则形状的轮廓称为路径。“钢笔”工具既可用来绘制直线路径，也可以用来绘制曲线路径。因此，绘制不规则图形可采用工具箱中的“钢笔”工具。

应用“钢笔”工具生成直线路径时，首先选择“钢笔”工具，然后在绘图区内单击，再依次在确定的下一个位置单击，一直到终点处双击完成。如果要绘制出封闭路径，只要使终点与第一个点重合，且将结束时的双击改为单击即可。

如图 3-11 所示，图(a)的折线路径中 A 为起点，经 B、C、D、E 到 F，在绘制时，A、B、C、D、E 处均单击，F 处双击。图(b)中 G 为起点，经 H、I 到 J(与 G 重合)构成封闭路径，在绘制时，G、H、I、J 处均单击即可。

如果要绘制曲线路径段，需要在绘制时单击并拖动。绘制时，当前点显示点手柄，首先单击以放置第一个角点(路径形状发生激剧变化的点)，然后将光标移到下一个位置，单击并拖动以产生一个曲线点；若要继续绘制，则只要重复上述操作即可。如果单击并拖动产生一个新点，即可产生一个曲线点，如果只是单击，则产生一个角点。终点的绘制方法与直线路径段终点的绘制方法相同。

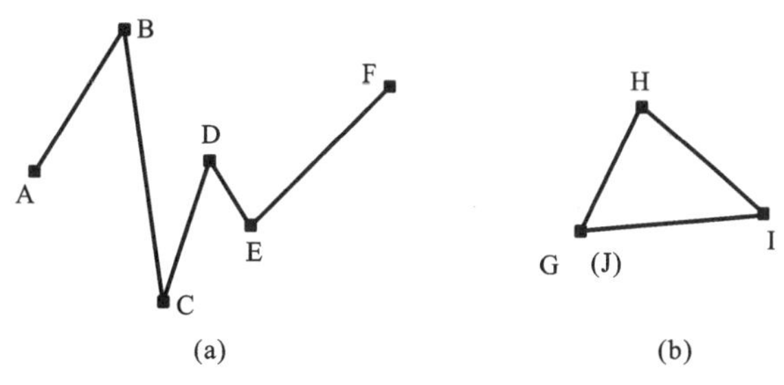

图 3-11　绘制直线路径

图 3-12(a)的曲线路径中 A 为起点，经 B、C 到 D，在绘制时，在 A 点单击并垂直向下拖到与 D2 可连成水平线的位置时，松开鼠标左键移动到 B 点处，再在 B 点单击并垂直向上拖到与 D1 可连成水平线的位置时，松开鼠标左键移动到 C 点处，然后在 C 点单击并垂直向下拖到 C1 点，松开鼠标左键移动到 D 点，单击并垂直向上拖到 D1 处，再松开鼠标左键移动到 D 点并双击，便可完成绘制。

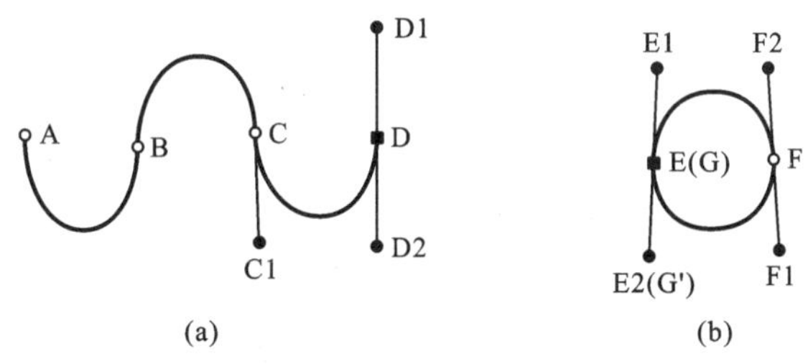

图 3-12　绘制曲线路径

图 3-12(b)中 E 为起点，经 F 到 G(与 E 重合)构成封闭路径，在绘制时，在 E 点单击并垂直向上拖到 E1 点，松开鼠标左键移动到 F 点处，再在 F 点单击并垂直向下拖到 F1 点，松开鼠标左键移动到 G 点处单击即可(注：图 3-12 中连接 C、C1 的直线段，连接 D1、D2 的直线段，连接 E1、E2 的直线段和连接 F1、F2 的直线段都是控制绘图的方向线段，不是图像的组成部分，绘制结束时不可见)。

读者可结合直线段路径和曲线段路径的知识绘制出既含直线段又含曲线段的路径。

使用“钢笔”工具时，可通过各个点来修改直线和曲线路径段。操作时不但可通过拖动点手柄来进一步修改曲线路径段，还可以通过转换各个点来将直线路径段转化成曲线路径段。

选择“钢笔”工具后，在所绘制的路径上单击曲线点可以将曲线点转换成角点；在角点上拖曳鼠标可以将角点转换成曲线点。在曲线路径段上没有曲线点和角点的地方单击可增加曲线点；在直线路径段上没有曲线点和角点的地方单击可增加角点。双击曲线点可将该曲线点删除；单击角点可将该角点删除。

在“钢笔”工具组下，还隐含着“矢量路径”工具和“重拾路径”工具。可以在属性面板中为它们设置笔触。使用“矢量路径”工具画线时，每个笔触都包含矢量对象的点和路径，可以使用任何一种矢量编辑技术来更改笔触的形状。“重拾路径”工具可以重绘或扩展所选路径段，同时保留该路径的笔触、填充和效果。

用这两个工具画出来的线与用位图中“刷子”工具画出的线效果相似。所不同的是，用刷子画出来的是位图，采用“矢量路径”工具和“重拾路径”工具画出来的则是点线相连的矢量图形。

4. 自动形状绘制

“窗口/自动形状”命令可以打开形状面板，如图 3-13 所示，在形状面板中选择需要的形状并用鼠标拖曳到画面中，即可向画面添加形状；拖到画面的形状一般有多个控制节点，通过调节控制节点可以得到不同的显示效果。

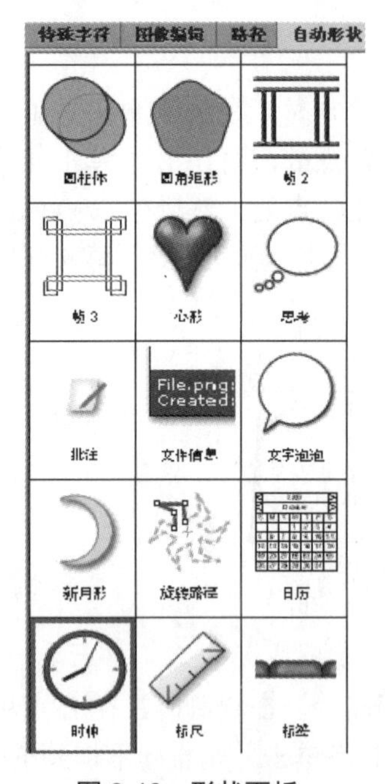

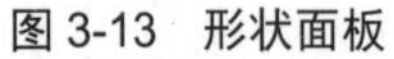

图 3-13　形状面板　　　　图 3-14　“JavaScript”对话框

下面以时钟形状为例，说明自动形状的操作步骤。

(1) 将时钟形状拖到画面，此时可看到时钟上有多个黄色的控制节点，如图 3-15(a)所示。

(2) 用鼠标单击图 3-15(b)所示的中央节点，将弹出一个“Javascript”对话框，如图 3-14 所示，可以按格式在文本框中输入来设置时间(本例设置为 12:10)。

(3) 用鼠标单击图 3-15(c)所示边缘外节点，可以改变表盘上的刻度标记(可变为 4 个、12 个和 60 个)，本例单击两次变为 60 个刻度标的情形。

(4) 设置完毕，效果如图 3-15(d)所示。

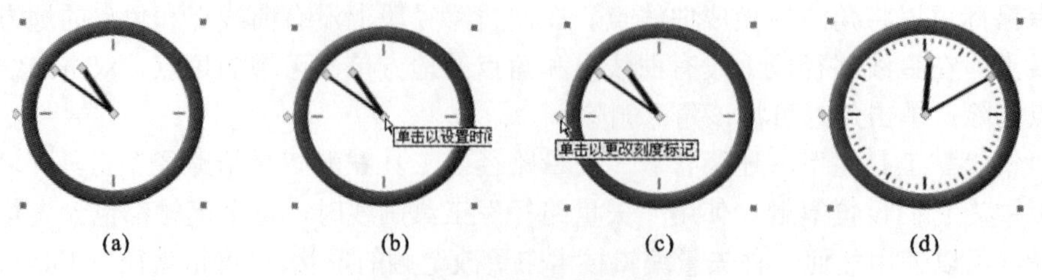

图 3-15　时钟形状的使用

5. 图形的选择与变形

“选择”和“变形”工具可以移动、复制、删除、旋转、缩放或倾斜对象。在具有多个对象的文档中，可以通过对对象执行堆叠、组合和对齐操作来组织它们。

1) 图形选择

可以用工具箱上的工具实现图形的选择，也可以通过 3.2.3 节介绍的图层面板来实现。

用“指针”工具单击对象或者在全部或部分对象周围拖动选区，可选取整个对象；用“部分选取”工具单击对象或者在部分对象周围拖动选区，可选取独立的点或者某一路径上的线段，或者某一组的单个对象；用“选择后方对象”工具单击包含多个对象的图形，可选取被其他对象隐藏或遮挡的对象。

注意：按住 Shift 键不放，再选择其他对象可以增选对象；使用快捷键 Ctrl+D 可以取消选择；使用快捷键 Ctrl+G 可以将选取的对象组合成一个对象；使用快捷键 Ctrl+Shift+G 可以解散选择的组。

2) 图形变形

“缩放”、“倾斜”和“扭曲”工具以及“修改”菜单下的“变形”命令可以对所选对象、组或者像素选区进行变形处理，这其中包括旋转、缩放、倾斜、扭曲翻转等操作。

要对对象进行变形操作，首先应选取对象，再选择工具箱上的“变形”工具，这时对象四周会出现调节手柄，通过调节手柄和中心点可以实现将对象变形的目的。如图 3-16 所示，从左到右依次展示了原始对象和经旋转、缩放、倾斜、扭曲、垂直翻转、水平翻转后的对象。

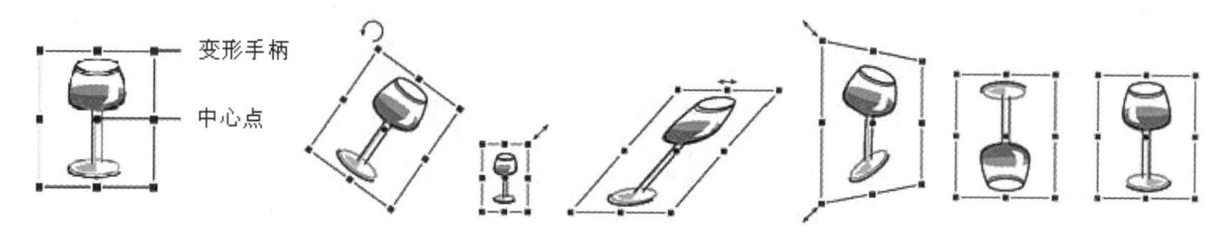

图 3-16　原始对象和经旋转、缩放、倾斜、扭曲、垂直翻转、水平翻转后的对象

(1) 缩放对象。

选择工具箱的“缩放”工具，移动鼠标到对象的调节手柄处，当鼠标指针变成双向箭头时拖曳鼠标至合适的位置松手，便可以改变对象的宽和高。调节四个角上的手柄使对象的宽和高同时变化，并保证对象按原有的高宽比进行缩放，调节其余四个手柄，只改变宽或高。

(2) 旋转对象。

“缩放”工具也能用来实现对象的旋转。

当光标靠近要旋转的对象时，光标会变成旋转箭头，此时，对象便绕中心进行旋转。如果拖曳鼠标时按住 Shift 键，可以使旋转对象以 15°为间隔进行更改。如果在中心点上拖曳鼠标，可以更改中心点的位置，从而实现使对象沿指定点旋转。

此外，在“修改”菜单的“变形”项下，有将对象进行 90°或 180°旋转的子项，能将对象实施顺时针 90°的旋转、逆时针 90°的旋转或 180°的旋转。

(3) 倾斜对象。

选择工具箱的“倾斜”工具，移动鼠标到对象的调节手柄处，当光标变成双向箭头时拖曳鼠标至合适的位置松手，对象便会倾斜。在调节四个角上的手柄时，对象会产生梯形倾斜，调节其余四个手柄时，对象会产生平行四边形倾斜。

(4) 扭曲对象。

选择工具箱的“扭曲”工具，移动鼠标到对象的调节手柄处，当光标变成双向箭头时拖曳鼠标至合适的位置松手，对象便会被扭曲。扭曲对象的操作与倾斜对象的操作类似，所不同的是在调节四个角上的手柄时，对象会产生不规则的变形。

(5) 翻转对象。

对象的翻转包括垂直翻转和水平翻转，在“修改”菜单的“变形”项下，选择“垂直翻转”或“水平翻转”即可实现对象的垂直翻转和水平翻转。

(6) 其他变形方法。

除了通过拖曳来缩放、调整大小或旋转对象外，还可以通过输入特征值来使对象变形。方法是在“属性”面板或“信息”面板的宽和高中输入对象的宽度值和高度值来调整对象的大小，分别如图 3-17 和图 3-18 所示。

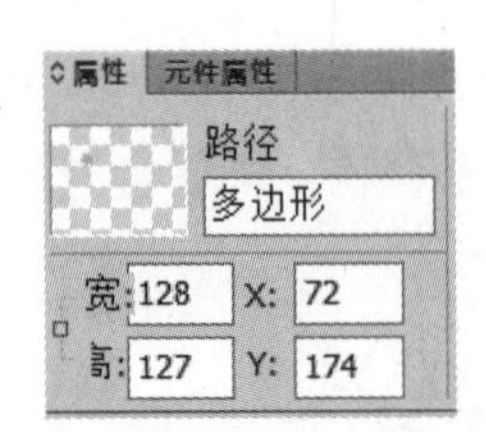

图 3-17 “属性”面板

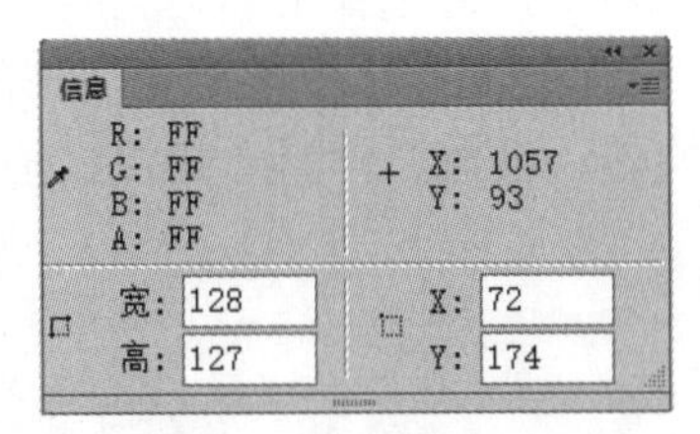

图 3-18 “信息”面板

图 3-19 “数值变形”对话框

还可以使用“数值变形”对话框缩放或旋转对象，方法是：对选定对象选择“修改”→“变形”→“数值变形”菜单命令，便可打开图 3-19 所示的“数值变形”对话框，接着在其下拉列表中选择变形类型，若选择“缩放”可设置宽或高与原对象的宽或高的百分比；若选择“调整大小”可设置对象新的宽度或高度的值；若选择“旋转”可设置旋转的角度度数。选中“缩放属性”复选框，在对象变形时，将重新计算对象的属性。选中“约束比例”复选框，变形将按比例进行。体现为在宽和高设置栏后有一个小锁的标记图标，单击“确定”按钮完成变形。

6. 创建位图图形

要创建位图图形，可以使用 Fireworks 位图绘制工具，剪切或复制和粘贴已有位图的像素选区，或者将矢量图像转换成位图对象。另一种创建位图对象的方法是在文档中插入一个空的位图图像，然后对其进行绘制、绘画或填充。

一个新位图对象创建后就添加到当前层中。在已展开的图层面板中，可以在位图对象所在的层下看到每个对象的缩略图和名称。尽管有些位图应用程序把每个位图对象都视作一个层，但 Fireworks 把位图对象、矢量对象和文本组织成位于层上的单独对象。

1) 创建新的位图对象

(1) 从工具箱的“位图”部分中选择“刷子”或“铅笔”工具。

(2) 在属性面板中为“刷子”或“铅笔”工具设置笔触特性(大小、颜色、描边种类和纹理等)。

(3) 用“刷子”或“铅笔”工具在画布上单击或拖动，即可绘制位图对象。

一个新的位图对象随即添加到图层面板的当前层中。

可以创建一个新的空位图，然后在空位图中绘制。

采用“刷子”工具，在属性面板中选用不同的描边线形、纹理及笔尖大小，用拖动法或点击法可绘制出图 3-20 所示的位图。

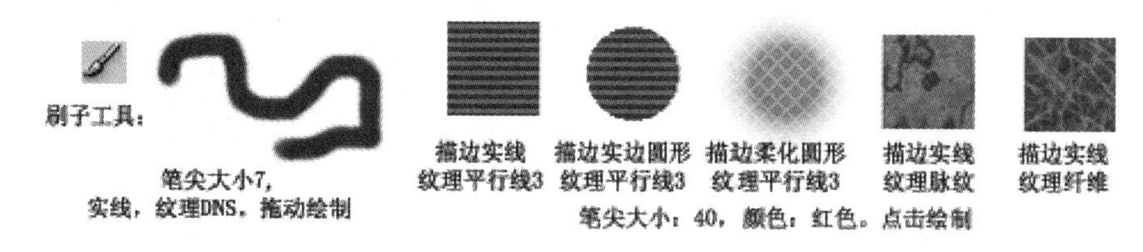

图 3-20　“刷子”工具绘制的位图

2) 创建空位图对象

请执行下列操作之一：

(1) 单击层面板中的“新建位图图像”按钮；

(2) 选择“编辑”→“插入”→“空位图”菜单命令；

(3) 绘制选区选取框，从画布的空白区域开始并填充它。

执行了以上某个操作之后，一个空位图随即添加到层面板的当前层中。如果在空位图上绘制、导入像素或以其他方式放入像素之前，取消选择了的空位图，则空位图对象自动从层面板和文档中消失。

3) 剪切或复制像素并将它们作为一个新位图对象粘贴

用“选取框”工具、“套索”工具或“魔术棒”工具选择像素。执行下列操作之一：

(1) 选择“编辑”→“剪切”菜单命令，然后选择“编辑”→“粘贴”菜单命令；

(2) 选择“编辑”→“复制”菜单命令，然后选择“编辑”→“粘贴”菜单命令；

(3) 选择“编辑”→“插入”→“通过复制创建位图”菜单命令，将当前所选复制到一个新位图中；

(4) 选择“编辑”→“插入”→“通过剪切创建位图”菜单命令，将当前所选内容剪切到一个新位图中。

所选像素以当前层上的对象形式显示在层面板中。

4) 将所选矢量对象转换成位图图像

请执行下列操作之一：

(1) 选择“修改”→“平面化所选”菜单命令；

(2) 从层面板的“选项”菜单中选择“平面化所选”命令。

矢量到位图的转换是不可逆转的，只有使用“编辑”→“撤销”或撤销“历史记录”

面板中的动作才可以取消该操作。位图图像不能转换成矢量对象。

7. 应用颜色、笔触和填充

1) 应用颜色

Fireworks CS6有各种面板、工具和选项，用于组织和选择颜色并将颜色应用到位图图像和矢量对象。

在“样本”面板(见图3-21)中，单击面板右上角的按钮，在下拉菜单中，可以选择预设样本组(如“彩色立方体”、“连续色调”或“灰度等级”)，也可以创建包含喜爱的颜色或允许的颜色的自定义样本组。

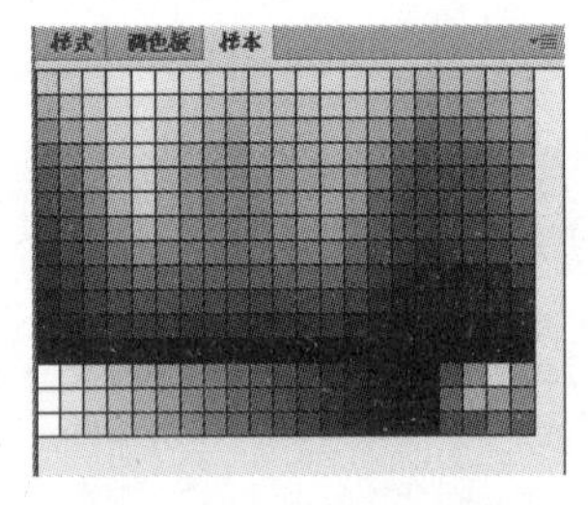

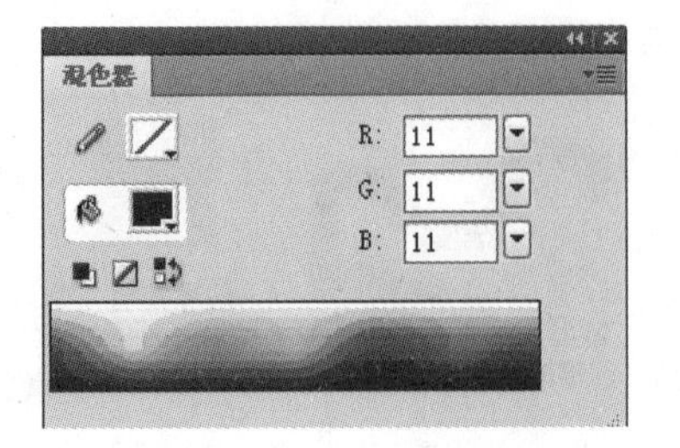

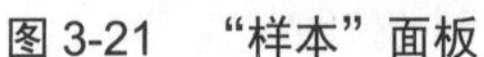

图3-21 “样本”面板 图3-22 “混色器”面板

在“混色器”面板(见图3-22)中，可以选择一种颜色模式(如“十六进制”、“RGB”或“灰度等级”)，然后直接从颜色栏或者通过输入特定的颜色值来选择笔触颜色和填充颜色。

绘图工具箱里的“颜色”部分，除“滴管”、“颜料桶”外，还有设置“笔触颜色”和“填充颜色”的控件。此外，“颜色”部分还包含“设置默认笔触/填充色”控件、“没有描边或填充色”控件，以及“交换笔触/填充色”控件。

关于工具箱中颜色工具和混色器中按钮的使用方法如下。

使“笔触颜色”或“填充颜色”框变为活动状态：单击“笔触颜色”或“填充颜色”框旁边的图标，这样活动颜色框区域显示为一个被按下的按钮。如果单击颜色框区域右下角的黑色三角形按钮便会出现颜色弹出窗口，如图3-23所示。

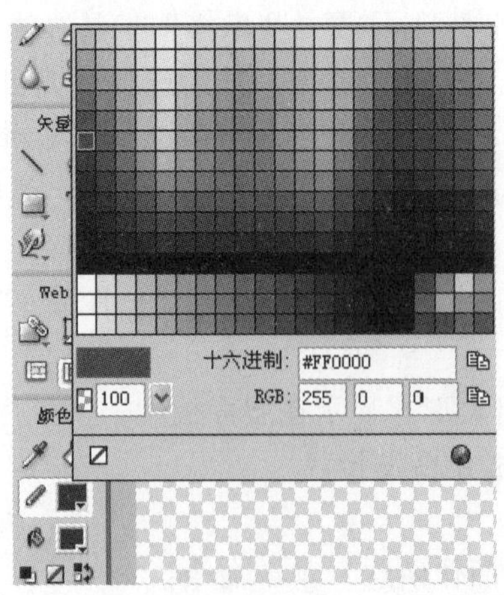

图3-23 工具箱中的颜色框和颜色弹出窗口

将颜色重设为默认值：单击工具箱或混色器中的“默认颜色”按钮。

删除所选对象中的笔触或填充：只要单击工具箱或混色器中的 “没有描边或填充” 按钮，笔触或填充的颜色设置便变成“无”(也可以通过单击 “填充颜色” 或“笔触颜色” 框弹出窗口中的“透明” 按钮，或者从属性面板的“填充选项” 或“笔触选项” 弹出菜单中选择“无”，将所选对象的填充或笔触设置为“无”)。

交换填充和笔触颜色：单击工具箱或混色器中的“交换颜色” 按钮。

2) 设置笔触

笔触和填充是对象最基本的两个属性。笔触附着在路径上，而填充则处于对象的内部。当前笔触的设置会被应用到当前的操作对象上。如果新绘制一个对象，其路径上的笔触效果会沿用上次操作对象的属性，除非在绘制前改变了设置。

属性面板上包括了所有笔触属性，即笔触颜色、笔尖大小、描边种类、边缘柔和度和纹理填充等。

在描边类别下拉菜单中，可以选择各种笔触，如图 3-24 所示。如果不使用笔触效果，可以选择“无”。在纹理名称下拉菜单中，可以选择笔触纹理(见图 3-25)，如果调节其后的纹理总量，可以使纹理变得明显或淡化。

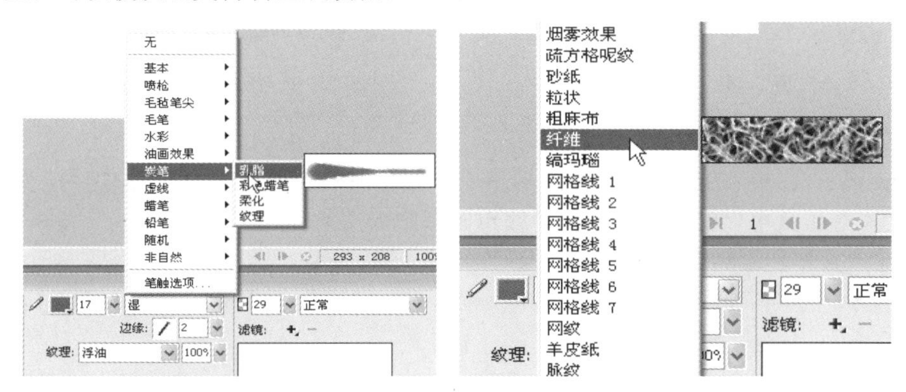

图 3-24　描边种类　　　　图 3-25　纹理名称

3) 设置填充

属性面板上还包括了所有填充属性，主要包括填充颜色、填充类别、填充的边缘和填充纹理和透明等。

填充类别包括实心、网页抖动、渐变和图案等四类。

实心：使用单色进行填充。

网页抖动：使用网页安全色混合抖动，产生一种取代超出网页安全色的颜色进行填充。

渐变：使用渐变色彩进行填充。

图案：使用位图图案进行填充。

下面以渐变填充为例说明填充对象的方法。

(1) 选中经填充的对象。在属性面板的填充类型下拉菜单中选择“渐变” 选项，此时会弹出渐变子菜单(见图 3-26)，在其中选择渐变类型(如星状放射)。

(2) 单击填充颜色框，在弹出的“渐变颜色设置” 的“预置” 下拉菜单中，选择渐变色预置值（如鲜绿色），还可以拖动颜色滑块调整填充色，如图 3-27 所示。

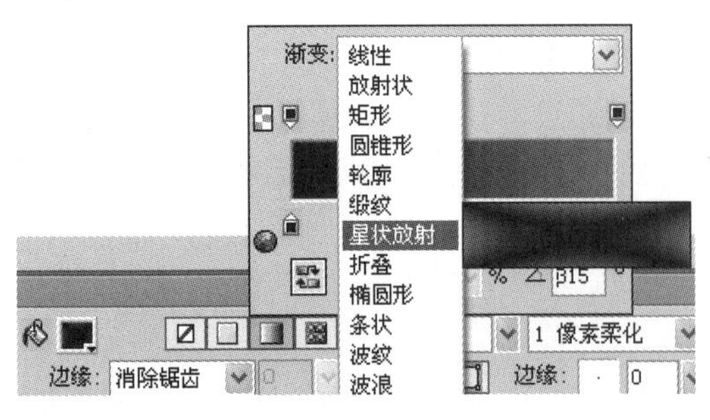

图 3-26　渐变填充

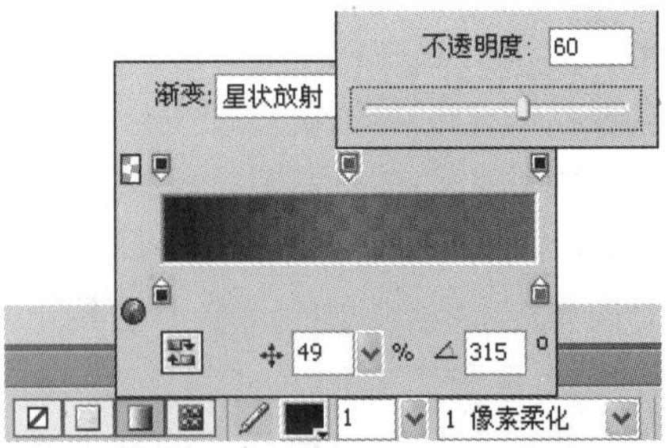

图 3-27　渐变颜色配置

(3) 渐变色彩填充完毕后，在选中对象时，在渐变色彩上会有相应的调节手柄，如图 3-28 所示。通过它可以调节渐变的位置和形状，如图 3-29 所示。

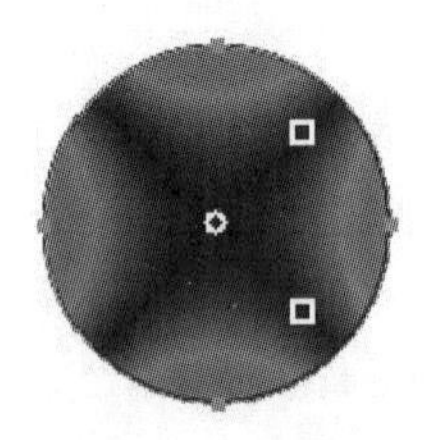

图 3-28　调节手柄

图 3-29　渐变的位置和形状

8. 文字创建与变形

Fireworks 文件中的所有文本都显示在一个带有手柄的矩形(称为文本块)内，使用工具箱的“文本”工具可以输入、格式化、编辑图形中的文本。

1) 输入文本和编辑文本

(1) 选择“文本”工具。选择“文本”工具后，属性面板将显示“文本”工具的选项，如图 3-30 所示。

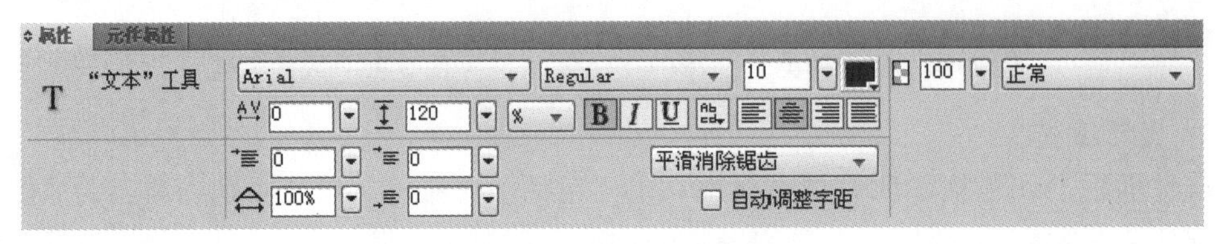

图 3-30　文本的属性面板

(2) 设置字体、字号、颜色、字形、间距、字顶距、文本方向、对齐方式、段落缩进、段落前后空格、水平缩放、基线调整、消除锯齿级别和自动调整字距等文本属性。

(3) 创建文本块。在文档中希望文本块开始的位置单击，会创建一个自动调整大小的文本块；若拖动鼠标便会绘制出一个固定宽度的文本块。

(4) 键入文本。当光标位于文本块内且处于文字输入状态时，可以直接输入文本。

(5) 如果需要，可以在键入文本后高亮显示文本块中的文本，然后为其重新设置格式。

(6) 结束文本输入。可通过在文本块外部单击，或选择工具箱中的另一个工具，或按 Esc 键实现。

2) 移动文本块

可以像对待其他对象那样选择文本块并将其移动到文档中的任何位置，也可以在创建文本块时移动该文本块。

在创建文本块时，移动文本块的做法是：在按住鼠标左键并拖动鼠标创建文本块的过程中，按住空格键，将文本块拖动到画布上的另一个位置，释放空格键，继续绘制文本块。

3) 使用自动调整大小文本块和固定宽度文本块

Fireworks 中既有自动调整大小文本块，也有固定宽度文本块。自动调整大小文本块在键入时沿水平方向扩展，如果删除了文本，则自动调整大小文本块会收缩以便刚好容纳剩余的文本；固定宽度文本块可以控制折行文本的宽度。

当文本块中的文本指针处于活动状态时，文本块的右上角会显示一个空心圆或空心正方形。圆形表示自动调整大小文本块，正方形表示固定宽度文本块。

双击文本块右上角或双击文本块内部均可实现两种文本块的相互切换。若拖动调整文本块大小的手柄，则能将文本块从自动调整大小类型更改为固定宽度类型。

4) 将文本附加到路径

为了使文本摆脱矩形文本块的束缚，可以将文本附加到路径上，这样，文本会顺着路径的形状排列，并且具有可编辑性。

将文本附加到路径后，该路径会暂时失去其笔触、填充以及滤镜属性。随后应用的任何笔触、填充和滤镜属性都将应用到文本，而不是路径。如果之后将文本从路径分离出来，则路径会重新获得其笔触、填充以及滤镜属性。

注意：如果将含有硬回车或软回车的文本附加到路径，可能产生意外结果；如果附加在开口路径的文本超出了该路径的长度，则超出的文本将换行并重复路径的形状。

下面通过创建图 3-31 所示的效果来说明文本附加到路径的操作步骤。

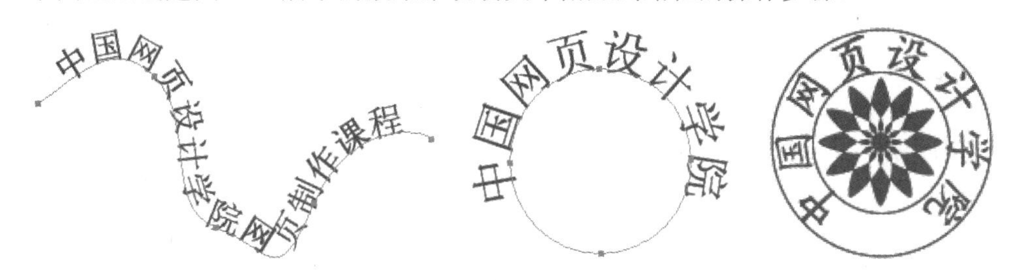

图 3-31　文本附加到路径

(1) 利用“钢笔”工具画一条路径，再用“文本”工具建立文本框，并输入“中国网页设计学院网页制作课程”文字。

(2) 选中路径，按住 Shift 键不放，选中文本块。

(3) 选择“文本”→“附加到路径”菜单命令，文字便沿路径排列。

同样，可以制作出“中国网页设计学院”绕着圆形路径分布，再制作大小圆形各一个，并将图 3-9 中最后一个图形复制到小圆内，即可制作出一个“中国网页设计学院”徽标。

在“文本”菜单下，除“附加到路径”命令外，还有如下与文本附加到路径相关的命令。

从路径分离：所选择的沿路径排列文本可分离成一条路径和一个文本框，此时可对路径进行编辑。

方向：文字在路径上的排列方向，它有依路径旋转、垂直、垂直倾斜、水平倾斜等四个子菜单项。

倒转方向：沿路径的相反方向相对侧排列。

5) 将文本转换为路径

文本附加到路径使文本具有路径的特点，可以灵活使用文本。此外，文本还可以直接转换为路径。将文本转换为路径后，可使用所有的矢量编辑工具像对待矢量对象那样灵活编辑文本的形状。

若要将所选的文本(如“**设计**”)转换为路径，选择“文本”→“转换为路径”菜单命令即可。已转换的文本路径可以作为一个组合矢量图进行编辑(矩形也是一种组合矢量图形)；若要对其中字符的单条路径进行编辑，则使用“修改”→“取消组合”菜单命令，便将得到的组合矢量图分组，使用绘图工具箱中的“部分选定”工具，可编辑字符路径中的每一个控制点，如图 3-32 所示。

图 3-32　把文本转换为路径后的编辑效果

3.2.3　层与蒙板

Fireworks 中有一个很重要的概念——层，层将文档分成不连续的平面，就像是在描图纸的不同覆盖面上绘制插图的不同元素一样。一个文档可以包含许多个层，而每一层又可以包含很多对象。蒙板就是掩盖其他图片一部分的一幅图片。利用层和蒙板可以制作出效果非常好的文档。

1. 层的使用

1) 层面板

如图 3-33 所示的层面板，可以在其中查看层和对象的堆叠顺序，也就是它们出现在文档中的顺序。默认情况下，Fireworks 根据层创建的顺序堆叠层，将最近创建的层放在最上面。堆叠顺序决定各层上对象之间的重叠方式，也可以重新排列层的顺序和层内对象的顺序。

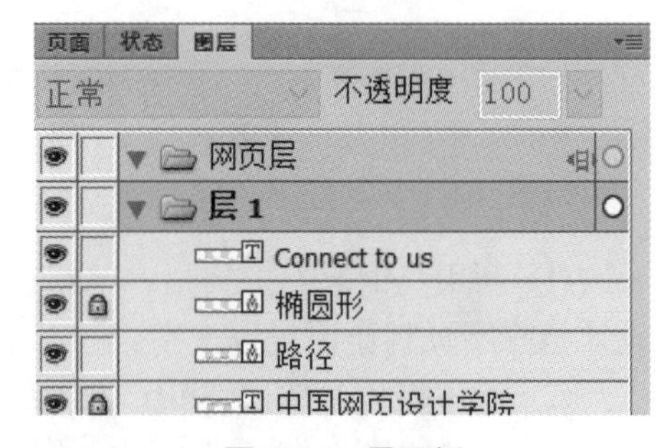

图 3-33　层面板

活动层的名称在层面板中高亮显示。可以展开层查看它上面的所有对象的列表，对象以缩略图的形式显示。

蒙板也显示在层面板中。选择蒙板缩略图可以编辑蒙板，也可以使用层面板创建新的位图蒙板。

不透明度和混合模式控件位于层面板的顶部。

2) 层的新建、删除和复制

使用层面板可以添加新层、删除多余的层以及复制现有的层和对象。

在创建新层时，会在当前所选层的上面插入一个空白层。新层成为活动层，并且在层面板中高亮显示。删除层时，在该层上面的层成为活动层。

创建复制层时会添加一个新层，它包含当前所选层所包含的相同对象。复制的对象保留原对象的不透明度和混合模式。可以对复制的对象进行更改而不影响原对象。

添加层：在未选择任何层的情况下单击“新建/重制层”按钮，或者选择“编辑”→“插入”→“层”菜单命令，或者从层面板右上角的功能菜单中选择“新建层...”，再在弹出的对话框中输入层名称后单击“确定”按钮。

删除层：将层从层面板拖到删除层图标上；或者在层面板中选择层并单击删除层图标；或者选择层并从层面板的右上角功能菜单中选择“删除层”。

复制层：将层从层面板拖到“新建/重制层”按钮上；或者选择层并从层面板的右上角功能菜单中选择“重制层”，然后选择要插入的复制层的数目，以及在堆叠顺序中放置它们的位置。

“在顶端”：将新层放在图层面板的顶端。“网页层”总是在最上一层，因此选择“在顶端”时会将复制层放在“网页层”的下面。

“当前层之前”：将新层放在所选层的上面。

“当前层之后”：将新层放在所选层的下面。

“在底部”：将新层放在层面板的底部。

注意：如果要复制对象，可按住 Alt 键将对象拖到所需的位置。

3) 层的查看

层面板可以显示多个层，但只能有一个层处于活动状态。单击某层或某层上的对象时，该层即成为活动层。在其后绘制、粘贴或导入的对象，最初都位于活动层上。

层面板以层次结构显示对象和层。如果文档中包含许多对象和层，图层面板将变得混乱，在其中查找特定对象也会很困难。折叠层的显示有助于消除混乱。当需要在层中查看或选择特定对象时，可以展开层。还可以同时展开或折叠所有层。

若要展开或折叠层上的对象，只需在图层面板上单击层名称左侧的加号(+)或减号(–)按钮；如果要展开或折叠所有层，可以在按住 Alt 键的同时在图层面板中单击层名称左侧的加号(+)或减号(–)按钮。

4) 层的组织

在层面板中，可以通过命名并重新排列文档中的层和对象来组织它们。对象可以在层内或层间移动。

在层面板中移动层和对象可更改对象出现在画布上的顺序。在画布上，层顶端的对象出现在层中其他对象的上方。最顶层上的对象出现在下面层上对象的前面。

在层面板中要移动的层或对象可以是一个，也可以是多个。在选取层或对象的同时按住 Shift(Ctrl)键，可以选择连续(相间)的多个层或对象。如果要移动层或对象，只要将层或对象拖到所需的位置；如果要将层上的所有所选对象移到另一层，只要将层的蓝色选择指示器拖到另一层；将层或对象向上或向下拖动到可视区域的边界以外时，“层”面板将自动滚动。

如果要将层上的所有所选对象复制到另一个位置，只要按住 Alt 键并将层的蓝色选择指示器拖到另一层即可。

在层面板中还可以给层或对象重命名。在层面板中双击层之后，在弹出“层名称”文本框中输入层名称，再按回车键或在文本框外的位置单击，便完成层的重命名；至于对象，可以直接在层面板中双击其缩略图右边的名称对其进行修改，也可以在属性面板中对其进行重命名，只要输入新名称后按回车键即可。

注意：“网页层”无法重命名，但是可以命名“网页层”内的网页对象，如切片和热点。

5）在层面板中合并对象

如果使用了位图对象和矢量对象，并且制作好了的对象不需要再编辑，那么在满足最底端的所选对象直接位于位图对象之上的条件下，可以在图层面板中将对象合并起来。要合并的对象和位图不必在“层”面板中相邻或驻留在同一层上。

向下合并会将所有所选矢量对象和位图对象合并起来，与正好位于最底端所选对象下方的位图对象一起，形成单个的位图对象。矢量对象和位图对象一旦合并，就失去了其可编辑性，并且不能再被单独进行编辑。

如果要合并对象，首先在层面板上选择要与位图对象合并的对象，然后执行下列操作之一：

(1) 从层面板的功能菜单中选择“向下合并”；

(2) 选择“修改”→“向下合并”菜单命令；

(3) 右击画布上的所选对象，在弹出的快捷菜单中，选择 “向下合并”；

(4) 按快捷键 Ctrl+E。

所选对象随即与位图对象合并，最终获得的是单个位图对象。

注意：“向下合并”不会影响切片、热点或按钮。

6）层的保护

锁定层可以防止选择或编辑该层上的所有对象，还可以使用层面板来控制对象和层在画布上的可见性。当对象或层在层面板中被隐藏时，它不会出现在画布上，因此不会被意外地更改或选择。

注意：导出文档时不包括隐藏的层和对象，但是“网页层”上的对象不论是否隐藏，始终可以导出。

锁定层：单击紧邻层名称左侧列中的方形。

锁定多个层：沿层面板中的“锁定”列拖动指针。

锁定或解锁所有层：在层面板右上角的功能菜单中选择“锁定全部”或“解除全部锁定”。

单层编辑：在层面板的右上角的功能菜单中选择，“单层编辑”，使复选标记指示“单层编辑”处于活动状态。“单层编辑”功能保护活动层以外的所有层上的对象不被意外地选择或更改。

显示或隐藏层：单击层或对象名称左侧的中间列中的方形，使“眼睛”图标可见。

2. 蒙板的使用

1）蒙板的概念

蒙板就是能够隐藏或显示对象或图像的某些部分的一幅图片。图层蒙板为处理网页图像提供了一种十分灵活的手段，特别是需要隐藏或显示图像的某一部分时，使用图层蒙板很有效。使用图层蒙板可以在不影响图像本身像素的前提下，控制图像的透明效果。

Fireworks 中的蒙板分为矢量蒙板和位图蒙板两大类。将矢量对象用作蒙板对象称为矢量蒙板，将位图对象用作蒙板对象称为位图蒙板。还可以使用多个对象或组合对象来创建蒙板。矢量蒙板仅显示被遮挡物的轮廓，位图蒙板使用遮挡物像素的属性来影响被遮挡物的效果。

可以使用层面板或“编辑”、“选择”或“修改”菜单来创建蒙板。创建蒙板后，可以调整画布上被遮罩选区的位置，或者通过编辑蒙板对象来修改蒙板的外观。还可以将蒙板作为一个整体应用转换，或者对蒙板的组件分别应用转换。

可以将矢量对象或者位图对象用作蒙板对象。

2) 矢量蒙板

下面以一个简单例子介绍矢量蒙板的创建方法，具体操作步骤如下。

(1) 创建遮挡物矢量对象或文本。譬如在画布上画一个椭圆，填充色为黄色，笔触颜色为蓝色、大小为 10、描边“非自然/3D 光晕”、纹理“木纹”、不透明度为 60%，如图 3-34(a)所示。

(2) 导入被遮挡物，譬如导入一幅图像到文档窗口中，如图 3-34(b)所示。

(3) 调整椭圆与图像的位置与层次关系，使遮挡物在被遮挡物的上一层，并使两者相对位置合理，如图 3-34(c)所示。

(4) 选择遮挡物(椭圆)，选择“编辑”→“剪切”菜单命令。

(5) 选择被挡遮物(导入的图像)，选择“编辑”→“粘贴为蒙板”菜单命令，便产生了蒙板效果，如图 3-34(d)所示。在属性面板中可看到“蒙板”有两种类型：路径轮廓(默认)和灰度外观。当选择“蒙板”类型为“灰度外观”时，蒙板效果如图 3-34(e)所示。

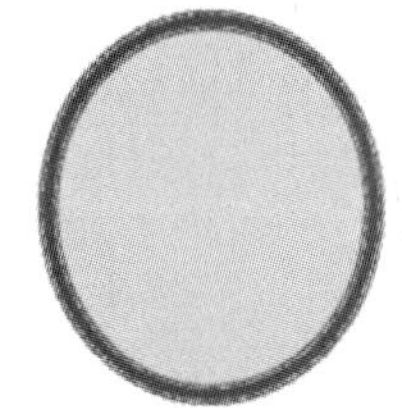

(a)椭圆

(b)被遮挡物

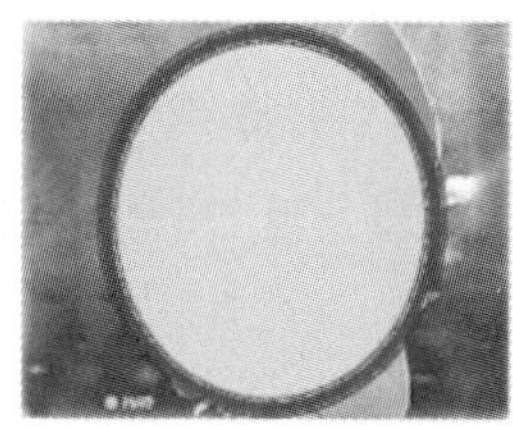

(c)调整位置

(d)蒙板(路径轮廓)

(e) 蒙板(灰度外观)

图 3-34　矢量蒙板的应用

3) 位图蒙板

可以按以下两种方式应用位图蒙板。

方式一：与矢量蒙板的方法相似(略)。

方式二：使用位图粘贴于内部的蒙板。

使用位图粘贴于内部的蒙板应用步骤如下。

(1) 准备好遮挡物(见图 3-35(a))和被遮挡物(见图 3-35(b))。

(2) 选中被遮挡物(见图 3-35(b))，选择“编辑”→“剪切”菜单命令。

(3) 选择遮挡物(见图 3-35(a)，或另画一个位图)，选择“编辑”→“贴入内部”菜单命令，即可将被遮物粘贴到遮挡物内部，形成蒙板效果。

(4) 在层面板中，单击蒙板层的链接标志后面的按钮，位图蒙板的属性便显示在属性面板中，位图蒙板有两类：Alpha 通道和灰度等级。选择“灰度等级”，位图蒙板的效果如图 3-35(c)所示。

图 3-35　位图蒙板(粘贴于内部)

4) 组合蒙板

对已编辑好的多个对象，可以使用组合蒙板的方法制作蒙板效果，具体步骤如下。

(1) 导入一幅图作为被遮挡物。

(2) 利用工具绘制一个图形，譬如选择“星形”工具，绘制一个星形作为遮挡物。

(3) 选中两个对象，选择“修改”→“蒙板”→“组合为蒙板”菜单命令，产生的蒙板效果如图 3-36 所示。

(a) 遮挡物与被遮挡物

(b) 灰度外观蒙板

(c) 路径轮廓蒙板

图 3-36　组合蒙板应用

3.2.4　按钮与动画

要想使网页生动、美观、有活力，常常在网页中添加各种各样的按钮和动画。可以随鼠标指针的移动来改变按钮的形状、颜色，使网页具有丰富的交互性，可以发声的按钮和生动活泼的动画(gif 动画)更能引起访客的注意。

1. 元件

元件是存放在库中的对象，它可以被多次使用到文档中而只调用同一个对象。实例是元件在文档中的具体引用。当元件发生变化时，文档中的所有实例都会发生相应的变化。使用元件既有利于提高工作效率，又能减少文档占用的磁盘空间。

Fireworks 的元件有三种类型：图形、动画和按钮。每种类型的元件都具有适合于其特定用途的独特特性。

用户创建的元件放在“文档库”里，Fireworks 提供的元件放在“公共库”里。

1) 创建元件

使用“编辑”→“插入”子菜单，可以创建图形、动画和按钮元件。可以从任何对象、文本块或组中创建元件，然后在“文档库”面板中对其进行组织。若要在文档中放置实例，只需将其从“库”面板拖到画布上。

(1) 从所选对象中创建新元件。

① 选择对象，然后选择“修改”→“元件”→“转换为元件”菜单命令。

② 在“转换为元件”对话框(见图 3-37)的“名称”文本框中，为该元件输入一个名称。

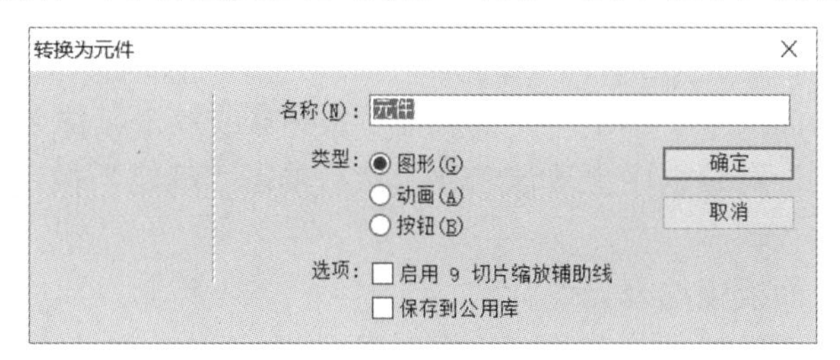

图 3-37　“转换为元件”对话框

③ 选择元件类型：单击“图形”、“动画”或“按钮”，然后单击“确定”按钮。

该元件随即出现在文档库中，如图 3-38 所示，所选对象变成该元件的一个实例，同时属性面板显示元件选项。图 3-39 所示的是“公用库”面板。

图 3-38　“文档库”面板

图 3-39　“公用库”面板

(2) 从头开始创建元件。

① 执行下列操作之一：

- 选择“编辑”→“插入”→“新建元件”菜单命令；
- 单击“文档库”面板右上角的按钮，在弹出的功能菜单中选择“新建元件”；
- 在“文档库”面板右下方，单击“新建元件”按钮。

② 在弹出的“转换为元件”对话框中，输入名称、选择元件类型(“图形”、“动画”或“按钮”)，然后单击“确定”按钮。根据所选的元件类型，将打开元件编辑器或按钮编辑器。

③ 使用绘图工具箱或者导入图像创建元件的内容，然后关闭编辑器。

2) 编辑元件

可以在元件编辑器中修改元件，这将会在完成编辑时自动更新所有关联的实例。

注意：对大多数类型的编辑器而言，修改实例会影响该元件和所有其他实例。

(1) 编辑元件及其所有实例。

① 执行下列操作之一来打开元件编辑器：

- 双击某个实例；
- 选择某个实例，然后选择“修改”→“元件”→“编辑元件”菜单命令。

② 对该元件进行更改，然后关闭窗口。

该元件及其所有实例都将反映所做的修改。

(2) 重命名元件。

① 在“文档库”面板中，单击“元件属性”按钮或双击元件名称。

② 在“元件属性”对话框中更改该名称，然后单击“确定”按钮。

(3) 重制元件。

① 在“文档库”面板中选择元件。

② 从“文档库”面板的功能菜单中选择“重制”。

(4) 更改元件的类型。

① 在“文档库”中双击元件名称。

② 选择一个不同的“元件类型”选项。

(5) 在“文档库”面板中选择所有未使用的元件。

从“文档库”面板的功能菜单中选择“选择未用项目”。

(6) 删除元件。

① 在“文档库”面板中选择元件。

② 从“文档库”面板的功能菜单中选择“删除”。

③ 单击“删除”按钮。

该元件及其所有实例随即被删除。

3) 图形元件的创建步骤

(1) 选择“编辑”→“插入”→“新建元件”菜单命令，打开“转换为元件”对话框，如图 3-37 所示。选择元件类型为“图形”，输入元件名称(设为“图形 1”)，单击“确定”按钮，打开元件编辑窗口。

(2) 利用绘图工具箱里的工具，在“图形 1”元件编辑窗口中绘制图形。如图 3-40 所示，图中“页面 1”是指 Fireworks 编辑窗口，“图形 1”则是指“图形 1”元件的编辑环境。

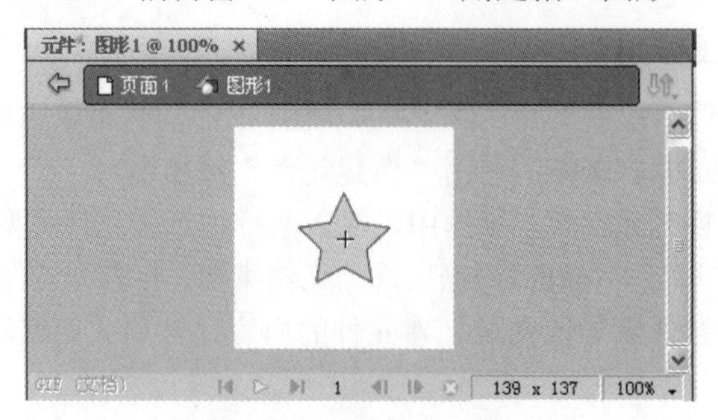

图 3-40　图形元件绘制

(3) 回到“页面 1”编辑窗口，打开“文档库”面板，将“元件 1”拖入编辑窗口中，可多拖入几次，每拖入一次产生一个实例，每个实例的属性都可独立编辑，如图 3-41 所示。

图 3-41　元件的实例

2. 按钮

1) 新建按钮

新建按钮元件的方法与新建其他元件的方法是一样的，只是在“转换为元件”对话框(见图 3-37)中，要将元件的类型设为“按钮”，设置好按钮元件的名称后，单击“确定”按钮确认。

除了可以用新建元件的方法创建按钮外，还可以直接创建一个按钮。方法是：在画布空白处单击鼠标右键，在弹出的快捷菜单中选择“插入新按钮”命令，也可以选择“编辑”→“插入”→“新建按钮”菜单命令。

2) 编辑按钮

按钮有四种不同的状态(见图 3-42)。这四种状态表示该按钮在响应各种鼠标事件时的外观：释放(状态 1)、滑过(状态 2)、按下(状态 3)、按下时滑过(状态 4)。在“文档库”或“公用库”里选择一个按钮以后，在“状态”面板中可以看到按钮的四种状态，选择其中一种状态，即可用绘图工具绘制或导入图片，编辑按钮在这种状态下的图形。

图 3-42　按钮的四种状态

3) 按钮的制作步骤

按钮制作的步骤如下。

(1) 创建一个新元件，选择类型为“按钮”，命名为“按钮 1”。打开“状态”面板，可看到按钮有状态 1、状态 2、状态 3 和状态 4 共四种状态。

(2) 在“状态”面板中单击“状态 1”，在按钮编辑窗口中，采用绘图工具，或者导入图片，制作“释放”状态的图形。

(3) 类似地，分别选择状态 2、状态 3 和状态 4，编辑按钮在“滑过”、“按下”和“按下时滑过”时的图形。

(4) 单击编辑窗口左上方的“页面 1”，回到文档编辑窗口。将“文档库”里的“按钮 1”元件拖入文档编辑窗口中，即在图形中产生了一个按钮实例。按 F12 键即可浏览按钮的效果。

3. 动画

使用 Fireworks 创建动画比较简单。首先制作动画元件，然后随时间改变动画元件的属性。文档中创建及导入的对象都可视为动画元件，一个动画里还可以使用其他动画元件，动画元件之间相互独立、互不干扰。

制作好的动画可导出为 gif 文件，使用 Fireworks 的优化面板可以很方便地优化并导出动画。

动画元件的每一个动作都放在“状态”中(Fireworks CS6 之前称为“帧”)，当按照一定顺序播放这些“状态”时，即能产生动画效果。

1) 插帧动画的制作

插帧动画就是逐帧动画，需要逐帧(状态)地制作画面，具体操作步骤如下。

(1) 选择“编辑”→“插入”→“新建元件”菜单命令，弹出“新建元件”对话框。在对话框内选择元件属性为“动画”，并输入元件名称(如“动画 1”)，然后单击“确定”按钮。

(2) 打开“状态”面板，在状态面板内单击“新建/重制状态”按钮，新建几个状态，如图 3-43 所示。

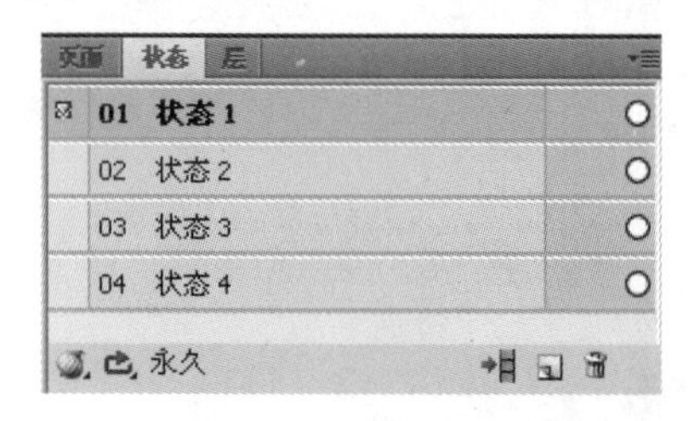

图 3-43 动画元件的状态

图 3-44 动画元件不同状态下的图形

(3) 在状态面板中选择一种状态(如状态 1)，然后在元件编辑窗口中制作动画元件在第 1 帧的图形，如图 3-44 中第 1 个星形所示。

(4) 再在状态面板中选择状态 2，制作第 2 帧的图形，类似地在状态 3 和状态 4 分别制作动画元件第 3 帧、第 4 帧的图形，如图 3-44 中第 2、3、4 个星形所示。单击状态栏的播放按钮，即可浏览动画效果。

回到“页面 1”，将文档库里的“动画 1”元件拖入编辑窗口中，产生一个动画实例，再拖入几次，产生多个动画实例。

2) 连续图像插帧动画的制作

如果已有各帧连续插图，可把这些插图一次性导入动画元件中，并制作成动画。制作过程如下。

(1) 准备制作动画的资源。

首先准备一组生成动画的图片序列，如图 3-45 所示。它们分别以 b1.png~b8.png 的文件名保存。

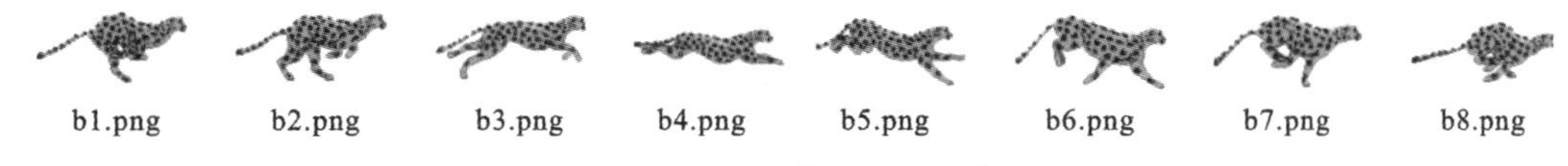

图3-45　连续编号的图片

(2) 打开多个文件生成动画。

选择“文件”→“打开”菜单命令，在弹出的“打开”对话框中按住Shift(Ctrl)键选取连续(相间)的多个文件，并在对话框中选择“以动画打开”的复选框，并单击“打开”按钮，如图3-46所示。

经过上述操作，Fireworks在一个新的文档中打开这些文件，并按照选择它们出现的前后顺序将每一个文件分别放到一个独立状态(帧)中，如图3-47所示。

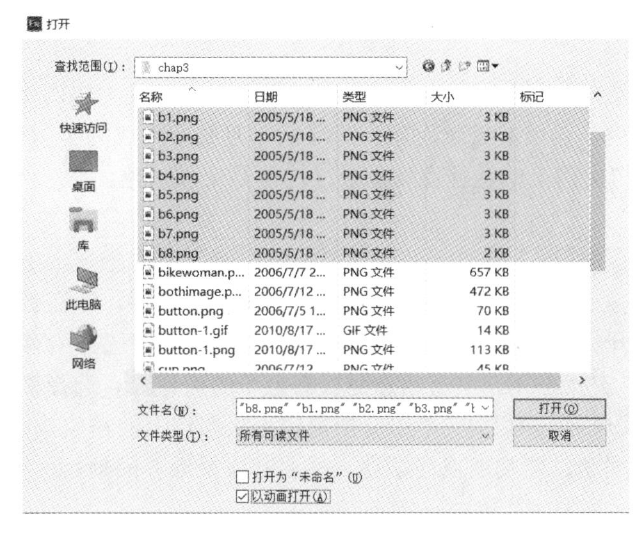

图3-46　以动画方式打开多个图像

图3-47　自动生成的状态(帧)

单击状态栏播放器中的播放按钮▷，即可浏览动画效果。

将文档保存为gif格式的文件，即生成了动画。

3) 补间动画的制作

制作补间动画，要先制作首帧对象，再将首帧对象适当变换(缩放、旋转、移动、Alpha值、亮度值变化等)后成为末帧，然后在首、末帧之间按照变换规律自动插入过渡帧，这样便形成动画。

下面通过一个实例来学习补间动画的制作过程。

(1) 选择“编辑”→“插入”→“新建元件”菜单命令，新建一个名为“元件1”的图形元件。

(2) 制作元件1对象。

画一个圆角矩形，设置填充类型与纹理，并设置边框粗细，在属性面板中设置“阴影和光晕/投影”滤镜；在圆角矩形上输入文字“信息公告”，同样设置投影滤镜，形成一个“公告板”。

画一个小圆形，设置放射状填充色，并设置“内斜角”和“凸起浮雕”滤镜，再将小圆形复制两个一共三个，将其中二个小圆形放置在公告板两端，一个放置在公告板正上方空白处。

画两根细线，分别连接正上方的小圆形和公告板内的小圆形。选中所有对象，右击，在快捷菜单中选择“组合”。这样就完成了“元件 1”的创建，如图 3-48 所示。

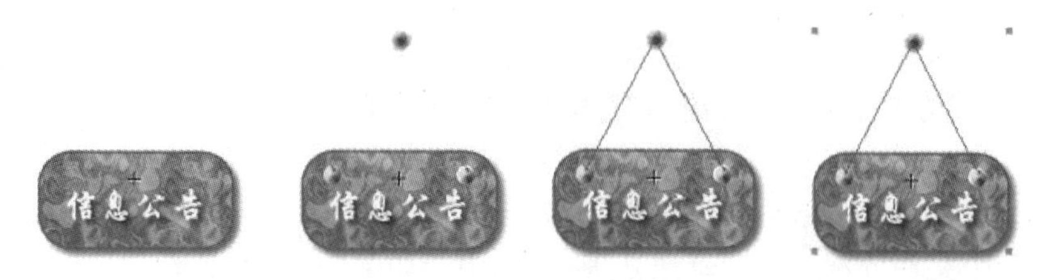

图 3-48 “元件 1”的制作

(3) 创建首、末帧对象。

回到“页面 1”编辑窗口，打开“文档库”面板，将“元件 1”拖进来便成为实例 1，选择缩放工具，将实例 1 旋转一定角度，这就是首帧对象；将实例 1 复制一个成为实例 2，反方向旋转实例 2，移动实例 2 使之与实例 1 的悬挂点相重合，这便是末帧对象。

(4) 制作补间帧。

选择首帧和末帧实例对象，选择 “修改”→“元件”→“补间实例”菜单命令，在弹出的对话框中，输入步骤数为“2”，并选中“分散到状态”，单击“确定”按钮，即在首、末帧之间自动插入了 2 个补间帧。打开状态面板，可以看到共有 4 个状态(帧)，选择所有状态(单击状态 1，再按住 Shift 键同时单击状态 4)，单击状态面板右上角的按钮，选择“属性”，设置状态延迟为“20/100” s(即每帧延迟 0.2 s)。单击文档窗口下状态栏上的播放按钮，就可以看到动画了，但动画只有单向摆动，要实现双向摆动，就要制作反向补间帧。

(5) 制作反向补间帧。

在状态面板中选择状态 3，右击，在菜单中选择“重制状态”，在接下来出现的对话框中设置数量“1”，插入新状态“在结尾”(成为状态 5)；再选择状态 2，作同样的状态重制(成为状态 6)。这样动画就共有 6 个状态(帧)了。单击状态面板左下角的按钮，所有状态显示为“洋葱皮”状态，如图 3-49 所示。

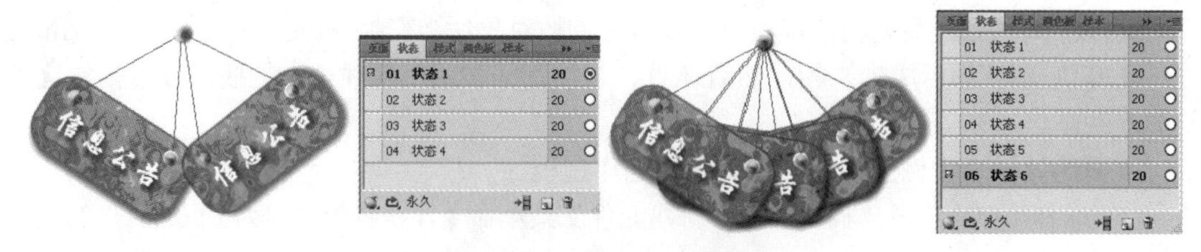

图 3-49 “元件 1”的制作

一个完整的补间动画制作已经完成，单击状态栏的播放按钮，即可看到来回摆动的动画。保存 png 文件，另存为“动画 gif”文件。

注意：首帧对象与末帧对象必须是同一个元件的实例，才能形成补间动画，否则不能形成补间动画。

3.3　图像处理

Fireworks CS6 具有丰富的图像处理手段，不仅能用传统的工具进行绘画和上色，改变像素的颜色，而且能用滤镜和样式等对图像进行修正和增强，使图像产生独特的效果。

3.3.1　图像选择与修饰

1. 选择像素

为了实现对图像进行准确编辑的目的，需要将编辑范围限制在特定的区域内。位图选择工具可以帮助我们实现将编辑范围限制在图像的特定区域内。使用位图选择工具绘制了选区选取框后，可以移动选区、向选区添加内容或在其上绘制另一个选区。可以编辑选区内的像素、向像素应用滤镜或者擦除像素而不影响选区外的像素。也可以创建一个可以编辑、移动、剪切或复制的浮动像素选区。工具箱中包含以下位图选择工具(见图 3-4)。

“选取框”工具：在图像中选择一个矩形像素区域。

“椭圆选取框”工具：在图像中选择一个椭圆形像素区域。

“套索”工具：在图像中选择一个自由形状像素区域。

“多边形套索”工具：在图像中选择一个直边的自由形状像素区域。

“魔术棒”工具：在图像中选择一个像素颜色相似的区域。

1) 矩形和椭圆形选区

使用“选取框”工具或“椭圆选取框”工具就能在位图中选中一个矩形或椭圆形的区域，其操作步骤如下。

(1) 在工具箱中选择“选取框”工具或“椭圆选取框”工具。

(2) 移动光标到位图上，在要选择区域的开始处按下鼠标左键，拖曳出一个选择区域后松开鼠标，选择区域便建立了，如图 3-50 和图 3-51 所示。

图 3-50　矩形选区

图 3-51　椭圆形选区

这时属性面板会显示“选取框”工具或“椭圆选取框”工具的有关选项，如图 3-52 所示。

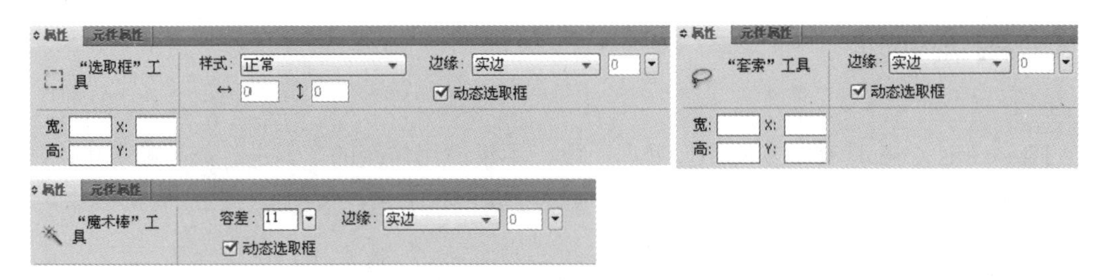

图 3-52 “选取框”工具选项、“套索”工具选项和“魔术棒”属性

- “样式”定义选择区域的形状和比例，它有三个选择项。

“正常”：可以创建一个高度和宽度互不相关的选取框。

“固定比例”：将高度和宽度约束为已定义的比例。

“固定大小”：将高度和宽度设置为已定义的尺寸，单位为像素。

- “边缘”定义选择区域边缘的状况，它也有三个选择项。

“实边”：创建在曲线中会出现锯齿边缘的选取框。

“消除锯齿”：防止选取框中出现锯齿边缘。

“羽化”：可以柔化像素选区的边缘，按设置的羽化量值对边缘产生羽化效果。

- “动态选取框”：允许实时调整选取框“边缘”及羽化总量的设置。

“魔术棒”工具的属性设置，没有“样式”设置，但有“容差”的设置。

- “容差”表示用魔术棒单击一个像素时所选的颜色色调容许的偏差范围。容差值越大，在同一文档中被选中的区域也会越大。

2) 自由形状选区

“套索”工具和“多边形套索”工具都是用来产生自由形状选区，类似于自由绘画，但不大好控制，所以效果并不理想，只有细心，才能获得满意度较高的效果。

用“套索”工具建立自由选区的操作步骤如下。

(1) 在工具箱中选择“套索”工具。

(2) 移动鼠标到位图上，在要选择区域的开始处按下鼠标左键拖曳，拖曳轨迹会以蓝色线条显示。

(3) 当鼠标移至起点附近时，指针右下角会出现一个实心小方块，松开鼠标，选择区域便建立，如图 3-53 所示。

如果在回到起点之前就松开鼠标，则会在起点和结束点之间建立直线连接，建立选择区域。

“多边形套索”工具与“套索”工具的使用方法类似，只是在转折处要单击鼠标。要想在未回到起点时建立与起点连线封闭的选区须双击鼠标，在回到起点时建立封闭的选区要在指针右下角出现一个实心小方块时单击鼠标。

为了使选区更加精确，可以先用视图“缩放”工具将位图放大若干倍，再进行选取。

3) 色域选区

“魔术棒”工具可用来选择颜色相似的区域。对于图像中一定范围内的颜色，都可以使用“魔术棒”工具来生成色域选区，具体操作步骤如下。

图 3-53　自由形状选区

图 3-54　色域选区

(1) 在工具箱中选择“魔术棒”工具。

(2) 移动鼠标到位图上，在要建立选取区的颜色处单击鼠标，图像在颜色范围内的区域构成的色域选区便被选取，如图 3-54 所示。

对于前面介绍的 5 种工具的任何工具建立的选区，利用“选择”→“选择相似”命令都可以把在选区颜色范围内的像素全部选中。将光标放在选区中拖曳鼠标可移动选区。

注意：若要调整“选择相似”命令的容差，请选择“魔术棒”工具，然后在属性面板中更改“容差”设置后再使用该命令。还可以选择“动态选取框”，以便在使用“魔术棒”工具时可以更改“容差”设置。

2. 调整选区

用任何位图选择工具建立了选区后，可以用同一工具或另一个位图选择工具调整选区。

(1) 添加选区：按住 Shift 键并绘制新的选区，可以将新旧选区合并为选区。

(2) 减去选区：按住 Alt 键并绘制新的选区，可以从旧选区中去除新的选区中包含的区域作为选区。

(3) 交叉选区：按住 Alt+Shift 键并绘制新的选区，可以将新旧选区的公共部分作为选区。

(4) 反选选区：选择“选择”→“反选”菜单命令，可以将位图中执行命令前未被选中的部分作为选区。

(5) 扩展选区：选择“选择”→“扩展选取框...”菜单命令，在“扩展选取框”对话框中输入扩展像素值，单击“确定”按钮，原选区会被扩展。

(6) 收缩选区：选择“选择”→“收缩选取框...”菜单命令，在“收缩选取框”对话框中输入收缩像素值，单击“确定”按钮，原选区会被收缩。

(7) 羽化选区：选择“选择”→“羽化”菜单命令，在“羽化”对话框中输入羽化量，单击“确定”按钮，原选区会被羽化。

(8) 取消选区：按 Esc 键或者按 Ctrl+D 组合键或者选择“选择”→“取消选择”菜单命令。

3. 修饰位图

Fireworks 提供了广泛的工具来帮助修饰图像。可以改变图像的大小，减弱或突出其焦点，或者将图像的局部复制并“压印”到另一区域。工具箱中包含以下绘图修饰工具(见图 3-4)。

“橡皮图章”工具：把图像的一个区域复制或克隆到另一个区域。

“替换颜色”工具：用另一种颜色在一种颜色上绘画。

“红眼消除”工具：去除照片中出现的红眼。

“模糊”工具：减弱图像中所选区域的焦点。

“锐化”工具：锐化图像中的区域。

“减淡”工具：加亮图像中的部分区域。

“烙印”工具：加深图像中的部分区域。

“涂抹”工具：拾取颜色并在图像中沿拖动的方向推移该颜色。

1) 克隆像素

“橡皮图章”工具可以克隆位图图像的部分区域，以便可以将其“压印”到图像中的其他区域。当要修复有划痕的照片或去除图像上的灰尘时，克隆像素很有用。可以复制照片的某一像素区域，然后用克隆的区域替代有划痕或灰尘的区域。

使用“橡皮图章”工具克隆位图图像的部分区域的操作步骤如下。

(1) 在工具箱中选择“橡皮图章”工具。

(2) 将鼠标移到文档中，鼠标指针会变成一个取样标志，如图 3-55 所示。单击某一区域将其指定为源(即要克隆的区域)，如图 3-56 所示。

(3) 在需要绘制的地方按下鼠标左键拖动，开始绘制，如图 3-57 所示。

图 3-55　取样标志

图 3-56　图像取样点

图 3-57　复制图像

属性面板中“橡皮图章”工具的相关属性选项如下。

- 大小：确定图章的大小。
- 边缘：确定笔触的柔和度(100%为硬；0%为软)。
- 按源对齐复选框：影响取样操作。当选中“按源对齐”后，取样点会随鼠标移动而移动。
- 使用整个文档：从所有层上的所有对象中取样。当取消选择此选项后，“橡皮图章”工具只从活动对象中取样。
- 不透明度：确定透过笔触可以看到多少背景。
- 混合模式：影响克隆图像对背景的影响。

如果要复制像素选区，可以使用“部分选定”工具拖动像素选区或者按住 Alt 键并使用“指针”工具拖动像素选区。

2) 替换颜色

Fireworks 提供了两种不同的方式来用一种颜色替换另一种颜色，例如，可以在颜色样本中替换已经指定的颜色，或者通过使用“替换颜色”工具直接在图像上替换颜色。

使用“替换颜色”工具可以将图像中原有颜色用另外一种颜色替换，如图 3-58 所示，具体操作步骤如下。

(1) 在工具箱中选择“替换颜色”工具。

(2) 在属性面板的“源色”框中，单击“样本”，并在“源色”样本面板选择颜色，或者在图像中选取颜色。

(3) 单击属性面板中的“替换色”样本面板，选择颜色作为要替换的颜色。

(4) 在要替换颜色的图像上按住鼠标左键并拖动，完成替换。

图 3-58　替换颜色前后图

“属性”面板中“替换颜色”工具的主属性选项如下。

- 形状：设置圆形或方形刷子笔尖形状。
- 容差：确定要替换的颜色范围(0 表示只替换“替换色”颜色；255 表示替换所有与“替换色”颜色相似的颜色)。
- 强度：确定将替换多少“更改”颜色。
- 彩色化：用“替换色”颜色替换“更改”颜色。取消选择“彩色化”可以用“更改”颜色对“源色”颜色进行涂染，并保持一部分“更改”颜色不变。

3) 消除红眼

在一些照片中，主体的瞳孔是不自然的红色阴影，可以使用“红眼消除”工具矫正此红眼效应。“红眼消除”工具仅对照片的红色区域进行快速绘画处理，并用灰色和黑色替换红色，如图 3-59 所示，具体操作步骤如下。

(1) 在工具箱中选择“红眼消除”工具。

(2) 在属性面板中，设置容差和强度。

(3) 在要消除红眼的图像部分按下鼠标左键并拖动会产生一个红色覆盖区域，完成红眼消除。

4) 模糊、锐化和涂抹像素

“模糊”工具和“锐化”工具影响像素的焦点。“模糊”工具通过有选择地模糊元素的焦点来强化或弱化图像的局部区域，其方式与摄影师控制景深的方式很相似。其作用是使鼠标绘制处的图案效果变模糊。“锐化”工具对于修复有扫描问题或聚焦不准的照片很有用，其作用是使鼠标绘制处的图案效果变得更清晰。而“涂抹”工具可以在创建图像倒影时逐渐将颜色混合起来，其作用是使鼠标按下处的颜色涂抹到其他位置。

图 3-59　消除红眼前后图

要模糊或锐化图像，应先选择“模糊”工具或“锐化”工具，再在属性面板中设置大小、边缘、形状、强度等属性，然后在要锐化或模糊的像素上拖动鼠标。拖动鼠标时按下 Alt 键可以实现模糊与锐化的临时切换。

要在图像中涂抹颜色，应先选择“涂抹”工具，再在属性面板中设置大小、边缘、形状、压力、涂抹色、使用整个文档等属性，然后在要涂抹的像素上拖动鼠标。

5) 减淡和加深像素

使用“减淡”或“烙印”工具可以分别减淡或加深图像的局部，这类似于洗印照片时增加或减少曝光量的暗室技术。

要减淡或加深图像的局部，应先选择“减淡”工具或“烙印”工具，再在属性面板中设置大小、边缘、形状、曝光、范围(阴影、高亮和中间色调)等属性，然后在要减淡或加深的部分上拖动鼠标。拖动鼠标时按下 Alt 键可以实现减淡与烙印的临时切换。

6) 裁剪所选位图

可以从 Fireworks 文档中裁剪出一个矩形部分位图图像，具体操作步骤如下。

(1) 选择位图对象，方法是单击画布上的对象或单击它在层面板上的缩略图，或使用位图选择工具绘制一个选取框。

(2) 选择“编辑”→“裁剪所选位图”菜单命令。裁剪手柄出现在整个所选位图的周围，如果在第一步中绘制了选取框，则裁剪手柄出现在选取框的周围。

(3) 调整裁剪手柄，直到定界框围在位图图像中要保留的区域周围。

(4) 在定界框内部双击或按回车键裁剪选区。

所选位图中位于定界框以外的每个像素都被删除，而文档中的其他对象被原样保留下来。

3.3.2　滤镜效果应用

滤镜可以改善并增强图像的效果。Fireworks CS6 中常用的滤镜包括对图像进行色阶、色调、对比度、亮度、模糊、锐化等。

1. 优化图像色彩

1) 自动色阶调整

色阶是指图像中各种颜色的灰度值的分布情况。当图片的明暗程度不合适时，通常要调整色阶。例如，曝光不足的照片色泽偏暗，可通过调整色阶进行修正。

“自动色阶”操作是一种折中的办法，它将文档中的颜色的灰度平均化，其中过深或过浅部分会被弱化。使用“自动色阶”的方法如下：

(1) 选择要调整的图像；

(2) 选择“滤镜”→“调整颜色”→“自动色阶”菜单命令，或者单击属性面板的“添加动态滤镜”按钮，并从弹出的菜单中选择“调整颜色”→“自动色阶”命令。

提示：通过单击“色阶”或“曲线”对话框中的“自动”按钮，也可以自动调整高亮、中间色调和阴影。

2) 色阶调整

“色阶”功能可以校正像素高度集中在高亮、中间色调或阴影部分的位图。利用它，可以在手动控制下，根据预览的结果直观地进行色阶效果的调整，使用方法如下。

(1) 选择位图图像。

(2) 选择“滤镜”→“调整颜色”→“色阶...”菜单命令，或单击属性面板中“添加动态滤镜”按钮并从弹出的菜单中选择“调整颜色”→“色阶...”，打开“色阶”对话框，如图 3-60 所示。

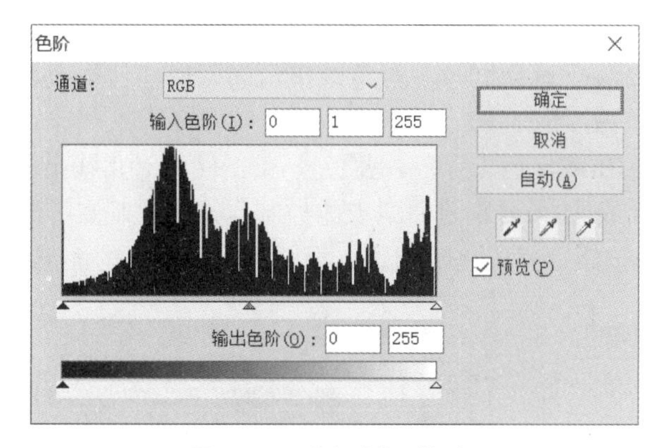

图 3-60　“色阶”对话框

(3) 选择通道，拖动滑块进行色阶调整。

在对话框的最上部，可以选择是对个别颜色(红、蓝或绿)通道还是对所有颜色(RGB)通道应用更改。

在“色调分布图”下拖动“输入色阶”滑块，调整高亮、中间色调和阴影：右边的滑块调整高亮；中间的滑块调整中间色调；左边的滑块调整阴影。

拖动“输出色阶”滑块调整图像的对比度值：右边的滑块调整高亮；左边的滑块调整阴影。

(4) 单击“确定”按钮，完成色阶调整。

3) 使用曲线

“曲线”功能与“色阶”功能相似，只是它对色调范围的控制更精确一些。“色阶”利用高亮、中间色调和阴影来校正色调范围；而“曲线”则可在不影响其他颜色的情况下，在色调范围内调整任何颜色。“曲线”使用方法如下。

(1) 选择位图图像。

(2) 选择“滤镜”→“调整颜色”→“曲线...”菜单命令，或者单击属性面板中“添加动态滤镜”按钮并从弹出的菜单中选择“调整颜色”→“曲线...”，打开“曲线”对话框，如图 3-61 所示。

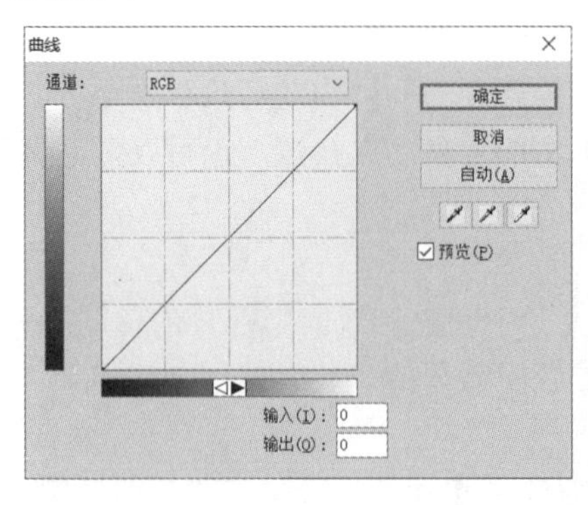

图 3-61 “曲线”调整前的图像

“曲线”对话框中的网格阐明两种亮度值：“水平轴”表示像素的原始亮度，该值显示在“输入”框中；“垂直轴”表示新的亮度值，该值显示在“输出”框中。

当第一次打开“曲线”对话框时，对角线指示尚未做任何更改，所以所有像素的输入和输出值都是一样的。

(3) 选择通道为 RGB(或红色、绿色、蓝色)，单击网格对角线上的一个控制点，将其拖动到新的位置以调整曲线(如果要删除曲线上的控制点，将控制点拖离网格)。

(4) 单击“确定”按钮，完成色阶调整。调整色阶曲线后的图形如图 3-62 所示。

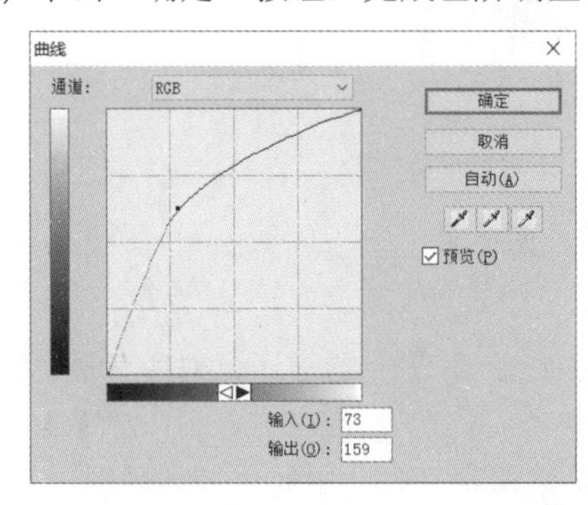

图 3-62 “曲线”调整后的图像

4) 亮度和对比度调整

“亮度/对比度”功能是修改图像中像素的对比度或亮度，这将影响图像的高亮、阴影和中间色调。校正太暗或太亮的图像时，通常使用“亮度”→“对比度”菜单命令。

调整亮度或对比度的方法如下。

(1) 选择要调整的图像。

(2) 选择“滤镜”→“调整颜色”→“亮度”→“对比度...”菜单命令，或者单击属性面板的“添加动态滤镜”按钮并从弹出的菜单中选择“调整颜色”→“亮度”→“对比度...”

菜单命令。

(3) 在打开的“亮度/对比度”对话框中，拖动鼠标可以调整亮度和对比度的值，如图 3-63 所示。

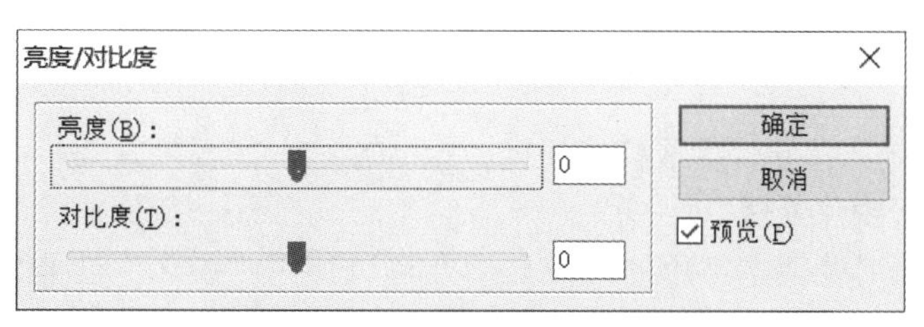

图 3-63　“亮度/对比度”对话框

(4) 单击“确定”按钮。

5) 色相和饱和度调整

“色相/饱和度”功能是调整图像中颜色的阴影、色相、强度、饱和度及亮度。

调整色相和饱和度的方法如下。

(1) 选择要调整的图像。

(2) 选择“滤镜”→“调整颜色”→“色相或饱和度...”菜单命令，或者单击属性面板的“添加动态滤镜”按钮并从弹出的菜单中选择“调整颜色”→“色相”→“饱和度...”菜单命令。

(3) 在打开的“色相/饱和度”对话框中，拖动鼠标可以调整色相、饱和度和亮度的值，如图 3-64 所示。如果选择“彩色化”复选框，RGB 图像将转化为双色图像或将颜色添加到灰度图像。

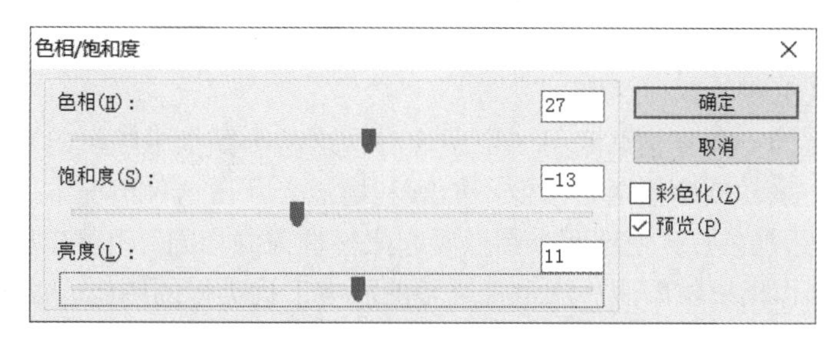

图 3-64　“色相/饱和度”对话框

(4) 单击“确定”按钮。

2. 对图像进行模糊处理

模糊处理可柔化位图图像的外观。Fireworks 提供了以下六种模糊选项。

(1) 模糊：柔化所选像素的焦点。

(2) 进一步模糊：模糊处理效果大约是“模糊”的 3 倍。

(3) 高斯模糊：对每个像素应用加权平均模糊处理以产生朦胧效果。

(4) 运动模糊：产生图像正在运动的视觉效果。

(5) 放射状模糊：产生图像正在旋转的视觉效果。

(6) 缩放模糊：产生图像正在朝向观察者或远离观察者移动的视觉效果。

对图像进行模糊处理的方法如下。

(1) 选择位图图像。

(2) 选择“滤镜”→“模糊”下的相应模糊方式命令，或者单击属性面板中“添加动态滤镜”按钮并从弹出的菜单中选择“模糊”下的相应模糊方式命令，必要时进行相应的模糊参数设置。

(3) 单击“确定”按钮，完成模糊处理。

3. 对图像进行锐化处理

“锐化”是图形处理中常用的方法之一，可以使用“锐化”功能校正模糊的图像。Fireworks 提供了以下三种“锐化”选项。

(1) “锐化”：通过增大邻近像素的对比度，对模糊图像的焦点进行调整。

(2) “进一步锐化”：将邻近像素的对比度增大到“锐化”的大约 3 倍。

(3) “钝化蒙板”：通过调整像素边缘的对比度来锐化图像。该选项提供了最多的控制，因此它通常是锐化图像时的最佳选择。

对图像进行锐化处理的方法如下。

(1) 选择位图图像。

(2) 选择“滤镜”→“锐化”下的相应模糊方式命令，或者单击属性面板中“添加动态滤镜”按钮并从弹出的菜单中选择“锐化”下的相应锐化方式命令，必要时进行相应的锐化参数设置。

(3) 单击“确定”按钮，完成锐化处理。

4. 向图像中添加杂点

大多数从数码相机和扫描仪中获得的图像的颜色在高放大比率下查看时都不十分均匀；相反，看到的颜色是由许多不同颜色的像素组成的。在图像编辑中，“杂点”是指组成图像的像素中随机出现的异种颜色。

当将某个图像的一部分粘贴到另一个图像时，这两个图像中随机出现的异种颜色的数量差异就会表现出来，从而使两个图像不能顺利地混合。在这种情况下，可以在一个图像和(或)两个图像中添加杂点，使这两个图像看起来好像来源相同。也可以出于艺术原因向图像中添加杂点，制作出模仿旧照片或电视屏幕的静电干扰类似的图像，如图 3-65 所示。

向图像中添加杂点的方法如下。

图 3-65　添加杂点前后图

(1) 选择位图图像。

(2) 选择“滤镜”→“杂点”→“新增杂点...”菜单命令，或者单击属性面板中“添加动态滤镜”按钮并从弹出的菜单中选择“杂点”→“新增杂点...”菜单命令，打开“新增杂点”对话框。

(3) 在对话框中，拖动“数量”下拉列表设置杂点数量，选中“颜色”复选框以应用彩色杂点。如果不选中该复选框，则只会应用单色杂点。

(4) 单击“确定”按钮，完成添加杂点处理。

5. 将图像转换成透明

可以使用“转换为 Alpha”滤镜，基于图像的透明度将对象或文本转换成透明。

如果要将“转换为 Alpha”滤镜应用于所选区域，可以选择“滤镜”→“其他”→“转换为 Alpha”菜单命令，或者单击属性面板中的“添加动态滤镜”按钮，在弹出菜单中选择“其他”→“转换为 Alpha”菜单命令。

3.3.3 特效与样式使用

1. 使用特效

可以使用属性面板将一个或多个特效应用于所选对象，如图 3-66 所示。使用“选择预设”选项中的“斜角与浮雕”和“阴影和光晕”都能产生特殊的效果。每次给对象添加的特效都会列在特效列表中。

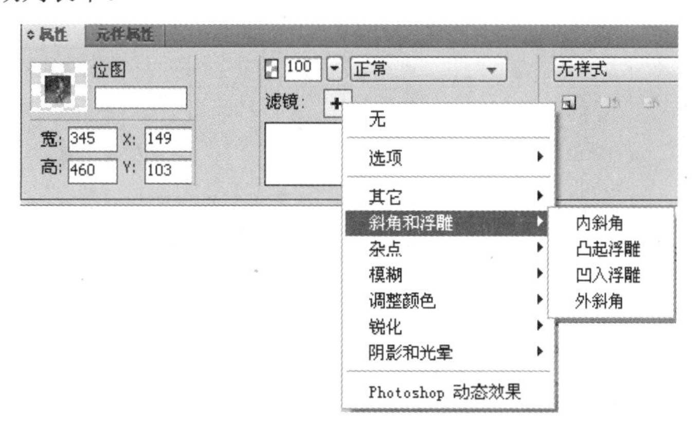

图 3-66　在属性面板中设置滤镜

1) 斜角和浮雕

斜角特效主要产生一种边缘斜面突出效果，它包括内斜角和外斜角两种。内斜角是以原对象的边缘向内产生斜面特效，而外斜角是以原对象的边缘向外产生斜面特效。浮雕特效主要产生一种凹凸效果，它包括凹入浮雕和凸起浮雕两种。在使用时只要在属性面板中单击“添加动态滤镜和选择预设”按钮，在弹出的菜单中选择“斜角和浮雕”选项，再在子菜单中选择相应的特效，在对话框中进行相应的设置，完成后，在窗口外单击或按回车键关闭窗口即可。

浮雕特效可以使图片对象或文本产生凹入画布或从画布凸起的视觉效果，它包括凹入浮雕和凸起浮雕两种。

斜角和浮雕的滤镜效果如图 3-67 所示。

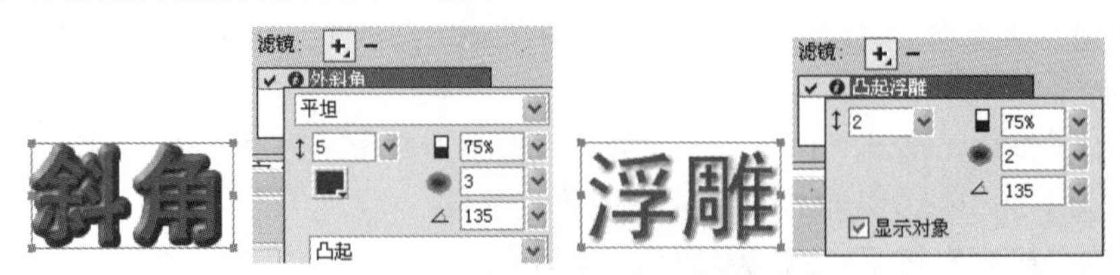

图 3-67　斜角和浮雕滤镜效果

2) 阴影和光晕

使用 Fireworks 可以很容易地将纯色阴影、投影、内侧阴影和光晕应用于对象。可以指定阴影的角度以模拟照射在对象上的光线角度。在使用时只要在属性面板中单击“滤镜”右边的“+”弹出滤镜选项，选择“阴影和光晕”选项(见图 3-66)，再在子菜单中选择相应的特效，在对话框中进行相应的设置，完成后，在窗口外单击或按回车键关闭窗口即可。

例如，要设计阴影文字和阴影背景的图片，首先创建一个填充色为灰色的长方形，在长方形上输入文字“学院概况”，选择长方形，设置投影滤镜(单击属性面板“滤镜”右边的“+”弹出选项，选择“阴影和光晕”)，给文字也设置同样的投影滤镜，效果如图 3-68 所示。

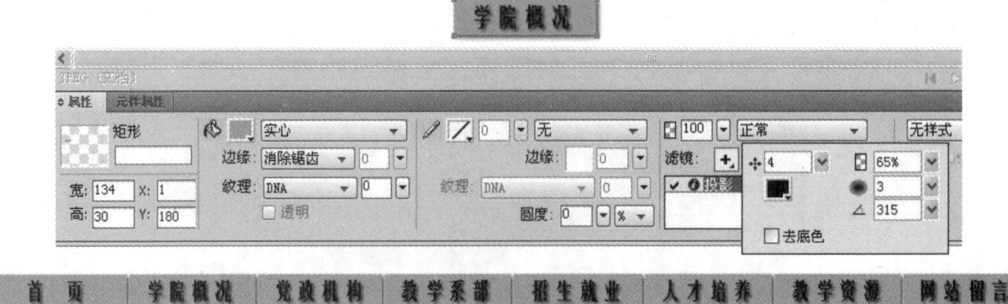

图 3-68　阴影文字与阴影长方形的设置

用同样的方法，还可以设计一系列用于网页菜单的阴影文字与矩形背景。

3) 用命令产生特效

使用 Fireworks 的“命令”→“创意”的子菜单项也可以产生一些特效，如图像渐隐、螺旋式渐隐等。

2. 使用样式

样式是对象一系列属性的集合，使用 “样式”可以使多个对象运用相同的笔触、填充、特效等属性，对于文本对象，还包括字体、字号等属性。Fireworks 样式面板中有许多类样式，在下拉框中选择一种类型后，会可视化地显现这类灰样式，如图 3-69 所示。

可以用样式面板创建、存储样式，并可将样式应用于对象和文本。将样式应用于对象后，便可在不影响原始对象的前提下更新该样式。自定义样式一经删除，便无法恢复，但是，当前使用该样式的任何对象仍会保留其属性。如果删除的是 Fireworks 提供的样式，则可以通过样式面板“选项”菜单中的“重设样式”命令，将该样式和所有其他被删除的样式恢复。然而，重设样式时还会删除自定义样式。

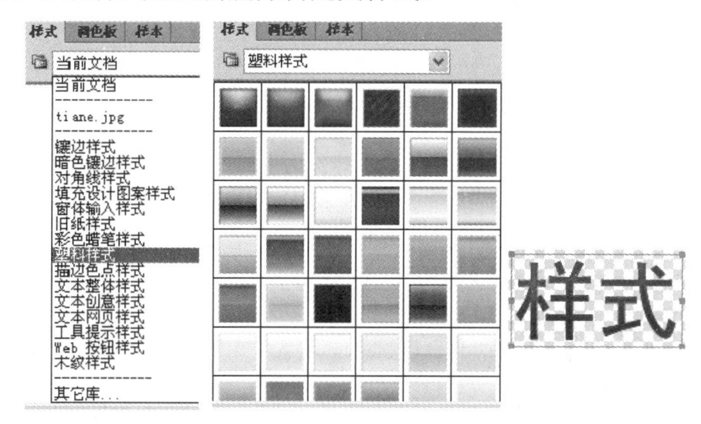

图 3-69　样式面板与应用

使用样式的步骤如下。

(1) 选择文本块(或对象)。

(2) 选择“窗口”→“样式”菜单命令打开样式面板。

(3) 单击样式面板中的样式，图 3-69 右显示了两种样式应用于文字的效果。

3.3.4　图像合成

优秀的作品很难用几笔就创作出来，往往有非常多且复杂的对象，这时，只有通过对对象进行合理组织合成，才能构造出好的图像作品。

1. 对象次序调整

在工作区中，对象是按垂直屏幕方向依绘制的先后顺序堆叠出来的，即最先创建的对象位于所有堆叠对象的最后面(下面)，而最后创建的对象位于所有堆叠对象的最前面(上面)。当然，通过层面板或选择“修改”→“排列”菜单命令可以改变对象的堆叠次序。

其中，“移至最前”表示移到顶层，“上移一层”表示往上移一层，“下移一层”表示往下移一层，“移至最后”表示移到底层。图 3-70 所示的是调整堆叠次序前后的对比图像。

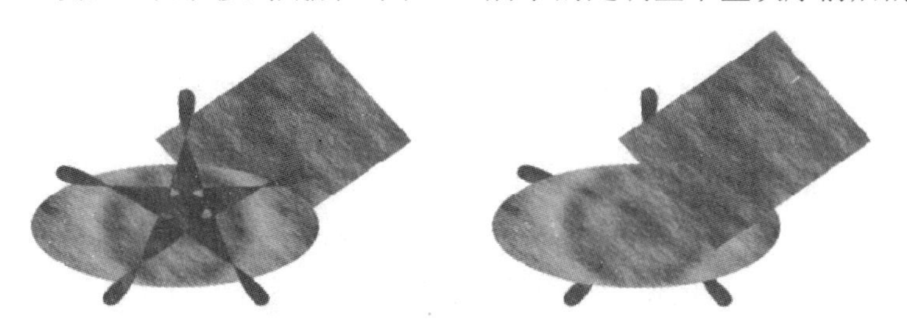

图 3-70　调整堆叠次序前、后图像

2. 对象的对齐

“修改”→“对齐”菜单命令提供了左对齐、垂直居中、右对齐、顶对齐，水平居中、底对齐、均分宽度和均分高度等对齐选项。使用这些选项可以实现以下效果。

(1) 沿水平轴或垂直轴对齐对象。

(2) 沿右边缘、中心、左边缘垂直对齐对象，沿上边缘、中心、下边缘水平对齐对象。所谓边缘，是由包围所有所选对象的定界框来决定的。

(3) 均分所选对象使它们的中心或边缘距离相等。

此外，所有对象的对齐功能均可在“对齐”面板(见图 3-71)中实现。方法是：先选中已建立的多个对象，再选择“窗口”→“对齐”菜单命令，打开对齐面板，再单击对齐方式即可。

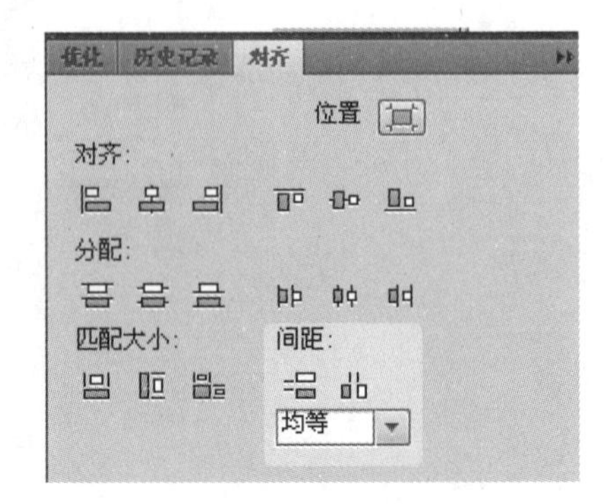

图 3-71　对齐面板

在对齐面板中有 4 个选择区域：对齐、分配、匹配大小和间距。它们的功能分别如下。

(1) 对齐：从左到右 6 个按钮依次用来规定以所选对象中的左边、水平中间、右边、顶部、垂直中间、底部对象作基准进行对齐。

(2) 分配：从左到右 6 个按钮用来规定所选对象按照中心间距或边缘间距相等的方式进行分布，依次为沿顶边、垂直中间、沿底边、沿左侧、水平居中、沿右侧。

(3) 匹配大小：从左到右 3 个按钮可以将形状和大小各异的对象分别在宽度、高度和宽高两个方向统一，统一的标准是以最大者为基准。

(4) 间距：从左到右两个按钮分别可以使对象之间的水平间距、竖直间距相同。

此外，如果单击“对齐”面板左上角的“到画布”按钮，那么所有方式的对齐基准都是整个画布的四条边。如果单击“对齐”面板右上角“锚点”按钮，则可针对对象不同位置上的锚点做不同形式的对齐。

3. 对象的组合

组合对象完全是为了操作方便，组合后的各对象可以一起被选取、移动、缩放等。这样对对象进行编辑时可以节省不少时间，提高工作效率。在制作复杂的图像时，经常用到对象的组合操作。组合对象的方法是：首先选中要组合的对象，再选择“修改”→“组合”菜单命令即可完成组合。

如果要对组合了的对象进行单独的操作，可以将组合了的对象分离出来，即解组对象。解组对象的方法是：首先选中已组合的对象，再选择“修改”→“取消组合”菜单命令即可完成解组。

4. 图像混合模式

“混合”是改变两个或更多重叠对象的透明度或颜色相互作用的过程。在 Fireworks 中，使用混合模式可以创建复合图像。混合模式还增加了一种控制对象和图像的不透明度的方法。

1) 混合模式

选择混合模式后，Fireworks 会将它应用于所有所选的对象。单个文档或单个层中的对象可以具有与该文档或该层中其他对象不同的混合模式。

当具有不同混合模式的对象组合在一起时，组的混合模式优先于单个对象的混合模式。取消组合对象会恢复每个对象各自的混合模式。

注意：层混合模式不能在元件文档中使用。

混合模式包含下列元素。

(1) “混合颜色”是应用混合模式的颜色。

(2) “不透明度”是应用混合模式的透明度。

(3) “基准颜色”是混合颜色下的像素颜色。

(4) “结果颜色”是对基准颜色应用混合模式的效果所产生的结果。

以下是 Fireworks 中的一些常用的混合模式。

(1) “正常”：不应用任何混合模式。

(2) “色彩增殖”：用混合颜色乘以基准颜色，从而产生较暗的颜色。

(3) “屏幕”：用基准颜色乘以混合颜色的反色，从而产生漂白效果。

(4) “变暗”：选择混合颜色和基准颜色中较暗的那个作为结果颜色，这将只替换比混合颜色亮的像素。

(5) “变亮”：选择混合颜色和基准颜色中较亮的那个作为结果颜色，这将只替换比混合颜色暗的像素。

(6) “差异”：从基准颜色中去除混合颜色或者从混合颜色中去除基准颜色，从亮度较高的颜色中去除亮度较低的颜色。

(7) “色相”：将混合颜色的色相值与基准颜色的亮度和饱和度合并以生成结果颜色。

(8) “饱和度”：将混合颜色的饱和度与基准颜色的亮度和色相合并以生成结果颜色。

(9) “颜色”：将混合颜色的色相和饱和度与基准颜色的亮度合并以生成结果颜色，同时保留给单色图像上色和给彩色图像着色的灰度级。

(10) “发光度”：将混合颜色的亮度与基准颜色的色相和饱和度合并。

(11) “反转”：反转基准颜色。

(12) “色调”：向基准颜色中添加灰色。

(13) “擦除”：删除所有基准颜色像素，包括背景图像中的像素。

2) 应用混合模式和调整不透明度

可以使用属性面板或层面板对所选对象应用混合模式和调整不透明度。“不透明度”设置为 100 会将对象渲染为完全不透明；设置为 0 会将对象渲染为完全透明。

还可以在绘制对象之前指定混合模式和不透明度。

在绘制对象之前指定混合模式和不透明度的方法是：在工具箱中选定所需的绘图工具，在绘制对象之前在属性面板中设置混合和不透明度选项。

注意：混合和不透明度选项并不是对所有工具都可用。

值得指出的是，由于是用工具进行的混合模式和不透明度的设置，因此，选择的混合模式和不透明度将作为此后用该工具绘制的所有对象的默认值。

5. 切片和热区设置

使用“切片”和“热点”工具可以使大图分割成小图，使网页下载速度加快，还可以采用“热点”工具制作网页地图。

1) “切片”工具的使用

在工具箱中单击“切片”工具后，在图片上拖曳鼠标就能分割图片。图 3-72 所示的就是将一张大图分割成小图后的效果。可以看到，分割后的每一部分都被透明的绿色(可在属性面板改变颜色)所覆盖，这表明该部分为切片。

在分割图片时，如果图片的区域未被分割成切片，在输出图像时，该部分仍会被输出。例如，只在图片的中间切下一片切片，在输出图片时，会被默认地输出 5 个部分，因为图片被切片的边缘分成了 5 部分，如图 3-73 所示。

2) “多边形切片”工具的使用

“多边形切片”工具可以切割出复杂形状的切片。

“多边形切片”工具的使用类似于“钢笔”工具，每当在图像上单击一下便会输出一个节点。最后返回最初节点单击，即可封闭切片区域，如图 3-74 所示。

图 3-72　分割后的图片

图 3-73　一块切片分割的图像

图 3-74　多边形切片

3) 切片属性的设置

用“指针”工具选定切片后，在属性面板中便可以进行属性设置。

(1) 链接：输入链接地址建立超链接。

(2) 替代：输入替代文字，在图片无法下载时便用文字替代。

(3) 目标：填入超链接文档打开的目标，其中“_blank”表示在新窗口中打开；“_self”表示在原窗口中打开(默认时的状态)；“_parent”表示在父窗口中打开。

4) 热点工具的使用

假如在某个网页中的一幅图片，只有一部分区域具有超链接功能，或者不同的部分有不同的超链接，而图片本身不允许被分割开，如电子地图，就会想到热点区域。

在工具箱中共有三种热点工具：“矩形热点”工具、“椭圆形热点”工具和“多边形热点”工具。使用“矩形热点”工具或“椭圆形热点”工具在图形上拖曳鼠标，即可建立矩形或椭圆形热点区域，与使用“多边形切片”工具一样的方法使用“多边形热点”工具可建立多边形热点区域。

同样，采用与切片属性相同的设置方法，可以设置热点区域的属性。

3.4　图像的优化与导出

网页图像设计的最终目标是创建能够尽可能快地下载精美图像，为此，必须在最大限度地保持图像品质的同时，选择压缩质量最高的文件格式。这种平衡就是优化，即寻找颜色、压缩和品质的最佳组合。优化是为导出做准备。

3.4.1　图像的优化

对图像进行优化，可以在优化面板中进行，如图 3-75 所示。

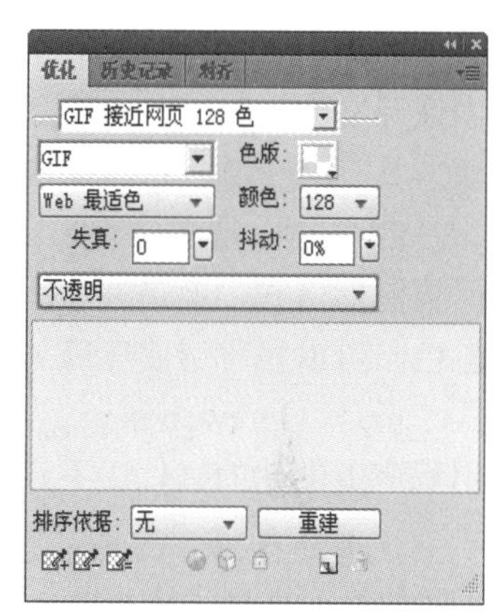

图 3-75　优化面板

在优化面板中可以设置导出文件的格式，还可以针对不同的文件类型进行图像优化。

在优化的同时，单击文档窗口的“预览”按钮，便可在左下角看到当前优化设置下的导出文件的大小，以及在 Web 上下载并显示此图像需要的时间。

单击“2 幅”或“4 幅”时，将同时显示原图像和优化后的图像的效果，其中 4 幅的预览可以同时显示 3 种优化方案，以便于原图像与其他优化方案比较，如图 3-76 所示。

图 3-76　2 幅和 4 幅预览

选择“文件”→“图像预览”菜单命令也可以对图像进行优化，在优化的同时可以看到导出文件的预览效果。

1. 文件格式的选择

为了以最佳的方式优化导出，应当选择最合适的文件格式。选择文件格式时应基于图形的设计和用途来考虑。图形的外观会因格式而异，尤其是在使用不同的压缩类型时。另外，大多数网页浏览器只接受特定的图形文件类型。还有其他一些文件类型适合于印刷出版或用于多媒体应用程序。

可用的文件类型如下。

(1) gif：是 Graphics Interchange Format 的缩写，即“图形交换格式”，是一种很流行的网页图形格式。gif 中最多包含 256 种颜色。gif 还可以包含一块透明区域和多个动画帧。在导出为 gif 格式时，包含纯色区域的图像的压缩质量最好。gif 通常适合于卡通、徽标、包含透明区域的图形及动画。

(2) jpeg：是由 Joint Photographic Experts Group(联合图像专家组)专门为照片或增强色图像开发的。jpeg 支持数百万种颜色(24 位)。jpeg 格式最适合于扫描的照片、使用纹理的图像、具有渐变颜色过渡的图像和任何需要 256 种以上颜色的图像。

(3) png：是 Portable Network Graphic 的缩写，即“可移植网络图形”，是一种通用的网页图形格式，但是并非所有的网页浏览器都能查看 png 图形。png 最多可以支持 32 位的颜色，可以包含透明度或 Alpha 通道，并且可以是连续的。png 是 Fireworks 的本身文件格式。但是，Fireworks png 文件包含应用程序特定的附加信息，导出的 png 文件或在其他应用程序中创建的文件中不存储这些信息。

注意:Fireworks png 是 Fireworks 固有的文件格式,并不是一般的 png 图像,Fireworks png 含有应用程序的特定信息。导出后的 png 文件或其他应用程序中创建的 png 文件中不包含这些信息。

(4) wbmp：即“无线位图”，是一种为移动计算设备(如手机和 PDA)创建的图形格式。此格式用在“无线应用协议”(WAP)网页上。wbmp 是 1 位格式，因此只有两种颜色可见，即黑与白。

(5) tiff：即标签图像文件格式，是一种用于存储位图图像的图形格式。tiff 常用于印刷出版。许多多媒体应用程序也接受导入的 tiff 图形。

(6) bmp：即 Microsoft Windows 图形文件格式，是一种常见的文件格式，用于显示位图图像。bmp 主要用在 Windows 操作系统上。许多应用程序都可以导入 bmp 图像。

(7) pict：由 Apple Computer 开发，是一种常用在 Macintosh 操作系统上的图形文件格式。大多数 Mac 应用程序都能导入 pict 图像。

Fireworks CS6 中的每种文件都有一组优化选项。通常情况下，只有 8 位文件类型提供大量的优化控制。

2. 使用优化设置

可以从属性面板或优化面板中的常用优化设置中选择，以快速设置文件格式并应用一些格式的特定设置。如果从属性面板的“默认”导出选项弹出菜单中选择了一个选项，则会自动设置优化面板中的其他选项。如果需要，可以进一步分别调整每个选项。

如果需要的自定义优化控制超出了预设选项所提供的控制，则可以在优化面板中创建自定义优化设置，还可以用优化面板中的颜色表来修改图形的调色板。

1) 使用预设的优化方式

从属性面板或优化面板的“保存的设置”下拉列表中选择一种预设的优化方式。

“gif 网页 216/256/128”：强制所有颜色均为网页安全色。该调色板最多包含 216/256/128 种颜色。

“jpeg-较高品质”：将品质设为 80、平滑度设为 0，生成的图形品质较高但占用空间较大。

“jpeg-较小文件”：将品质设为 60、平滑度设为 2，生成的图形大小不到“较高品质 jpeg”的一半，但品质有所下降。

“动画 gif 接近网页 128”：将文件格式设为“gif 动画”，并将非网页安全色转换为与其最接近的网页安全色。调色板最多包含 128 种颜色。

2) 使用自定义优化设置

使用自定义优化设置的步骤如下。

(1) 在优化面板中，从“导出文件格式”下拉列表中选择一种选项。

(2) 设置格式特定的选项，如色阶、抖动和品质。

(3) 根据需要从优化面板的“选项”菜单中选择其他优化设置。

(4) 可以命名并保存自定义优化设置。当选择切片、按钮或画布时，将在优化面板和属性面板的“保存的设置”的下拉列表预设优化设置中显示已保存设置的名称。

3. jpeg 选择性压缩

jpeg 选择性压缩可以以不同的级别压缩 jpeg 的不同区域。图像中引人注意的区域可以以较高品质级别压缩，而重要性较低的区域(如背景)可以以较低品质级别压缩，这样既能减小图像的大小，又能保留较重要区域的品质。jpeg 选择性压缩的步骤如下。

(1) 选择用于压缩的图形区域。

(2) 选择“修改”→“选择性 jpeg”→“将所选保存为 JPEG 蒙板”菜单命令。

(3) 如果尚未选中“jpeg”，请从优化面板的“导出文件格式”下拉列表中选择“jpeg”。

(4) 在优化面板中单击“编辑选择性品质选项”按钮，打开“可选 jpeg 设置”对话框。

(5) 选中“启动选择性品质”复选项，并在文本框中输入一个值。

输入较低的值将以高于其余图像的压缩量压缩“选择性 jpeg”区域；输入较高的值将以低于其余图像的压缩量压缩“选择性 jpeg”区域。

(6) 如果需要，可以更改“选择性 jpeg”区域的“覆盖颜色”，它不会影响输出。

(7) 选中“保持文本品质”复选项。无论“选择性品质”的值为多少，所有文本项都将自动以较高级别导出。

(8) 选择“保持按钮品质”复选项。所有按钮元件都将自动以较高级别导出。

(9) 单击“确定”按钮。

如果要修改 jpeg 选择性压缩区域，可按以下步骤执行。

(1) 选择“修改”→“选择性 jpeg”→“将 jpeg 蒙板恢复为所选”菜单命令，所选内容将以高亮显示。

(2) 使用“选取框”工具或其他选择工具对区域的大小进行更改。

(3) 选择“修改”→“选择性 jpeg”→“将所选保存为 jpeg 蒙板”菜单命令。

(4) 如果需要，在“优化”面板中更改选择性品质设置。

如果要撤销选择，可以选择“修改”→“选择性 jpeg”→“删除 jpeg 蒙板”菜单命令。

3.4.2 图像的导出

1. 使用导出向导

如果对优化和导出网页图形不熟悉，可以使用“导出向导”。使用该向导可以轻松地导出图像，而无需了解优化和导出的细节。使用“导出向导”的步骤如下。

(1) 选择“文件”→“导出向导...”菜单命令，可以打开“导出向导”对话框，如图 3-77 所示。

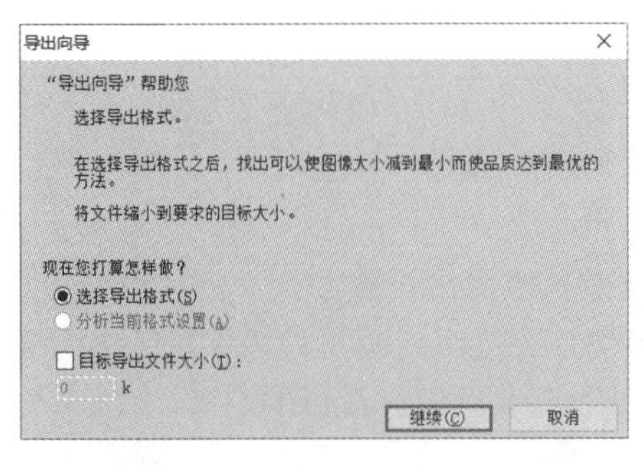

图 3-77 “导出向导”对话框

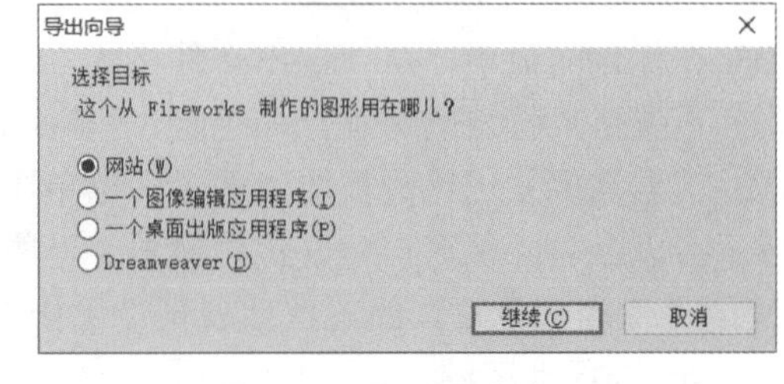

图 3-78 图形用途选项

(2) 在“导出向导”对话框中选中“目标导出文件大小”复选框后，可以在文本框中设置预备导出文件大小的数值，向导会自动选择较合理的优化方案，使导出文件尽可能接近这个数值。

(3) 单击“继续”按钮，向导便询问导出文件的用途，如图 3-78 所示。

(4) 在选择用途后，并单击“继续”按钮，系统会给出“分析结果”信息，单击“退出”按钮会弹出“图像预览”对话框(见图 3-79)，预览导出设置结果。

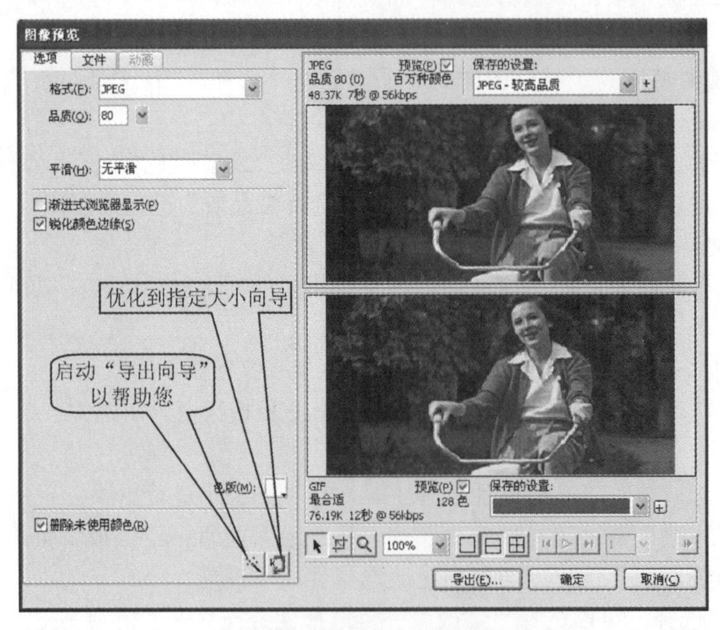

图 3-79 “图像预览”对话框

2. 导出预览

当导出向导执行到第(4)步或选择“文件”→“图像预览...”菜单命令，可以打开“图像预览”对话框，预览为当前文档设置的优化和导出选项的效果，同时还可以更改优化设置。

单击“启动‘导出向导’以帮助您”按钮可以启动导出向导。

单击“优化到指定大小向导”按钮会弹出“优化到指定大小”对话框。

此外，还可以利用图 3-79 中“文件”和“动画”下的按钮来预览图像和动画效果。

3. 导出类型

选择“文件”→“导出”菜单命令，或单击“图像预览”对话框中的“导出”按钮，可以将图像导出。

在导出时可以设置目标文件为不同的文件类型，如图 3-80 所示。

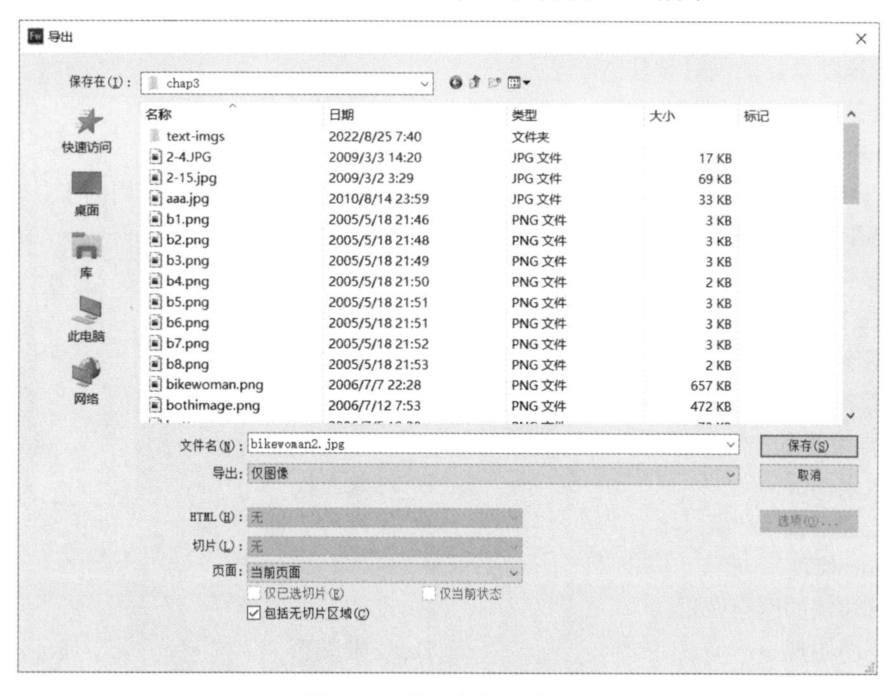

图 3-80　导出文件类型设置

如果只导出一幅图像，则选择“仅图像”。

如果原文件中含有按钮等网页元素，则选择“HTML 和图像”，以将其保存为网页与图片一组的文件。

如果选择“层到文件”或“帧到文件”会分别把各个层或帧单独保存到一幅图片，导出的图片数目由层或帧的数目决定。

设置完毕后，单击“导出”按钮，便完成导出。

4. 快速导出

“快速导出”按钮位于文档的右上角，利用它可以将 Fireworks 文档快速导出到其他应用程序中。

使用“快速导出”按钮可以导出多种格式，包括 Macromedia 应用程序和其他应用程序(如 Microsoft FrontPage 和 Adobe Photoshop)的格式。

使用“快速导出”按钮还可以启动其他应用程序，以及在首选浏览器中预览 Fireworks 文档。通过简化导出过程，“快速导出”按钮可节省时间并改善设计工作流程。

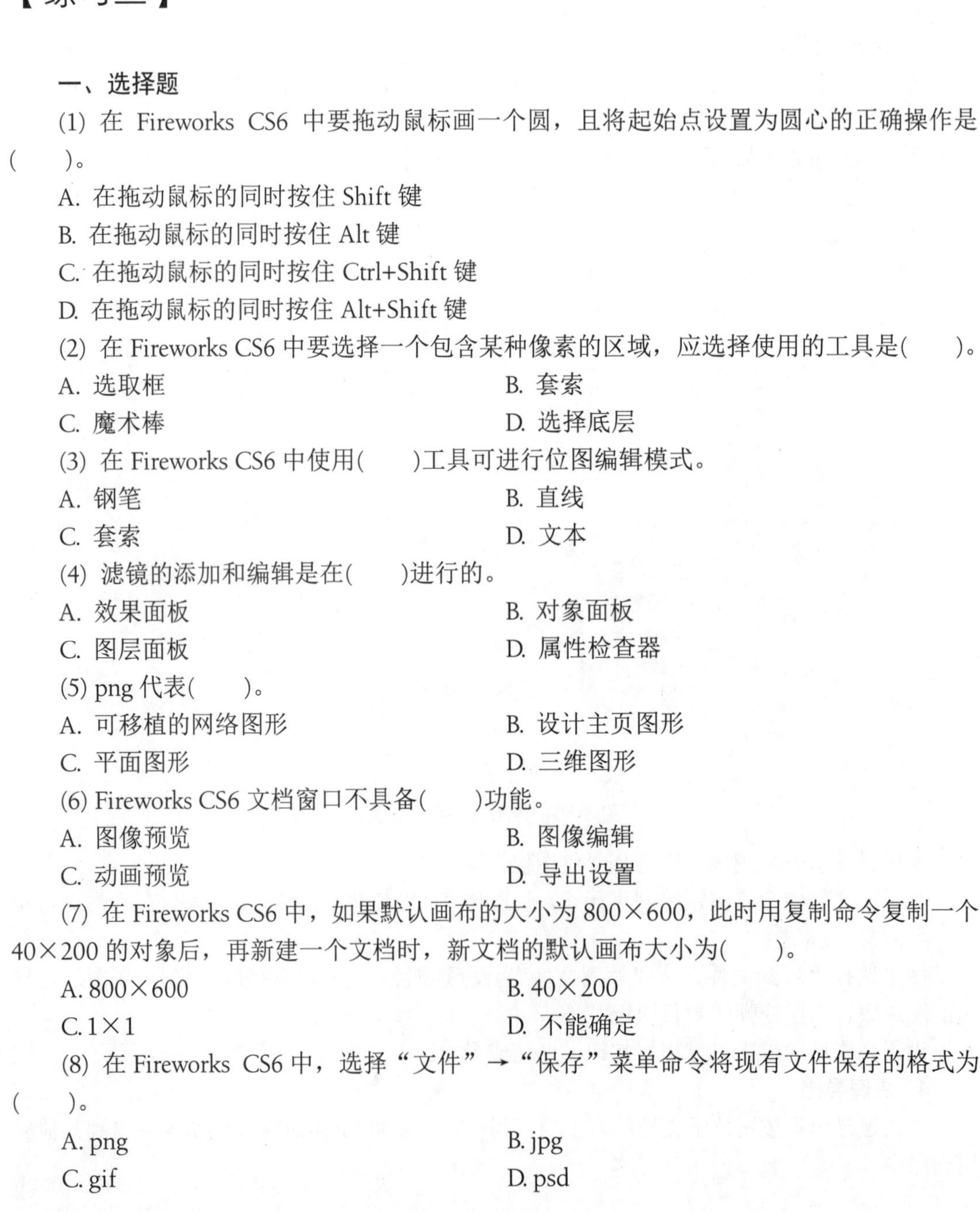

【练习三】

一、选择题

(1) 在 Fireworks CS6 中要拖动鼠标画一个圆，且将起始点设置为圆心的正确操作是(　　)。

A. 在拖动鼠标的同时按住 Shift 键

B. 在拖动鼠标的同时按住 Alt 键

C. 在拖动鼠标的同时按住 Ctrl+Shift 键

D. 在拖动鼠标的同时按住 Alt+Shift 键

(2) 在 Fireworks CS6 中要选择一个包含某种像素的区域，应选择使用的工具是(　　)。

A. 选取框　　B. 套索

C. 魔术棒　　D. 选择底层

(3) 在 Fireworks CS6 中使用(　　)工具可进行位图编辑模式。

A. 钢笔　　B. 直线

C. 套索　　D. 文本

(4) 滤镜的添加和编辑是在(　　)进行的。

A. 效果面板　　B. 对象面板

C. 图层面板　　D. 属性检查器

(5) png 代表(　　)。

A. 可移植的网络图形　　B. 设计主页图形

C. 平面图形　　D. 三维图形

(6) Fireworks CS6 文档窗口不具备(　　)功能。

A. 图像预览　　B. 图像编辑

C. 动画预览　　D. 导出设置

(7) 在 Fireworks CS6 中，如果默认画布的大小为 800×600，此时用复制命令复制一个 40×200 的对象后，再新建一个文档时，新文档的默认画布大小为(　　)。

A. 800×600　　B. 40×200

C. 1×1　　D. 不能确定

(8) 在 Fireworks CS6 中，选择“文件”→“保存”菜单命令将现有文件保存的格式为(　　)。

A. png　　B. jpg

C. gif　　D. psd

(9) 在 Fireworks CS6 中，新建一个文档时，设置画布的颜色没有的选项是(　　)。

A. 白色　　　　B. 透明色

C. 背景颜色　　　　D. 自定义颜色

(10) 在 Fireworks CS6 中修复有划痕的照片或去掉图像上的瑕疵，最方便快捷的方法是(　　)。

A. 用“橡皮图章”工具克隆某个区域来代替划痕或瑕疵

B. 用“橡皮擦”工具擦掉划痕或瑕疵

C. 切割有划痕或瑕疵的图片重新编辑

D. 无法实现

二、填空题

(1) Fireworks CS6 工具箱被分成(　　)、(　　)、(　　)、(　　)、(　　)和(　　)六个类别。

(2) Fireworks CS6 工作界面主要包括(　　)、(　　)、(　　)和(　　)四部分。

三、问答题

(1) 矢量图形与位图图像有什么区别？

(2) 按钮包含哪几种状态？触发这几种状态的鼠标动作分别是什么？

(3) 将大图切割成小图的优点是什么？切割图片的工具有哪些？

【实验三】 网页图形与图像处理实验

实验内容如下。

(1) 启动 Fireworks CS6，认识界面组成；

(2) 练习工具箱中矢量和位图工具的使用；

(3) 练习图像的变形和修饰；

(4) 利用附加到路径和绘图工具箱制作一个徽标；

(5) 使用蒙板和颜色混合模式将两张图合并到一起；

(6) 使用滤镜、样式制作文字和图片特效；

(7) 制作一个插帧动画；

(8) 制作一个补间帧动画；

(9) 选择一幅 gif 图和一幅 jpg 图片，分别进行优化设置和导出。

第 4 章　网站网页规划与设计

【本章要点】

(1) 网站栏目规划
(2) 网站目录结构设计
(3) 网站风格设计
(4) 网页设计实践
(5) 网站导航设计

在网站具体建设之前，需要对网站进行一系列的分析和估计，然后根据分析的结果提出合理的建设方案，这就是网站网页的规划与设计。网站网页的规划与设计非常重要，它不仅仅是后续开发步骤的指导纲领，也是直接影响网站发布后是否能成功运行的主要因素。网站网页的规划与设计包括网站的定位、内容收集、栏目规划、目录结构设计、标志设计、风格设计及网页设计实践、网站导航设计等几个方面。本章将重点介绍网站的栏目规划、目录结构设计、风格设计、网页设计实践和导航系统设计五个方面。

4.1　网站的栏目规划

网站的栏目规划的主要任务是对所收集的大量内容进行有效筛选，并将它们组织成一个合理的、易于理解的逻辑结构。成功的栏目规划不仅能给用户的访问带来极大的便利，帮助用户准确地了解网站所提供的内容和服务，以及快速地找到自己所感兴趣的网页，还能帮助网站管理员对网站进行更为高效的管理。在介绍如何进行网站的栏目规划之前，先简单介绍一下逻辑结构的基本知识。

4.1.1　网站的逻辑结构

不同网页之间通常具有一定的逻辑关系，如先后关系、包含关系、并列关系等，多个网页按照它们之间的逻辑关系组织在一起就形成各种逻辑结构。在现在的网站中，最常见的逻辑结构就是层次型结构，其次是线性结构和网状结构。

1. 线性结构

线性结构是最简单的逻辑结构，如图 4-1 所示。它将多个网页按照一定的先后顺序链接起来，按先后顺序访问，用户没有访问到前一个网页就无法进入下一个网页。

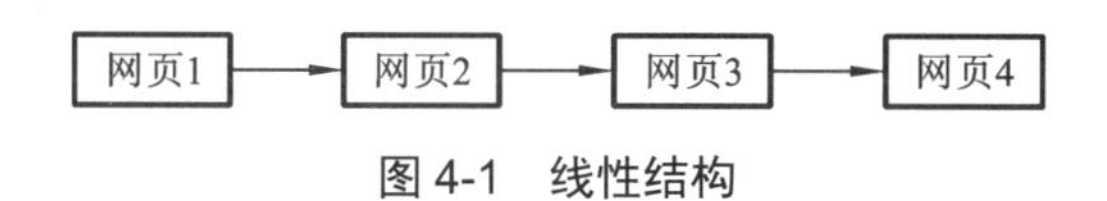

图 4-1　线性结构

线性结构最常用于需要逐步进行的栏目，如用户注册、建立订单、教程等。图 4-2 所示的就是一个典型的用户注册的例子，从图 4-2 可以看出，一个新用户要完成注册需要经历四个步骤，而且必须按顺序进行，否则就不能完成注册。

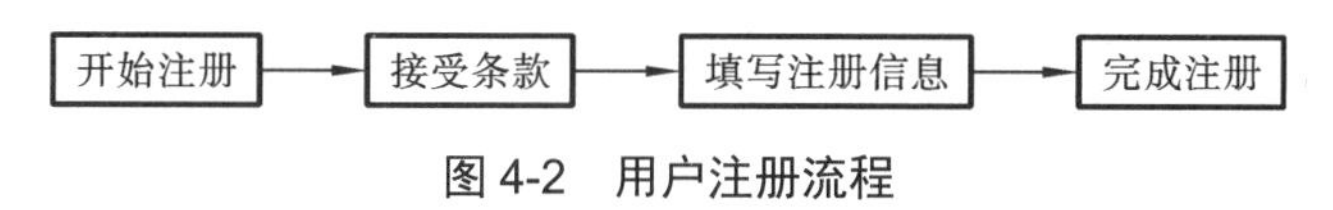

图 4-2　用户注册流程

又如在网上购书或购买音像制品，也必须按顺序进行选择商品、确认购物车、写订单、生成订单四个步骤。

图 4-2 所示的只是最简单的线性结构，在这个基础上进行扩展可以演变出更具灵活性的线性结构，以满足各种不同的需求。图 4-3(a)所示的是带选择分支的线性结构，可以根据用户不同的选择来访问不同的下一个网页。例如，图 4-3(b)所示的带选项的线性结构，可以让用户直接跳转到后面的步骤以加快任务的完成。

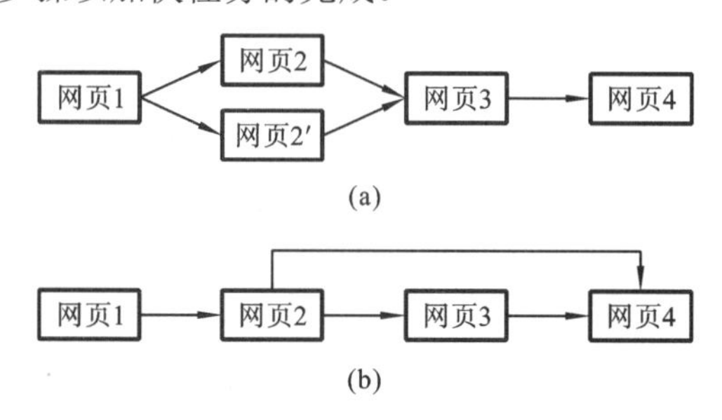

图 4-3　带选择分支的线性结构

2. 层次型结构

相对于按先后顺序组织而成的线性结构，层次型结构是按照网页之间的包含关系组织而成的。图 4-4 所示的就是一个典型的层次型结构，它很像一棵倒置的树。

层次型结构简单而且直观，能将所有的内容划分得非常清晰且便于理解，因而几乎所有网站都采用这种结构来进行总体的栏目规划，即将所有的内容先分成若干个大栏目，然后再将每个大栏目细分成若干个小栏目，以此类推直到不用再细分为止。

层次型结构也有不好的地方，就是用户如果要访问最底层的网页就不得不按照层次从上到下一级一级地访问，最终到达想要访问的网页。如果层次很深，比如有六层或者八层，那么所带来的麻烦就大大降低了层次型网站所具有的优点。

所以对于层次过深、过于复杂的网页，采用层次型结构反而会带来很多不良影响，层次型结构最好的深度就是三层，最多不要超过五层。另外，建立一个良好的导航系统也可以弥补层次型结构这方面的缺点。有关导航系统的设计会在 4.4 节详细介绍。

3. 网状结构

如图 4-5 所示，网状结构是指多个网页相互之间都有超链接的一种结构，这些网页可以是层次结构上的任意网页，由于导航的需要或者内容上的相关性而相互链接在一起。

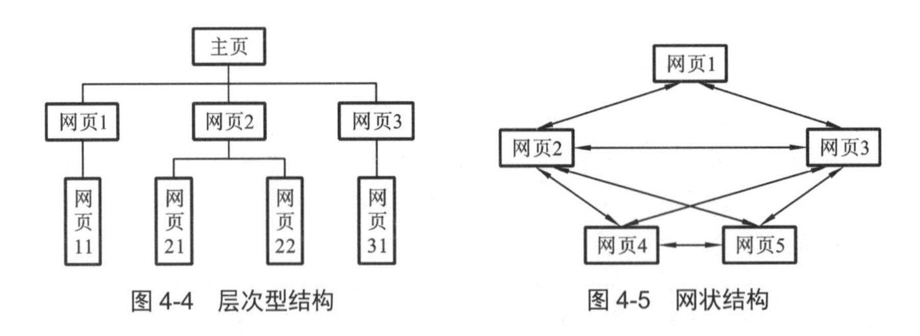

图 4-4　层次型结构　　　　图 4-5　网状结构

例如，HTML.COM 网(www.html.com)，它的导航条(包括“TAGS”,“ATTRIBUTES”,“TUTORIALS”,“HOSTINGGUIDE”,“BLOG”, 和“ABOUT”项)就出现在主页和其他每一个网页的上部，这样用户在任何一个网页上进行访问的时候，都可以通过这个导航条而一步切换到其他栏目的网页之上。这个网站中各个网页之间因这个导航条而形成一个网状结构。

图 4-6　网状结构举例

网状结构的实现就在于在所有相关的网页上保留了其他网页的超链接。这种结构使用户能更方便地在网站上游弋，但同时也带来一个庞大超链接数的问题。庞大的超链接数，对于维护来说相当麻烦，如要增加、删除一个网页，或者将某个网页改名，就需要对所有的网页进行相应的修改，这是比较麻烦的，所以在网站中需要谨慎使用网状结构。

4.1.2　栏目规划

栏目规划最基本的任务就是要建立网站的逻辑结构，不仅需要为整个网站建立层次型结构，还需要为每一个栏目或者子栏目设计合理的逻辑结构。除此之外，栏目规划还需要确定哪些是重点栏目、哪些是需要实时更新的栏目以及需要提供哪些功能性栏目等。

1. 确定必需栏目

网站的栏目规划的第一步就是要确定哪些是必需的栏目，这取决于网站的性质。比如对于一个企业网站来说，公司简介、产品介绍、服务内容、技术支持、联系方式等栏目是必不可少的，而对于政府网站来说，政务、政策法规、地方经济、百姓生活、观光旅游等栏目是必需的。个人网站相对来说比较随意，往往取决于所收集的内容，但个人简介、个人收藏等栏目通常不能缺少。

除了内容栏目之外，网站还应该包含另外两类栏目，分别是用户指南类栏目和交互性栏目。用户指南类栏目是为了帮助用户了解这个网站的背景、性质、目的、功能及发展历程，了解如何更好地对网站进行访问，了解网站建设的最新动态。这类栏目通常以“帮助”、“关于网站”、“网站地图”、“最新动态”等名称出现。

交互性栏目是能与用户进行双向交流的栏目，通过它不仅可以解答用户的疑问、了解用户的需求，而且还可以获得用户对网站的建议和看法，让用户与网站、用户与用户之间建立良好的沟通，以便更好地帮助网站的建设与发展。交互性栏目最常见的方式就是留言板，做得较复杂的就是论坛(BBS)形式。

2. 确定重点栏目

在确定完需要设置哪些栏目之后，接着需要做的是从这些栏目中挑选出最为重要的几个栏目，然后对它们进行更为详细的规划，这种选择往往取决于网站的目的与功能。比如学校网站，主要用来展示学校形象和学校管理，因而校园新闻、校园通知、教学与学术动态就是重点栏目。比如企业网站，其目的可能是为了更好地推销自己的产品，所以产品介绍便是它的重点栏目。为了更好地介绍产品，它除了有基本的产品介绍之外，可能还需要设立价格信息、网上定购、产品动态等相关栏目。又比如个人网站，它的目的通常是为了让别人分享他所收集到的信息，向别人介绍他的原创作品，所以它的重点栏目往往是个人作品和个人收藏。

3. 建立层次型结构

建立层次型结构是一个递进的过程，即从上到下逐级确定每一层的栏目。首先是确定第一层，即网站所必需的栏目，然后对其中的重点栏目进行进一步的规划，确定它们所必需的子栏目，以此类推直至不需要再细分为止。将所有的栏目及其子栏目连在一起就形成网站的层次型结构。

例如，图 4-7 所示的可乐猫网站，它在第一层设置了“我的资料”、“我的作品”、“怀念家驹”、“给我留言”四个重点栏目和“NEWS”、“INFO”、“LINK”三个其他栏目；然后每一个重点栏目又进行了更细的规划，比如“我的资料”又分出“我的清单”、“我的爱情”和“我的梦想”三个子栏目，“我的作品”又分出“FLASH”、“CG”和“ARTICLE”三个子栏目。将这些栏目及其子栏目连在一起，可以很清楚地看到可乐猫网站的层次型结构，如图 4-8 所示。

图 4-7　可乐猫网站主页

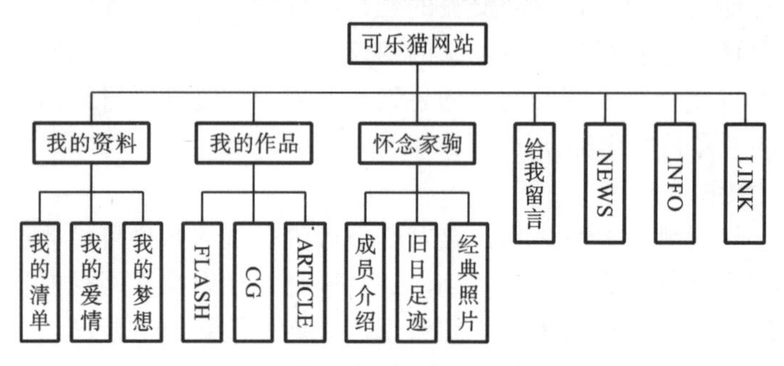

图 4-8　可乐猫网站栏目的层次型逻辑结构

4. 设计每一个栏目

层次型结构的建立只是对网站的栏目进行了总体的规划，接下来要做的是对每一个栏目或子栏目进行更为细致的设计。设计一个栏目通常需要做三件事情。首先是描述这个栏目，即描述这个栏目的目的、服务对象、内容、资料来源等。对栏目的描述能让领导和同事们对这个栏目有整体的了解和把握，也能让网站建设者对这个栏目有一个准确、清晰的认识。

其次是设计这个栏目的实现方法，即设计这个栏目的网页构成、各个网页之间的逻辑关系、各个网页的内容、内容的显示方式、数据库结构等各个方面的问题。比如很多网站都有的用户注册栏目，如图 4-9 所示，这个栏目通常需要六个网页，采用线性+分支结构来进行组织。

第一个网页“开始注册”是用户注册的入口，它的内容通常只是一个指向第二个网页

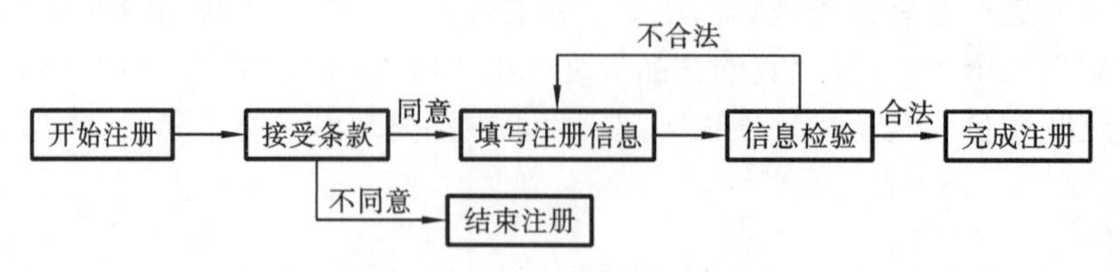

图 4-9　用户注册栏目的规划

的超链接。第二个网页“接受条款”上除了列出相应的条款之外，还需要设置一个用于选择是否接受条款的表单。第三个网页“填写注册信息”采用表单来实现，所需注册的信息根据网站的需求而定，通常包括用户名、密码、性别、国籍、省份、E-mail 等内容。第四个网页“信息检验”是为了检验用户信息的合法性，即检查所填写的用户名是否已经存在、所填写的出生年月是否在正常范围之内、所填写的 E-mail 地址是否合法、所填写的内容是否包含非法脚本和不文明的词汇等内容。这个网页可能不会显示给用户，只是根据其检查的结果跳转到相应的网页，比如检查通过就跳转到“完成注册”网页，检查不通过就跳转到“填写注册信息”网页，并要求重新填写或者修改不合法的部分。第五个网页是“完成注册”，它需要将用户的注册信息保存到数据库中，并将成功注册的信息显示给用户。如果用户在第二个网页不同意“接受条款”时，就要进入第六个网页“退出注册”，该网页显示有关中止注册的信息。

最后还要设计这个栏目与其他栏目之间的关系。网站虽然分为不同的栏目，但很多情况下，栏目与栏目之间存在着从数据、内容到布局等各个层次上的关联。比如企业站点的产品介绍、价格信息和在线订单等栏目之间通常使用统一的数据库，这样在任何一个栏目中打开同一个产品时都能看到相同的介绍信息，保证了信息的一致性，而且统一的数据库也便于管理和维护。又比如门户网站通常将娱乐资讯分为电影、音乐、短信、游戏等多个子栏目，它们之间有许多关联的内容，如电影都有电影主题曲和插曲，很多歌曲又被编辑成手机铃声和短信，很多电影被制作成游戏，同时又有很多游戏被拍成电影。所以设计栏目之间关系的工作，就是找出各个栏目之间可以共享的相关内容，并确定采用什么样的方式将它们串联起来。

4.1.3　栏目规划举例

栏目规划最便捷的方法就是参考同类网站的栏目规划，吸收共同的栏目，去掉不适合的栏目，然后添加有自己特色的栏目。

下面参考“我从草原来——德德玛”网站来学习个人网站的栏目规划。假若你非常喜欢歌唱家德德玛，你已经收集了很多有关德德玛的歌曲、图片及报道等，现在要建立一个名为“我从草原来——德德玛”的个人网站，主要目的是要颂扬德德玛的功绩与品德，并与所有的“德迷”共享你收集的德德玛的作品、报道。现在就根据这个目的来看看如何规划这个网站的栏目。

根据上一节所介绍的知识，首先需要做的是确定网站所必需的栏目。因为已经收集了很多有关德德玛的图片，而且网站的首页必须插入一些图片，所以第一个必需的栏目就是图片栏目，将其取名为“个人图库”；接着就是简介德德玛的艺术生涯，所以第二个栏目是“艺术简介”；第三个栏目是“草原夜莺”，专门介绍德德玛演唱的歌曲与视频专辑；第四个栏目是“精彩回放”，介绍德德玛在中央电视台“艺术人生”、“东方之子”等频道被报道的专辑；第五个栏目是“文摘报道”，介绍报刊登载的有关德德玛歌唱生涯的重要文章；为了让更多的“德迷”朋友参与关于德德玛歌唱的讨论，并让广大网友共享“德迷”朋友的收藏，以及对本网站的建议，还需要设置交互性栏目“德迷论坛”栏目；为了让网友全面地了解网站的性质和目的，及时地了解网站的建设动态，还可分别设置“关于网站”和“最新动态”栏目。最后，为了能与同类的网站进行相互推荐，建立良好的合作关系，需要设置“友情链接”栏目。

“草原夜莺”、“精彩回放”、“文摘报道”和“德迷论坛”是所有这些栏目中最为重要的栏目，所以需要对它们进行更细的规划。德德玛演唱的歌曲是本网站最重要的内容，将德德玛演唱的代表性歌曲放在“草原夜莺”栏目下，该栏目又分为“歌曲专辑”和“歌曲插图”等子栏目。“精彩回放”栏目又分为“艺术人生”、“爱心世界”、“西部情怀”、“东方之子”等子栏目。“文摘报道”栏目将登载报刊对德德玛的重要报道“草原上的夜莺”、“故乡是一块磁铁”等。“德迷论坛”栏目除了一般论坛应有的子栏目外，还做一个“论坛展区”的子栏目，用于展示“德迷”收藏的作品。

将所有的栏目及其子栏目连在一起，这个网站的层次型结构便跃然纸上，如图 4-10 所示。

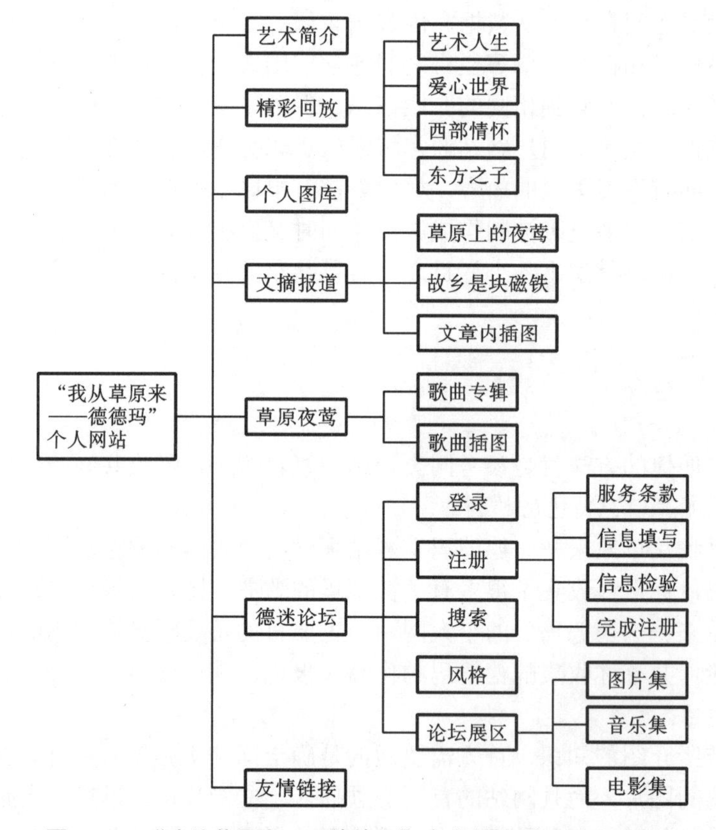

图 4-10 “我从草原来——德德玛”个人网站栏目层次型结构

4.2 网站的目录结构设计

目录结构也称为物理结构，它是解决如何在硬盘上更好地存放包括网页、图片、Flash

动画、视音频、数据库等各种资源在内的所有网站资源。

目录结构是否合理，对网站的创建效率会产生较大的影响，但更主要的是会对未来网站的性能、网站的维护及扩展产生很大的影响。举一个例子来说明，在极端情况下，将所有的网页文件和资源文件都放在同一个目录下，那么当文件很多时，WWW 服务器的性能就会急剧下降，因为查找一个网页文件需要很长的时间，而且网站管理员在区分不同性质的文件和查找某一个特定的文件时也会变得非常麻烦。

4.2.1　目录结构设计原则

目录结构对用户来说是不可见的，它只针对网站管理员，所以它的设计是为了网站管理员能从文件的角度更好地管理网站的所有资源。目录结构的设计通常需要遵循以下原则。

(1) 网站应有一个主目录。

每一个网站都有一个主目录(也称为网站主文件夹、网站根目录)，网站里的所有内容都要存放在该主目录及它的子目录(也称为子文件夹)下。

(2) 不要将所有的文件都直接存放在网站根目录下。

有的管理员为了贪图刚创建网站时的方便，将所有的文件都直接放在网站根目录下。这么做很容易造成文件管理混乱，而且当文件很多时，会对 WWW 服务器的索引速度影响非常大。因为服务器通常需要为根目录建立一个索引，而且每增加一个新的文件时都需要重新建立索引，文件越多，建立索引的时间越长。

(3) 根据栏目规划来设计目录结构。

一般情况下，可以按照网站的栏目规划来设计网站的目录结构，使两者有一一对应的关系。但是这么做，也会导致一个安全问题，就是访问者很容易猜测出网站的目录结构，也就容易对网站实施攻击。所以在设计目录结构的时候，尽量避免目录名和栏目名相一致，可以采用数字、字母、下划线等组合的方式来提高目录名的猜测难度。

(4) 每个目录下都建立独立的 images 子目录。

将图片及资源文件都放在一个独立的 images 目录(或 pics 目录)下，可以使目录结构更加清晰。如果很多网页都需要用到同一幅图片，比如网站标志图片，那么将这个图片放到所有这些网页共有的最高层目录的 images 子目录下。

(5) 目录的层次不要太深。

网站的目录层次一般以 3~5 层为宜。

(6) 不要使用中文目录名和中文文件名。

因为你的站点是对 Internet 所有用户开放的，所以你得考虑到使用非中文操作系统的客户也能正常访问你的站点，若使用中文目录名或者中文文件名，则非中文操作系统客户将无法访问你的网站。若 WWW 服务器软件或用户浏览器是英文版的，则根本无法查找中文目录名和中文文件名。网站的所有目录名和文件名，最好都使用半角英文命名。

(7) 可执行文件和不可执行文件分开放置。

将可执行的动态服务器网页文件和不可执行的静态网页文件与动态网页文件分别放在

不同目录下，然后将存放可执行动态服务器网页所在目录的属性设为不可读和不可执行。这么做的好处，就是可以避免动态服务器网页文件被读取。

(8) 数据库文件单独放置。

数据库文件因为安全需求很高，所以最好放置在 http(或 https)所不能访问到的目录下（但本网站的动态网页可以访问到），这样就可以避免恶意的用户通过 http(或 https)方式获取数据库文件。

4.2.2 目录结构设计举例

在栏目规划一节的实例中，我们以“我从草原来——德德玛”个人网站的栏目规划为例说明。下面就在这个基础上为这个网站设计它的目录结构，如图 4-11 所示。

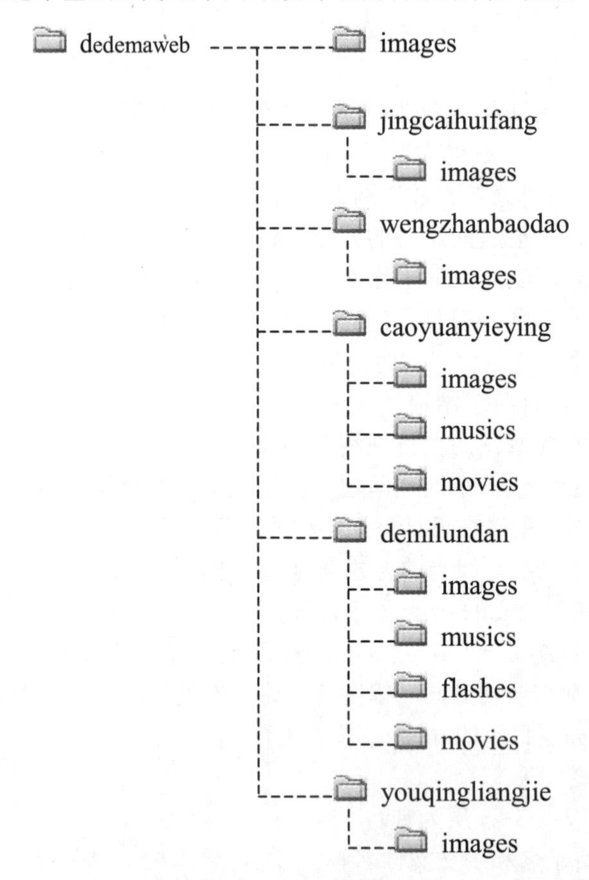

图 4-11 “我从草原来——德德玛”个人网站的目录结构

图 4-11 所示的就是根据前面所述的若干原则而设计的目录结构。从图 4-11 中可以看到，网站的目录结构与图 4-10 所示的层次型结构是对应的，而每一个目录下都有一个名为“images”的子目录，用于保存图片。

图 4-12 所示的是“我从草原来——德德玛”个人网站的主页。

图 4-12　“我从草原来——德德玛”个人网站主页

4.3　网站的风格设计

相对于网站的栏目规划和目录结构设计，网站的风格设计是最抽象、也是最头疼的一个问题。许多网站的建设者都是从事计算机和网络技术的，他们非常熟悉网页制作技术，但是却很难创作一个既美观又有独特风格的主页。另一方面，专业的美工师通常从事的都是传统的美工技术，对网页制作技术和 Internet 知之甚少，不知道如何设计最适合网络传输的图片。所以，网站的风格设计并不简单，它是一项融合了艺术设计的技术工作。

风格是抽象的，它往往无法用一个具体的参数来描述，它是指用户对网站整体形象的一种感觉。这个整体形象包括网站标志、色彩、版面布局、交互方式、文字编排、图片、动画等诸多因素。

风格又是独特的，是本网站不同于其他网站的地方。统一的风格使用户无论处于网站的哪一个网页，都明确知道自己正在访问的是这个网站。比如微软公司的网站，任何一个网页都有微软特有的“Microsoft”网站标志。

风格设计包含的内容很多，下面就色彩搭配和版面布局设计两个最为重要的方面来介绍网站的风格设计。

4.3.1　颜色搭配基础

网站的色彩是最影响网站整体风格的因素，也是美工设计中最令人头疼的问题。许多网页设计者都缺乏色彩搭配的基本知识，所以在制作网页之前往往有一个很好的想法，但是却不知如何搭配网页的颜色来表达预想的效果。因此，在介绍色彩搭配之前，先介绍色彩的基本知识。

1. 色彩的基本知识

由光学知识可知，颜色是因为物体对光的反射或折射而产生的。光的波长不同，光的颜色也就不同。红、绿、蓝是光的三原色，它们不同程度的组合可以形成各种颜色。所以在网页中，用光的三原色的不同颜色值可组合成各种颜色。

网页中的颜色通常采用 6 位十六进制的数值来表示，每两位代表一种颜色，从左到右依次表示红色、绿色和蓝色，每种颜色的十六进制值是 00~FF(十进制值 0~255)。颜色值越高，表示这种颜色越浓。比如满红色的值为#FF0000（#号表示十六进制数），满绿色的值为#00FF00，满蓝色的值为#0000FF，白色的值为#FFFFFF，黑色的值为#000000。也有的采用 3 位十六进制数值来表示红、绿、蓝三色光的饱和度，比如满红色的值为#F00（#号表示十六进制数），满绿色的值为#0F0、满蓝色的值为#00F，白色的值为#FFF，黑色的值为#000。

也可以采用三个以“，”相隔的十进制数来表示某一颜色，比如红色用十进制数表示为 color(255，0，0)，绿色 color(0,255,0)、蓝色 color(0,0,255)。

在传统的色彩理论中，颜色一般分为彩色和非彩色(或称为灰色)两大色系。非彩色是指黑、白和所有灰色，彩色是指除非彩色外所有的颜色。在网页中，如果组成颜色的三种原色数值相等，就显示为灰色。按照亮度的不同，灰色又可以分为不同的灰度等级。

平时见到的太阳光是白色，其实太阳光是多种色彩混合而成的，按颜色的色调通常将其划分为七种颜色：红、橙、黄、绿、青、蓝、紫。如果将这七种颜色按这个顺序渐变为一条色带的话，越靠近红色，给人的感觉越温暖，越靠近蓝色和紫色，给人的感觉越寒冷。所以红、橙、黄的组合又称为暖色调，青、蓝、紫的组合又称为冷色调。

除了冷暖的差别外，不同的单个颜色也会给人带来不同的感觉，分述如下。

红色：是一种激奋的色彩，给人以冲动、愤怒、热情和活力的感觉。

绿色：介于冷暖两种色彩的中间，显得和睦、宁静、健康、安全。它与金黄、淡白搭配，可以产生优雅、舒适的气氛。

橙色：也是一种激奋的色彩，具有轻快、欢欣、热烈、温馨和时尚的效果。

黄色：充满快乐、希望、智慧和轻快，它也是最亮的一种颜色。

蓝色：是最具凉爽、清新、专业的色彩。它与白色混合，能体现柔顺、淡雅、浪漫的气氛(如天空的色彩)。

白色：给人以洁白、明快、纯真和干净的感觉。

黑色：通常是深沉、神秘、寂静、悲哀和压抑的代表。

灰色：具有中庸、平凡、温和、谦让、中立和高雅的感觉，它可以与任何一种颜色进行搭配。

2. 网站的色彩搭配

网站的色彩搭配通常分为两个步骤：第一步是为整个网站选取一种主色调；第二步是为主色调搭配多种适合的颜色。主色调指的是整个网站给人印象最深的颜色，或者说除白色之外用得最多的颜色。

正如前面所述，不同的颜色给人的感受是不一样的，所以主色调选取的一个最基本的原则就是保证所选的颜色与网站的主题或者形象相符，进一步地能够通过这种颜色加深用户对网站的印象。

比如蓝色是一种给人感觉非常专业的颜色，所以许多高科技公司、理工科大学都喜欢使用蓝色作为其网站的颜色，蓝色也因此被人们称为“科技蓝”。如微软公司网站主页(见图 4-13)、中南大学网站主页（见图 4-14)，蓝色极大地加强了人们对他们产品的信任感。

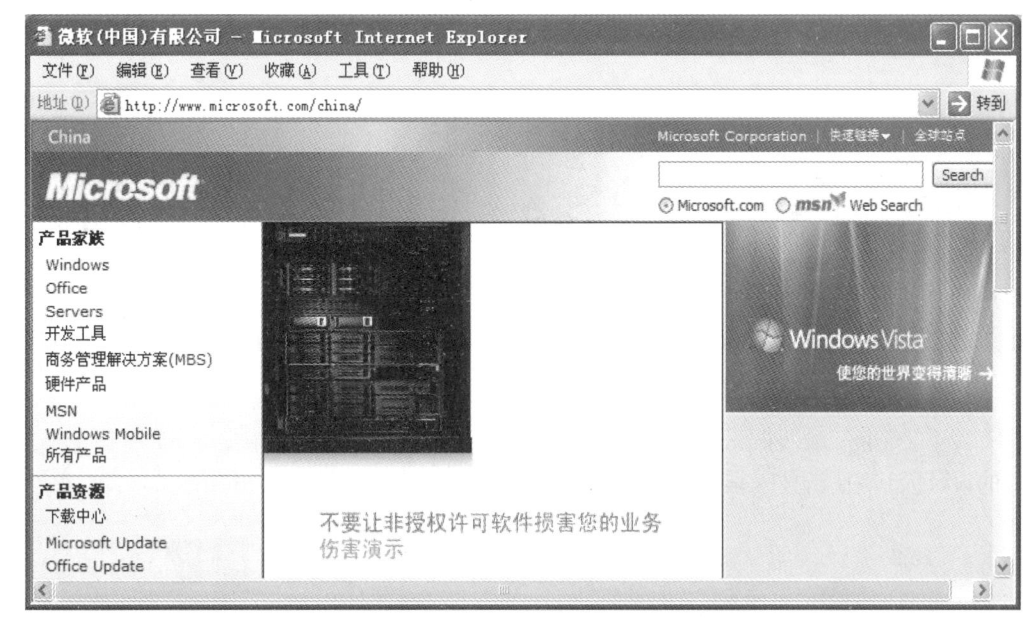

图 4-13　Microsoft 公司主页

图 4-14　中南大学主页

红色则是热情和活力的象征，北京市政府网站——首都之窗(www.beijing.gov.cn)正是通过红色来向人们传达了北京作为中国首都的气质：大气和热情，如图 4-15 所示。

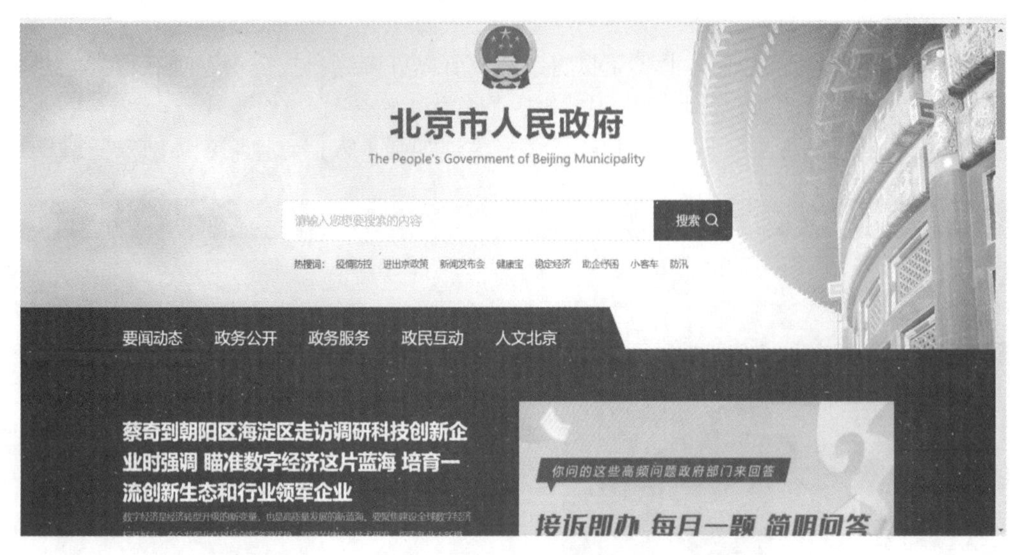

图 4-15　首都之窗主页

“Web Design Development”网站是关于 Web 设计与发展的网站，它致力于推广 Web 网页的设计及 Web 新技术推广，采用绿色为主色调，其主页如图 4-16 所示。

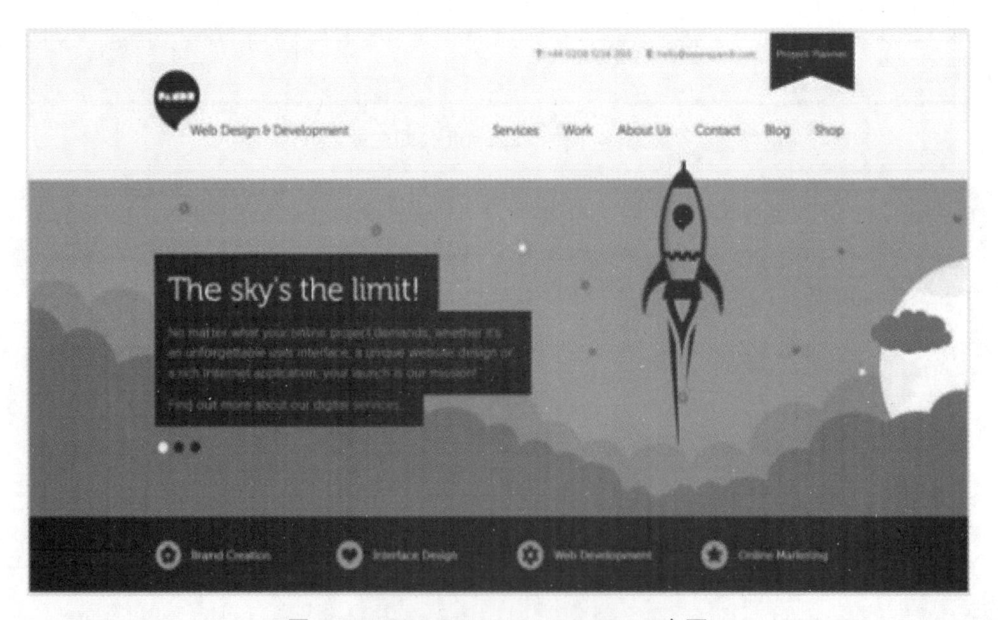

图 4-16　Web Design Development 主页

企业或者政府部门在选取主色调的时候，需要考虑符合自身的形象，而个人网站则要随意得多，往往选择的是自己喜欢的颜色。

选好主色调之后，接下来要考虑的就是在什么地方使用主色调。从前面的几个例子也可以看到，主色调最常表现在三个位置：首先是头部，也就是网页最上面的部分，通常包含导航条。头部是最能体现主色调的地方，所以所有的网站都会在头部表现主色调；其次是栏目索引条上，栏目索引条虽然面积小，但是出现在网页的各个部位，所以能非常有效地渲染主色调；最后是网页上大量的文字，文字笔画虽细，但大面积的文字也能很好地突出主色调。

接着要考虑的是别的地方使用什么颜色去搭配这种主色调，比如背景色、少量文字颜色、导航条颜色、局部小插图颜色等都使用什么颜色。色彩搭配是一项非常精细的工作，因为往往一个细节就会影响整个网页的色彩均衡。色彩搭配没有固定的模式与步骤，但是如果从大面积用色到小细节去搭配颜色，会使得这项工作更轻松一些。下面就来看看几个主要的方面。

1) 选取背景色

大多数的网站都会选取一幅图片或者白色作为背景色。用一幅较大的图片（照片或画作）作网站主页景色，使得主页富有设计感、整体感强（如图 4-14 所示的中南大学网站）；而使用白色作背景色，使得屏幕空间显得较大，再多的信息在白色的背景下，其排放也可以显得很整齐规范，其页面也可以显得非常干净和整洁（如图 4-17 所示的新浪网站首页）。

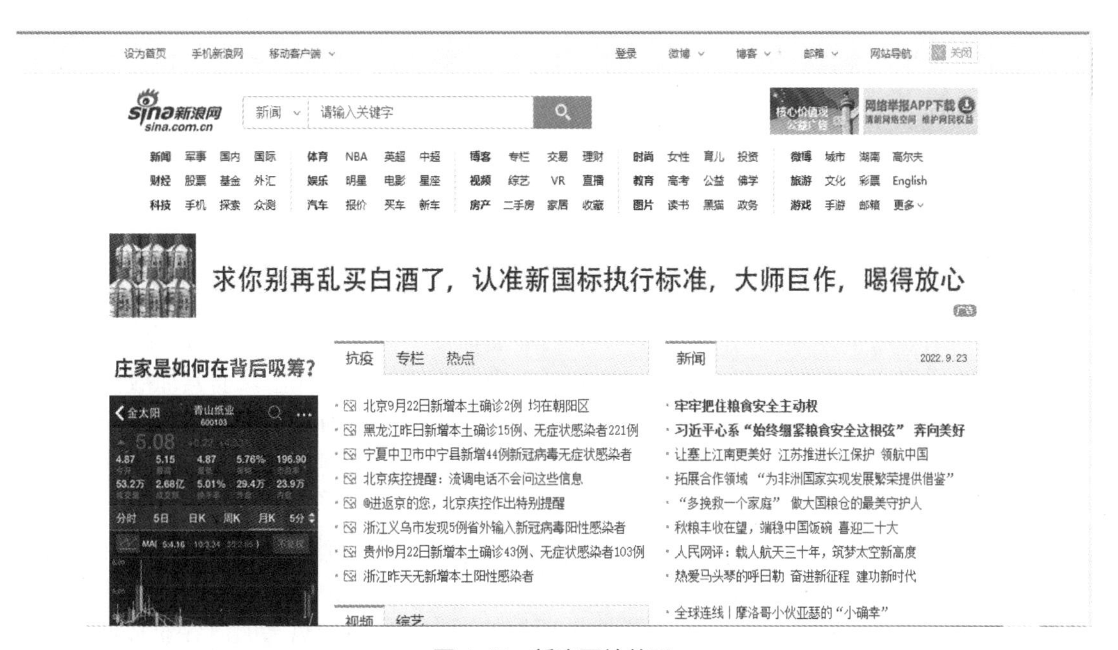

图 4-17　新浪网站首页

2) 导航条的颜色

导航条是对网站栏目的一个索引，它通常以一个水平长条的形式出现在网页头部的下边(也有的出现在头部下左边)。导航条作为头部的一部分，经常采用主色调，比如图 4-15 所示的首都之窗主页和图 4-16 所示的 Web.Design.Development 主页就属于这种情况。另一方面，导航条因为介于网页的头部和内容部分的中间，所以也经常作为头部和内容部分的过渡，这种情况下通常采用灰色系，比如图 4-12 所示的“我从草原来——德德玛”个人主页和图 4-14 所示的中南大学主页就采用了蓝灰底色的导航条。

3) 栏目索引条的颜色

栏目索引条因为分布在网页的各个部位，所以经常采用主色调中不同深度的颜色来烘托整体的效果，比如图 4-14 所示的中南大学主页采用不同的蓝色，图 4-15 所示的首都之窗主页采用不同的红色。栏目索引条也经常使用与主色调非常协调的颜色，比如图 4-16 所示的 Web.Design.Development 主页的栏目索引条就使用了浅黄绿色。另外，为了颜色的过渡，位于网页中间的栏目索引条也经常采用浅灰色。

4) 文字的颜色

文字在一个网页上是无处不在的，但是文字的笔画比较单薄，所以文字通常用来进一步突出主色调，或者用来过渡和缓解页面的颜色。文字的颜色主要根据文字的背景色进行搭配，它与背景色应有较大的反差，如白底黑字、蓝底白字等，以便能清楚地显示文字。其次文字的颜色搭配还得兼顾文字周围物体的颜色。

5) 插图的颜色

网页的插图通常尺寸都比较小，所以它的颜色可以绚丽、丰富一些，这样一来可以使页面变得活泼，二来可以点缀整个页面，如图 4-17 所示的新浪网站主页上的多幅小插图。如果插入的图片尺寸较大，图片充满了大部分区域时（成为主图），要特别小心，大图不能与网站主色调相冲突，大图也不能与背景色相冲突。解决这个问题一般有两种方法：一种方法采用几幅可轮换的动态图片，其中有的大图色调与网页主色调一致，有的大图色调与网页背景色一致，这样看起来比较和谐；另一种方法是用一幅静态大图片，这时一般需要将图片背景色处理成与网页背景色一样（如白色）。

4.3.2 版面布局设计

报纸、杂志通常分为不同的版面，不同的版面需要不同的布局，比如报纸的头版最为重要，它的布局通常都围绕醒目的大标题展开以吸引人们对它的注意，而其他版面以内容为主，所以它们的布局相对简单，通常都根据内容文字的多少而自然分割。与报纸、杂志一样，网站也分为很多不同的网页，如主页、栏目首页、内容网页等，不同的网页也需要不同的版画布局。

但是与报纸、杂志不同的是，网站的所有网页组成的是一个层次型结构，每一层网页里都需要建立访问下一层网页的超链接索引，所以网页所处的层次越高，网页中的内容就越丰富，网页的布局就越复杂。比如图 4-18 所示的湖南教师网主页上的内容非常丰富，所以它的版面布局就比较复杂，而下面一层的栏目“政策法规”首页(见图 4-19)因为内容比较集中，所以它的布局比主页就简单一些。打开该栏目一个具体的内容网页“中华人民共和国教师法”，可以看到内容网页的布局(见图 4-20)更加简单，网页的上边是一个头部，下边就是具体的内容。

图 4-18　湖南教师网主页

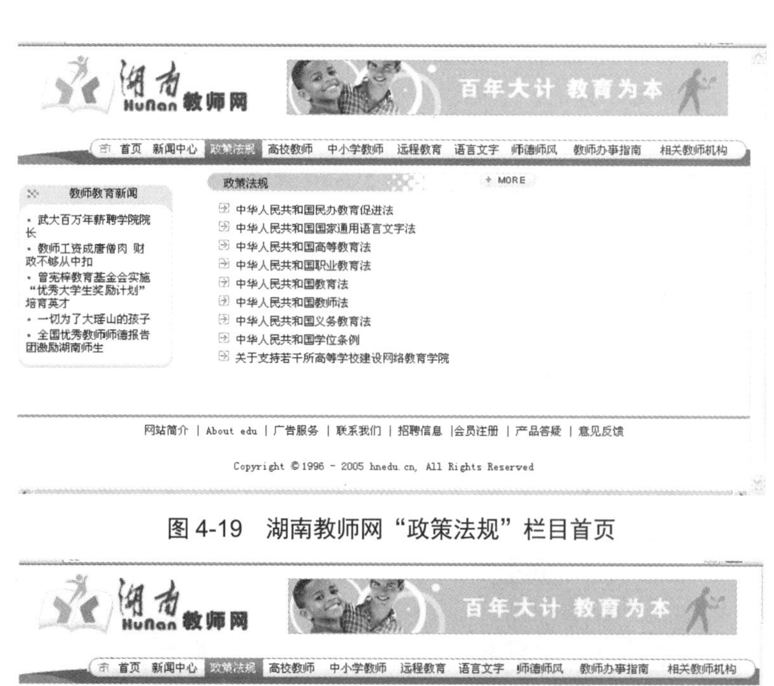

图 4-19　湖南教师网“政策法规”栏目首页

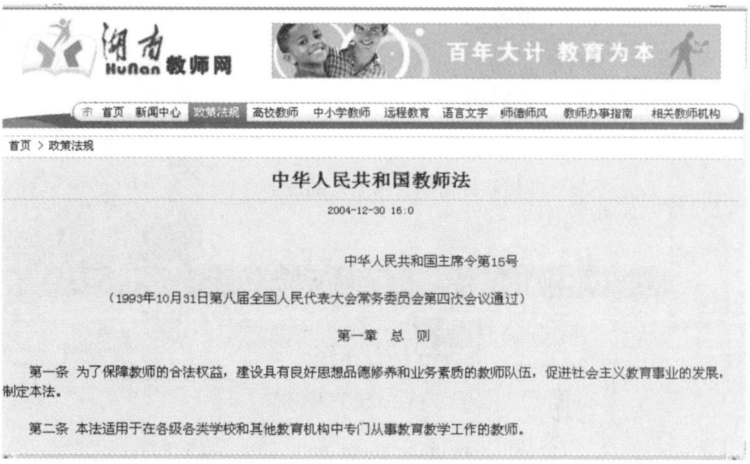

湖南 HuNan 教师网

百年大计 教育为本

首页 新闻中心 政策法规 高校教师 中小学教师 远程教育 语言文字 师德师风 教师办事指南 相关教师机构

首页 > 政策法规

中华人民共和国教师法

2004-12-30 16:0

中华人民共和国主席令第15号

（1993年10月31日第八届全国人民代表大会常务委员会第四次会议通过）

第一章 总 则

第一条 为了保障教师的合法权益，建设具有良好思想品德修养和业务素质的教师队伍，促进社会主义教育事业的发展，制定本法。

第二条 本法适用于在各级各类学校和其他教育机构中专门从事教育教学工作的教师。

图 4-20　湖南教师网“政策法规则”栏目里的一个内容网页

如图 4-21 所示，就非常清晰地显示了上面例子三层网页的版面布局，从这幅图可以总结出网站在版面布局上的一个特点，那就是从网站层次型结构的顶层主页到最底层的内容网页，版面布局不断简化。这样，就得到网站在进行版面布局设计时应采用的原则，那就是首先对主页进行版面布局，然后在主页布局的基础上对各栏目的首页进行版面布局，接着就是对内容网页进行版面布局。

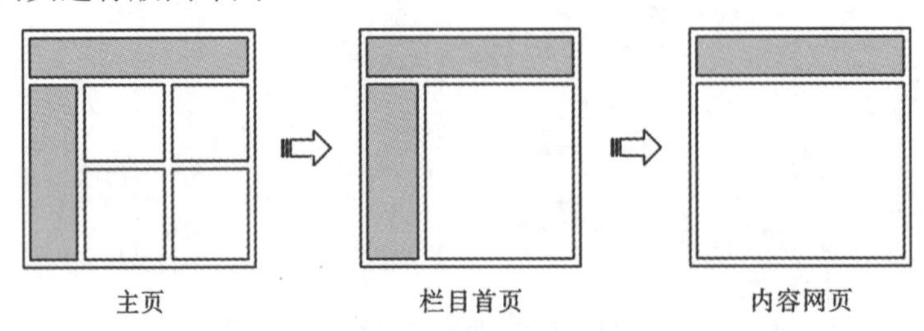

图 4-21　湖南教师网站版面布局的变化

无论是主页、栏目首页还是内容网页，作为网页本身，在进行单个网页的版面布局时所采用的步骤和方法都是一样的，下面就具体介绍一下有关版面布局的一些基本知识。

1. 版面布局的步骤

第一步是确定面向哪种显示器的分辨率模式。因为不同的用户可能使用不同的显示器和网页浏览器，所以同一个网页在不同用户的计算机上显示很可能是不一样的，比如用 Windows XP 操作系统下的 IE 浏览器在 800×600 分辨率的显示器下看微软公司的主页，如图 4-13 所示，就与用 Windows XP 操作系统下的 IE 浏览器在 1024×768 分辨率的显示器下看到的微软主页(见图 4-22)很不一样。所以在设计版面布局之前首先要做的就是确定这个网

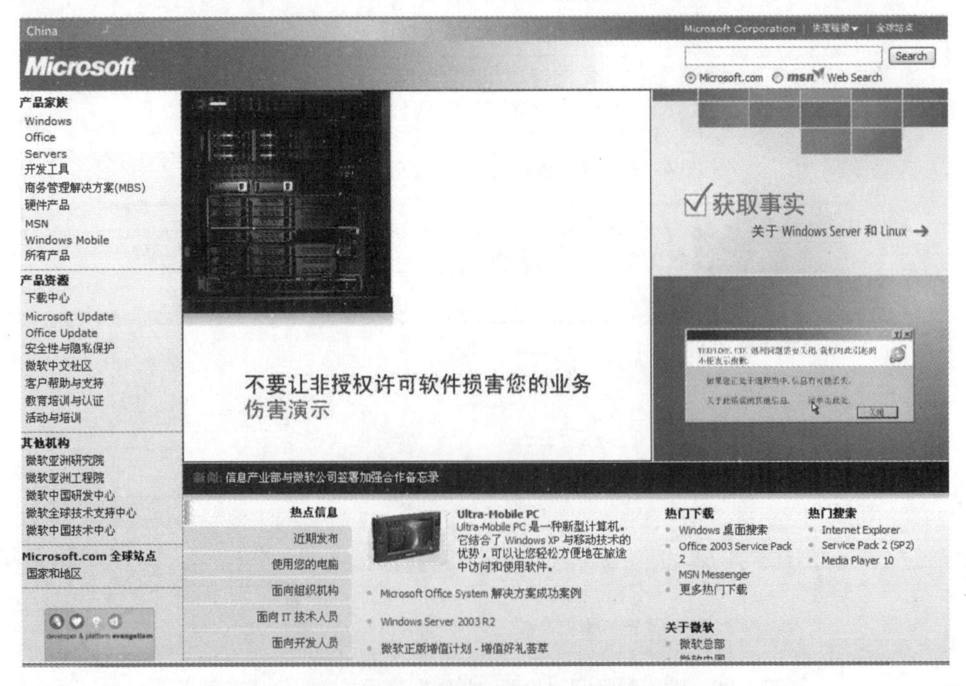

图 4-22　1024×768 显示模式下的微软公司主页

页主要面向哪种配置，即主要在哪种分辨率下进行显示，是面向 800×600 还是面向 1024×768。说到分辨率，可能很多人不大明白，它在这里专门指的是计算机显示器屏幕的分辨率，通常可以设置为 800×600 和 1024×768 甚至更高。分辨率越大，显示面积就越大，所以能显示的内容就越多。1024×768 是目前大多数显示器设置的分辨率，所以现在很多网站的版面都是以水平 1024 像素为标准进行设计，考虑到浏览器边框和滚动条会占去一定宽度，一般将网页版面宽度设计成 1000 像素或更小一点。

第二步是确定网页的布局。网页布局是指从整体上把页面进行划分，比如上下划分或者左右划分等。网页布局有很多种，最简单的是图 4-23 所示的左右型和上下型布局，例如，图 4-20 所示的湖南教师网站的内容网页就是其中的第一种布局。这种布局一般有大小两块区域，其中一块较大的区域放置网页的主体内容，它通常占据整个屏幕的五分之四，而另一块较小的区域通常放置的是网站标志和导航条。

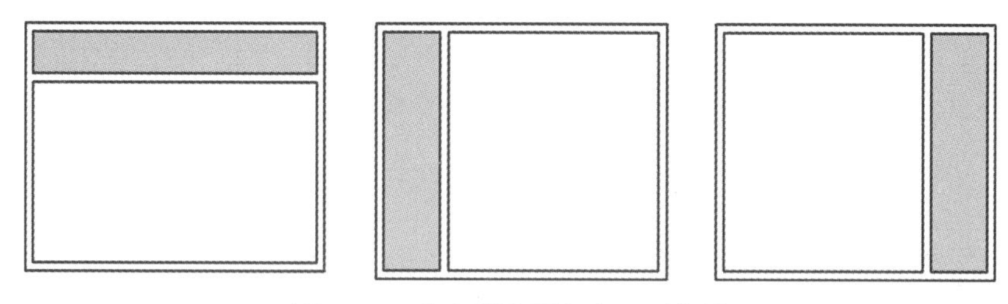

图 4-23　左右型布局和上下型布局

将上下型布局和左右型布局结合起来可以形成复合布局，图 4-24 所示的就是几种比较常见的复合布局。第 1 种是最基本的布局，第 2、3 种是第 1 种的变形。复合布局非常适合于布局大量的内容，所以经常用于网站主页的版面布局，如图 4-12 所示的“我从草原来——德德玛”网站主页采用的就是图 4-24 中第 5 种复合布局，图 4-18 所示的湖南教师网主页采用的就是图 4-24 中第 4 种复合布局，图 4-19 所示的湖南教师网的“政策法规”栏目首页采用的就是图 4-24 中的第 1 种复合型布局，而图 4-22 所示的微软公司主页则采用了图 4-24 中第 6 种复合型布局。

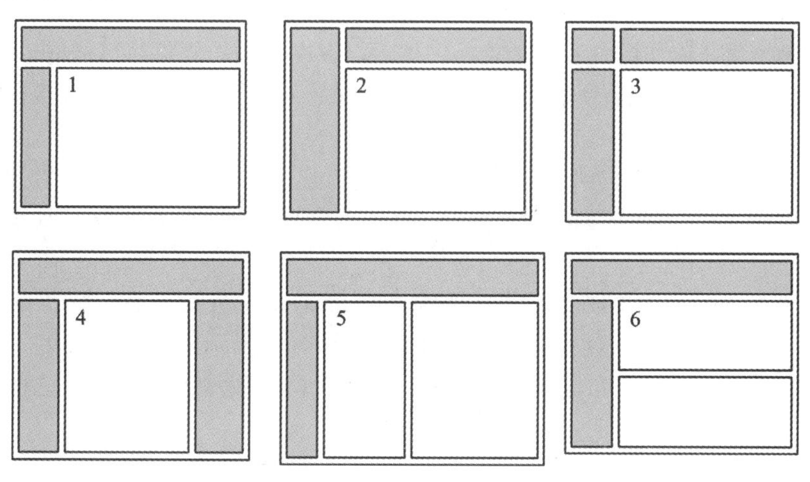

图 4-24　复合布局类型

当然，并不是所有的网页都按以上规律布局的，有的网页布局具有鲜明的个性，它将网页的内容很好地融入图片或者 Flash 动画当中，给人一种与众不同的感觉。这种无固定结构的设计通常较难，需要较高的计算机美术功底。很多个人站点或者艺术站点都会采用无固定结构的布局，如图 4-7 所示的可乐猫网站主页。

第三步就是在布局的不同区域上安排不同的内容。不同的网页内容自然是不一样的，所以在这里只是向大家介绍内容编排上的一个基本知识，那就是人们在浏览一个网页的时候，通常会把第一眼停留在网页的左上角或中间的地方(见图 4-25)，然后才会浏览其他部分。这个部分通常称为焦点（重点），所以在布局内容的时候，应该把最重要、最能吸引人的内容放在这些地方，如网站标志和最新动态等。

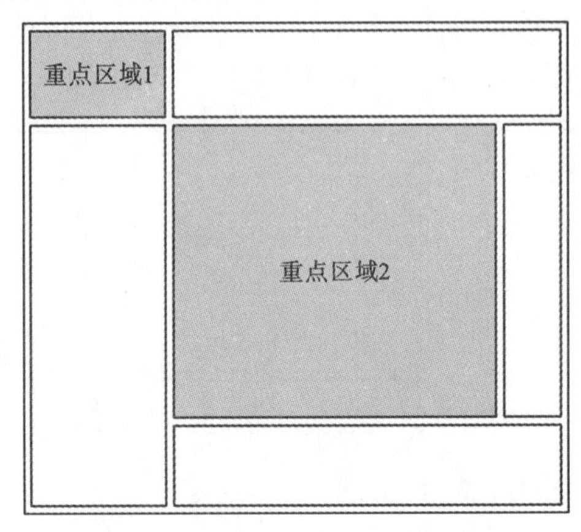

图 4-25　网页里的重点区域

2. 页面布局的基本方法

网页制作高手在拿到网页的相关内容后，也许很快就可以在脑子里形成大概的布局，并且可以直接用网页制作工具开始制作。但是对于初学者来说，这么做有相当大的困难，所以这时，就需要借助于其他方法来进行网页布局。

第一种方法是先用手工的方式在纸上画草图，描绘出网页的大概结构，并标注出每一块的大小；再搜集、制作图片和媒体素材；然后，在网页制作软件(如 Dreamweaver 等)里，采用无边框表格(table)的方法，或者层(div)的方法来设计网页布局。也可直接在网页制作软件中规划网页布局。

第二种方法是用专业网页制图软件(如 Adobe Fireworks 等)来进行网页设计与布局。在专业图形软件中设计一个网页的整体效果，再将它分割保存，然后用网页制作软件去实现这个网页。

第三种方法是使用网页制作工具软件(如 Dreamweaver、Frontpage 等)里的框架集来设计网页布局，这两种工具软件都提供了图 4-23 和图 4-24 所示的网页框架集。虽然 HTML 5 已建议不要使用框架集来布局网页，但可以采用表格法或块方法来设计这种结构布局的网页。

4.4　网页设计实践

下面我们使用上面所讲，以及第 2 章学过的 Dreamweaver 知识和第 3 章学过的 Fireworks 知识，来设计虚拟大学——中国网页设计学院的网站首页。

可以先在纸上画一个布局草图，再在 Dreamweaver 中设计网页的大体布局；然后使用 Fireworks 等软件为网页内每一个局部块制作相应大小的图形图像；最后将这些图形图像分别插入 Dreamweaver 设计的网页布局小块里去。

也可以使用 Fireworks 直接制作网页整体效果图，再将其详细分割，导出为网页；然后再用 Dreamweaver 对网页进行调整与修改。

4.4.1　从 Dreamweaver 到 Fireworks 设计网页

1．使用 Dreamweaver 设计网页布局

以多数计算机默认的宽度(1024 像素)为标准来设计中国网页设计学院首页的宽度，设计网页宽度约 1000 像素。

使用手工方法在白纸上绘制首页的布局，如图 4-26 所示。

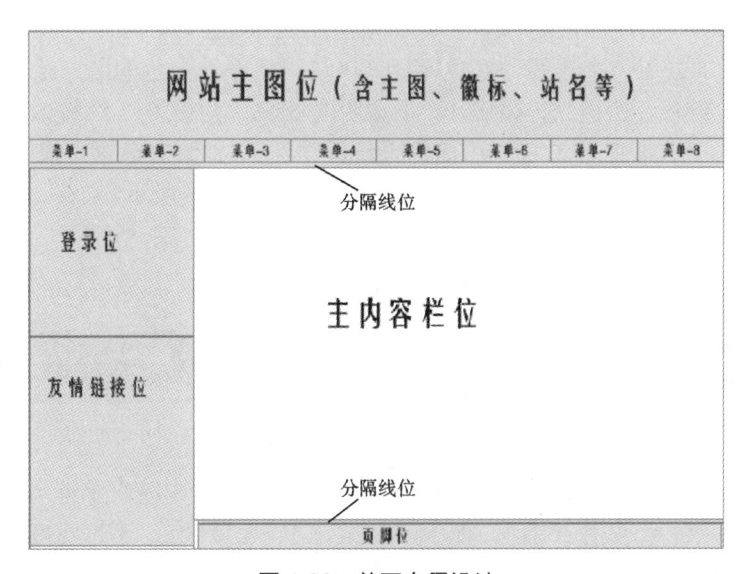

图 4-26　首页布局设计

在 Dreamweaver 工具软件中创建一个网站(内有一个存放图片的文件夹 images)，新建一个网页，在网页内按照前面纸绘网页的布局，用表格(table)设计出首页的布局，表格的边框大小、间距大小、填充大小都指定为 0，表格宽度就是网页的宽度。网页布局不是一个规则的表格，这需要在表格内使用单元格拆分和合并技术；如果一行内有多个单元格，除最后一个单元格外，其他单元格都要指定其宽度，每行至少指定一个单元格的高度。这样就制作出如图 4-26 所示的表格网页布局。

也可以用块(div，也叫层)的方法来设计网页布局，每个小区域都是一个小块，大块里包含小块，整个网页是一个大的块。

2. 采用 Fireworks 设计图片

采用 Fireworks 设计首页布局中的图片时，注意要使其大小(画布尺寸)与网页中预留的图片大小相符。

1) 网页主图的设计

找到一幅图片(见图 4-27)作为网页主图的基础图。打开 Fireworks CS6，导入这幅图片到 Fireworks 的编辑窗口，修剪该图的宽与高，使之与网页布局中的主图大小相符，适当调整该图的亮度和对比度，并给该图设置“投影”滤镜(参数：黑色、距离 7、柔化 3、角度 315、不透明度 65%)。

图 4-27 主图基础图片

采用第 3 章学过的路径跟随和星形节点调节的方法创建一个名为“中国网页设计学院”的校徽，校徽底部采用一个边线为红色(#DD0000)、填充为白色的圆，给该圆形设置“光晕”滤镜(参数：红色、距离 2、柔化 1、不透明度 65%、角度 0)。在校徽的右边输入红色(#DD0000)、方正姚体 42 号文字“中国网页设计学院”，并给它设置“投影”滤镜(参数：黑色、距离 7、柔化 3、角度 315、不透明度 65%)，如图 4-28 所示。

图 4-28 网页主图设计

再用钢笔工具(粗细 3、颜色#CC0000)在“中国网页设计学院”字符串下画折线，给该折线添加“投影”滤镜(参数：黑色、距离 3、柔化 1、角度 315、不透明度 65%)、“凸起浮雕”滤镜(参数：宽度 2、柔化 2、角度 135、对比度 75%，并选中“显示对象”可选项)。再在图的右上角位置画一个边框为黑色、填充为红色的小圆形，给小圆形添加“投影”滤镜(参数：黑色、距离 2、柔化 1、角度 315、不透明度 65%)；然后在小圆形的右边输入“Connect to us”的红色文件，给文字添加“投影”滤镜(参数：黑色、距离 2、柔化 1、角度 315、不透明度 65%)，效果如图 4-28 所示。保存 png 图，导出 jpg 图片。

2) 菜单图的设计

先来制作名为“首页”的菜单。方法是，先画一个无边框填充色为灰色的小矩形，小矩形高度为 28，宽度以 8 个小矩形宽度之和与主图宽度相等为原则进行设置，给矩形设置

“投影”滤镜(参数：黑色、距离 4、柔化 3、角度 315、不透明度 65%)；在矩形上输入方正姚体、黑色 18 号文字“首页”，给文字加粗，并设置投影(参数：黑色、距离 3、柔化 2、角度 315、不透明度 65%)。保存 png 图，导出 jpg 图片。采用同样方法制作“学院概况”“党政机构”“教学系部”“招生就业”“人才培养”“教学资源”“网站留言”菜单图片，如图 4-29 所示。

图 4-29　菜单图片

3) 登录图与友情链接图片的制作

先画一个无边线的圆角矩形，填充色为#AF492F，边缘：消除锯齿，纹理：水平线 3(纹理总量 50%)，大小与布局设计中的“登录位”大小一致，给该圆角矩形设置“投影”滤镜(参数：黑色、距离 3、柔化 1、角度 315、不透明度 65%)；在圆角矩形上面画一个宽度相等并对齐、高度略小的无边线的矩形，填充色为 A13952，纹理 DNA(纹理总量 50%)；在这个矩形的上面再画一个无边线的矩形，高度与第二个矩形相等并对齐、宽度略小的矩形，填充色为黑白线性渐变。在这个矩形上输入文字“姓名：”“密码：”，画两个小矩形，黑色边线、填充为白色的。效果如图 4-30 所示。保存 png 图，导出 jpg 图。

类似地，可以制作出“友情链接”图，效果如图 4-31 所示。

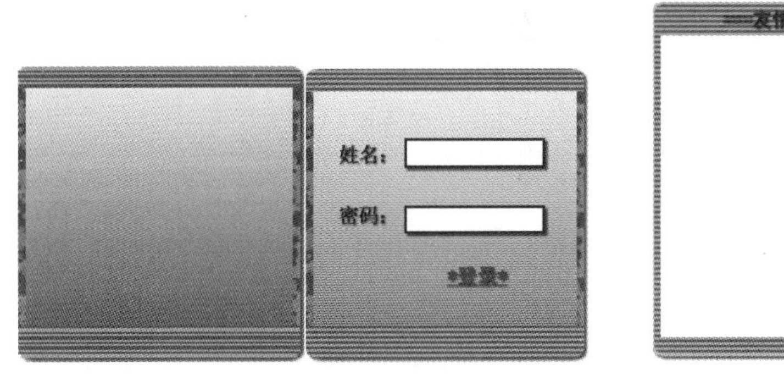

图 4-30　登录图

图 4-31　“友情链接”图

4) 线条的制作

先制作菜单下的那条直线。用直线工具(宽度设为 2)分别画一段黑色直线和一段红色直线，两线段相连，总宽度与主图宽度一致，分别给它们设置“投影”滤镜(参数：黑色、距离 2、柔化 1、角度 315、不透明度 65%)。这是作为菜单栏下面的那根线条，如图 4-32 上面的线条所示。保存 png 图，另存为 jpg 图。

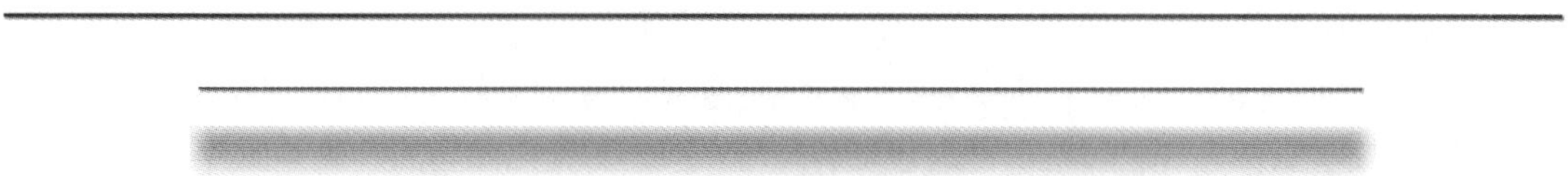

图 4-32　线条的设计

接着来设计页脚上的线条。用直线工具(宽度设为 1)画一段红色直线，宽度适当，设置滤镜(参数：黑色、距离 1、柔化 1、角度 315、不透明度 65%)。如图 4-32 中间那条线所示，保存并导出 jpg 图。再用圆角矩形工具画一个无边线的圆角矩形，填充色为黑白线性渐变、边缘羽化(羽化量 10%)、纹理为水平线 4(纹理总量 50%)，大小与网页布局设计的大小一致，如图 4-32 下图所示，保存并导出 jpg 图。

3．将图片插入网页布局中

将上面在 Fireworks 工具里制作的网页 jpg 图复制到网站的 images 文件夹下，在 Dreamweaver 中，打开第 1 步设计的网页布局 html 文件，在图 4-26 所示的各个位置分别插入第 2 步制作的图片，效果如图 4-33 所示。

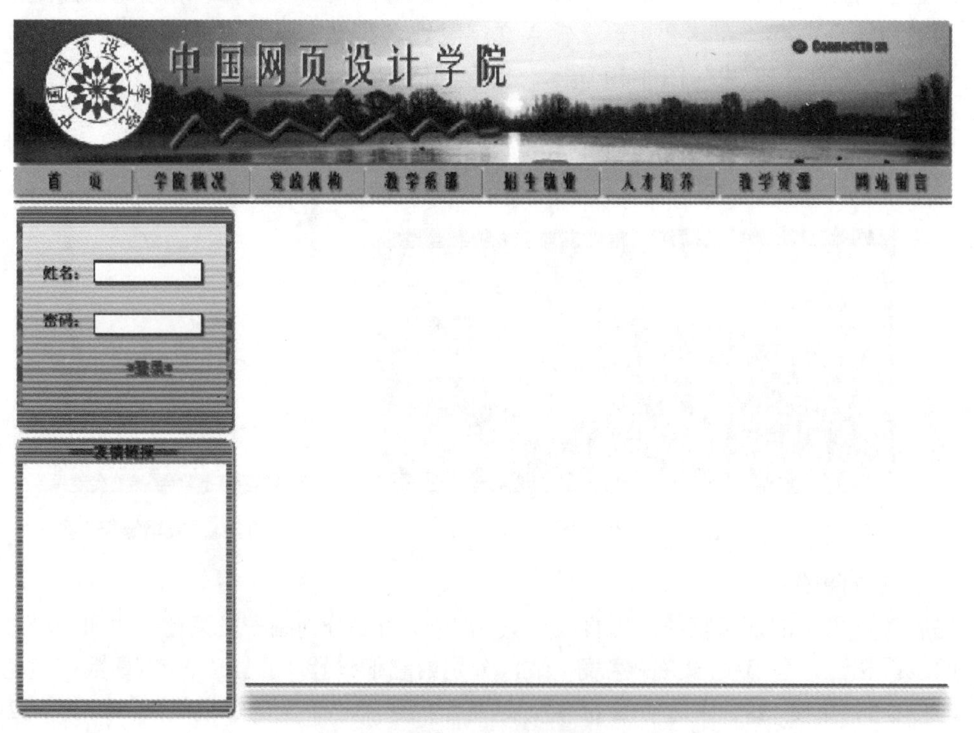

图 4-33　网页效果图

用这种方法设计制作网页的优点是按照网页设计的一般思路进行，容易理解、学习；缺点是由于各个分图是一个个单独地制作，然后在 Dreamweaver 中拼接成一个网页，这种制作网页方法，若非经验丰富，整体效果往往难以达到。

4.4.2　从 Fireworks 到 Dreamweaver 设计网页

设计制作网页的另一种方法是，先在网页图形软件(Fireworks)中制作一个整体效果图，再用切割工具将其逐块切割，然后导出为网页文件(包括一个 html 文件和多个分图 jpg 文件等)，最后到 Dreamweaver 里作细节调整。具体步骤如下。

1. 用 Fireworks 设计网页总体效果图

先在 Fireworks CS6 中设计、绘制出如图 4-33 所示的网页总体效果图，每个部分的制作细节与 4.4.1 节所述一致。保存 png 图。

2. 图片分割

使用 Fireworks CS6 绘图工具栏里的“切片”工具，将整个页面的每个细节进行“切片”，如图 4-34 所示。切割时，注意块与块之间要紧密切合，同一行多个等高度的子图形(如水平菜单栏中各个菜单项)，注意要分割得高度相等。

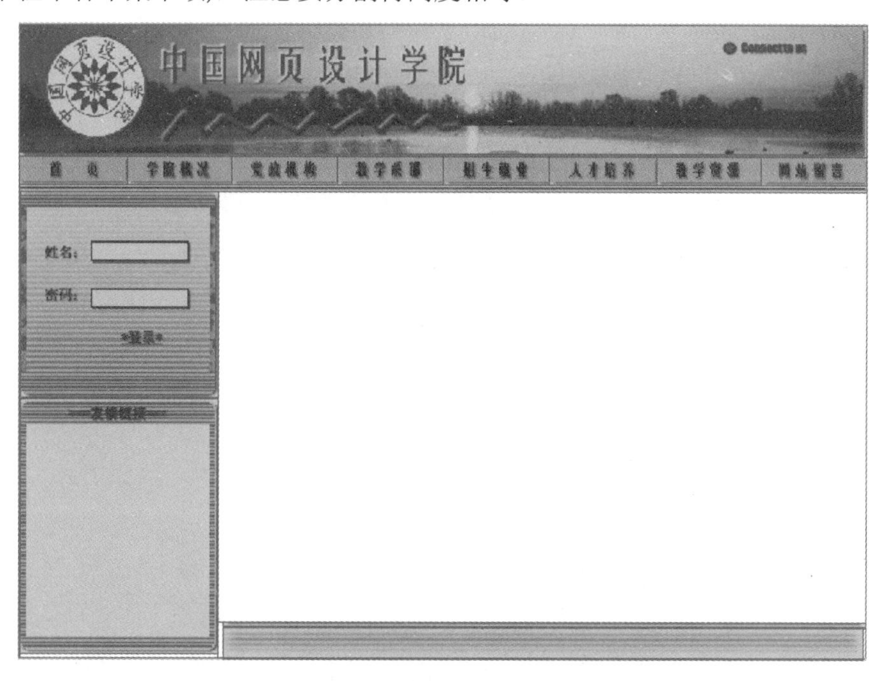

图 4-34　对整个版面各个部分进行“切片”

3. 导出网页

使用 Fireworks CS6 的导出功能，可以将已经切分的图片导出为网页。导出的网页分为两种不同的形式：一种是表格布局的网页；另一种是 DIV+CSS 样式的网页。

1) 导出为表格布局的网页

选择“文件”→“导出”菜单命令，在出现的对话框中，选择导出类型为“HTML 和图像”，并将网页文件命名，如图 4-35 所示，选择下面的几个可选项。单击“保存”按钮，即可自动地导出一个 html 网页和一个名为 images 的文件夹。其中，html 网页是表格(table)式的网页，所有切割的分图将自动保存到 images 文件夹里，图片类型为 jpg，如图 4-36 所示。

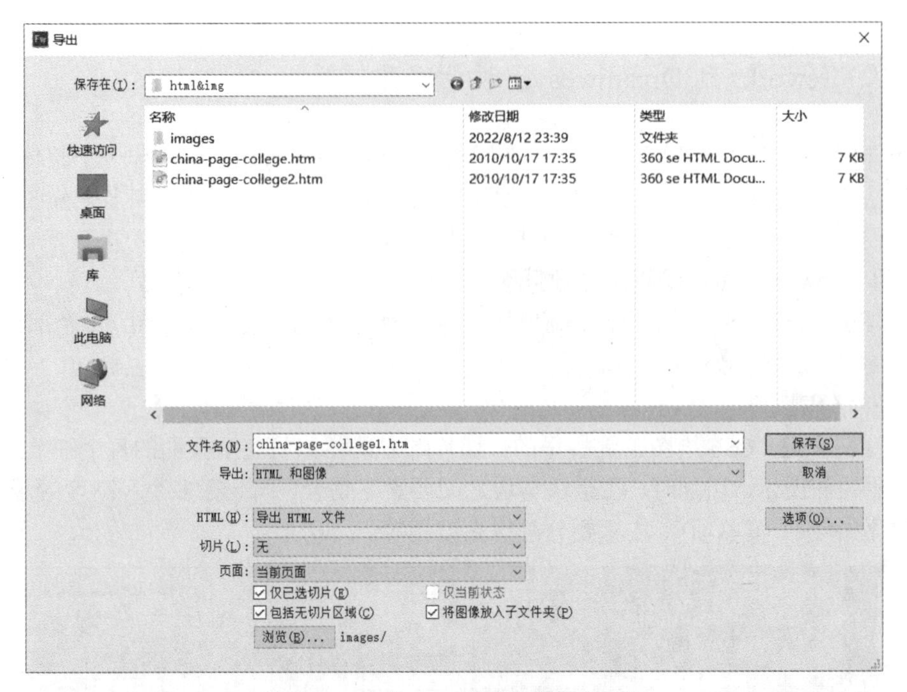

图 4-35　导出 html 网页和图像对话框

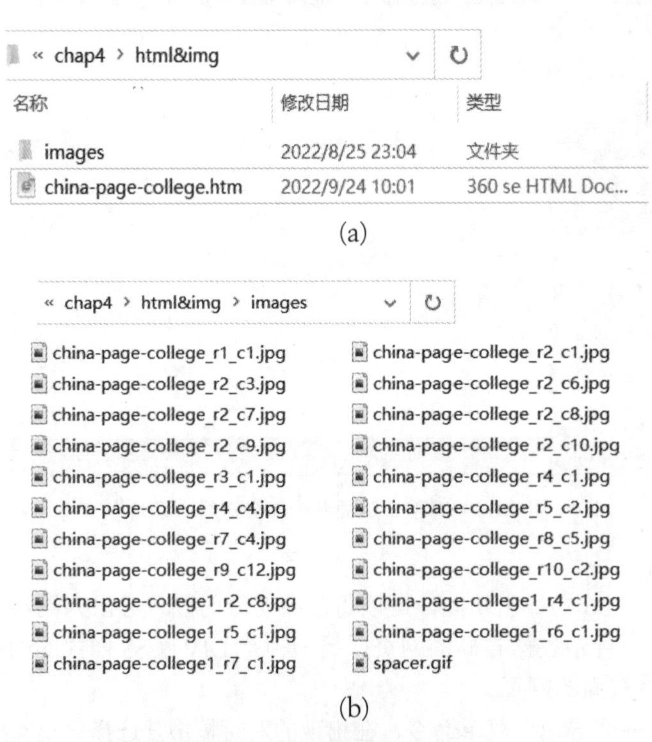

图 4-36　导出后的 htm 网页和图像文件夹里的图像文件

自动生成的 table 式网页代码片段如图 4-37 所示。

```
china-page-college.htm - 记事本
文件(F) 编辑(E) 格式(O) 查看(V) 帮助(H)
<!DOCTYPE html PUBLIC "-//W3C//DTD XHTML 1.0 Transitional//EN"
"http://www.w3.org/TR/xhtml1/DTD/xhtml1-transitional.dtd">
<!-- saved from url=(0014)about:internet -->
<html xmlns="http://www.w3.org/1999/xhtml">
<head>
<title>china-page-college</title>
<meta http-equiv="Content-Type" content="text/html; charset=utf-8" />
<style type="text/css">td img {display: block;}</style>
<!--Fireworks CS3 Dreamweaver CS3 target.  Created Sat Sep 04 22:23:40 GMT+0800 2010-->
</head>
<body bgcolor="#ffffff">
<table border="0" cellpadding="0" cellspacing="0" width="964">
<!-- fwtable fwsrc="china-page-college.png" fwpage="页面 1" fwbase="china-page-college.jpg" fwstyle="Dreamweaver" fwdocid = "1319457205" fwnested="0" -->
  <tr>
   <td colspan="12"><img name="chinapagecollege_r1_c1" src="images/china-page-college_r1_c1.jpg" width="964" height="146" border="0" id="chinapagecollege_
   <td><img src="images/spacer.gif" width="1" height="146" border="0" alt="" /></td>
  </tr>
  <tr>
   <td colspan="2"><img name="chinapagecollege_r2_c1" src="images/china-page-college_r2_c1.jpg" width="123" height="32" border="0" id="chinapagecollege_r2
   <td colspan="3"><img name="chinapagecollege_r2_c3" src="images/china-page-college_r2_c3.jpg" width="120" height="32" border="0" id="chinapagecollege_r2
   <td><img name="chinapagecollege_r2_c6" src="images/china-page-college_r2_c6.jpg" width="120" height="32" border="0" id="chinapagecollege_r2_c6" alt=""
   <td><img name="chinapagecollege_r2_c7" src="images/china-page-college_r2_c7.jpg" width="120" height="32" border="0" id="chinapagecollege_r2_c7" alt=""
   <td><img name="chinapagecollege_r2_c8" src="images/china-page-college_r2_c8.jpg" width="120" height="32" border="0" id="chinapagecollege_r2_c8" alt=""
   <td><img name="chinapagecollege_r2_c9" src="images/china-page-college_r2_c9.jpg" width="120" height="32" border="0" id="chinapagecollege_r2_c9" alt=""
   <td><img name="chinapagecollege_r2_c10" src="images/china-page-college_r2_c10.jpg" width="120" height="32" border="0" id="chinapagecollege_r2_c10" alt=
   <td colspan="2"><img name="chinapagecollege1_r2_c8" src="images/china-page-college1_r2_c8.jpg" width="121" height="32" border="0" id="chinapagecollege1
   <td><img src="images/spacer.gif" width="1" height="32" border="0" alt="" /></td>
  </tr>
  <tr>
   <td colspan="12"><img name="chinapagecollege_r3_c1" src="images/china-page-college_r3_c1.jpg" width="964" height="7" border="0" id="chinapagecollege_r3
   <td><img src="images/spacer.gif" width="1" height="7" border="0" alt="" /></td>
  </tr>
  <tr>
   <td rowspan="7"><img name="chinapagecollege_r4_c1" src="images/china-page-college_r4_c1.jpg" width="2" height="515" border="0" id="chinapagecollege_r4_
   <td colspan="2"><img name="chinapagecollege1_r4_c1" src="images/china-page-college1_r4_c1.jpg" width="226" height="228" border="0" id="chinapagecollege
   <td rowspan="3" colspan="9"><img name="chinapagecollege_r4_c4" src="images/china-page-college_r4_c4.jpg" width="736" height="476" border="0" id="chinap
   <td><img src="images/spacer.gif" width="1" height="228" border="0" alt="" /></td>
  </tr>
  <tr>
   <td colspan="2"><img name="chinapagecollege_r5_c2" src="images/china-page-college_r5_c2.jpg" width="226" height="2" border="0" id="chinapagecollege_r5_
   <td><img src="images/spacer.gif" width="1" height="2" border="0" alt="" /></td>
  </tr>
  <tr>
```

图 4-37 自动生成的表格式 html 网页的代码片段

浏览这个自动生成的 html 网页，效果如图 4-38 所示。

图 4-38 导出网页的浏览效果

2) 导出为 DIV+CSS 格式的网页

在 Fireworks CS6 中分割图形以后，也可以将它导出为 DIV+CSS 样式网页。

选择“文件”→“导出”菜单命令，在出现的对话框中，选择导出类型为“CSS 和图像”，并将网页文件命名，如图 4-39 所示，选择下面的“将图片放入子文件夹”选项。单击“保存”按钮，即可自动地导出一个 html 网页、一个 CSS 样式文件和一个名为 images 的文件夹，如图 4-40 所示。其中，html 网页是块 DIV 结构的网页，在块内插入了许多切割好的图片。所有切割了的图片都将自动保存到 images 文件夹里，图片类型为 jpg。在 html 网页文件中，在图片标签<img>里，自动添加了 ID 类型的 CSS 样式(参考第 1、2 章有关 CSS 的内容)，所有的 CSS 样式都自动定义在一个 CSS 文件里。

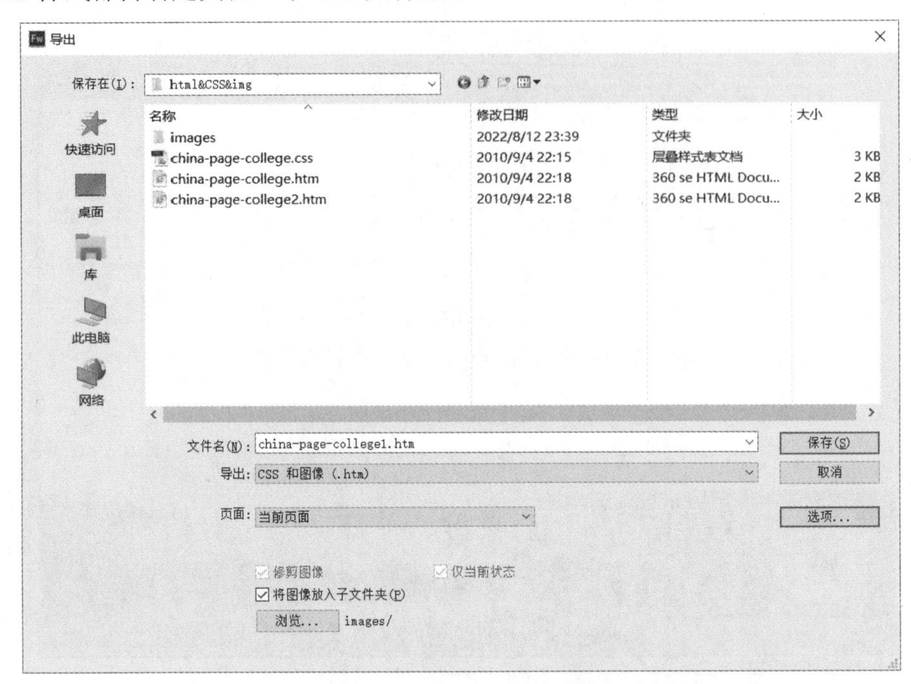

图 4-39　导出 CSS 样式、html 网页和图像对话框

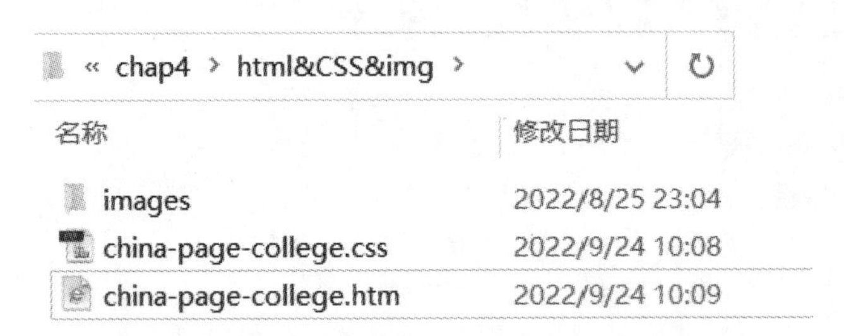

图 4-40　导出的 HTML 网页、CSS 样式文件和图像文件夹

其中，.html 网页是块 DIV 结构的网页，在块内插入了许多切割好的图片，html 网页文件的代码如图 4-41 所示。这是一种以 DIV 代码来布局的网页。所有切割了的小图片都自动保存在 images 文件夹里，图片类型为 jpg。

在该 html 网页文件里，几乎所有的图片标签<img>里，都添加了 ID 类样式（CSS 样式中的一种，参考第 1、2 章有关 CSS 内容），第一个 ID 样式都只使用了一次。所有的 CSS 样式都被自动定义在一个 CSS 文件里,此 CSS 文件里部分代码内容如图 4-42 所示。

浏览 china-page-college.htm 网页，效果与图 4-38 所示的相同。

4. 在 Dreamweaver 中修改自动生成的网页

自动导出的 html 网页文件和 CSS 样式文件，都可以在 Dreamweaver 中打开并作进一步修改。

先用 Fireworks 图形软件制作整体效果图，再分割图形，然后导出网页的方法非常方便。导出的网页文件、CSS 样式文件与子图形都是自动生成的。这样设计的网页整体效果好，也容易在 Dreamweaver 中修改。用这种方法设计网页，优点明显，只是切割图形时要小心、细致。

```
china-page-college.htm - 记事本
文件(F) 编辑(E) 格式(O) 查看(V) 帮助(H)
<!DOCTYPE html PUBLIC "-//W3C//DTD XHTML 1.0 Transitional//EN" "http://www.w3.org/TR/xhtml1/DTD/xhtml1-transitional.dtd">
<html xmlns="http://www.w3.org/1999/xhtml" >
<head>
<meta http-equiv="Content-Type" content="text/html; charset=UTF-8" />
<title>china-page-college</title>
<link rel="stylesheet" type="text/css" href="./china-page-college.css" media="all" />
<!--[if IE]>
<style type="text/css" media="all">.borderitem {border-style:solid;}</style>
<![endif]-->
</head>
<body>
<div id="main">
        <img src="images/china-page-college_r1_c1.jpg" id="china-page-college_r1_c1"  alt="" />
                <br class="clearfloat" />
        <img src="images/china-page-college_r2_c1.jpg" id="china-page-college_r2_c1"  alt="" />
                <img src="images/china-page-college_r2_c3.jpg" id="china-page-college_r2_c3"  alt="" />
                <img src="images/china-page-college_r2_c6.jpg" id="china-page-college_r2_c6"  alt="" />
                <img src="images/china-page-college_r2_c7.jpg" id="china-page-college_r2_c7"  alt="" />
                <img src="images/china-page-college_r2_c8.jpg" id="china-page-college_r2_c8"  alt="" />
                <img src="images/china-page-college_r2_c9.jpg" id="china-page-college_r2_c9"  alt="" />
                <img src="images/china-page-college_r2_c10.jpg" id="china-page-college_r2_c10"  alt="" />
                <img src="images/china-page-college1_r2_c8.jpg" id="china-page-college1_r2_c8"  alt="" />
                <br class="clearfloat" />
        <img src="images/china-page-college_r3_c1.jpg" id="china-page-college_r3_c1"  alt="" />
          <img src="images/china-page-college1_r4_c1.jpg" id="china-page-college1_r4_c1"  alt="" /><br class="clearfloat" />
          <img src="images/china-page-college1_r5_c1.jpg" id="china-page-college1_r5_c1"  alt="" />
          <div id="colwrap1">
                <img src="images/china-page-college1_r6_c1.jpg" id="china-page-college1_r6_c1"  alt="" />
                          <br class="clearfloat" />
                <img src="images/china-page-college1_r7_c1.jpg" id="china-page-college1_r7_c1"  alt="" />
                                <br class="clearfloat" />
        </div>
</div>
</body>
</html>
```

图 4-41　自动生成的 DIV 结构网页

```
china-page-college.css - 记事本
文件(F) 编辑(E) 格式(O) 查看(V) 帮助(H)
body {
        background-color: #ffffff;
        margin:0px;
        padding:0px;
}
.p {
        margin:0px;
        padding:0px;
        font-size: inherit;
        font-family: inherit;
        font-weight: inherit;
        text-align: inherit;
        color: inherit;
        line-height: inherit;
        vertical-align: top;
}
p {
        padding-top:0px;
        margin-top:0px;
}
img {
        border:0px;
}
div {
        margin:0px;
        padding:0px;
        font-family:verdana; font-size:12px;
}
```

图 4-42　自动生成的 CSS 文件

4.5 网站导航设计

在现实生活中，经常需要从一个地方到另一个地方，比如到一个购物中心去购物或者到某一个地方去旅游。这时，我们总是希望能走最短、最舒适、最安全的路线到达目的地而不迷路。这就需要导航，导航就是帮助我们找到能最快到达目的地的路。

在访问网站的时候也一样，用户也期望在任何一个网页上都能清楚地知道自己目前所处的位置，并且能快速地从这个网页切换到另一网页。但与现实世界不同，在访问网站的时候，你无法向别人询问“我现在在哪？”“我能回到我住的地方吗？”“我还有多久才能到达那里？”之类的问题，所以经常会因为单击过多的网页而迷失方向。因此，网站导航对于一个网站来说是非常必要和重要的，它是衡量一个网站是否优秀的重要标准。

4.5.1 导航的实现方法

1. 导航条

导航最常用的实现方法就是“导航条”。在导航条中，超链接所对应的网页在网站的层次型结构中是并列的，所以通过它可以快速地切换到并列的其他网页。图 4-43 所示的多媒体 CAI 课件设计制作网站主页左边一列便是一个导航条，该导航条在所有网页中都存在，只要单击这个导航条中任意一个栏目名，就可进入该栏目首页。有些内容繁多的复杂网站的主页还设计了多个导航条，每个导航条为某一类网页导航。

图 4-43 多媒体 CAI 课件设计制作网站里的“导航条”

几乎在所有的学院网站都可以找到类似的导航条，不同之处可能只在表现形式上。如湖南第一师范网站、多媒体 CAI 课件设计制作网站的导航条采用类似图片按钮的形式，而首都之窗网站、微软公司网站、新浪网、“我从草原来——德德玛”个人网站等的导航条则直接采用文字超链接的形式。

2. 路径导航

除了普通的导航条之外，导航另一种非常重要的实现方法是“路径导航”，即在网页上显示这个网页在网站层次型结构上的位置。通过路径导航，用户不仅可以了解当前所处的位置，还可以快速地返回到当前网页以上的任何一层网页。

例如，图 4-44 所示的湖南第一师范学院网站里的一个网页上就有“路径导航”，从这个路径导航可以清楚地看到当前这个网页归属于“首页>教育论坛>教育动态”栏目，而且通过它还可以直接跳转到湖南第一师范学院首页或教育动态栏目的首页。

图 4-44　湖南第一师范学院网站的“路径导航”

新浪网上也有类似的路径导航，图 4-45 所示的新浪网“中国 0-0 平日本获亚军”网页，类似地从其上的路径导航便可知道这个网页是处于“sina>>新浪体育>国内足球>中国女足>正文”之下，同时通过它可以回到其上的任何一层网页。

导航条导航和路径导航是经常使用的网站网页导航方式。下面再来学习一种底层小聚合导航方法。

3. 底层小聚合导航

由于每个网站都有一个首页（主页），每个网站有许多栏目，如图 4-46 所示；每个栏目也有一个栏目首页，每个栏目下还有好多内容页，如图 4-47 所示。

图 4-47 所示的就是网站的最底下两层了。若某栏目下面的内容页数很多，但每个内容页的内容并不多，从栏目首页到内容页也采取跳转的方式，则打开内容页就会显得很烦琐。

图 4-45　新浪网“中国 0-0 平日本获亚军”网页

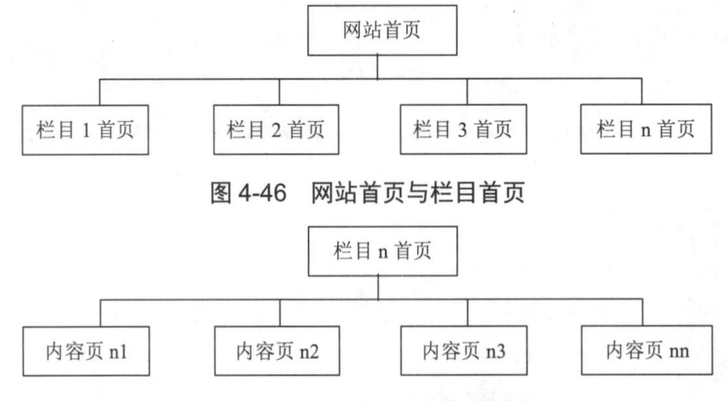

图 4-46　网站首页与栏目首页

图 4-47　栏目首页与内容分网页

于是针对网站底两层的导航，设计了一种底层小聚合导航方式。就是在栏目首页的某一块较小区域(如左边)，列出本栏目的全部分内容页主题名；在一块较大的区域(如右边)，动态地显示某一个主题所对应的具体网页。这里所讲动态显示，是指较大块区域里的具体网页并不是一成不变的，而是根据用户在小块区域里选择内容页名称的不同，动态改变内容显示区所展示的内容页 i，如图 4-48 所示。

实现底层小聚合导航的方法有多种，其中比较典型的方法是采用超链接+浮动框架的技术。就是在那个大块的内容区（可以是一个 div 元素，也可以是表格的一个单元格元素）里插入一个浮动框架（iframe）元素。

```
<iframe name= "iframe_name0" …… > </iframe>
```

这里的 iframe_name0 是用户自定义的浮动框架 name（可自行定义），除了 name 属性外，iframe 标签还有其他属性(详见 2.8 节)。需要说明，虽然不推荐框架集和框架(frameset、frame)，但对浮动框架（iframe）仍然支持。

然后，在小块区域里的每一个内容网页名称（如网页 i 名称），添加超链接。

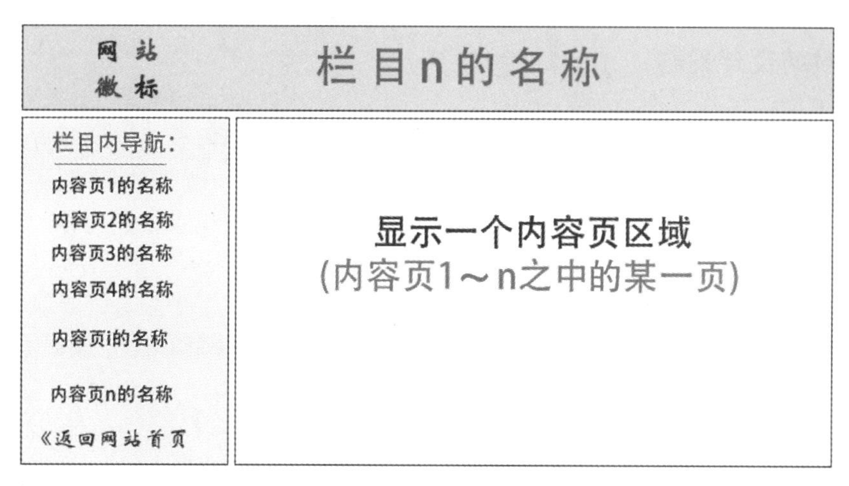

图 4-48　网站底层小聚合导航的设计

```
<a href="path/webpage_i" target="iframe_name0"> 内容页 i 的名称 </a>
```

这里的 path/webpage_i 是第 i 个网页所在路径与网页名称，iframe_name0 就是上面定义的浮动框架名称。这个超链接的功能是，当单击左边的内容页 i 的名称时，在右边的浮动框架里就会打开其对应的内容网页 i。

2.7 节中中国网页设计学院首页与内容页就采用了底层小聚式导航。因为这个网站下没有具体栏目，只有几个具体的内容页，所以就采用了底层小聚合式导航实现了首页与内容页之间的链接。

4. 其他导航方式

除了上述“导航条”、“路径导航”和“底层小聚合导航”实现导航的重要方法之外，还有一些扩展的实现方法，如重点导航、相关导航等，这些导航可以让用户有更多、更灵活的方式找到自己所感兴趣的网页。例如，新浪网在每一个新闻内容网页的底部都有一个区域，里边罗列着与这个新闻相关的新闻网页的超链接，图 4-49 所示的网页里有“相关链接”，这就是图 4-45 网页下面的“相关导航”。有些网页上还有“重点导航”，在网页醒目的地方用一个图案或按钮链接到重要的网页中去。

图 4-49　新浪网页里的相关导航

4.5.2 导航的设计策略

虽然导航有很多不同的实现方法，但并不是所有的网站都需要使用这些方法，这通常取决于网站的规模。下面就是在设计网站导航时，可以采用的一些基本策略。

首先，至少要使用一个一层栏目的导航条，如果栏目底下也有很多内容，可以分为很多子类的话，那么可以进一步设计栏目下的导航条。

其次，如果网站的层次只有两、三层，就可以考虑采用底层小聚合式导航，更少网页（譬如网站只用 2～3 个网页）时，也可以不使用导航，只使用简单的超链接就行了。

其他导航方式可以作为辅助的导航手段，视实际需要而定。

【练习四】

在 Internet 上找到一个栏目层次在三层以内的网站，认真浏览后，完成如下练习：

(1) 写出这个网站的名称和网站地址；

(2) 画出这个网站的栏目层次结构图；

(3) 画出这个网站的目录结构图；

(4) 分析该网站的风格(颜色搭配、版面布局)、导航方式。

【实验四】 ×××个人网站网页的规划与设计

实验内容如下。

(1) 确定×××个人网站的主题；

(2) 规划×××个人网站的栏目(分层设计)；

(3) 规划好×××个人网站的目录结构；

(4) 设计×××个人网站的风格(色彩搭配、版面布局等)；

(5) 用“从 Fireworks 到 Dreamweaver”的方法设计网站首页，用“从 Dreamweaver 到 Fireworks”的方法设计网站的其他网页；

(6) 注意×××个人网站的导航设计（导航条还是底层小聚合导航）。

第 5 章　JavaScript 语言与行为

【本章要点】

(1) JavaScript 简介
(2) JavaScript 语法基础
(3) 事件
(4) 对象、行为
(5) jQuery 基础

5.1　JavaScript 简介

JavaScript(简称为 JS)是一种用来实现网页交互行为,使用最为广泛的一种客户端(前端)脚本语言。JavaScript 可被用来改进设计、验证表单、检测浏览器、响应用户动作、出现弹窗（对话框)、创建 cookies 以及显示各种自定义内容，如特殊动画、对话框等。许多优秀的网页不仅有丰富的文字和图像，还包含许多其他交互式效果，如当鼠标移动到特殊的图像或按钮上时，会在特定的位置出现提示文字等效果，提交重要信息之前弹出“确认”对话框等。这些都可以通过 JavaScript 来实现。

与 C 语言相似，JavaScript 语言的关键词、变量、数组等，都是采用英文半角字符。除了结构性语句，JavaScript 语句一般以分号“;”结束。

5.1.1　插入 JavaScript 脚本的方式

先来学习网页中插入 JavaScript 脚本的三种方式：使用 Script 标记符插入 JS 脚本、直接将 JS 脚本嵌入 HTML 标记符中，以及将 JS 脚本插入在外部链接脚本文件中。

1. 把 JavaScript 语句写在<Script>与</Script>标记符之间

在网页中最常用的一种插入脚本的方式是使用 Script 标记符，方法是：把脚本标记符<Script></Script>置于网页上的某一个地方(body 元素或 head 元素内)，然后在其中加入 JavaScript 语句。

使用 Script 标记符时，一般同时用 Language 属性和 Type 属性明确规定脚本的类型，以适应不同的浏览器。例如，如果要使用 JavaScript 编写脚本，语法格式如下：

```
<Script Language="JavaScript" type="text/JavaScript">
   JavaScript 语句;
</Script>
```

例如，以下 HTML 代码创建了一个按钮，当用户单击按钮时会弹出一个对话框，网页源文件代码如下。

```
-----------------------清单 5-1  ch5-1.html --------------------------
<html><head>
<title>Js5-1</title>
</head>
<body>
    HTML 输出的文字。<br/>
  <Script language="JavaScript" type="text/JavaScript">
    document.write("JavaScript 的 Document.write()方法输出的文字。");
    /* JavaScript 注释一：document.write()是在网页中输出文档的方法 */
  </Script>
</body>
</html>
--------------------------------------------
```

浏览结果如图 5-1 所示。

file:///C:/2022(下)/chap5/ch5-1.html

这是HTML里的文字。
这是JavaScript的Document.write()方法输出的文字。

图 5-1　HTML 信息与 JavaScript 输出信息的比较

当<Script>与</Script>之间有多条 JavaScript 语句时，一般要用<!--和-->将它们括起来，它的作用是：当浏览器支持 JavaScript 时，它不起作用；若浏览器不支持 JavaScript，将里面的内容全部作为注释，不提示错误。例如，网页中含有以下代码：

```
-------------------------- ch5test1.html ---------------------------
<Script language="JavaScript" type="text/JavaScript">
<!--
   document.write("2022 年北京冬奥会成功举办。");
   alert("北京欢迎您！");  // JavaScript 注释二：alert()是弹出对话框的方法
-->
</Script>
```

这段代码保存为 ch5test1.html，浏览结果如图 5-2(a)所示，单击“确定”按钮后，结果如图 5-2(b)所示。

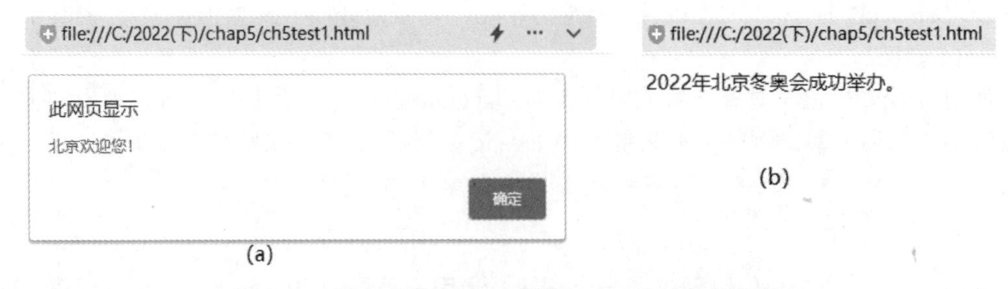

图 5-2　alert()方法与 document.write()方法使用效果

可以将<Script>与</Script>标记符组放置在网页 body 元素内，也可放置在 head 元素内。如果要定义一个通用的 JavaScript 函数，为便于维护，通常在 head 元素内定义，然后在网页主体部分调用这个函数。例如，有以下网页代码：

```
------------------------清单 5-2  ch5-2.html --------------------------
<html>
<head>
   <Script language="JavaScript" type="text/JavaScript">
   function msg()    //JavaScript 注释：建立 msg()函数
   { alert("Hello, Beijing winter Olympic Games !!!"); }
   </Script>
</head>
<body>
  <form>
   <!-- HTML 注释：表单内调用 JavaScript 函数在弹出对话框中输出信息 -->
   <input type="button" value="单击这里" onClick="msg()">
  </form>
</body>
</html>
------------------------------------------
```

浏览结果如图 5-3(a)所示，单击“单击这里”按钮后，结果如图 5-3(b)所示。

图 5-3　JavaScript 函数的定义与调用

注意：(1) JavaScript 语句里的命令、对象、属性和方法名都区分大小写；JavaScript 命令里的各种标点符号、括号、命令名、对象名、属性名和方法名都只能采用半角英文，否则会出错，调试网页程序时，最好直接在文本工具或网页工具里输入，而不要从 Word 或 PPT 中复制，否则输入的字符可能不是英文半角字符。

(2) 注释符//表示从这里开始至本行末尾都是注释。注释符/* */表示/*与*/之间所有内容都是注释，它既可以在一行之内，也可以横跨多行。

2. 在 HTML 标记符内添加 JavaScript 脚本

与直接在标记符内使用 Style 属性指定 CSS 样式一样，也可以直接在某些 HTML 标记符内添加 JavaScript 脚本，以响应该元素里的某个事件。在 html 标记内直接使用 JavaScript 语句的一般格式是：

```
"JavaScript:脚本命令语句; "
```

有时也省略词语 JavaScript:，直接书写语句。

例如，有如下网页代码：

```
<input type="button" value="单击这里" onClick="JavaScript:alert('Hello,
   Beijing Winter Olympic Games !!!');">
```

浏览结果与图 5-3 所示的效果相同。

也可以改写为：

```
<input type="button" value="单击这里" onClick="alert('Hello, Beijing
   Winter Olympic Games !!!');">
```

3. 链接外部脚本文件

如果需要同一段脚本在多个网页中使用，可以把这一段脚本存放在一个单独的扩展名为.js 的文件内，然后在需要使用此脚本的网页中加入此文件的路径和文件名。这样既方便了使用，也提高了代码的可维护性，当要修改脚本时，只需修改这个单独的脚本文件就可以了。引用外部脚本文件，应通过 Script 标记符里的 src 属性来指定外部脚本文件的路径和名称。

例如，以下 HTML 代码显示了如何使用链接脚本文件，注意此时 ch5-3.html 与 js5-3.js 是存放在同一个文件夹下的两个文件，如果不在同一个文件夹下面，应加上 js 文件的路径。

```
----------------------清单 5-3(1)  ch5-3.html ----------------------
<html>
<head>
  <title>Js</title>
  <Script language="JavaScript" type="text/JavaScript" src="js5-3.js">
  </Script>
</head>
<body>
  <form>
    <input type="button" value="单击这里" onClick="message();">
  </form>
</body>
</html>
----------------------清单 5-3(2) js5-3.js ----------------------
function message ()
{
  document.write("2022 年北京冬奥会成功举办。");
  alert("北京欢迎您！");
}
--------------------------------------------------------------------
```

浏览 ch5-3.html 网页，效果如图 5-4 所示。

注意：JavaScript 脚本文件的扩展名为.js，在此文件内可以直接写入 JavaScript 命令，不需要开始标记符<Script>和结束标记符</Script>。

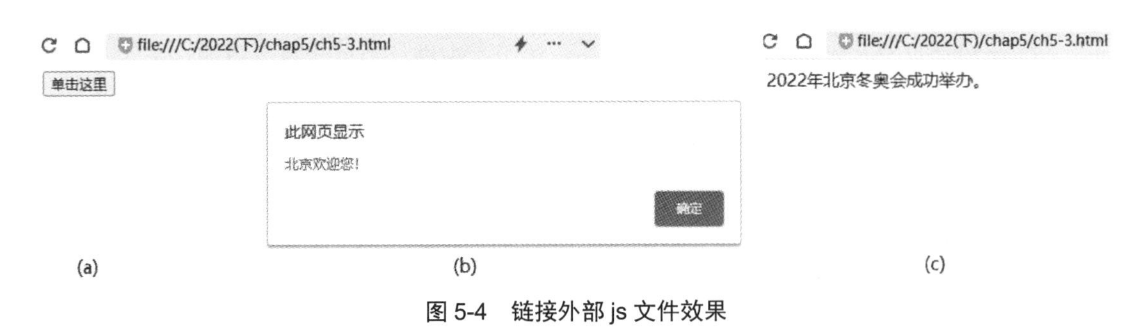

图 5-4　链接外部 js 文件效果

5.1.2　JavaScript 语法基础

1. JavaScript 变量

与其他编程语言一样，JavaScript 也是采用变量存储数据。所谓变量，就是已命名的存储单元。

在 JavaScript 中，可以用 var 关键字来申明变量，而不管在变量中存放什么类型的数值。变量的类型由赋值语句隐含确定。例如，如果赋予变量 a 数字值 5，则 a 可参与整型操作；如果赋予该变量字符串值“hello!!”，则它可以直接参与字符串的操作；同样，如果赋予它逻辑值 false，就可对它进行逻辑操作。不但如此，变量还可以先赋予一种类型数值，然后再根据需要赋予其他类型的数值。如以下示例中，变量 ab 先被赋予一数字值 25，然后被赋予一个字符串。

```
var ab;
ab=25;
ab="hello!";
```

变量可以先声明再赋值，也可以在声明时直接赋值，例如，

```
var ab=25;
ab="hello!";
```

在 JavaScript 中，变量也可以事先不声明而直接使用，JavaScript 会在第一次使用该变量时自动声明该变量。但是，先声明、再使用是规范用法。

JavaScript 基本数据类型有：①数字值，如 68、3.14159、–7.08E15；②逻辑值：true、false；③字符串，如“Hello!”；④null(空)，包括一个 null(空)值，定义空的或不存在的引用。

JavaScript 变量命名约定如下：①变量名中可以包含数字 0~9、大小写字母和下划线；②变量名的首字符必须为字母或下划线；③变量名对大小写敏感；④变量名的长度必须在一行内；⑤变量名中不能有空格或其他标点符号。

2. JavaScript 运算符与表达式

1) 运算符

运算符是完成操作的一系列符号，也称为操作符。JavaScript 中的运算符主要有以下 4 类。

(1) 算术运算符：包括+、–、*、/、%(取模，即计算两个整数相除的余数)、++(递加 1 并返回数值或返回数值后递加 1，取决于运算符的位置)、– –(递减 1 并返回数值或返回数值后递减 1，取决于运算符的位置)。

(2) 连接运算符：+(字符串接合操作，连接+两端的字符串成为一个新的字符串)。

(3) 比较运算符：包括<、<=、>、>=、==(等于，先进行类型转换，再测试是否相等)、===(严格等于，不进行类型转换，直接测试是否相等)、!=(不等于，进行类型转换，再测试是否不等)、!==(严格不等于，不进行类型转换，直接测试是否不等)。

(4) 逻辑运算符：包括&&(逻辑与)、||(逻辑或)、! (逻辑非)、&(按位与)、|(按位或)、^(按位异或)。

(5) 条件运算符：?： (表达式 0? 表达式 1:表达式 2，当表达式 0 的值为真时，整个条件表达式的值等于表达式 1 的值，否则整个条件表达式的值等于表达式 2 的值)。

(6) 赋值运算符：=、-=、+=等。=（将右边的操作数或表达式的值赋给"="左边变量)、-=（将"-="左边变量原有的值减去右边操作数或表达式的值，再将这个值赋给左边变量)、+=（将"+="左边变量原有的值加上右边操作数或表达式的值，再将这个值赋给左边变量)。

运算符的优先级规则：

先计算括号内、后计算括号外；各类运算符的优先级从高到低的顺序是：算术运算符、连接运算符、比较运算符、逻辑运算符、条件运算符、赋值运算符。

算术运算符的优先顺序是先++、--，再乘除，后加减；逻辑运算符的优先顺序是按位与、按位异或、按位或、逻辑与、逻辑或，逻辑非最最优先（逻辑非与算术运算++、--具有同样的优先级）。

2) 表达式

表达式是运算符和操作数的组合，通过运算得到一个值，这个值是对操作数实施运算后产生的结果。表达式里可以只有一个操作数，也可以有多个操作数；表达式里可以只有一个运算符，也可以有多个运算符。有的运算符将数值赋予一个变量，大多数运算符是将操作数或表达式连接起来形成一个新表达式。

表达式可以分为算术表达式、字符串表达式、逻辑表达式、条件表达式、赋值表达式、复合表达式等。

例如，83+26*x 是算术表达式；

"Hello"+","+"How do you do!"是字符串表达式；

b=3+4*a、x=8 是赋值表达式；

i>=10&&j<20 是逻辑表达式；

x=y>0?m+1:88 是复合表达式，既是赋值表达式，又包含条件表达式。

3. JavaScript 语句

在任何一门编程语言中，程序的功能都是通过语句(命令)来实现的。JavaScript 区分大小写字符，一般情况下，每条语句结尾处要有分号";"(程序结构控制语句例外)。下面来学习几种程序结构控制语句。

1) 条件语句

条件语句可以进行条件判断，从而选择需要执行的任务。在 JavaScript 中提供了 if 语句、if else 语句以及 switch 语句等三种条件语句。

(1) if 语句是最基本的条件语句，它的格式如下：

```
if(condition)  // if 判断语句，括号里是条件(常量、变量或一个表达式)。
{
```

```
代码块;
}                    //大括号内是要执行的代码
```

如果 if 后小括号里的表达式的值为真，则执行大括号内的代码块，否则就跳过。如果要执行的语句只有一条，那么可以省去大括号，把整个 if 语句写在一行。例如，

```
if(a==1) a++;
```

如果要执行的语句有多条，也可以写在一行，但不能省去大括号，例如，

```
if(a==1){a++;b--;}
```

(2) if ... else 语句。如果需要在表达式为假时执行另外一条语句，则可以使用 else 关键字扩展 if 语句。if ... else 语句的格式如下：

```
if(condition)
    { 代码块 1;}
else
    { 代码块 2;}
```

当代码块只有一条语句时，可以省掉大括号。实际上，代码块 1 和代码块 2 中还可再包含条件语句，形成条件语句嵌套。

还有一种 if ... else if 的用法，格式如下：

```
if(condition1)
    {代码块 1;}
else if (condition2)
    {代码块 2;}
else if (condition3)
    {代码块 3;}
    ...
else
    {代码块 n;}
```

这种格式表示只要满足任何一个条件，则执行相应的语句，否则执行最后一条语句。

(3) switch 语句。如果需要对同一个表达式进行多次判断，那么就可以使用 switch 语句，格式如下：

```
switch(condition)
{  //注意：必须用大括号将所有的 case 括起来
case value1:
    Statement1;  //注意：此处即使用了多条语句，也不能使用括号
    break;  /* 注意：使用 break 语句跳出 switch，否则会继续执行下一个 case 语句 */
case value2:
Statement2;
    break;
……
case valueN:
    statementN;
break;
default:
    statement;
}
```

说明：switch 格式里的 condition 是一个变量或表达式，程序运行时 condition 会有一个值，通过比较 condition 的值与某个 case 后的值，从而执行相应的 case 后的语句。

其实，这种格式相当于 if ... else if 语句，你可以思考一下如何用 if ...else if 改写上面的 switch 语句。

2) 循环语句

循环语句用于在一定条件下重复执行某段代码。在 JavaScript 中提供了多种循环语句：for 循环语句、while 循环语句以及 do ... while 循环语句，同时还提供了 break 语句用于跳出循环，continue 语句用于终止当次循环并继续执行下一次循环。下面介绍几种常用的循环语句的语法。

(1) for 循环语句。

for 循环语句的格式如下：

```
for(initial;condition;adjust)
{
    循环体代码块;
}
```

for 循环的执行步骤如下：

① 执行 initial 语句，完成计数器初始化；

② 判断条件表达式 condition 是否为真，如果为真执行循环体语句，否则退出循环；

③ 执行循环体语句后，执行 adjust 语句；

④ 重复步骤②、③，直到条件表达式为假时退出循环。

(2) while 循环语句。

while 循环语句的格式如下：

```
while(expression)
{
    循环体代码块;
}
```

while 语句执行步骤如下：

① 计算 expression 表达式的值；

② 如果 expression 表达式的值为真，则执行循环体，否则跳出循环；

③ 重复执行步骤①、②，直到跳出循环。

(3) do ... while 循环语句。

do ... while 语句是 while 语句的变体，格式如下：

```
do{
    循环体代码块;
}
while (expression)
```

它的执行步骤如下：

① 执行循环体语句；

② 计算 expression 表达式的值；

③ 如果表达式的值为真，则再次执行循环体语句，否则退出循环；

④ 重复②、③，直到退出循环。

可见，do ... while 和 while 语句的区别是：do ... while 语句是先执行循环体，再判断循环条件；而 while 循环语句是先判断循环条件，再执行循环体。在 do ... while 循环中，循环体语句至少执行一次。

注意：无论采用哪一种循环语句，都必须注意控制循环的结束条件，以免出现“死循环”。

(4) break 和 continue 语句进一步控制循环。

break 语句提供无条件跳出当前循环的功能。而 continue 语句的作用是终止当次循环，跳转到循环的开始处继续执行下一次的循环。

例如，有以下 while 循环结构代码。

```
-------------------------清单 5-4  ch5-4.html-------------------------
<html>
<head> <title>while 循环</title> </head>
<body>
   <Script language="JavaScript" type="text/JavaScript">
      var i=0,s=0;
      while(i<=100)
      {document.write (i+" + ");
         i++;
         s+=i;}         //相当于 s=s+i;
      }
      document.write (i+" = "+s);
   </Script>
</body>
</html>
------------------------------------------------------------------------
```

浏览结果如图 5-5 所示。

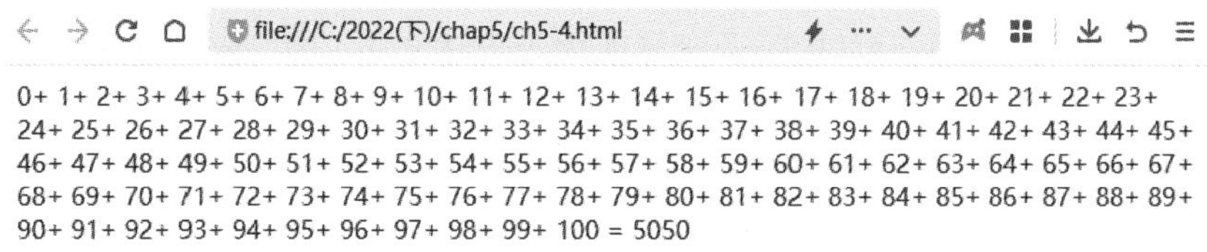

file:///C:/2022(下)/chap5/ch5-4.html

0+ 1+ 2+ 3+ 4+ 5+ 6+ 7+ 8+ 9+ 10+ 11+ 12+ 13+ 14+ 15+ 16+ 17+ 18+ 19+ 20+ 21+ 22+ 23+
24+ 25+ 26+ 27+ 28+ 29+ 30+ 31+ 32+ 33+ 34+ 35+ 36+ 37+ 38+ 39+ 40+ 41+ 42+ 43+ 44+ 45+
46+ 47+ 48+ 49+ 50+ 51+ 52+ 53+ 54+ 55+ 56+ 57+ 58+ 59+ 60+ 61+ 62+ 63+ 64+ 65+ 66+ 67+
68+ 69+ 70+ 71+ 72+ 73+ 74+ 75+ 76+ 77+ 78+ 79+ 80+ 81+ 82+ 83+ 84+ 85+ 86+ 87+ 88+ 89+
90+ 91+ 92+ 93+ 94+ 95+ 96+ 97+ 98+ 99+ 100 = 5050

图 5-5　JavaScript 循环的应用

将以上 while 循环改为 do while 循环：

```
var i=0;
do{
  document.write (i+" + ");
  i++;
  s+=i;        //相当于 s=s+i;
  }
while(i<=100)
document.write (i+" = "+s);
```

或者，改为 for 循环：

```
for(i=0;i<=100;i++){
    document.write (i+" + ");
    s+=i; }
```

还可以修改为如下形式的 while 循环：

```
var i=0;
while(true)    //使用 while 循环和 break 语句
  { document.write (i+" + ");
  i++;
  s+=i;
  if(i>100) break;}
```

浏览结果都与图 5-5 所示的相同。

4. JavaScript 函数

1) 定义函数

函数是已定义的代码块，函数中的系列语句被作为一个整体来引用、执行。

函数必须先定义、后使用。函数定义通常放在网页文件的头部(head)，也可以在 js 文件中定义，然后将 js 文件链接到网页头部中来。

函数的定义格式如下：

```
function functionName(parameter1,parameter2,...)
{
    程序代码块;
}
```

functionName 是自定义的函数名称，parameter1、parameter2 是调用函数时的参数名称(名称)。函数名和参数名都是区分大小写的。

2) 函数的返回值

如果需要函数返回值，那么可以使用 return 语句，需要返回的值应放在 return 之后。如果 return 后没有指明数值或没有 return 语句，则函数返回值为不确定值。

另外，函数返回值也可以直接赋予变量或用于表达式中，如 ch5-5.html 中定义的函数有返回值。

```
-------------------------清单 5-5  ch5-5.html-------------------------
<html>
<head>
<title>定义函数</title>
<Script language="JavaScript" type="text/JavaScript">
    function he(a,b)
    { return (a+b); }
</Script>
</head>
<body>
    <Script language="JavaScript" type="text/JavaScript">
    var x=22,y=17,s;
    s=he(x,y);
    document.write(x+"+"+y+"="+s);
```

```
</Script>
</body>
</html>
-----------------------------------------------------------------------
```

浏览结果如图 5-6 所示。

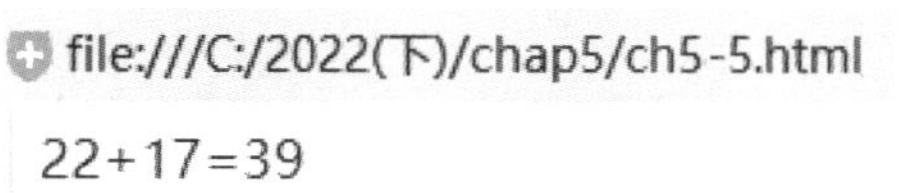

file:///C:/2022(下)/chap5/ch5-5.html

22+17=39

图 5-6　函数的定义与应用

5.1.3　JavaScript 事件

事件驱动是 JavaScript 的基本特征之一，JavaScript 定义了若干事件，如鼠标的单击、双击、右击、按下键盘、页面被载入等。在网页中常常通过这些事件来触发程序或函数的执行。例如，当用户单击一个按键或者在某段文字上移动鼠标时，就触发了一个单击事件或鼠标移动事件，通过对这些事件的响应，可以完成特定的功能(例如，单击按钮弹出对话框，鼠标移动到文本上后文本变色等)。实际上，事件在此的含义就是用户与 Web 页面交互时产生的操作。当用户进行单击按钮操作时，即产生了一个事件，需要 JavaScript 等程序进行处理。浏览器响应事件并进行处理的过程称为事件处理，进行这种处理的代码称为事件响应函数。

JavaScript 事件分为鼠标、键盘事件、浏览器相关事件以及表单样式相关事件几类。

与鼠标相关的 JS 事件有：onClick。onDbClick、onMouseOver、onMouseOut、onMouseDown、onMouseUp、onMouseMove。

与键盘相关的 JS 事件有：onKeyPress、onKeyDown、onKeyUp。

与浏览器相关的 JS 事件有：onLoad、onUnload、onError、onAbort、onResize、onScroll。

与表单样式相关的 JS 事件有：onFocus、onBlur、onChange、onSelect、onSubmit、onReset。

最常用的事件是 onClick、onSubmit 等。下面来学习几种常用事件。

1. onClick

onClick 事件在鼠标单击某对象时触发，这些对象可以是一般按钮、提交按钮、重置按钮、单选框、复选框、列表框或者文字、图片，也可以是文字元素等。在例 ch5-3.html 中，已经使用过 onclick 事件。下面给出几个有关 onClick 的实例。

1) 应用于按钮对象

```
<input type="button" value="网易" onClick="javascript:
   location.href='https://www.163.com'">
```

该代码实现的功能是：在单击按钮时，实现网页跳转。在单击“网易”按钮时，浏览器窗口里将打开“网易”网站。

```
<input type="button" value="蓝色背景"
   onClick="javascript:document.bgColor ='blue' ">
```

该代码实现的功能是：在单击按钮时，改变网页背景色。在单击“蓝色背景”按钮时，网页的背景色变为蓝色。其中，bgColor 是 document 对象的属性，对大小写敏感。

2) 应用于图片对象

```
<img src="a.jpg" width=50 height=50 onClick="window.open('a.jpg','大图
    ','width=500,height=400')">
```

该代码实现的功能是：先显示一个 50×50 大小的图片(a.jpg)，单击图片后，弹出一个新窗口显示 500×400 的图片(a.jpg)。其中，open()为 window 对象的方法，它有 3 个参数：第一个参数指定在新窗口中打开的文件路径与名称；第二个参数指定新窗口的名字；第三个参数指定新窗口的大小。

若将图片对象上 onClick 事件后的 JS 代码修改为

```
onClick="javascript:location.href='https://www.sohu.com'"
```

该代码实现的功能是：单击图片，实现网页跳转。这里单击该图片，跳转到“搜狐”网站。

注意：代码 location.href='url'的功能是实现浏览器网页跳转。

3) 应用于复选框对象

```
<input type="checkbox" name="check" value="2" onClick="alert('您的信息
    将被保存')">
```

该代码实现的功能是：在勾选复选框时，弹出提示框“您的信息将被保存”。

4) 应用于列表对象

```
<select name="select" size="3" onClick="location.href=this.value">
<option value="http://www.sina.com">新浪</option>
<option value="http://www.sohu.com">搜狐</option>
<option value="http://www.163.com">网易</option>
</select>
```

该代码实现的功能是：当单击相应选项时，页面自动跳转到相应的网址。

5) 应用于文本

```
<p onClick="javascript:location.href='https://www.pku.edu.cn'">北京大
    学</p>
```

该代码实现的功能是：单击文字元素“北京大学”，即跳转到北京大学网站。

```
<font id="tex">上海世博园</font><br>
<a href="#" onClick="tex.style.fontSize='18';">放大字体</a>
<a href="#" onClick="tex.style.fontSize='10';">缩小字体</a>
```

该代码实现的功能是：通过单击链接文字来放大或缩小目标文字“上海世博园”。

2. onSubmit 事件

这个事件专用于表单，当单击表单中的“提交”按钮时，触发这个事件。

例如，有下面的表单：

```
------------------------清单 5-6 ch5-6.html----------------------------
<html><head><title>表单提交确认</title></head>
<body>
<form method="post" action="a.asp" onSubmit= "javascript:return
    confirm('你确定要提交吗？')">
用户名：<input name="tex2" id="tex2" type="text"/> <br/>
```

```
<input type="submit" name="submit1" value="提交"/>
<input type="reset" name="submit2" value="重置"/>
</form>
</body>
</html>
---------------------------------------------------------------
```

浏览该网页时，出现的表单里有一个姓名输入框、一个“提交”按钮和一个“重置”按钮，当输入了姓名字符串，单击“提交”按钮后会出现一个确定对话框，如图 5-7 所示。在对话框中单击“确定”按钮，会将表单里的信息提交给 action=后指定的网页处理（只有动态网页才能接收与处理，这里是动态网页 a.asp）；如果单击“取消”按钮，则不提交表单，而是继续留在本网页。

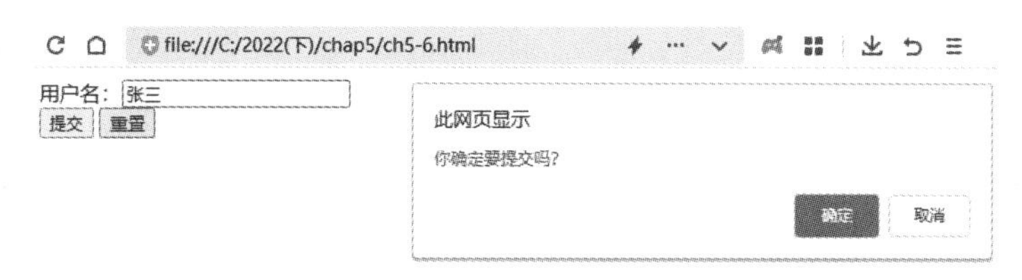

图 5-7　onSubmit 事件与表单提交确认对话框

若将本例中 onSubmit 事件后的 JS 代码修改为

```
onSubmit= "javascript:if(tex2.value=='') alert('用户名不能为空');return
   false;"
```

该代码实现的功能是：在单击“提交”按钮后，检查姓名是否为空，若姓名为空，则出现提示弹窗并返回；若姓名不为空，则按提交后就跳转到 form 标签里 action 属性所指定的网页。

3. onChange

当对象内容发生改变时，触发该事件。这些对象可以是文本字段、密码字段、文本域、菜单等。

1) 应用于文本输入框

输入您的年龄：<input type="text" name="age" onChange="JavaScript: if(this.value<18) alert('您未满 18 岁，不能进入。'); else location.href='a.htm';">

该代码实现的功能是：对用户输入的年龄进行判断，并根据是否小于 18 岁作出相应动作。

2) 应用于菜单对象

```
<select onChange="location.href=this.value">
  <option value="http://www.sina.com">新浪</option>
  <option value="http://www.sohu.com">搜狐</option>
  <option value="http://www.163.com">网易</option>
</select>
```

该代码实现的功能是：当选择菜单中的相应选项时，页面自动跳转到相应的网址。

4. onMouseMove

在鼠标移动时，触发此事件。

```
<span id="momove"></span><br/>
<img src="a.jpg" width=500 height=400 onMouseMove="momove.innerHTML
   =event.x+','+event.y">
```

该代码实现的功能是：当鼠标在图片上移动时，在图片上方的<span>区域会实时显示当前的鼠标位置，如图 5-8 所示。这里 movexy.innerHTML 里的 movexy 是上一行定义好的 span 块的 id 号，innerHTML 属性是指该块的 html 值（或变量）。

图 5-8　onMouseMove 事件的应用

5. onMouseOver 和 onMouseOut

当鼠标移入或移出对象时分别触发这两个事件，这些对象可以是图片、按钮、表格、文字等网页元素。这两个事件通常成对使用，实现动态效果。

1) 用于图片交换

```
<img src="1.gif" onMouseOver="this.src=2.gif"
   onMouseOut="this.src=1.gif"/>
```

该代码实现的功能是：当鼠标移到图片上时，会在同一位置显示另一幅图片；当鼠标移出时，又恢复显示原图片。

2) 用于放大图片

```
<img src="a.jpg" width="50" height="50" onMouseOver="this.width='300';
   this.height='300';" onMouseOut="this.width='50';
   this.height='50';"/>
```

该代码实现的功能是：当鼠标移到图片上时，图片自动放大显示；当鼠标移出图片时，图片又恢复原尺寸。

3) 变化的表格背景

```
<td onMouseOver="this.bgColor='#eeee00';" onMouseOut="this.bgColor=
   '#ffffff';">aabb</td>
```

该代码实现的功能是：表格默认的背景色是白色，当鼠标移到单元格内时，背景色变为“eeee00”；当鼠标移出时，背景色又恢复为白色。利用同样的方法，还可以显示背景图片。

```
<td onMouseOver="this.backgroung='1.jpg';" onMouseOut=
   "this.background= '';">
```

6. onMouseDown

当鼠标按下时触发该事件，还可以根据 event.button 属性判断用户按下的是左键还是右键。

```
<img src="1.gif" onMouseDown="javascript:if(event.button==2) alert('不
   允许使用右键');">
```

7. onKeyPress

当按下键盘上的某键时触发此事件，该事件还可进一步分解为 onKeyDown（键按下）和 onKeyUp（键弹起）两个事件。

```
<input type="text" name="tex1" onKeyDown="javascript:if(event.keyCode
   =='13') pwd.focus();"/>
<input type="text" name="pwd" id="pwd"/>
```

该代码实现的功能是：当用户在 tex1 文本字段中按下回车键时，光标会自动定位到 pwd 文本字段内。也可以将 onKeyDown 改为 onKeyPress。

8. onload 和 onunload

当页面被载入或退出时，分别触发这两个事件。onload 用来完成一些系统初始化工作，如页面一启动就调用某个函数。而 onunload 常用来做一些收尾工作，如页面退出时更新 Cookie 的状态。例如：

```
<body onLoad="alert('欢迎光临！')" onunload=alert('欢迎再来。')">
```

该代码实现的功能是：当网页打开时，弹出“欢迎光临!”对话框；当退出页面时，弹出“欢迎再来。”对话框。

9. onSubmit 和 onReset

这两个事件专用于表单，当单击表单中的“提交”或者“重置”按钮时，分别触发这两个事件。

```
<form name="form1" method="post"
   action="a.asp"onReset="javascript:if(!confirm('你确定要重置表单？'))
   return false;">
用户名：<input name="tex2" id="tex2" type="text"/> <br/>
<input type="submit" name="submit1" value="提交"/>
<input type="reset" name="submit2" value="重置"/>
</form>
```

其中，confirm 是 window()对象的方法，它的作用是弹出一个确认对话框，有“确定”和“取消”两个按钮，如果选择“确定”则返回 true，如果选择“取消”，则返回 false。以上代码的功能是：当单击“重置”按钮时，会弹出“确认”对话框，如果选择“确定”则重置表单，如果选择“取消”则不重置表单。

onReset 和 onSubmit 两个事件也可同时出现在一个 Rorm 表单里。

此外，JavaScript 提供的事件还包括 onFocus(获得焦点事件：闪烁光标出现在此处)、onSelect(选中事件)、onBlur(失去焦点事件：光标离开此处)、onDbClick(双击鼠标事件)、onResize(窗口被调整大小事件)等。这里不再一一介绍，读者可参阅专门介绍 JavaScript 的书籍。

5.2　JavaScript 对象

对象是客观世界中存在的特定实体。例如，“人”就是一个典型的对象，“人”包含性别、年龄、身高、体重等特性，同时又包含吃饭、学习、劳动、睡觉等动作。

网页也可看作一个对象，它既有背景颜色、字体大小等特性，也包含有打开、读写、关闭等动作。网页上的一个元素，如表单、图片、按钮、文本等，也可以看作一个对象。如表单元素包含控件的个数、表单名称等属性，以及表单提交和重设的动作。

由此可知，对象包含以下两个要素：

(1) 用来描述对象特性的一组数据，也就是若干变量，通常称为属性；

(2) 用来操作对象特性的若干动作，也就是若干函数，通常称为方法。

例如，清单 5-1 中使用 document 对象的 write 方法在网页中输出特定的内容，也可以用 document 对象的 bgColor 属性用于描述文档的背景颜色。在网页中，通过访问或设置对象的属性、调用对象的方法，就可以对对象进行各种操作，实现所需要的功能。

JavaScript 中可以操作的对象通常有两类：浏览器对象和 JavaScript 内部对象。

浏览器对象是指文档对象模型规定的对象，如 HTML 元素对象、window 对象、document 对象等。而 JavaScript 内部对象包括一些常用的通用对象，如数组对象 Array、日期对象 Date、数学对象 Math 等。

5.2.1 JavaScript 内置对象

JavaScript 的内置对象有 String、Array、Date、Math 等,下面分别来学习。

1. String 对象

String 对象用于对文本字符串的属性和方法进行操作。

String 对象属性只一个：length，即求字符串长度的属性。

String 对象的方法有如下一些：

```
italics()                    //将字符串变为斜体
bold()                       //将字符串变为粗体
big()                        //将字符串变大显示
small()                      //将字符串变小显示
blink()                      //将字符串闪烁显示
fixed()                      //将字符串固定高亮度显示
fontsize(size)               //设定字符串字体大小
fontcolor(color)             //设定字符串颜色
toLowerCase()                //将字符串全部转为小写
toUpperCase()                //将字符串全部转为大写
indexOf(子串,起始位置)        //从起始位置开始,求子串在字符串中首次出现的位置
substring(起始位置,结束位置)  //取子串
split(特征字符)               //利用特征字符对字符串进行分割,然后放在一个数组中
```

下面给出几个有关 String 对象属性与方法的应用实例。

```
<Script Language="JavaScript">
<!--
var str="Hello, How do you do!";                    //定义一个字符串变量
document.write(str+"<br/>");                        //输出这个字符串
```

```
document.write(str.length+"<br/>");                   //结果为：20
document.write(str.italics()+"<br/>");                //斜体显示
document.write(str.bold()+"<br/>");                   //粗体显示
document.write(str.small()+"<br/>");                  //变小显示
document.write(str.fontsize(5)+"<br/>");              //显示指定为 5 号字
document.write(str.fontcolor('blue')+"<br/>");        //蓝色字体
document.write(str.toLowerCase()+"<br/>");            //全部转换为小写字母
document.write(str.toUpperCase()+"<br/>");            //全部转换为大写字母
document.write(str.indexOf("you")+"<br/>");           //结果为：13
document.write(str.substring(0,6)+"<br/>");           //结果为：Hello,
-->
</script>
```

浏览效果如图 5-9 所示。

Hello,How do you do!
20
Hello,How do you do!
Hello,How do you do!
Hello,How do you do!
Hello,How do you do!
Hello,How do you do!
hello,how do you do!
HELLO,HOW DO YOU DO!
13
Hello,

图 5-9　String 对象的应用

2. Array 对象

Array 对象用于实现数组这种数据结构。Array 对象的构造函数有四种，分别用不同的方式构造一个数组对象：

(1) var array1=new Array()

(2) var array2=new Array(数组长度)

(3) var array3=new Array(数组元素列表)

(4) var array3=[数组元素列表]

使用第一种构造函数创建出的数组长度为 0，当具体为其指定数组元素时，JavaScript 自动延伸数组的长度。例如，可以这样定义数组，然后为具体数组元素赋值：

```
var arr01=new Array();  //定义长度为 0 的数组 arr
arr01[10]="Js";         /* 给 arr01[10]赋值,此时数组自动扩充为 11 个元素,
                           并将 arr01[0]~arr01[9]初始化为 null */
```

注意：JavaScript 数组与 C 语言数组一样，都是从 0 开始的。也就是说，上例中数组的第一个元素是 arr01[0]。

使用第二种构造函数时应使用数组的长度(设长度为 N)作为参数，此时创建出一个具有 N+1 个元素(范围：0~N)的数组，但并没有指定具体的元素。当具体指定数组元素时，数组的长度也可以动态更改。例如：

```
var arr02=new Array(5);  //定义长度为 6（下标范围 0~5）的数组 arr02
arr02(0)=8;
arr02(5)=99;
```

使用第三种构造函数时，直接使用数组元素作为参数，此时创建出一个长度为 N 的数组，同时数组元素按照指定的顺序赋值。在构造函数使用数组元素作为参数时，参数之间必须用逗号分隔开，并且不允许省略任何参数。

从前面的数组定义中可以看出，数组元素可以是整数，也可以是字符串，同一数组中的不同元素可以是不同的类型。例如，以下数组包含各种不同类型的数据。

```
var arr03=new Array(29,true,null,"abcde");
```

arr03 数组有 4 个元素，分别如下：

arr03 [0]	arr03 [1]	arr03 [2]	arr03 [3]
29	true	null	abcde

第四种方式创建数组对象，其实也是利用第三种方式构造函数，也是直接使用数组元素作为参数，只有两点不同：一是省略了 new Array，二是将括号()变成了[]。例如：

```
var arr0=[876,true,null,"hello","大家好"];
```

含义及功能与第三种方式相同。

数组元素不但可以是一般的数据类型，还可以是其他数组对象。

例如，以下示例构造出了一个二维数组，然后用二重 for 循环将其元素读出，并显示在表格中。

```
-------------------------清单 5-7  ch5-7.html------------------------
<html>
<head><title>数组的创建与使用</title>
<script language="javascript" type="text/javascript">
  <!--
    var i,arr01=new Array(),arr02= new Array(3);  //采用第一种和第二种方式
    创建数组
    arr01[0]=80;  arr01[1]=81; arr01[4]="good1";
    for(i=0;i<=4;i++){ document.write(arr01[i]+" ");}//循环方式显示
    arr01 数组元素
    arr02[0]=90; arr02[1]=91; arr02[2]=92; arr02[3]="good2";
    document.write("<br/>arr02:"+arr02 +"<hr/>"); //数组名方式显示 arr02
    数组所有元素
    var arr03=new Array(1,2,3,4,5,"good3"),arr04=[6,7,8,9, "good4"];
                                        //采用第三种、第四种方式创建数组
    for(i=0;i<=5;i++){ document.write(arr03[i] +" ");}
                                        //用循环方式显示 arr03 数组元素
    document.write("<br/>"+arr04+"<hr/>");
                                        //用数组名方式显示 arr04 数组所有元素
    var stu=new Array();  //先创建一维数组 stu
    stu[0]=new Array("张三",88,72);     //每一个元素初始化成另一个一维数组
    stu[1]=new Array("李四",69,90);
    stu[2]=new Array("王五",85,86);
    document.write("<table border=0><tr><td>姓名</td><td>数学</td><td>
    语文</td></tr>");          //用 document.write 输出表格第一行：表头
    var i,j;
    for (i=0;i<stu.length;i++)             //获取数组 stu 的行数，作为循环次数
  { document.write("<tr>");               //用表行的方式输出其他行
     for (j=0;j<stu[0].length;j++)    //用 stu[0].length 获取数组每行的长度
       {document.write("<td>"+stu[i][j]+"</td>");}
    document.write("</tr>");
```

```
    }
    -->
  </script>
  </head>
  <body>  </body>
  </html>
---------------------------------------------------------------------
```

浏览 ch5-6.html 结果如图 5-10 所示。

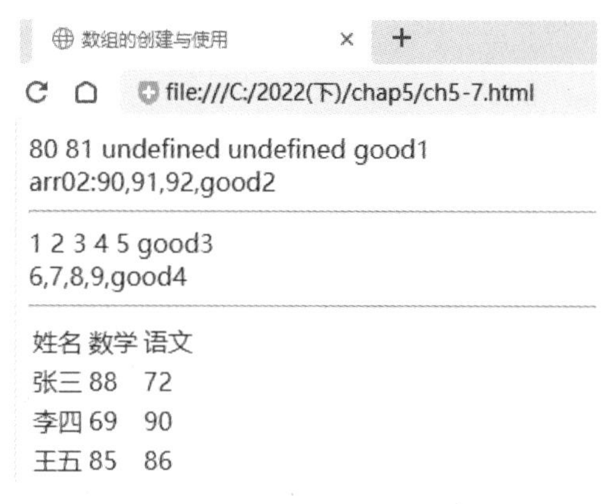

图 5-10　数组的创建与使用

3. Date 对象

Date 对象是日期时间对象，它可以表示从年到毫秒的所有日期和时间。如果创建 Date 对象时就给定了参数，则新对象就表示指定的日期和时间；否则新对象就被设置为当前日期。

创建日期对象可以使用多种构造函数，以下是创建当前时间和日期的 Date 实例：

```
var variable=new Date();
```

Date 对象的方法很多，这里列举几个常用的方法和简要说明，如表 5-1 所示。

表 5-1　Date 对象的常用方法

函　数	说　明
getDate()	返回一个表示一月中某一天的整数(只能是 1~31)
getDay()	返回一个表示星期几的整数(只可以是 0~6，0 表示星期日)
getHours()	返回表示当前时间中小时部分的整数(0~23)
getSeconds()	返回表示当前时间中秒部分的整数(0~59)
getTime()	返回从 GMT 时间 1970 年 1 月 1 日凌晨到当前 Date 对象指定时间之间的时间间隔，以毫秒为单位
getMonth()	返回表示当前时间中月的整数(0~11)，注意 1 月份返回 0，2 月份返回 1……
getYear()	返回日期对象中的年份，用 2 位或 4 位数字表示
toString()	返回一个表示日期对象的字符串

下面，以一个实例来说明 Date 对象和 Date 对象的方法是如何使用的。

```
--------------------------清单 5-8  ch5-8.html------------------------
<html>
<head>
  <title>使用 Date 对象</title>
</head>
<body>
  <div id="curr_clock"> </div>  <!--定义一个 id 为 curr_clock 的块 -->
  <script language="javascript">
    function timer()                    //定义函数 timer()
    {
      var now=new Date();               //定义一个新的 Date 对象——now
      var hours=now.getHours();         //获取 now 对象的小时数
      var minutes=now.getMinutes();     //获取 now 对象的分钟数
      var seconds=now.getSeconds();     //获取 now 对象的秒数
      var myclock="当前时间是："+hours+":"+minutes+":"+seconds;
      curr_clock.innerHTML=myclock;     //在 curr_clock 块中显示 myclock 的内容
      setTimeout("timer()",1000);       //设置延迟 1000 毫秒后再执行 timer()
    }
    timer();                            //执行 timer()函数
  </script>
</body>
</html>
---------------------------------------------------------------------
```

注意，代码中“<!-- -->”是 HTML 注释，“//”是 JavaScript 注释。

浏览结果如图 5-11 所示，网页中动态地显示当前时间。

图 5-11　在 div 块里显示 Date 对象的内容

4. Math 对象

Math 对象包含用来进行数学计算的属性和方法，其属性是一些标准数学常量，其方法则构成了数学函数库。Math 对象可以在不使用构造函数的情况下使用，并且所有的属性和方法都是静态的。Math 对象的属性和方法如表 5-2 所示。

表 5-2　Math 对象的常用属性和方法

类型	项　目	说　明
属性	E	欧拉常数，约为 2.718
	LN10	10 的自然对数，约为 2.302
	LN2	2 的自然对数，约为 0.693
	LOG10E	以 10 为底欧拉常数 E 的对数，约为 0.434
	LOG2E	以 2 为底欧拉常数 E 的对数，约为 1.442

类型	项　　目	说　　明
	PI	圆周率常数，约为 3.14159
	SQRT1_2	0.5 的平方根，约为 0.707
	SQRT2	2 的平方根，约为 1.414
方法	abs(num)	返回参数 num 的绝对值
	cos(num)	返回参数 num 的余弦值
	sin(num)	返回参数 num 的正弦值
	tan(num)	返回参数 num 的正切值
	acos(num)	返回参数 num 的反余弦值
	asin(num)	返回参数 num 的反正弦值
	atan(num)	返回参数 num 的反正切值
	ceil(num)	返回大于或等于参数 num 的最小整数
	floor(num)	返回小于或等于参数 num 的最大整数
	max(num1,num2)	返回参数 num1 和 num2 中较大的一个
	min(num1,num2)	返回参数 num1 和 num2 中较小的一个
	pow(num1,num2)	返回参数 num1 的 num2 次方
	sqrt(num)	返回参数 num 的平方根
	random()	返回一个 0 到 1 之间的随机数
	toString()	返回表示该对象的字符串

Math 对象的属性与方法，常常以表达式的形式来使用。

例如，Math 对象的属性可以这样使用：

```
Math.E                //该表达式给出欧拉常数 2.71828
Math.PI               //该表达式给出圆周率的值 3.14159
```

Math 对象的方法可以这样使用：

```
Math.pow(2,3)         //该表达式计算 2 的 3 次方的值
Math.sqrt(10)         //该表达式计算 10 的平方根的值
Math.cos(Math.PI/6)   //该表达式计算 cos(PI/6)的值
```

这些表达式，既可以赋给某个变量，例如，

```
var a=Math.PI;
```

也可以采用 document.write 方法直接输出在网页里，例如，

```
document.write(Math.pow(4,3));           //显示结果：64
document.write(Math.floor(2.86721));     //显示结果：2
```

还可以将它作为其他 JavaScript 语句中的参数来使用，例如，

```
if( i<=Math.sqrt(10) ) … else …
```

5.2.2　浏览器对象

浏览器对象有很多个，将这些对象按层次结构组成文档对象模型。常用的浏览器对象有 window 对象、document 对象、form 对象等。下面分别来学习。

1. 文档对象模型

文档对象模型(Document Object Model，DOM)是用于表示 HTML 元素以及 Web 浏览器信息的一个模型，它使脚本能够访问 Web 页上的信息，并可以访问诸如网页位置等特殊信息。通过操纵文档对象模型中对象的属性，或调用其方法，可以使脚本按照一定的方式显示，并与用户的动作进行交互。

浏览器对象模型包含的对象和事件层次结构如图 5-12 所示。

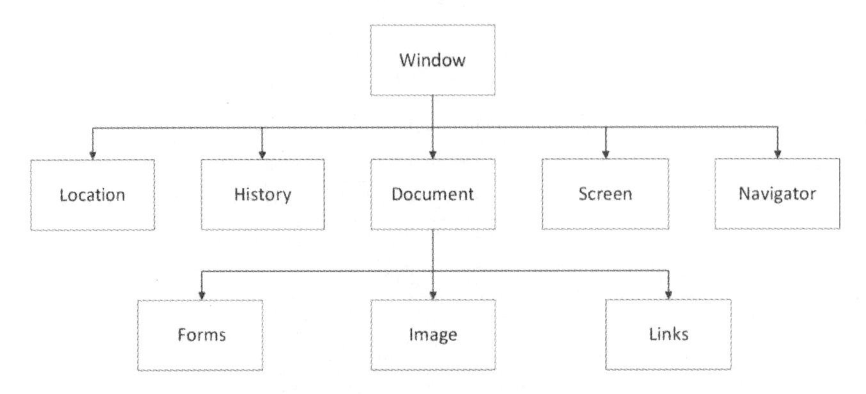

图 5-12　文档对象模型的层次结构

在该层次结构中，最高层的对象是窗口对象(window)，它代表当前浏览器的窗口。在 window 对象之下有：文档(document)、事件(event)、历史(history)、地址式位置(location)、浏览器(navigator)和屏幕(screen)子对象。

文档对象(document)之下包括表单(form)、图像(image)和链接(link)等多种子对象。表单对象(form)之下又包括文本输入框(text)、复选框(checkbox)、单选框(radiobox)、文件选择框(fileUpload)、按钮(buttom)等多种子对象。浏览器对象(navigator)之下又包括 MIME 类型子对象(mimeType)和插件子对象(plugin)。

了解了浏览器对象的层次结构之后，就可以用特定的方法引用这些对象，以便在 JavaScript 代码中正确使用它们。

在 JavaScript 中引用对象方式与典型的面向对象方法相同，都是根据对象的包含关系，使用成员引用操作符(.)一层一层地引用对象。例如，如果要引用 navigator 对象，应使用 window.navigator；如果要引用 frame 对象，应使用 window.frame。由于 window 对象是默认的最上层对象，因此引用它的子对象时，可以不使用 window，也就是说，可以直接用 document 引用其下级对象或方法，使用 document 的 write 方法，就使用命令：document.write("Hello!")。

网页中定义了某对象之后，常常要引用该对象，当引用较低层次的对象时，通常有三种形式：对象索引号、对象名称或 ID 号。例如，在网页中有以下表单：

```
<form id="userInfo" name="userInfo" method="post" action="">
   <input name="XM" type="text" id="XM">
</form>
```

从图 5-12 可以看出，表单对象 forms 是 document 的子对象，可以用对象名称的方法引用表单：document.forms["userInfo"]，或用 document.userInfo 来引用该表单；当然，如果此表单刚好是所在网页中的第一个表单，则可用对象索引 document.forms[0]来引用此表单；用 document.userInfo.XM 来引用该文本域对象。

还可以使用 this 关键字引用当前对象。

2. window 对象

window 对象包含了 document、navigator、location、history 等子对象，是浏览器对象层次中最顶级对象，代表当前窗口。当遇到 body、frameset 或 frame 标记符时，就会创建该对象实例。此外，该对象的实例也可以由 window.open()方法创建，创建该实例即打开一个新的浏览器窗口。

实例是面向对象技术中的一个术语，表示抽象对象的一次具体实现。

1) window 对象的常用属性

(1) document：表示窗口中显示的当前文档。

(2) history：表示窗口中最近访问过后 URL 列表。

(3) location：表示窗口中显示的 URL。

(4) status：表示窗口状态栏中的临时信息。

例如，以下代码将使得网页状态栏中显示文字“注意：状态栏显示的信息！”。

```
<body onLoad="window.status='注意：状态栏显示的信息！'">
```

2) window 对象的常用方法

window 对象的最常用方法如下。

(1) alert(string)：显示提示信息对话框。

(2) confirm()：显示确认对话框，其中包含“确定”和“取消”按钮(或 OK 和 Cancel 按钮)，如果用户单击“确定”按钮，confirm()返回 true；否则返回 false。

(3) prompt(string1，string2)：弹出一个键盘输入的提示对话框，参数 string1 的内容作为提示信息，参数 string2 的内容作为文本框中的默认文本。

(4) open(pageURL，name，parameters)：创建一个新窗口实例，该窗口使用 name 参数作为窗口名，装入 pageURL 指定的页面，并按照 parameters 指定的效果显示。

(5) close：关闭窗口。

(6) clearInterval(interval)：清除由参数传入的先前用 setInterval()方法设置的重复操作。

例如，当网页加载完毕时，弹出一个“北京欢迎您！”的对话框，只要在 body 标签里，加上一句 onLoad="window.alert('北京欢迎您！')"即可。如下所示：

```
<body onLoad="window.alert('北京欢迎您！')">
```

这里的 window.alert('北京欢迎您！')也可以省写为 alert('北京欢迎您！')。

如果希望网页加载完毕后，随即打开一个新的网页，只需在 body 标签里加上一句：onLoad="window.Open(……) "即可。例如，

```
<body onLoad="window.open('new.html','new 窗口',
    'height=150,width=300')">
```

其中，“new.html”是将要在新窗口中打开的网页文件，“new 窗口”是打开新窗口的名称，“height=150，width=300”是新打开窗口的大小。

如果在表单<form>标签里加入 onSubmit 事件和 confirm()方法，那么提交表单之前会先弹出“确认”对话框，单击“确定”按钮才会真正提交，单击“取消”按钮则不提交。

```
<form method="post" action="" onSubmit="javascript:return confirm('确
   定要提交吗？')">
```

如果在<input>按钮标签里加入 onClick 事件和 prompt()方法，那么单击按钮会弹出消息输入对话框，用户输入消息并单击“确定”按钮后，将带回用户输入消息。例如：

```
<input type="button" value="按钮"
   onClick="javascript:document.write(prompt ('输入消息：'))">
```

也在可其他 html 元素里添加一个事件，再添加一个 alert()、confirm()或 prompt()方法，实现相应的弹窗功能。

3. document 对象

document 是 window 对象的子对象，它代表当前浏览器窗口中的文档，使用它可以访问到文档中的所有其他对象(如图像、表单等)，因此该对象是实现各种文档功能的最基本对象。使用 document 对象时，可省略父对象 window。

1) document 对象的常用属性

document 最常用的属性有以下几种。

(1) all：表示文档中所有 HTML 标记符的数组。

(2) bgColor：表示文档的背景颜色。

(3) forms[ ]：表示文档中所有表单的数组。

(4) title：表示文档的标题。

document 对象的属性如表 5-3 所示。有关 JavaScript 中的所有对象的全部属性，可以使用 Dreamweaver 的参考面板来查看：打开参考面板(Shift+F1)，选择参考书籍“O'REILLY JavaScript Reference”，再选择要查看的对象就可以获得十分详细的参考信息。

图 5-3　document 对象的主要属性

属　　性	说　　明
alinkColor	被激活的超链接(即用户单击了该链接)的颜色，该属性对应于<body>标签的 alink 属性
linkColor	未被访问过的超链接的颜色，该属性对应于<body>标签的 link 属性
vlinkColor	被访问过的超链接的颜色，该属性对应于<body>标签的 vlink 属性
anchors[]	Anchor 对象的一个数组，该对象代表文档中的锚
applets[]	Applet 对象的一个数组，该对象代表该文档中的 Java 小程序
bgColor	文档背景颜色，对应于<body)标签的 bgcolor 属性
fgColor	文档前景颜色，对应于<body)标签的 text 属性
cookie	特殊属性，允许 JavaScript 程序读写 HTTP cookie 信息
domain	文档的安全域
Forms[]	Form 对象数组，该对象代表文档中的 fom 元素
Images[]	Image 对象数组，该对象代表文档中的 img 元素
Links[]	Link 对象数组，该对象代表文档中的超文本链接
lastModified	返回字符串，包含文档的修改日期

属　　性	说　　明
location	等价于属性 URL
rcferrer	文档的 URL，包含显示当前文档的链接(如果存在这样的链接)
title	文档中 title 元素包含的标题信息
URL	返回或设置字符串，声明了装载文档的 URL。除非发生了服务器重定向，否则该属性的值与 Window 对象的属性 location.href 相同

注意：document 对象的属性是区分大小写的，如 bgColor 不能写成 bgcolor。

以下示例显示了 bgColor 的属性和 this 关键字的使用方法。

```
------------------------清单 5-9  ch5-9.html------------------------
<html>
<head>
   <title>改变背景颜色</title>
</head>
<Script language="JavaScript" type="text/JavaScript">
   function chgBg(color)          //自定义函数 chgBg(color)
   {document.bgColor=color;}
</Script>
<body>
   <table height="45" border="0" align="center" cellpadding="0"
   cellspacing="0">
    <tr>
     <td width="150">请选背景颜色:</td>
     <td width="50" bgcolor="#FF0000"
   onClick="chgBg(this.bgColor)"> </td>
     <td width="50" bgcolor="#00FF00"
   onClick="chgBg(this.bgColor)"> </td>
     <td width="50" bgcolor="#0000FF"
   onClick="chgBg(this.bgColor)"> </td>
     <td width="50" bgcolor="#CCCCCC"
   onClick="chgBg(this.bgColor)"> </td>
    </tr>
   </table>
</body>
</html>
--------------------------------------------------------------------
```

在该网页代码中，td 标签内的 onClick="chgBg(this.bgColor)"表示：当单击该单元格时，调用 JavaScript 函数 chgBg(this.bgColor)，并将当前单元格的背景色(this. bgColor)作为参数传递给 chgBg()函数。

浏览结果如图 5-13 所示，当单击某种颜色（红、绿、蓝、灰色）时，整个窗口的背景色变为该颜色。

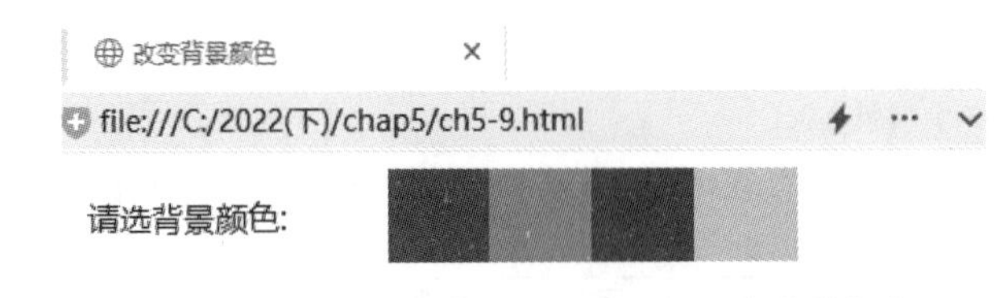

图 5-13　通过 document.bgColor 改变背景颜色

2) document 对象的常用方法

document 的方法有几十种，主要方法如表 5-4 所示。

表 5-4　document 对象的主要方法

方法	说明
Document.getElementById()	通过 id 获取元素
Document.getElementsByTagName()	通过标签名获取元豪
document.getElementsByClassName()	通过 class 获取元素
document.getElementsByName()	通过 name 获取元素
document.querySelector()	通过选择器获取元素，只获取第 1 个
document.querySelectorAll()	通过选择器获取元素，获取所有
document.createElement()	创建元素节点
document.createTextNode()	创建文本节点
document.write()	输出内容
document.writeln()	输出内容并换行

document 对象的常用方法有 write()、writeln()、getElimentById()、getElimentsByName()等。write()表示在网页中输出内容，writeln()表示在网页中输出内容并换行，getElimentById()是按元素的 id 标识获取其值或赋值，getElimentsByName()是按元素的 name 获取其值或赋值。

注意：document 对象的方法区分大小写，如 getElementById 不能写成 getelementbyid。

例如，输出“Hello How do you do!”并换行的 JavaScript 代码如下：

```
document.writeln("Hello How do you do! ");
```

例如，要获取 id 为"id003"元素的值并赋给变量 x 的 JavaScript 代码如下：

```
x=document.getElementById("id003");
```

4. form 对象

form 对象也称为表单对象，是 document 的子对象，是浏览者与网页进行交互的重要工具，通过 JavaScript 对表单的各种控件对象(如按钮、文本域等)来实现一些单独用 HTML 不能实现的功能。

不同表单控件具有不相同的属性、方法和事件，这里举两个最常见的应用——提交表单时文本域中的最少字数限制和在文本域输入字数统计来说明 form 对象的用法。

1) 提交表单文本域字数限制

在很多情况下，用户在提交表单时就会由用户计算机来判断表单是否符合要求，如注册新用户时，用户名不得少于 2 个字符、多于 8 个字符等。下面的例子来判断用户名是否符合要求。

```
----------------------清单 5-10-1  ch5-10-1.html----------------------
<html>
<head>
  <title>用户名字数合格性检查</title>
  <Script language="JavaScript">
  function checkMaxLen(inputName,maxLen,msg)   //最多字数控制函数
  {
    if (inputName.value.length > maxLen)
     {inputName.value = inputName.value.substring(0,maxLen);
        alert(msg);
     }
   }
   function checkMinLen(inputName,minLen,msg)  //最少字数控制函数
   {
   if (inputName.value.length <minLen)
     {alert(msg);
       return false;}
   return true;
     }
  </Script>
</head>
<body>
   <form name="form1" method="post" action="ch5-10-2.html" onSubmit=
   "JavaScript:return checkMinLen(this.userName,2,'用户名不能短于 2 个字
   符!')">
     用户名:<input name="userName" type="text" id="userName" onKeyUp
   ="checkMaxLen(this.form.userName,8,'用户名不能长于 8 个字符')">
     <input type="submit" name="Submit" value="注册">
   </form>
</body>
</html>
-----------------------清单 5-10-2  ch 5-10-2.html--------------------
<html>
<head>
   <title>提交表单成功</title>
</head>
<body>
   表单已经提交!
</body>
</html>
---------------------------------------------------------------------
```

运行结果如图 5-14 所示。

图 5-14　表单对象元素属性应用(1)

这里 ch5-10-1.html 表单提交以后，浏览器跳转到 ch5-10-2.html 运行，由于 ch5-10-2.html 是静态网页，它只能显示静态内容，不能获得表单提交的动态内容。只有动态网页（如*.asp 等）才能获得提交表单里的元素值，这在第 6 章将会学习到。

程序说明如下。

(1) 自定义函数中，inputName.value.length 获取用户输入文字的字符数(包括汉字和英文)。

(2) 自定义函数中，inputName.value.substring(0,maxlen)获取用户输入的前 maxlen 个字符。

(3) form 标签里的 onSubmit="……"表示当客户提交表单时，先执行函数 checkMinLen()，如果返回 true 则提交表单，否则不提交。

(4) input 标签里的 onKeyUp="checkMaxLen(……)"，表示当松开键盘按键时，执行函数 checkMaxLen()。

2) 统计文本域中的字数

```
-------------------------清单 5-11  ch5-11.html-------------------------
<html>
<head>
    <title>表单字数统计</title>
```

```
    <Script language="JavaScript" type="text/JavaScript">
    function strcount(message,total,used,remain)        //字数统计
    {
      var max;
      max=total.value;
      if(message.value.length>max) {
      message.value = message.value.substring(0,max);
      used.value=max;
      remain.value=0;
      alert("您输入的帖子内容已经超过系统允许的最大值"+max+"字节！\n 请删减部分
    帖子内容再发表！");
      }
      else {
       used.value=message.value.length;
       remain.value=max - used.value;
      }
    }
  </Script>
</head>
<body>
  <form action="ch5-10-2.html" method="post" name="reply" id="reply">
   <table width="450" align="center" cellpadding="0" cellspacing="0">
     <tr>
      <td height="30">字数统计:
      字限:<input name="total" type="text" value="1024" size="5"
    disabled>
      已写:<input name="used" type="text" value="0" size="5" disabled>
      剩余:<input name="remain" type="text" value="1024" size="5"
    disabled>
      </td>
    </tr>
    <tr>
      <td align="center"><textarea name="content" cols="40" rows="8"
    id="content" onKeyUp="strcount(this.form.content,this.form.total,
    this.form.used,this.form.remain)" ></textarea></td>
    </tr>
    <tr>
      <td height="30" align="center">
        <input type="submit" name="Submit" value="OK!__提交表单!">
        <input type="reset" name="Submit2" value="重置">
       </td>
     </tr>
   </table>
  </form>
</body>
```

```
</html>
-------------------------------------------------------------------
```

Ch5-11.html 浏览结果如图 5-15 所示，按提交表单后，跳转到 ch5-10-2.html，该网页不能获得 Ch5-10.html 中表单元素的内容，因为 ch5-10-2.html 不是动态网页。

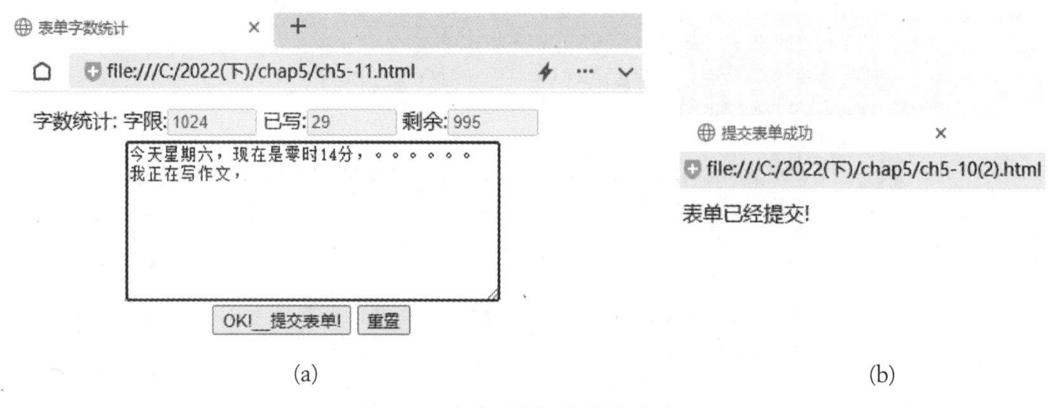

(a) (b)

图 5-15　表单对象元素属性应用(2)

5.3　行为

5.3.1　行为概述

行为(Behavior)是用来动态响应用户操作、改变当前页面效果或执行特定任务的一种方式，行为由事件(Event)和动作(Action)构成。

要在网页中应用行为，需要做好三件事情：选择对象；确定对象动作；选择触发事件。

对象就是浏览器里的各种实体，如窗口、文本、图片、表单元素、按钮等。

1. 事件

事件即 JavaScript（JS）事件，是指“发生了什么”，如鼠标到对象上方、离开对象或双击对象等。5.1.3 节对网页事件作了阐述，这里再将常用事件列出。

常用的 JS 事件主要是与鼠标和键盘相关的事件，如 onClick(鼠标单击)、onDbClick(鼠标双击)、onMouseOver(鼠标移入)、onMouseOut(鼠标移出)、onMouseDown(鼠标左键按下)、onMouseUp(鼠标按键释放)、onKeyPress(键盘键按下)、onKeyUp(键盘键释放)。

浏览器事件有：onLoad(加载完成网页)、onAbort(停止加载网页)、onUnload(页面关闭)、onScroll(页面滚动)、onMove(移动浏览器窗口)、onError(加载出现错误)、onFinish(Marquee 字幕结束一个循环)、onStart(Marquee 字幕开始循环)等。

表单事件有：onSubmit(提交)、onReset(重置)、onSelect(选择)、onBlur(光标离开此输入框)、onFocus(光标在此输入框)。

2. 动作

动作是指“做什么”，也是一段 JS 脚本。可以通过 JS 脚本代码改变对象的属性、应用对象的方法，或者产生其他效果；对象则是前面学习过的 JS 内置对象、document 对象、form 对象，或者其他 window 对象(如表格、图片等)。

常用的对象动作如下。

(1) 检查浏览器版本、检查插件。

(2) 控制 Shockwave 或 Flash：利用该动作可播放、停止、重播或转到指定帧。

(3) 拖动层，拖动其他对象；

(4) 网页跳转、转到 URL；

(5) 弹出提示信息框/输入信息框/确认对话框；

(6) 预先载入图片，设置导航栏图像。

(7) 显示/隐藏层，显示/隐藏弹出式菜单。

(8) 交换图像，恢复交换图像。

在网页中插入事件与动作构成的行为，可以直接采用手工方式编写，在 5.1.3 节学习事件、5.2 节学习对象属性和方法时，已多次用这种方式编写了各种行为，例如，

<form onSubmit= "JavaScript:...">中的 onSubmit= "JavaScript:..."; <body onLoad= “window.Open(’ ……’)”>中的 onLoad= “window.Open(’ ……’)”就是行为。也可以采用 Dreamweaver 可视化地来编辑各种对象的行为。

下面来学习可视化行为编辑。

5.3.2　可视化编辑行为

在 Dreamweaver CS6 中，通过使用“行为”面板可视化设置行为(事件和动作)，不直接编写动作脚本代码，也能自动生成 JavaScript 代码，轻松实现丰富的动态页面效果，实现用户与网页的交互。

1. 行为面板简介

在 Dreamweaver CS6 中，通过选择“窗口”→“行为”菜单命令，或直接按下快捷键 Shift+F4 即可打开行为面板，如图 5-16 所示。

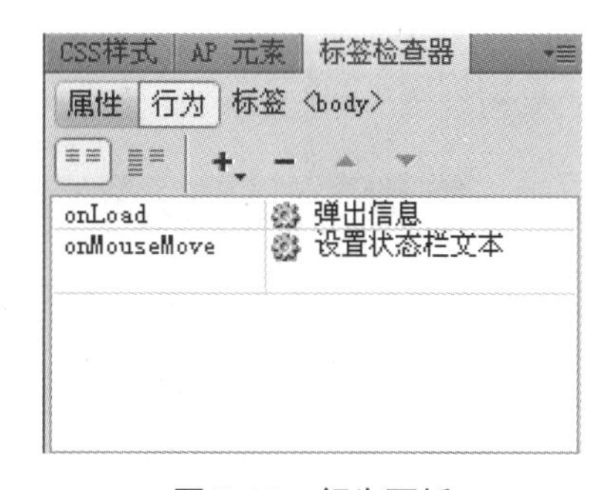

图 5-16　行为面板

行为面板基本操作如下。

(1) 选择对象：行为是为对象服务的，要添加行为，先得在网页编辑区选择一个目标对象，如文本、图像、按钮等。

(2) 添加行为：添加行分为两步，即添加动作和选择事件。

单击行为面板中的“+”按钮，在弹出的下拉菜单中，选择动作，如交换图像、弹出信息、恢复交换图像、打开浏览器窗口、显示-隐藏元素检查表单、设置导航栏图像、设置文本、调用 JavaScript、跳转菜单、转到 URL、预先载入图像等；选好一种动作以后，再设置触发事件，系统会默认一个事件(如 onLoad 等)，单击这个事件旁边的“∨”符号，就能弹出下拉选项，如 onLoad、onUnload、onFocus、onClick、onMouseMove、onMouseUp、 onMouseDown、onMouseOut 等，从中选择一项合适的触发事件。

(3) 删除行为：在行为面板中选择某个已经定义的行为(如图 5-16 中的“onLoad|弹出信息”行为)，再单击行为面板中的“-”号按钮即可。

(4) 调整行为顺序：当为同一个对象的多个行为应用同一种触发事件时，就应为这多个行为赋予事件权值，权值高的优先。在行为面板中选择一种行为，单击面板中的增加事件值按钮▲，可以向上移动行为；单击降低事件值按钮▼，可以向下移动行为。

网页里的导航菜单是网站的枢纽，网站中众多的网页全靠导航菜单联系在一起。因此，设计简洁美观的导航菜单是网页程序员一项十分重要的任务。

下面以导航菜单为例，说明可视化行为编辑的方法。

2. 文本下拉菜单

文本下拉菜单是最常见的网页导航菜单，例如，导航菜单一般情况下如图 5-17 左边所示(“学院简介”“机构设置”)，当单击“学院简介”以后，就弹出下拉式的菜单，如图 5-17 右图所示。这是 JavaScript 行为的一种应用。

学院简介　机构设置　学院简介　机构设置
学院概况
现任领导
历届领导
校徽校歌
媒体评论

图 5-17　文本下拉菜单

下面来学习可视化地制作这种下拉菜单的过程。

1) 创建对象

在 Dreamewaver CS6 中新建一个名为 str_updown_menu.html 的网页，在网页里创建一个 2×2、宽度为 300 像素的表格，表格的边框粗细、单元格边距、单元格间距都设为 0，如图 5-18 左边所示。在表格第一行(设置居中)第一列输入“学院简介”、第一行第二列输入“机构设置”，将文字加粗，并设置背景色为#8aF880，如图 5-18 右下所示。

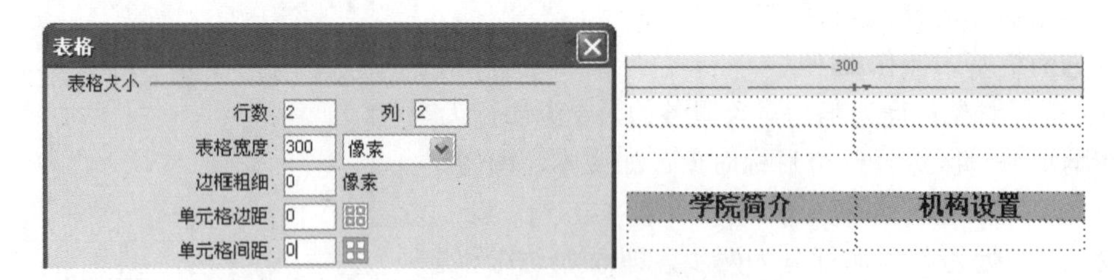

图 5-18　创建无边框的表格对象

在表格第二行第一列插入一个 Div 布局对象，在属性面板中为该 Div 对象命名为 menu_1，并通过单击属性面板中的“编辑 CSS”按钮，新建一个自命名为 div_css1 的类，将该类的背景色设置为#FFC、“定位-visibility”，属性设置为 hidden(设置该属性，目的是为了浏览网页时不显示应用了这个类的对象)，如图 5-19 所示。

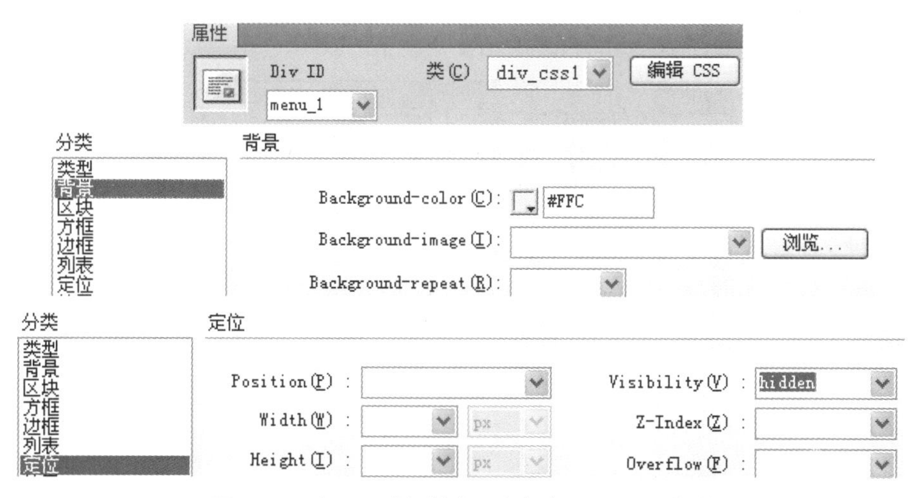

图 5-19　为 Div 对象新建一个名为 div_css1 的类

再在该 Div 对象内输入“学院概况
现任领导
历届领导
校徽校歌
媒体评论”，其中的“
”是软回车符，通过按 Shift+Enter 键而获得，如图 5-20 所示。

学院简介	机构设置
学院概况 现任领导 历届领导 校徽校歌 媒体评论	

图 5-20　表格对象内嵌入 Div 对象

2) 添加行为

我们的目的是浏览网页时，显示“学院简介”、“机构设置”等菜单标题，不显示下拉菜单；而当单击主菜单项时，下拉子菜单会弹出来；光标离开子菜单区域时，子菜单消失。所以，我们既要为主菜单“学院简介”等对象设置行为，也要为子菜单“学院概况”、“现任领导”等对象设置行为。

添加一个行为，要分别为其添加动作和事件。

(1) 打开行为面板。单击 Dreamweaver 菜单栏里的“窗口”→“行为”，呈现出行为面板。

(2) 为主菜单项添加行为。选择字符串“学院简介”，单击行为面板里的“+”按钮，选择动作“显示-隐藏元素”，在弹出的对话框中，选择元素“div munu1”，并单击“显示”按钮，该动作的功能是将名为 menu1 的 div 对象显示出来(说明：由于 menu1 应用了 div_css1 样式，该样式默认的定位模式为隐藏)，确定以后，再在行为面板中为该行为选择事件为 onClick(单击时发生)，如图 5-21 所示。

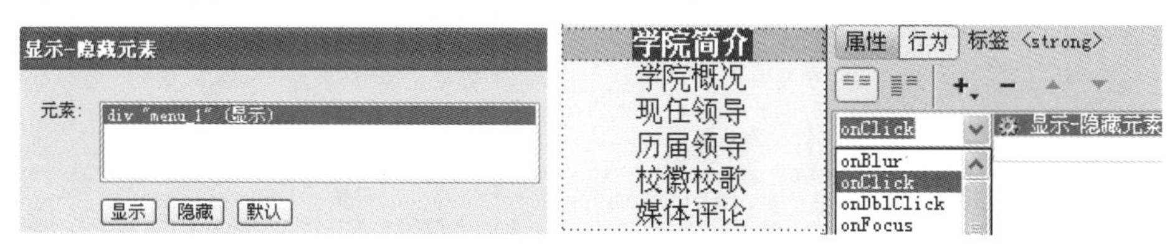

图 5-21　为主菜单项添加行为

(3) 为子菜单项添加行为。

选择名为 menu1 的 div 对象(子菜单)，类似地为该对象添加一个鼠标滑出(onMouseOut)

时，menu1 对象隐藏的行为，如图 5-22 所示。

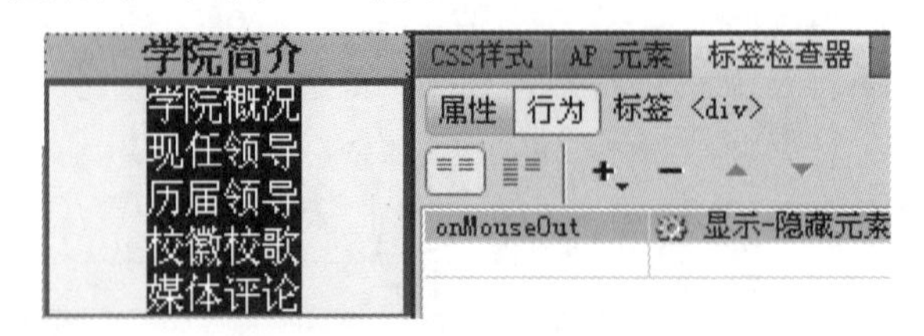

图 5-22　为子菜单添加行为

同样，可为“机构设置”主菜单项设置下拉子菜单。

保存并浏览网页，当单击“学院简介”时，弹出下拉子菜单，鼠标从子菜单里滑出时，子菜单消失，效果如图 5-23 所示。

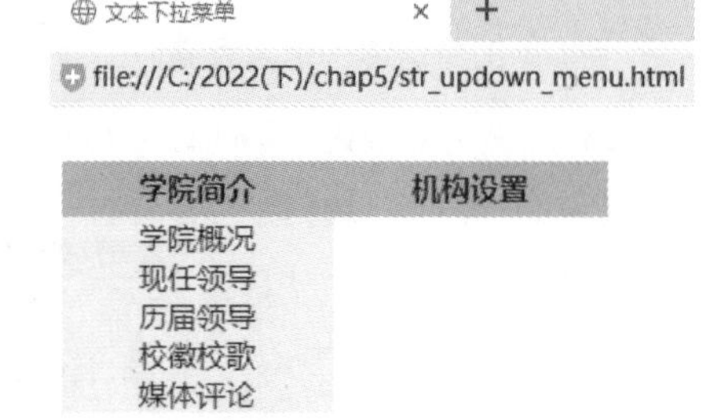

图 5-23　str_updown_menu 浏览效果

查看网页代码，可看到 str_updown_menu.html 的代码如下。

```
----------------------清单  str_updown_menu.html---------------------
<!DOCTYPE html PUBLIC "-//W3C//DTD XHTML 1.0 Transitional//EN"
   "http://www.w3.org/TR/xhtml1/DTD/xhtml1-transitional.dtd">
<html xmlns="http://www.w3.org/1999/xhtml">
<head>
  <meta http-equiv="Content-Type" content="text/html; charset=utf-8" />
  <title>文本下拉菜单</title>
  <style type="text/css">
  <!--
    .div_css1 {
        background-color: #ffffcc;
        visibility: hidden;
    }
  -->
  </style>
  <script language="javascript">
    function MM_showHideLayers() { //v9.0
      var i,p,v,obj,args=MM_showHideLayers.arguments;
      for (i=0; i<(args.length-2); i+=3)
       with (document) if (getElementById &&
    ((obj=getElementById(args[i]))!=null)) { v=args[i+2];
```

```
            if (obj.style) { obj=obj.style;
      v=(v=='show')?'visible':(v=='hide')?'hidden':v; }
            obj.visibility=v; }
   }
   </script>
  </head>
  <body>
  <br />
  <table  width="300" border="0" cellspacing="0" cellpadding="0" >
   <tr bgcolor="#8aF880" align="center" height="30">
     <td><strong onclick="MM_showHideLayers('menu_1','','show')">学院简
     介</strong></td>
     <td><strong>机构设置</strong></td>
   </tr>
   <tr align="center">
     <td><div class="div_css1" id="menu_1"
     onmouseout="MM_showHideLayers('menu_1','','hide')"
     visibility:hidden>
       学院概况<br />
       现任领导<br />
       历届领导<br />
       校徽校歌<br />
       媒体评论<br />
     </div></td>
     <td> </td>
   </tr>
  </table>
  </body>
  </html>
  ------------------------------------------------------------------
```

由此可见，通过给网页对象添加行为，自动添加了 JavaScript 动作函数(MM_showHideLayers())、CSS 样式(.div_css1)以及动作触发事件(onClick、onMouseOut)。

3. 图像下拉菜单

可视化编辑图像下拉菜单与编辑文本下拉菜单的方法有些近似。

1) 创建对象

在 Fireworks 中编辑好四张小图：xygk-0.jpg、xygk-1.jpg、dzjg-0.jpg 和 dzjg-1.jpg，如图 5-24 所示。四张图的情况分别是：xygk-0.jpg(学院概况)和 dzjg-0.jpg(党政机构)用作原始菜单图片；当鼠标滑过原始菜单图片时，分别变为相反颜色的 xygk-1.jpg(学院概况)和 dzjg-1.jpg(党政机构)图片，都保存在 images 子目录下。

启动 Dreaweaver CS6，新建一个名为 pic_updown_menu.html 的网页文档，该文档与图片文件夹位于同一目录下。在网页中插入一个 2×2 的表格，表格的边框粗细、单元格边距和单元格间距都设为 0；然后，在第一行的第 1、2 单元格里分别插入图片 xygk-0.jpg 和图片 dzjg-0.jpg，如图 5-25 所示。再在第二行第一个单元格里创建一个名为 menu2 的 div 对象，

与上例相似，为该 div 对象设置一个名为 div_css2 的类，该类的背景色为#FF8，visibility 定位属性为 hidden(隐藏)，然后在 div 里输入文字：学院简介、现任领导等，换行采用软回车符(Shift+Enter)来实现，如图 5-26 所示。

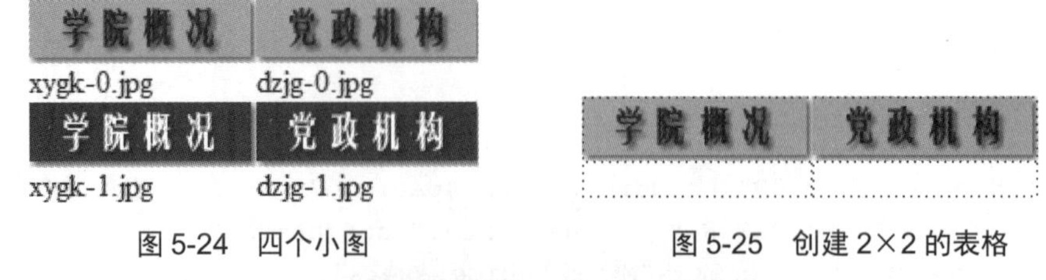

图 5-24　四个小图　　　　图 5-25　创建 2×2 的表格

图 5-26　主菜单与子菜单对象的建立

2) 添加行为

(1) 给主菜单图片添加行为。

主菜单图片“学院概况”有几种行为：鼠标滑过时变为反色的另一幅图片(鼠标滑出时恢复原图)、当鼠标单击时出现下拉子菜单(div 对象)。下面分别来添加这些行为。

选择“学院概况”图片，打开行为面板，单击行为面板中的“+”按钮，在弹出的菜单中选择“交换图像”，弹出交换图像对话框，在该对话框中选择“图像 image1”(就是 xygk-0.jpg 图片)；单击在“设置原始档为：”右边的“浏览”按钮，选择要替换的图片(xygk-1.jpg)，并选中“鼠标滑开时恢复图像”选项，单击“确定”按钮。

查看行为面板，由于在“交换图像”对话框中选择了“鼠标滑开时恢复图像”，因此，行为面板中实际上产生了两个动作：交换图像和恢复交换图像。为“交换图像”动作选择事件：onMouseOver，恢复交换图像的事件已经设为了 onMouseOut，如图 5-27 所示。

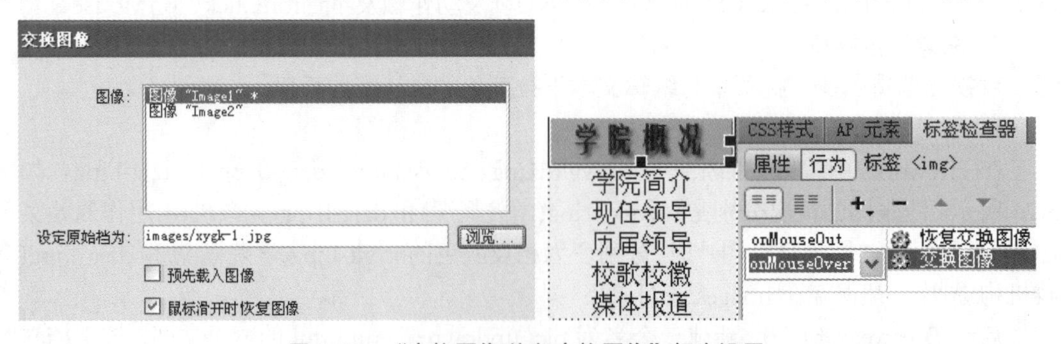

图 5-27　“交换图像/恢复交换图像”行为设置

接着来设置该图像对象的另一个行为：单击“学院概况”时的下拉菜单动作。选择“学院概况”图像(xygk-0.jpg)，在行为面板中单击“+”按钮，在弹出的菜单中选择“显示-隐藏元素”动作，在弹出的对话框中选择元素 div“menu_2”，并单击“显示”按钮，再单击“确定”按钮，如图 5-28(a)所示。

回到行为面板，为“显示-隐藏元素”动作的事件设置为 onClick，如图 5-28(b)所示。从图中可以看出，已给“学院概况”图像(xygk-0.jpg)对象添加了三个行为。

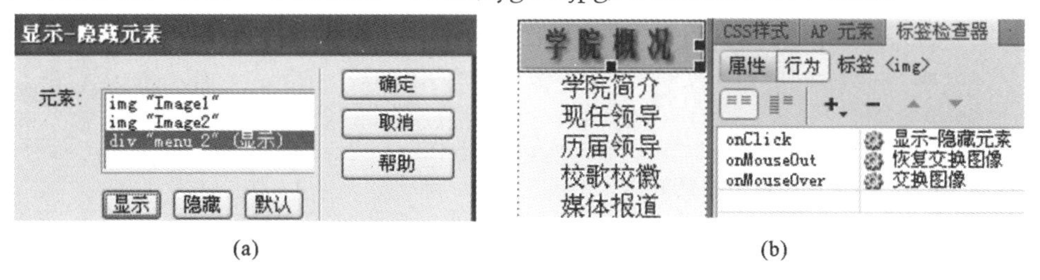

(a)　　　　(b)

图 5-28　单击主菜单显示子菜单行为设置

单击主菜单图片时，会弹出子菜单层出来，但一直会出现在网页里。一般希望光标离开子菜单项时，子菜单应该消失。接着进行下面的设置。

(2) 给子菜单层添加行为。

给子菜单添加行为，使得当光标滑出子菜单时，子菜单消失。选择名为 menu_2 的 div 子菜单层，在行为面板中按“+”按钮，选择“显示-隐藏元素”动作，在弹出的对话框中，选择元素 div“menu2”，并单击“隐藏”按钮，单击“确定”按钮，如图 5-29(a)所示。回到行为面板中，为该动作选择触发事件为 onMouseOut，如图 5-29(b)所示。

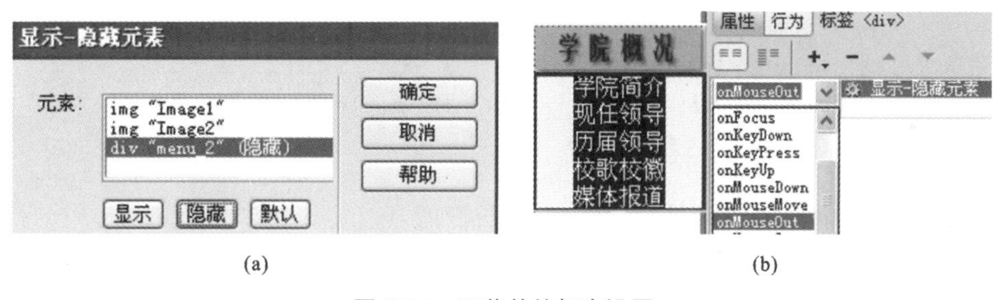

(a)　　　　(b)

图 5-29　子菜单的行为设置

保存并浏览该网页，效果如图 5-30 所示。打开网页时，效果如图 5-30(a)所示；鼠标滑过主菜单“学院概况”时，效果如图 5-30(b)所示；单击“学院概况”时，弹出下拉菜单，效果如图 5-30(c)所示。

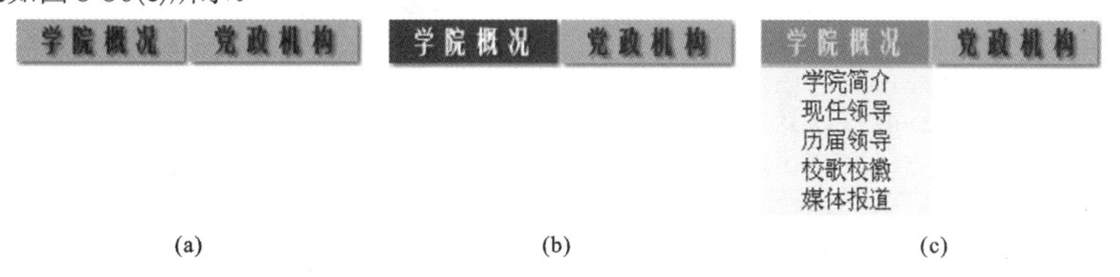

(a)　　　　(b)　　　　(c)

图 5-30　pic_updown_menu.html 的浏览效果

说明：上述 DIV 布局对象 (menu_1、menu_2) 可以不放到表格单元格里，而是单独进行布局，其位置与大小通过 ID 样式来规定坐标和尺寸来实现。这样，下拉菜单布局更加灵活，在实际开发中，这种方法用得更多。

在 Dreamweaver CS6 中查看源代码如下。

```
----------------------清单  pic_updown_menu.html---------------------
<!DOCTYPE html PUBLIC "-//W3C//DTD XHTML 1.0 Transitional//EN"
   "http://www.w3.org/TR/xhtml1/DTD/xhtml1-transitional.dtd">
<html xmlns="http://www.w3.org/1999/xhtml">
<head>
  <meta http-equiv="Content-Type" content="text/html; charset=utf-8" />
  <title>交换图片下拉菜单</title>
  <style type="text/css">
  <!--
    .div_css2 {
      background-color: #FFC;
      visibility: hidden;
   }
  -->
  </style>
  <script type="text/javascript">
  <!--
  function MM_preloadImages() { //v3.0
      var d=document; if(d.images){ if(!d.MM_p) d.MM_p=new Array();
      var i,j=d.MM_p.length,a=MM_preloadImages.arguments; for(i=0;
    i<a.length; i++)
      if (a[i].indexOf("#")!=0){ d.MM_p[j]=new Image;
    d.MM_p[j++].src=a[i];}}
    }
  function MM_swapImgRestore() { //v3.0
    var i,x,a=document.MM_sr;
    for(i=0;a&&i<a.length&&(x=a[i])&&x.oSrc;i++) x.src=x.oSrc;
    }
  function MM_findObj(n, d) { //v4.01
     var p,i,x;  if(!d) d=document;
    if((p=n.indexOf("?"))>0&&parent.frames.length) {
     d=parent.frames[n.substring(p+1)].document; n=n.substring(0,p);}
    if(!(x=d[n])&&d.all) x=d.all[n]; for (i=0;!x&&i<d.forms.length;i++)
    x=d.forms[i][n];
    for(i=0;!x&&d.layers&&i<d.layers.length;i++)
    x=MM_findObj(n,d.layers[i].document);
    if(!x && d.getElementById) x=d.getElementById(n); return x;
  }
  function MM_swapImage() { //v3.0
    var i,j=0,x,a=MM_swapImage.arguments; document.MM_sr=new Array;
    for(i=0;i<(a.length-2);i+=3)
```

```
    if ((x=MM_findObj(a[i]))!=null){document.MM_sr[j++]=x; if(!x.oSrc)
    x.oSrc=x.src; x.src=a[i+2];}
  }
  function MM_showHideLayers() { //v9.0
    var i,p,v,obj,args=MM_showHideLayers.arguments;
    for (i=0; i<(args.length-2); i+=3)
    with (document) if (getElementById &&
    ((obj=getElementById(args[i]))!=null)) { v=args[i+2];
    if (obj.style) { obj=obj.style;
    v=(v=='show')?'visible':(v=='hide')?'hidden':v; }
    obj.visibility=v; }
  }
  -->
</script>
</head>
<body>
<table width="240" border="0" cellspacing="0" cellpadding="0">
  <tr>
    <td><img src="images/xygk-0.jpg" width="120" height="33"
    id="Image1" onclick="MM_showHideLayers('menu_2','','show')"
    onmouseover="MM_swapImage('Image1','','images/xygk-1.jpg',0)"
    onmouseout="MM_swapImgRestore()" /></td>
    <td><img src="images/dzjg-0.jpg" width="120" height="33"
    id="Image2" /></td>
  </tr>
  <tr>
    <td><div align="center" class="div_css2" id="menu_2"
    onmouseout="MM_showHideLayers('menu_2','','hide')">学院简介<br />
    现任领导<br />
    历届领导<br />
    校歌校徽<br />
    媒体报道</div></td>
    <td> </td>
  </tr>
</table>
</body>
</html>
```

可以看到，通过可视化下拉菜单的创建，自动生成 MM_preloadImages()、MM_swapImgRestore()、MM_findObj(n, d)、MM_swapImage()和 MM_showHideLayers()五个函数。图片对象 images/xygk-0.jpg 上添加了 onClick、onMouseOut 和 onMouseOver 三个事件，以及相应的动作；Div 对象上也应用了 onMouseOut 事件和相应的动作。在这 4 个动作中分别应用了预定义的 5 个 JavaScript 函数。触发事件和相应的动作，便构成了行为。

同样地，可以为多个主菜单图片添加下拉子菜单。回顾第 4 章，设计的一个网站首页里面有一个图片式导航主菜单，可以采用这种方法给每个主菜单项添加下拉式子菜单。

这两个例子都采用 JavaScript 行为，可视化地制作导航菜单，还可以采用 JavaScript 行为制作网页上许多其他交互性动作。

如果对 JavaScript 很熟悉了，也可以手工给网页添加行为。

4. 手工添加行为

可视化编辑行为是一种较好的方法，但对行为(事件+动作)比较熟悉以后，有时直接用手工方法给对象添加简单的行为更加便捷，代码也更加简单。

例如，要制作一个列表式跳转菜单，先在 Dreamweaver 中给网页插入一个表单，再在表单里插入“跳转菜单”项，在图 5-31 所示的对话框中，添加跳转选项。

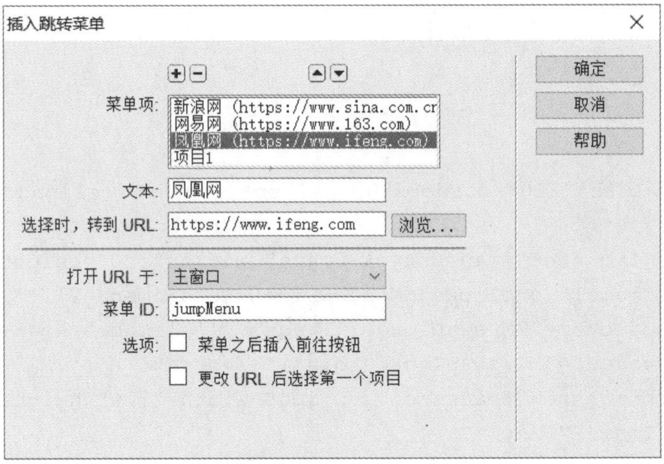

图 5-31　跳转菜单对话框

从代码视图中，可以看到如下代码：

```
<form name="form1" method="post" action="">
  <select name="jumpMenu" >
    <option>请选择网址：</option>
    <option value="http://www.sina.com">新浪网</option>
    <option value="http://www.163.com">网易网</option>
    <option value="http://www.ifeng.com">凤凰网</option>
    <option>项目 1</option>
  </select>
</form>
```

浏览网页，可以看到如图 5-32 所示的效果，当我们选择下拉列表中的某一选项，如选择“新浪网”时，并不出现跳转。

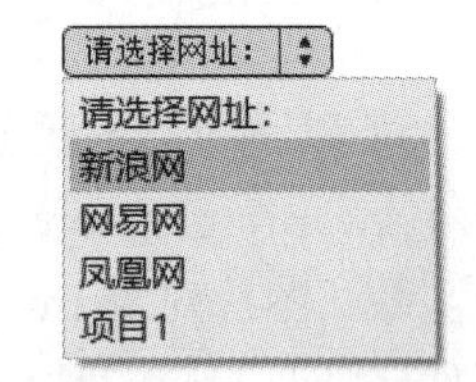

图 5-32　下拉跳转式菜单

我们可手工添加行为，在<select>标签里添加事件和 JavaScript 代码动作如下：

```
<select name="jumpMenu"
    onChange="window.location.href=this.
    options[this.selectedIndex].value">
```

其中，onChange 状态变化事件，onChange="……"是添加的行为，选择下拉列表选项时就触发了该事件，window.location.href="URL 地址"是使用 window 对象的 href 属性重新定向页面。

手工添加事件、行为以后，再单击图 5-32 所示的下拉跳转菜单中的某项，就能在当前窗口中打开跳转的网页。

5.4　jQuery 基础

5.4.1　jQuery 概述

jQuery 是一个 JavaScript 函数库（或框架），也是一个轻量级的写的少、做的多的 开源 JavaScript 库（可以从 jQuery 网站：jquery.com 免费获得）。

网络上有很多开源的 JS 库，但目前最流行的 JS 库是 jQuery。很多大公司都在使用 jQuery，如 Google、Microsoft、IBM、Netflix、华为、腾讯、360 公司等。目前 jQuery 兼容几乎所有主流浏览器，包括 IE、Firefox、Safari、Opera、Chrome、360 极速浏览器等。

自 2006 年 John Resig 等人创建并发布了稳定的 jQuery 1.0 以来，jQuery 不断发展更新，当前最新版本为 jQuery 3.6。你可以在开发网页时引入它，然后就可在页面中使用这个库里的方法了。

5.4.2　jQuery 语法基础

1. jQuery 库与引用

从 jQuery 官网（jquery.com）可以免费获取最新版 jQuery 库，从首页进入下载页，或直接打开 https://jquery.com/download，下载 jQuery 库，如图 5-33 所示。

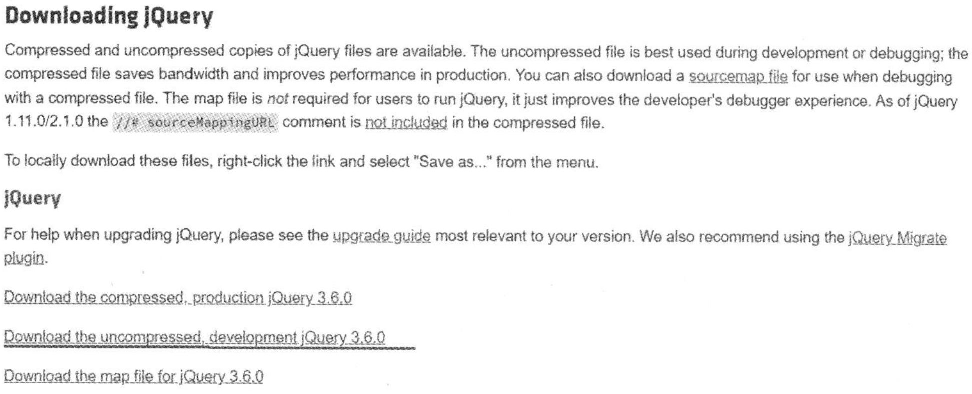

Downloading jQuery

Compressed and uncompressed copies of jQuery files are available. The uncompressed file is best used during development or debugging; the compressed file saves bandwidth and improves performance in production. You can also download a sourcemap file for use when debugging with a compressed file. The map file is *not* required for users to run jQuery, it just improves the developer's debugger experience. As of jQuery 1.11.0/2.1.0 the `//# sourceMappingURL` comment is not included in the compressed file.

To locally download these files, right-click the link and select "Save as..." from the menu.

jQuery

For help when upgrading jQuery, please see the upgrade guide most relevant to your version. We also recommend using the jQuery Migrate plugin.

Download the compressed, production jQuery 3.6.0

Download the uncompressed, development jQuery 3.6.0

Download the map file for jQuery 3.6.0

图 5-33　在 jQuery 官网下载 jQuery 库(开发版)

从 download 页可以看出，jQuery 库有精简压缩版、未压缩开发版和镜像版。这里下载未压缩开发版 jQuery 库就可以。当前最新 jQuery 库版本是 3.6.0，这是一个 JS 文件（jquery-3.6.0.js）。下载后，将它保存在我们所开发网页的同一个目录下即可。

在网页的<head>与</head>之间，加入以下代码就可以使用 jQuery 库函数了。

```
<script src="jquery-3.6.0.js"> </script>
```

如果没有下载 jQuery 库，且计算机已联网的情况下，则在<head>与</head>之间引入新浪或百度等互联网平台免费提供的 jQuery 库链接，同样可以使用 jQuery。引入方法如下：

```
<script src="http://lib.sinaapp.com/js/jquery/2.0.2/jquery-2.0.2.min.js"> </script>
```

或

```
<script src="http://libs.baidu.com/jquery/1.10.2/jquery.min.js"> </script>
```

2. jQuery 主要功能

jQuery 库主要包含以下功能：

(1) HTML 元素选取、HTML 元素操作；

(2) CSS 操作、HTML 事件函数；

(3) JavaScript 特效和动画；

(4) HTML DOM 遍历和修改；

(5) AJAX、Utilities。

3. $与 jQuery 语法

1) jQuery 初始方法与$

jQuery 库的主要函数名是 jQuery，常用$代替，$是 jQuery 代码中最常用的符号，常用$("……")表示 jQuery 对象。

jQuery 有一个关于 document 对象的方法 ready()，形式如下：

```
$(document).ready(function(){});
```

或简写为

```
$(function(){});
```

这是 jQuery 最重要、也是最初始的方法，其功能相当于 body 标签里的 onload=""，当网页被浏览时就执行。

下面是一个将 html 文本隐藏的简单 jQuery 应用。

```
---------------------- 清单  jquerytest-0.html----------------------
<!doctype html>
<html>
<head>
<meta charset="utf-8">
<title>jquerytest-0</title>
<script src="jquery-3.6.0.js"></script>
<script>
  $(document).ready(function(){ alert("Hello，弹窗来自 jquerytest-0!
   ");});
</script>
</head>
<body>
</body>
</html>
---------------------------------------------------------------------
```

浏览该网页，会出现一个弹窗，效果如图 5-34 示。

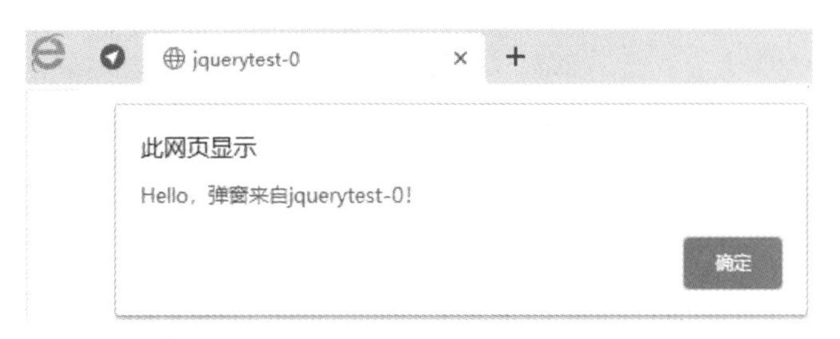

图 5-34　querytest-0.html 浏览效果

2) $与 jQuery 对象

采用$符号可轻松地将 html 对象、CSS 对象转换为 jQuery 对象。

$("标签名")，可将 html 元素转换为 jQuery 对象。

例如，$("p")将 html 段落转换为 jQuery 段落；

$("button")将 button 转换为 jQueryr 按钮；

$(".类名")，可将指定类样式的 CSS 元素转换为 jQuery 对象；

$("#ID 名")，可将指定 ID 样式的 CSS 元素转换为 jQuery 对象。

譬如下列网页：

```
----------------------- 清单  jquerytest-1.html-----------------------
<!doctype html>
<html>
<head>
<meta charset="utf-8">
<title>jquerytest-1</title>
<script src="jquery-3.6.0.js"></script>
<script>
  $(document).ready(function(){
    $("p").click(function(){$(this).hide();});  //hide()是隐藏对象的方
   法
   });
</script>
</head>
<body>
   <p>第一段，点击我</p>
   <p>第二段，再点击我</p>
   <p>第三段，继续点击我</p>
</body>
</html>
---------------------------------------------------------------------
```

这里$("p").click 的 click 相当于前面学过的 onClick(单击)，$(this).hide()中 this 指当前对象，hide()是隐藏对象的方法。

浏览该网页，效果如图 5-35(a)所示。

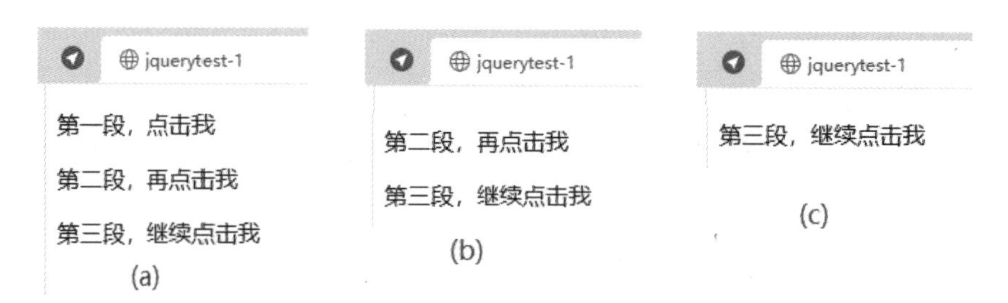

图 5-35　jquerytest-1.html 浏览效果

当单击“第一段，点击我”，第一段就不见了，如图 5-35(b)所示；再单击“第二段，再点击我”，第二段就不见了，如图 5-35(c)所示；再单击“第三段，继续点击我”，第三段也不见了。

如果将上例 body 元素里中的

```
<p>第一段，点击我</p>  <p>第二段，再点击我</p>  <p>第三段，继续点击我</p>
```

替换成：

```
<p><button>按钮 1</button></p><p><button>按钮 2</button></p><p><button>
   按钮 3 </button></p>
```

并将 head 元素里 script 代码$("p").click 替换成$("button").click。再浏览，会出现“按钮 1”“按钮 2”“按钮 3”三个按钮，单击其中任意一个，就会隐藏该按钮，在三个按钮上分别单击一下，就都隐藏起来了。

下面设计一个例子，单击按钮后，隐藏一个指定类样式的对象，代码如下所示。

```
----------------------- 清单  jquerytest-2.html-----------------------
<!doctype html>
<html>
<head>
<meta charset="utf-8">
<title>jquery-test2</title>
<script src="jquery-3.6.0.js">
</script>
<script>
  $(document).ready(function(){
      $("button").click(function(){ $(".test1").hide(); });
   });
</script>
</head>
<body>
   <h2>这是 H2 号标题</h2>
   <p class="test1">这是第一段文字。</p>
   <p class="test1">这是第二段文字。</p>
   <button>按 钮</button>
</body>
</html>
--------------------------------------------------------------------
```

浏览该网页，效果如图 5-36(a)所示，单击按钮后，第一、二段都不见了，如图 5-36(b)所示。

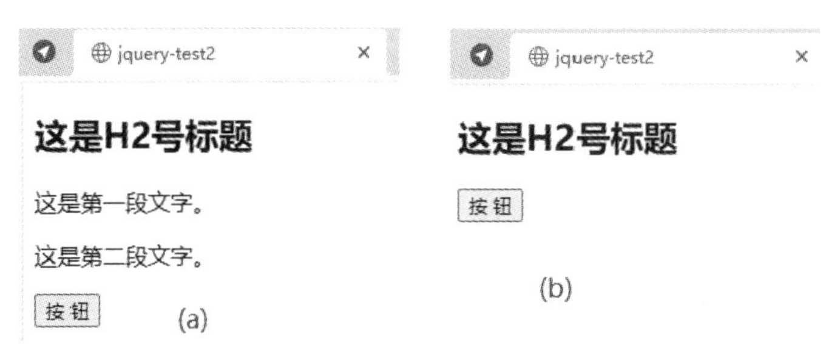

图 5-36　jquerytest-2.html 浏览效果

因为第一段、第二段的 p 标签都指定了 class="test1"，即都按类样式 test1 显示。

$("button").click(function(){$(".test1").hide();}的功能是单击按钮后，将所有采用类样式 test1 的元素(对象)都隐藏起来。

若把<p class="test1">这是第二段文字。</p>修改为<p id="test1">这是第二段文字。</p>，则单击按钮后，只有第一段会隐藏，第二段不会隐藏。

3) jQuery 常用方法

$("……").show(["fast|slow"])：让 jQuery 对象显现出来。

$("……").hide(["fast|slow"])：使 jQuery 对象隐藏起来。

$("……").fadeIn(["fast|slow"])：设置 jQuery 对象渐入。

$("……").fadeOut(["fast|slow"])：设置 jQuery 对象淡出。

$("……").animate(CSS 样式[,"fast|slow",func()])：设置 jQuery 对象动画。
其中，[ ]是可选项，fast 表示快速，slow 表示慢速，func()是自定义函数。

$("……").text(["……"])：获得 jQuery 元素的文本值，或给 Query 元素赋文本值。

$("……").html(["……"])：获得 jQuery 对象的内容，或给 Query 对象赋值。

$("……").val(["……"])：获得表单元素的值，或给表单元素赋值。

上述[ ]为可选，没有可选内容时取该对象值，有可选项内容时则是给该对象赋值。

$("……").click(function(){})：若单击该对象，执行 function()指定动作，与 JS 的 onClick="function(){}"相当，在 jquerytest-2.html 中已使用。

$("……").focus(function(){})：当光标在此输入框里时，启动函数动作。

$("……").blur(function(){})：当光标离开此输入框里时，启动函数动作。

$("……").submit(function(){})：当提交表单时，启动函数动作。

将这里的部分方法与前面介绍的内容结合起来，编写一个 jQuery 例子，代码如下。

```
----------------------- 清单  jquerytest-3.html----------------------
<!doctype html>
<html>
<head>
<meta charset="utf-8">
<title>jquerytest-3</title>
<script src="jquery-3.6.0.js"></script>
```

```
<script>
  $(document).ready(function(){
    $("#butnShow").bind("click",function(){$("#divMsg").show("slow");});
    $("#butnHide").bind("click",function(){$("#divMsg").hide("slow");});
    $("#butnChange").bind("click",function(){$("#divMsg").html("Hi，同
    学们好");});
  });
</script>
</head>
<body>
<div id="divMsg">Hello，大家好！ </div><br/>   
<input type="button" id="butnShow" value="显 示"/>  
<input type="button" id="butnHide" value="隐 藏"/><br/><br />
<input type="button" id="butnChange" value="改变信息"/>
</body>
</html>
------------------------------------------------------------------
```

其中，$("#…").bind("click",function(){})：将 click 事件和函数绑定在 jQuery 对象上。

浏览该网页，效果如图 5-37(a)所示，单击“隐藏”按钮后，效果如图 5-37(b)所示；单击“显示”按钮后，效果如图 5-37(a)所示；单击“改变信息”按钮后，效果如图 5-37(c)所示；单击“隐藏”按钮后，效果如图 5-37(b)所示；再单击“显示”按钮后，效果如图 5-37(c)所示。

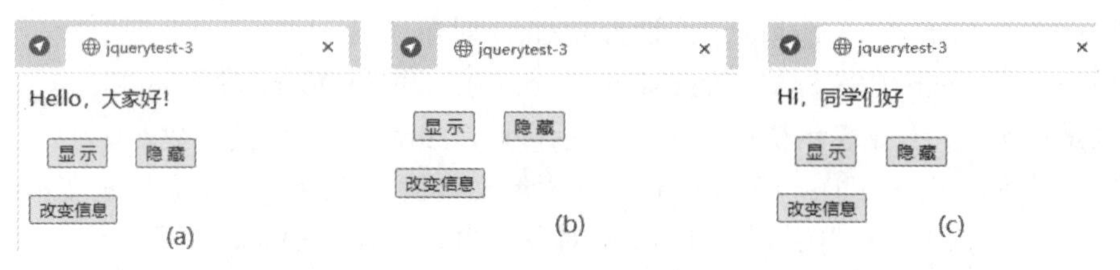

图 5-37　jquerytest-3.html 浏览效果

5.4.3　jQuery 简单应用

1. jQuery 对象元素的选择

1) 特定标签元素的选择

如果要选择同一种标签所有元素，则可用$("标签名")选择，上一节已经学过。如果只选择同一标签的部分特定的元素，则用如下方式。

$("E,F")：选择所有 E 元素和所有 F 元素。

$("E.F")：选择所有标签为 E、类样式为 F 的元素。

$("E#F")：选择所有标签为 E、ID 样式为 F 的元素。

2) 多级结构元素的选择

对于表单、列表等元素具有多个层级，譬如表单 form 里面还有 input 等二级元素，列表 select 元素下有 li 元素，ol 元素里有 li 元素，ul 元素里也有 li 元素。

jQuery 对两级结构元素的选择方式如下。

$("E F")：选择 E 元素内的所有 F 元素（子孙节点）。

$("E>F")：选择父元素为 E 的所有 F 元素（子节点）。

例如，$("form input")就是选择表单内所有的 input 元素。

2. jQuery 查验用户注册输入信息

应用 jQuery 对象的属性、方法，开发一个用户注册与 jQuery 信息检查的网页。当用户在表单中填写信息，jQuery 即时获得信息，并对每项输入（或选择）的信息即时进行合格检查；只有输入信息符合要求，才能输入一条信息；只有所有输入信息都合格，才能提交表单。

首先在 DW 环境里创建一个 HTML 5 类型的网页，然后创建一个用户注册的表单框架，添加 jQuery 代码如下所示。

```
---------------------- 清单  jquerytest-4.html -----------------------
<!doctype html>
<html>
<head>
<meta  charset=utf-8" />
<title>用户注册页</title>
<script src="jquery-3.6.0.js"></script>
<script type="text/javascript">
   // 注册 JS
  $(document).ready(function()
  {    //验证 button 提交 post
$('button').click(function ()
{ if($('.email').val()==""){
    $('.email_em').html("<font color='red'><b>×请输入邮箱</b></font>");
    $('.email').focus();
}
if($('.password').val()==""){
     $('.password_em').html("<font color='red'><b>×请输入密码</b></font>");
     $('.password').focus();
    }
  if($('.wpassword').val()==""){
     $('.wpassword_em').html("<font color='red'><b>×请输入密码</b></font>");
     $('.wpassword').focus();
    }
  if($('.level').val()==''){
     $('.level_em').html("<font color='red'><b>×请选择等级</b></font>");
    }
  if(!$('#agree').get(0).checked) {
     $('.agree_em').html("<font color='red'><b>×请同意服务条款</b></font>");
    }
  if($('.wrong').text()){
      return false;
```

```
  }else{
$.post('email_verify.asp',{'user_mail':$('.email').val(),'user_passw
    ord':$('.password').val(),'user_level':$('.level').val()},functio
    n(result){
if(result==1){
   location.href='dashboard.asp';
}else{ location.href='sign_up.asp';
  }  } );
}
});
 //验证邮箱格式
 $(".email").blur( function() {       //blur()事件，当离开此输入框时发生
var sEmail = /\w+([-+.']\w+)*@\w+([-.]\w+)*\.\w+([-.]\w+)*/;
if($('.email').val()){
if(!sEmail.exec($(".email").val())) //exec()方法用于检索字符串中正则表达式
    的匹配
 {$('.email_em').html("<font color='red'><b>×请输入正确邮箱地址
    </b></font>");
  $('.email').focus();
  }else{ $('.email_em').html("<font color='#4E7504'><b>√
     </b></font>");}
  }else{ $('.email_em').html("<font color='red'><b>×请输入邮箱
    </b></font>");}
  });
 //验证密码
$('.password').blur( function(){    //blur()事件，当离开输入框时发生（以下
    相同）
if($('.password').val()){
   if($('.password').val().length < 6)
{$('.password_em').html("<font color='red'><b>×请输入 6 位以上密码
    </b></font>");}
 else if($('.wpassword').val()!=$('.password').val() &&
    $('.wpassword').val()!='')
  {  $('.password_em').html("<font color='#4E7506'><b>√
     </b></font>");
     $('.password_em').html("<font color='red'><b>×与密码不一致
    </b></font>");}
   else{$('.password_em').html("<font color='#4E7506'><b>√
     </b></font>");}
    }else{ $('.password_em').html("<font color='red'><b>×请输入密码
    </b></font>");}
 });
 //验证确认密码
  $('.wpassword').blur( function(){
  if($('.wpassword').val()){
```

```
if($('.wpassword').val().length < 6)
 {$('.wpassword_em').html("<font color='red'><b>×请输入 6 位以上密码
   </b></font>");}
else if($('.wpassword').val()=='')
  {$('.wpassword_em').html("<font color='red'><b>×请输入重复密码
   </b></font>");}
  else if($('.password').val()!=$('.wpassword').val() &&
   $('.password').val()!='')
  { $('.wpassword_em').html("<font color='red'><b>×与密码不一致
   </b></font>");}
  else
  {$('.wpassword_em').html("<font color='#4E7506'><b>√
    </b></font>");}
  }else{
   $('.wpassword_em').html("<font color='red'><b>×请输入密码
   </b></font>");}
   });
 //验证等级
 $('.level').change( function(){
 if($('.level').val()=='')
   { $('.level_em').html("<font color='red'><b>×请选择备考等级
   </b></font>");
     }else{$('.level_em').html("<font color='#4E7506'><b>√
    </b></font>");}
   });
 //验证条款
 $('#agree').click( function(){
   if(!$('#agree').get(0).checked) {
     $('.agree_em').html("<font color='red'><b>×请同意服务条款
   </b></font>");
     }else{
       $('.agree_em').html("<font color='#4E7504'><b>√
    </b></font>");}
   });
 //浮动条款
 $('.agree').click( function(){
   $('.other_terms').toggle(); });
 });
</script>
</head>
<body>
  <div class="sign_form">
   <h3>用户注册</h3>
     <p><label>注册邮箱：</label><input type="text" class="email" /> <em
   class="email_em"></em></p>
```

```
  <p><label>  密   码:
  </label><input type="password" class="password" /> <em
class="password_em"></em></p>
  <p><label>重复密码: </label><input type="password"
class="wpassword" /> <em class="wpassword_em"></em></p>
  <p><label>备考等级: </label>
     <select class="level">
        <option value="">请选择</option>
        <option value="1">一级</option>
        <option value="2">二级</option>
     </select><em class="level_em"></em></p>
  <p class="other"><label> </label><input type="checkbox"
class="c" id="agree" checked="checked"/>
我已认真阅读并同意<a href="#" class="agree">用户条款</a><em
class="agree_em"></em></p>
<p class="other_terms" style="display:none;">用户条款 1,用户条款用户条款用
户条款用户条款用户条款; <br/>用户条款 2,用户条款用户条款用户条款用户条款用户条
款; <br/>用户条款 3,用户条款用户条款用户条款用户条款用户条款.</p>
<p class="other"><label> </label><button>注册 >></button></p>
</div>
</body>
</html>
------------------------------------------------------------------------
```

浏览 jquerytest-4.html 网页，效果如图 5-38(a)所示；单击“用户条款”后，效果如图 5-40(b)所示；如果未选择“我认真阅读并同意条款”，效果如图 5-40(c)所示；接着输入注册邮箱，如果输入的邮箱地址不符合要求，如图 5-40(d)所示，则不能输入下面的内容；如果输入密码不符合要求，或两次密码不相同，将出现如图 5-40(e)所示的提示。只有当所有输入信息都符合要求，并且选择好了备考等级、阅读并同意用户条款后，如图 5-40(f)所示，单击“注册”按钮，表单才能成功提交。

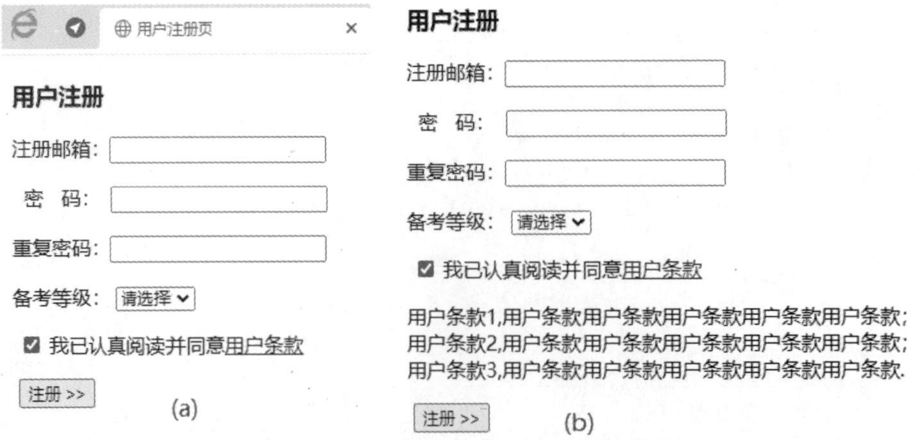

(a)

(b)

图 5-38　用户注册网页 jquerytest4.html 浏览效果

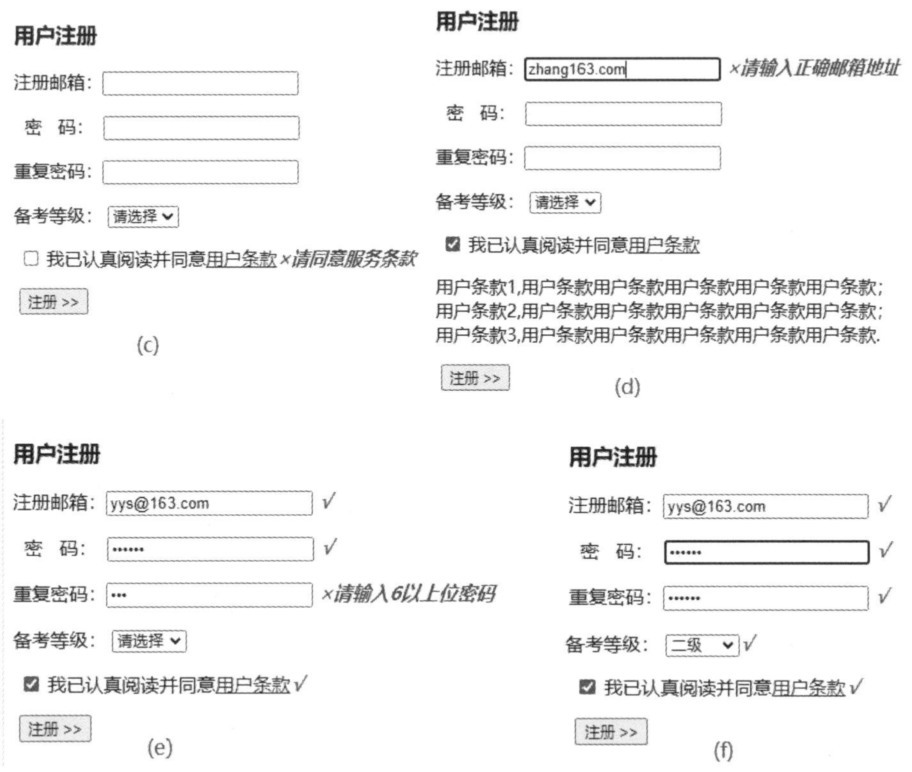

用户注册

注册邮箱：

密　码：

重复密码：

备考等级：请选择

我已认真阅读并同意用户条款 ×请同意服务条款

注册 >>

(c)

用户注册

注册邮箱：zhang163.com ×请输入正确邮箱地址

密　码：

重复密码：

备考等级：请选择

我已认真阅读并同意用户条款

用户条款1,用户条款用户条款用户条款用户条款用户条款;
用户条款2,用户条款用户条款用户条款用户条款用户条款;
用户条款3,用户条款用户条款用户条款用户条款用户条款.

注册 >>

(d)

用户注册

注册邮箱：yys@163.com √

密　码：•••••• √

重复密码：••• ×请输入6以上位密码

备考等级：请选择

我已认真阅读并同意用户条款√

注册 >>

(e)

用户注册

注册邮箱：yys@163.com √

密　码：•••••• √

重复密码：•••••• √

备考等级：二级 √

我已认真阅读并同意用户条款√

注册 >>

(f)

续图 5-38

3. jQuery 动画式下拉菜单

网页菜单有多种形式，下拉菜单用 JS 也可以编写出来，但是要开发出比较有特色的下拉菜单，如动画式下拉菜单、动画式收缩下拉菜单却并非易事，采用 jQuery 中的 animated 就可以实现。以下就是 jQuery 动画式下拉菜单应用的例子。

```
---------------------- 清单  jquerytest-5.html ----------------------
<!doctype html>
<html >
<head>
<meta charset="utf-8">
<script  src='jquery-3.6.0.js'></script>
<title>下拉式菜单</title>
<style type="text/css">
  *{padding: 0;  margin: 0; }
ul { list-style: none; }
.box { width: 990px;  height: 60px;
    overflow: hidden;  margin: 0 auto;
    border: 1px solid #4F4;
}
.box ul li {
    float: left; line-height: 60px;  text-align: center; }
```

```
.box ul li a {
   text-decoration: none;
   display: block;
   width: 45px;   height: 60px;
   color: #000;   padding: 0 60px;
   background-color: #ff3;
}
.box.show {
   width: 150px;   height: 200px;
   position: absolute;
   top: 60px;   left: 50;
   border-top: 1px solid #666;
   border-bottom: 1px solid #666;
   border-left: 1px solid #666;
   border-right: 1px solid #666;
   display: none;
   box-shadow: 0 0 6px #888;
}
.box.show.mactive {
   display: block;
}
</style>
</head>
<body>
<div class="box">
<ul>
  <li><a href=" ">菜单 1</a>
    <div class="show">    <!--为菜单 1 设置下拉子菜单层 -->
      <div class="container">
           菜单 1-1<br/>菜单 1-2<br/>菜单 1-3
      </div>
     </div>
  </li>
<li><a href=" ">菜单 2</a>
    <div class="show">      <!--为菜单 2 设置下拉子菜单层 -->
      <div class="container">
           菜单 2-1<br/>菜单 2-2<br/>菜单 2-3
      </div>
     </div>
  </li>
<li><a href=" ">菜单 3</a>
    <div class="show">   <!--为菜单 3 设置下拉子菜单层 -->
      <div class="container">
           菜单 3-1<br/>菜单 3-2<br/>菜单 3-3
      </div>
```

```
        </div>
    </li>
<li><a href=" ">菜单 4</a>
        <div class="show">    <!--为菜单 4 设置下拉子菜单层 -->
          <div class="container">
              菜单 4-1<br/>菜单 4-2<br/>菜单 4-3
          </div>
        </div>
    </li>
<li><a href=" ">菜单 5</a>
        <div class="show">    <!--为菜单 5 设置下拉子菜单层 -->
          <div class="container">
              菜单 5-1<br/>菜单 5-2<br/>菜单 5-3
          </div>
        </div>
    </li>
<li><a href=" ">菜单 6</a>
        <div class="show">     <!--为菜单 6 设置下拉子菜单层 -->
          <div class="container">
              菜单 6-1<br/>菜单 6-2<br/>菜单 6-3
          </div>
        </div>
    </li>
</div>
<script type="text/javascript">
$(function () {
   // 控制当鼠标第一次进入的动画效果
let animated = false;
$('.box>ul>li>a').mouseenter(function (ev) {
  // 下面代码是鼠标第一次滑入 a 标签时的动画效果
if (!animated) {
        animated = true;
let jQa = $(this);
jQa.css('color', '#F53008');
  // next()表示当前标签的紧挨着的兄弟标签
$(this).next("div").stop().slideDown(600);
} else {
      let jQa = $(this);
// 修改 a 标签的样式
      jQa.css('color','#F53008').parent('li').siblings('li').
      children('a'). css('color', 'black');
// 切换下面显示区域的内容
jQa.next('div').stop().show().parents('li').siblings('li').children(
    '.show').stop().hide(); }
});
```

```
// 鼠标进入到下方区域，保持不变
  $('.show').mouseenter(function(ev) {
    $(this).stop().show();
   });
// 鼠标离开下方区域
  $('.show').mouseleave(function(ev) {
  $(this).stop().slideUp(300);
  animated = false
  });
// 鼠标离开导航栏列表
$('.box').mouseleave(function(ev) {
    console.log($(ev.target));
    $(ev.target).next("div").stop().slideUp(300);
    animated = false;
  });
})
</script>
</body>
</html>
---------------------------------------------------------------
```

浏览效果如图 5-39(a)所示，当鼠标指向某个菜单项(如“菜单 2”)时，会慢慢动画式地向下拉出分菜单，如图 5-39(b)所示，当鼠标离开下拉菜单区域时，下拉菜单又会慢慢地动画式向上收缩，访问过的菜单项会变为红色。此例中的菜单名、下拉子菜单名都未具体，每个子菜单对应的链接网页也未指定，需要在实际网页中具体化。

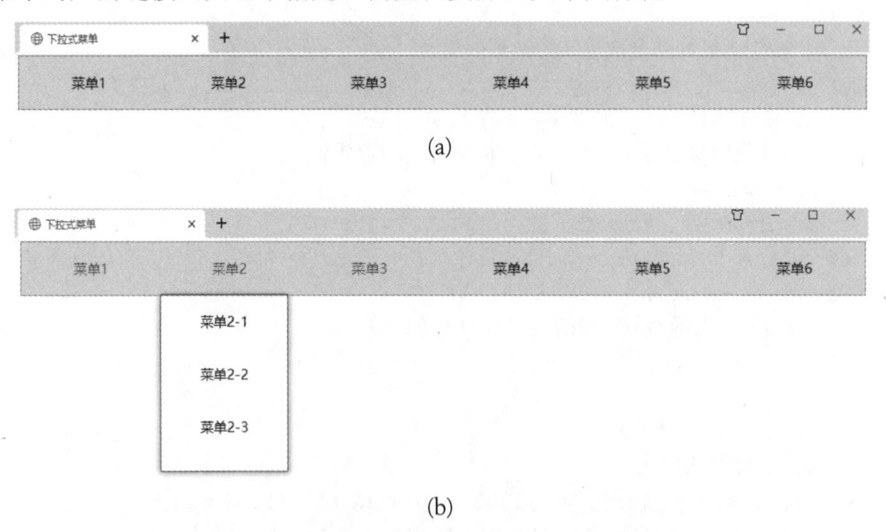

图 5-39　动画下拉式 jquerytest5.html 网页效果

jQuery 内容非常丰富，本节只是入门级 jQuery 学习。大家可到网上搜索关于 jQuery 的教学资料，深入学习 jQuery 技术及应用。

【练习五】

(1) 举例说明网页中插入 JavaScript 脚本的三种方法。

(2) 简要说明对象的概念，并说明为什么 JavaScript 是基于对象的基本语言。

(3) 简要说明什么是事件、动作，怎样由事件和动作构成 JavaScript 行为？试举例说明行为在交互式网页中的重要作用。

(4) 举例说明 JQuery 简单应用。

【实验五】下拉式导航菜单的设计

实验内容如下。

(1) 参照 5.3 节的实例 str_updown_menu.html，设计并制作一个关于个人网站的文本型下拉(或上拉)导航菜单，要求菜单中应有 5 个以上的主菜单项，每个主菜单项下至少应有 3 个子菜单项；

(2) 参照 5.3 节的实例 pic_updown_menu.html，改编第 4 章图例 4-37 所示网页(资源包中有源代码)，将它修改为一个图片下拉式菜单的网页。

(3) 参照 5.4 节的 jQuery 实例，设计一个动画式下拉菜单。

第 6 章　ASP 动态网页基础

【本章要点】

(1) ASP 概述
(2) ASP 的运行环境
(3) VBScript 语言基础
(4) ASP 内置对象及应用

动态网页是指其内容可根据某种条件的变化而自动变化的网页，如网页计数器，当有人点击该网页时，计数器的值会自动增加；动态新闻网页与通知网页，当新闻(通知)发布员将有关内容上传到网站数据库上，网页上就有了新的新闻、新的通知；网络在线留言板、BLOG 博客，当用户在留言板或博客上发布信息时，留言板、博客网页内容会自动更新，显示出新发布的信息及相关回复。

动态网页的工作过程是：当网络客户在浏览器上向目标主机(服务器)提交一个请求(浏览网页请求)时，这个请求通过互联网传输，到达网站服务器，服务器接到请求后，会找到客户要浏览的动态网页文件，再调用系统中的编译器运行动态网页文件中的程序代码，必要时还要从数据库读取信息或将信息存入数据库，即时生成 HTML 静态网页，再将生成的 HTML 静态网页通过互联网发送给网络客户，在客户端浏览器里呈现出来。请求或返回信息在网络上传输时，要按照一定的协议(http 或 https)进行。原理图如图 1-3(b)所示。

动态网页技术包括 ASP、JSP、PHP、C#等技术，这里主要学习常用的 ASP 动态网页技术。

6.1　ASP 入门

6.1.1　ASP 概述

ASP 是 Active Server Pages 的简称，即动态服务器网页，由微软公司推出，是最常用的动态网页技术。ASP 动态网页是在静态网页中嵌入 ASP 代码组成，ASP 代码包括 VBScript 脚本语言和 ASP 内置对象等。

嵌入在网页中的 ASP 代码有以下两种基本形式。

形式一(运行在服务器端的代码段)：

```
<%
    脚本代码
%>
```

形式二(运行在客户端的代码段)：

```
<Script Language="VBScript" >
   脚本代码
</Script>
```

所以，一个 ASP 文件通常包括以下三部分：

(1) HTML、CSS 代码，也就是普通静态网页内容，这些形成网页的基本结构；

(2) 工作于服务器端的脚本代码段，位于<%与%>之间；

(3) 工作于客户端的脚本代码段，位于<Script>与</Script>之间。

但对于一个 ASP 动态网页来说，这三项内容并不都是必须的，可以只有其中 1~2 项。一个 ASP 网页可以包含一个或多个服务器端脚本代码段、一个或多个客户端脚本代码段，也可以不包含服务器端代码段或不包含客户端脚本代码段。也可以只有脚本代码段，而没有普通静态网页的内容。但通常 ASP 动态网页的主要部分是<%与%>之间的内容。

ASP 网页文件可以采用一般的文本编辑器(如记事本)进行编辑，也可以采用专业网页编辑器(如 Dreamweaver)进行编辑。

一个包含第(1)、(2)项内容的 ASP 网页文件如下。

```
--------------------------清单 6-0  ch6-0.asp --------------------------
<html>
<head><title></title></head>
<body>
  <%
    Response.write "Hello,how do yo do."   '这是一条输出字符串的语句
  %>
</body>
</html>
-----------------------------------------------------------------------
```

其中，Response 是 ASP 的内置对象，write 是该对象的方法，功能是将信息输出到客户端浏览器，调试效果是在客户浏览器中显示信息：Hello,how do yo do.。

也可以将其中的代码段

```
<%
   Response.write "Hello,how do yo do."
%>
```

单独保存为一个 ASP 网页文件，其调试效果与 ch6-0.asp 相同。

注意事项如下。

(1) ASP 文件的扩展名为.asp。

(2) 在 ASP 代码中的字母不区分大小写。本书的源程序中，有些地方使用大写字母，有些地方使用小写字母，主要是为了突出语法，方便理解和记忆。

(3) ASP 代码中的命令字符以及标点符号一定要使用英文半角字符，不能用全角字符或中文符号，否则会出错。但字符串内可以使用中文及全角字符。例如，ASP 代码段

```
<% resoponse.write "Hello，how do you do. 大家好。"%>
```

中的字符串（""里包含的内容）包含有全角字符和中文符号，但 ASP 命令名、点号及双引

号必须使用英文半角字符。半角与全角输入状态的变换，可按<shift> + <space>组合键进行切换。半角字符与全角字符举例如下。

半角字符:abcABC123',;.&"()　　全角字符：ａｂｃＡＢＣ１２３′，；．＆＂（）

(4) HTML 代码可以在一行内多句连着写，也可以一句分几行来写；而 ASP 语句必须一条语句占一行，不能将一条 ASP 语句人为地分多行来写，也不能将几个 ASP 语句写在一行，ASP 语句末尾不要分号。如果一条 ASP 语句太长，一行写不下，也不能使用回车键换行，而是一直把内容写下去，让它自动换行。

(5) ASP 注释中使用单引号′，单引号′至行末(包括行满后自动换行)的内容是注释。

与静态网页的调试方式不同，ASP 动态网页需要在支持 ASP 的 WWW 服务器环境中才能调试出效果，采用双击、浏览器或 DW 工具软件直接打开，是看不到网页动态效果的。

6.1.2　WWW 服务器环境配置与 ASP 网页调试

ASP 动态网页只能运行在支持 ASP 的 WWW 服务器环境，在学习、调试 ASP 动态网页前，先要学会搭建支持 ASP 的 WWW 服务器环境。WWW 服务器环境的搭建，要按照先安装相应组件，再进行网站配置的顺序进行。

支持 ASP 的 WWW 服务器，一般建立在 Windows 平台的计算机中，Windows 中有一个 IIS 组件，即 Internet Information Services(Internet 信息服务)组件，该组件里有一个“WWW 服务”子组件，这是 Windows 平台配置 WWW 服务器必需的组件。Windows 版本不同，IIS 组件也有区别，子组件的选择也略有区别。下面以 Windows 2010 版为例，介绍 IIS 的安装和 WWW 服务的配置。

1. IIS 组件安装

第一步，找到控制面板。单击桌面左下角的“开始”→“设置”，打开 Windows 设置窗口，在上面的搜索框里输入“控制面板”，搜索一下即可找到控制面板，找到后打开控制面板，如图 6-1 所示。

图 6-1　搜索、打开控制面板

第二步，选择并安装 IIS 组件。在控制面板中单击“程序和功能”，即打开程序和功能窗口，在该窗口单击左边上方的“启用或关闭 Windows 功能”，会弹出“启用或关闭 Windows 功能”对话框。在该对话框中，选中“Web 管理工具”下的“IIS 管理控制台”；选中“万维网服务”→“应用程序开发功能”下的“ASP”和“ISAPI 扩展”。单击“确定”按钮，即开始 IIS 组件安装，直至 IIS 组件安装完成，如图 6-2 所示。

安装好以后，回到控制面板，找到“管理工具”，双击“管理工具”，就能看到“Internet Information Services(IIS)管理器”了。

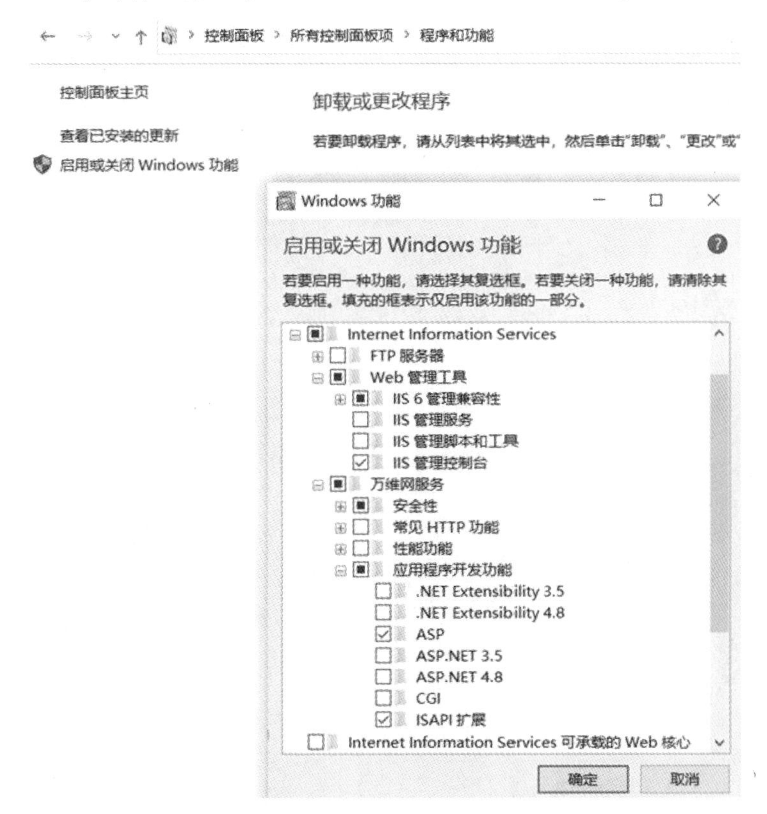

图 6-2　IIS 组件内容选择

2. WWW 服务器配置

第一步，配置默认网站主目录设置。在“控制面板”→“管理工具”下，双击“Internet Information Services(IIS)管理器”，打开 IIS 管理器，在其左边展开“网站”并右击 Default Web Site(默认网站)，在弹出的菜单中，选择“管理网站”→“高级设置”，在“物理路径”后选择网站默认的主目录（主文件夹，最好不用中文命名），如图 6-3 所示。

单击“确定”按钮，然后在图 6-3 的右边找到“管理网站”，单击 重新启动。

*第二步，虚拟目录设置。这一步为可选项，但虚拟目录的设置会给不同文件夹下的 ASP 程序调试带来很大方便。虚拟目录就是将其他文件夹（不在网站主目录下）看成是默认网站下的子文件夹。操作方法是：右击“Default Web Site（默认网站）”，在弹出的菜单中选择“添加虚拟目录”，在弹出“添加虚拟目录”对话框中，输入别名（虚拟目录名），在这里

输入 ch6，再选择物理路径（实际的文件夹，这里选择 C:\2022(下)\aspexps\chap6），单击“确定”按钮。在 IIS 管理器的右边找到“管理网站”，单击 重新启动。此后，本章所有 asp 网页都将保存在这个物理路径下，在浏览器里用地址 localhost/ch6/***.asp 都可以进行浏览了。

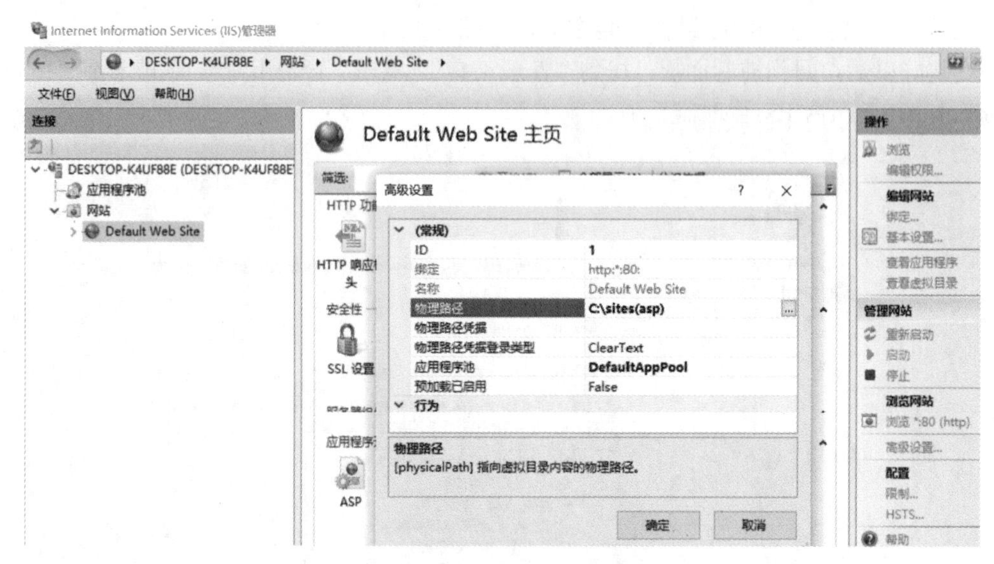

图 6-3　设置 WWW 网站默认主目录

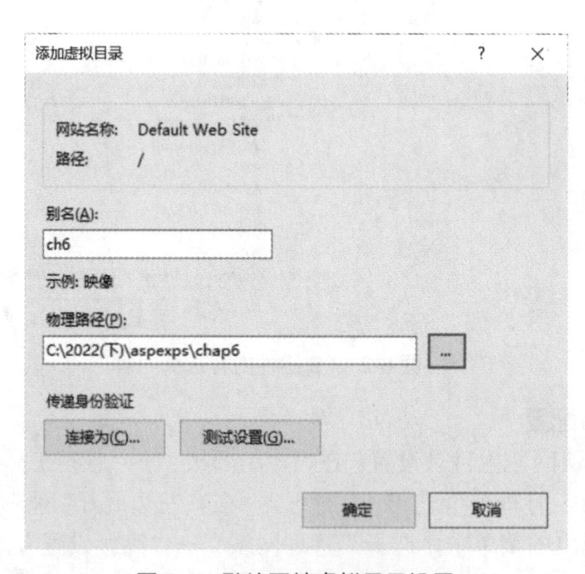

图 6-4　默认网站虚拟目录设置

第三步，ASP 参数设置。在 IIS 管理器的中间下方找到“ASP”并双击，在弹出的 ASP 对话框中，在“调试属性”下将“错误发送到浏览器”、“启用服务器端调试”、“启用客户端调试”都设置为 True；在“行为”下将“启用父路径”设置为 True，如图 6-5 所示，然后单击右边的“应用”按钮。

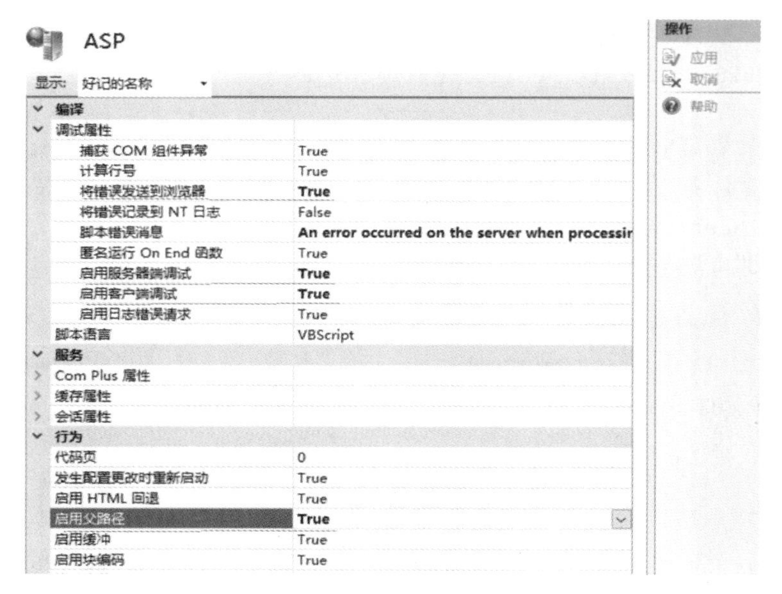

图 6-5　ASP 参数设置

第四步，启用 32 位应用程序。现在的计算机大多是 64 位机，需要在 IIS 管理器的默认应用程序池里设置启用 32 位应用程序。方法是：单击 IIS 管理器左边的“应用程序池”，在 IIS 管理器中间找到并右击“DefaultAppPool”，在弹出的对话框中选择“高级设置”，将“启用 32 位应用程序”设置为 True，如图 6-6 所示，再单击“确定”按钮。

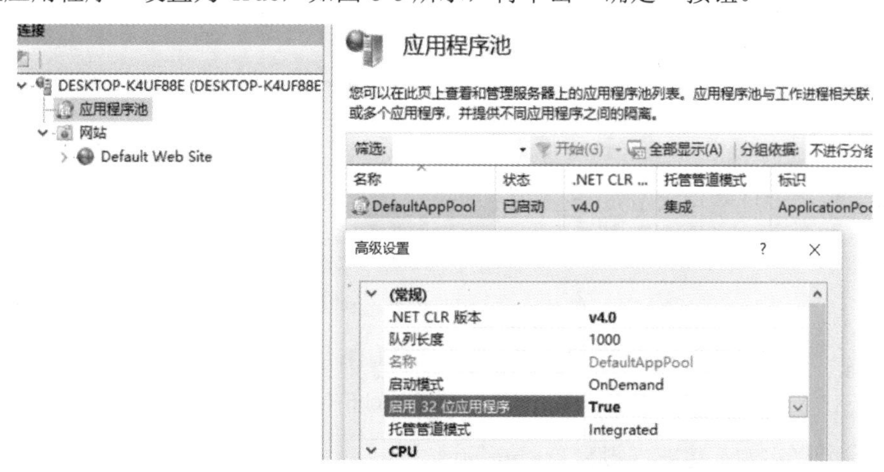

图 6-6　默认应用程序池启用 32 位应用程序

*第五步，WWW 网站域名和端口号（主机头）。开发网站时，IIS 默认网站的默认域名是 localhost、默认端口号是 TCP:80。在开发计算机上，使用 localhost（或 127.0.0.1）来调试 ASP 网页就可以了，不需要设置真实域名。在真正的互联网服务器上才需要设置实际运行的域名和端口号（前提：要从互联网信息管理公司申请一个允许的公共域名）。

3. ASP 网页测试

（1）网站主目录 ASP 网页调试。用记事本编辑一个简单的 test0.asp 文件，代码如下：

```
<%
    Response.write "Hello,how do yo do."
  %>
```

单击“文件”菜单下的“另存为”，在对话框中，文件命名为 test0.asp，保存类型为所有文件(*.*)，文件夹选择保存到网站的主目录下。然后在浏览器的地址栏输入：

Localhost/test0.asp　　或者 127.0.0.1/test0.asp

按回车键后，即可浏览到该 ASP 网页的效果，分别如图 6-7(a)、(b)所示。

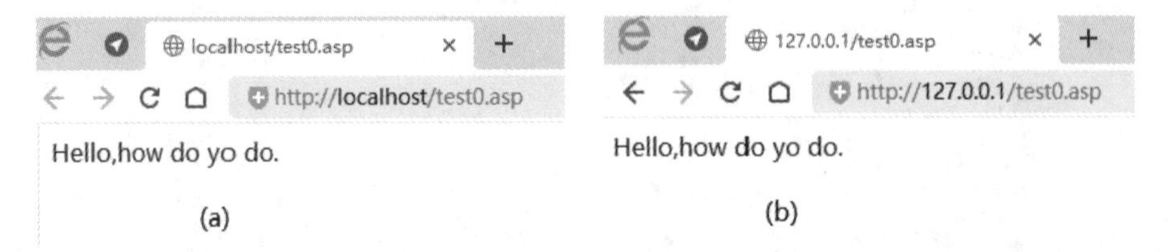

图 6-7　动态网页 test0.asp 浏览效果

（2）虚拟目录下 ASP 网页调试。在前面已在默认网站下创建了一个虚拟目录 ch6，其对应的物理路径是 C:\2022(下)\aspexps\chap6，将 ch6-2.asp 保存在该文件夹下。

```
-----------------------清单 6-1  ch6-1.asp ---------------------------
<html>
<head><title>ASP 测试页</title></head>
<body>
  <%
    Response.write "Hello,这是第 6 章第一个 ASP 测试程序."
%>
</body>
</html>
----------------------------------------------------------------------
```

在浏览器的地址栏输入 Localhost/ch6/ch6-1.asp 后接回车键，调试效果如图 6-8 所示。

图 6-8　虚拟目录 ch6 下动态网页(ch6-1.asp)的调试效果

第 6 章所有实例都将在虚拟目录 ch6 下调试。

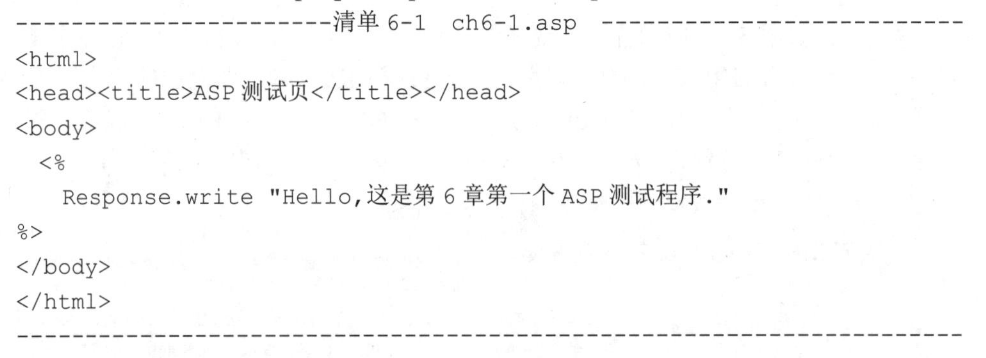

6.2　VBScript 脚本语言

6.2.1　VBScript 的数据类型、常量、变量与数组

1. VBScript 的数据类型

在一般的高级语言中，有整数、字符、浮点数等不同的数据类型，但 VBScript 中只有

一种数据类型，称为 Variant，也称为变体类型。Variant 是一种特殊的数据类型，根据不同的使用方式，它可以包含不同的数据类别信息，如字符串、整数、日期等。这些不同的数据类别称为数据子类型，如表 6-1 所示。

表 6-1　Variant 的数据子类型

子类型	描　述
Empty	未初始化的 Variant。对于数值变量，值为 0；对于字符串变量，值为零长度字符串("")
Null	不包含任何有效数据的 Variant
Boolean	包含 True 或 False
Byte	包含 0~255 之间的整数
Integer	包含－32 768~32 767 之间的整数
Currency	－922 337 203 685 477.5808~922 337 203 685 477.5807
Long	包含－2 147 483 648~2 147 483 647 之间的整数
Single	包含单精度浮点数，负数范围从－3.402823E38~－1.401298E-45，正数范围从1.401298E-45~3.402823E38
Double	包含双精度浮点数，负数范围从－1.79769313486232E308~－4.94065645841247E—324，正数范围从 4.94065645841247E—324~1.79769313486232E308
Date (Time)	包含表示日期的数字，日期范围从公元 100 年 1 月 1 日到公元 9999 年 12 月 31 日
String	包含变长字符串，最大长度可为 20 亿个字符
Object	包含对象
Error	包含错误号

例如，定义三个变量 Var1、Var2、Var3，并分别赋值。

```
Var1=125                              '定义变量 Var1 为整型
Var2="Hello,how do you do."           '直接赋值字符串，变量 Var2 为字符串型
Var3=True                             '直接赋值 True，变量 Var3 为布尔型
```

在一般情况下，Variant 会将其代表的数据子类型作自动转换，但有时也会遇到一些数据类型不匹配造成的错误，这时可以用 VBScript 的转换函数强制转换数据子类型。还可以使用 VarType 函数返回数据的 Variant 子类型。

2. VBScript 常量

常量就是拥有固定的数值，它可以代表字符串、数字和日期等常数，常量一经声明，其值不能再改变。声明常量的意义就在于，可以在程序的任何部分使用该常量来代表特定的数值，从而方便了编程。例如，在计算机程序中常用 PI 来表示 3.14159，这样既不易出错，也使程序更加简洁。

声明常量可以使用 Const 命令关键词，例如，

```
Const PI=3.14159                      '表示数值型常数
Const stringl="123,Hello!"            '表示字符串常数
Const ConsDate=#2011-10-10#           '表示日期常数或日期/时间常数
```

常量的引用非常简单。如果使用上面的语句声明了一个 stringl 常量后，在程序的其他地方就可以直接使用这个常量了，例如，

```
Response.write  string1
```

VBScript 常量的名称必须符合命名规则：可以使用字母、数字和下划线等字符，但第一个字符必须是英文字母，中间不能有标点符号、空格和运算符号，长度不能超过 255 个字符，名称在被声明的作用域内必须是唯一的，当然不能使用 VBScript 关键字，如 Dim、Sub、End 等。下面将要学习的变量、数组等命名规则也是如此。

与许多高级语言一样，VBScript 常量根据作用域不同可以分为过程级常量和全局级常量。常量的作用域由声明它的位置决定。如果是在一个子程序或函数里声明的常量，则只在该过程中有效，否则，在整个 ASP 文件中有效。注意，这里的全局常量也只是在一个网页文件里有效，如果要在不同的网页文件里传递数据，只能利用后续章节中的方法。

3. VBScript 变量

变量是用来标志计算机内存中的某块存储空间的，在程序运行过程中，可以将不同的值存储在这块空间里以覆盖原来存储的内容，因此变量的值是可以改变的。

变量与常量的区别在于常量一经声明，在使用过程中就不能改变它的值；而变量在声明后仍可以随时对它的值进行修改。

声明变量可以使用 Dim 命令关键词，例如，

```
Dim var1                '声明一变量，变量名为 var1
Dim var1,var2,var3      '声明多个变量，变量名分别为 var1、var2、var3
```

提示：声明多个变量时，变量名间用半角逗号隔开。

因为 VBScript 只有一种数据类型，因此声明变量时，只需给出变量的名字，所有变量类型都是 Variant，只有在为变量赋值后，才能根据这个值的实际内容确定变量的子类型。另一种声明方式是隐式声明，即直接在 VBScript 程序中给出变量名，并直接为该变量赋值。例如，

```
Sum=0
Str1="How do you do!"
```

如果希望强行要求所有的变量都预先声明，则可以在 ASP 文件的开头添加 Option Explicit 语句，这条语句的意思就是要求所有的变量必须先声明再使用。例如，

```
Option Explicit
 Dim a,b
 a="525"            '此时 a 是 String 子类型
```

4. VBScript 数组

普通变量只能存储一个值，有时候需要将多个相关值赋给一个变量更为方便，这就要使用数组。数组是内存中存储的一系列值的变量。数组的名称、声明、赋值和引用与变量基本上是相同的，所不同的是数组名后要带有括号，括号里要加上一个数字，定义数组时数字代表数组下标最大值，使用数组元素时数字代表数组元素的序号。数组的定义与数组元素的初始化一般有两种方法：方法一，定义时指定数组名和数组元素最大下标，然后一个个元素分别初始化，如下面的数组 a 元素的初始化；方法二，像普通变量一样定义数组名，然后用数组名=array()的方法，一次性初始化数组所有元素，如下面的数组 b 元素初始化。

```
------------------------清单 6-2  ch6-2.asp ------------------------
<%
   Dim a(5),b,sum
     a(0)=3
     a(1)=8
     a(5)=9
     b=array(5,6,7,8)
     sum=a(0)+a(1)+a(5)+b(0)+b(1)+b(3)
     response.write "sum="&sum
%>
--------------------------------------------------------------------
```

Ch6-2.asp 网页调试结果如图 6-9 所示。

http://localhost/ch6/ch6-2.asp

sum=39

图 6-9　ch6-2.asp 调试效果

注意：VBScript 数组从 0 开始编号，如上面定义的数组 array(5)有 6 个元素，而不是 5 个元素。

当然，也可以声明多维数组，比如常用的二维数组和三维数组。下面的例子中声明了一个 3 行 2 列的二维数组。

```
Dim c(2,1),s
c(0,0)=77
c(1,0)=88
s=c(0,0)+c(1,0)
```

运行后，变量 s 的值为 165。

6.2.2　VBScript 运算符与内置函数

1. VBScript 运算符

VBScript 继承了 Visual Basic 所有类别的运算符，包括算术运算符、比较运算符、逻辑运算符、连接运算符和赋值运算符。

其中算术运算符用于连接两个数（常数或数值变量），比较运算符用于比较数值或对象，而逻辑运算符主要用于连接两个逻辑常量或变量，连接运算符用来连接两个字符串。

表 6-2 列出了 VBScript 的各种运算符名称及描述。

表 6-2　VBScript 运算符

算术运算符		比较运算符		逻辑运算符		连接运算符	
符号	描述	符号	描述	符号	描述	符号	描述
+	加	=	等于	Not	逻辑非	&	用于连接两个字符串

算术运算符		比较运算符		逻辑运算符		连接运算符	
符号	描述	符号	描述	符号	描述	符号	描述
-	减	>	大于	And	逻辑与	+	与“&”运算符作用相同
*	乘	<	小于	Or	逻辑或	赋值运算符	
/	除	>=	大于或等于	Xor	逻辑异或		
\	取整除法	<=	小于或等于	Eqv	逻辑等价	=	值赋给一个变量
Mod	取余数	<>	不等于	Imp	逻辑隐含		
^	幂运算	Is	比较两个对象是否相同				

在这些运算符中，赋值运算符和算术运算符是最常用的，它返回一个数值。例如：

```
a=8
b=72
s=a+b
```

比较运算符和逻辑运算符返回一个逻辑值 True 或 False，在条件语句中使用较多。例如：

```
Dim s,a
s=(7>12)
if s then
  a=0
else
  a=1
end if
```

连接运算符有两个："&"或"+"，用于连接两个字符串，但"+"号容易与算术运算中的"+"相混淆，所以一般用"&"来连接两个字符串常量或变量。例如：

```
Dim str1,str2
str1="您好！"
str2=str1&"欢迎光临！"
response.write str2
```

这段 ASP 代码的功能是显示字符串“您好！欢迎光临！”。

当多种运算符出现在同一表达式中，运算符优先规则如下：先运算( )内的内容，后运算()外的内容；没有()的或在同一个()内的：算术运算符优先，连接运算符次之，比较运算符再次，逻辑运算符最后；同一位置的算术运算符，先乘除、后加减；赋值运算符的优先级最低。

2. VBScript 内置函数

VBScript 中有许多内置函数，这些内置函数由一定功能的语句组合在一起以供使用。使用内置函数可以节省大量的时间，使程序代码变得更简单易懂。VBScript 继承了 Visual Basic 中的一些函数，下面只学习这些函数中的最常用的几种。

1) 转换函数

我们已经了解到 Variant 变量有几种子类型，可以通过转换函数进行子类型的强制转换。

强制转换的目的是使数据类型相匹配，避免出现类型错误。常用的转换函数及功能如表 6-3 所示。

表 6-3　几种常用的转换函数及功能

函　　数	功　　能
CStr(Variant)	将 Variant 转化为字符串类型
CDate(Variant)	将 Variant 转化为日期类型
CInt(Variant)	将 Variant 转化为整数类型
CLng(Variant)	将 Variant 转化为长整数类型
CSng(Variant)	将 Variant 转化为 Single 类型
CDbl(Variant)	将 Variant 转化为 Double 类型
CBool(Variant)	将 Variant 转化为布尔(逻辑)类型

例如：

```
Dim a,b,str
  a=30
  b=53
str=CStr(a)& "+"&CStr(b)& "="&CStr(a+b)
Response.write str
```

其中，使用 CStr(a)将整数类型的 30 转化为字符串类型的“30”，并把这个字符串作为函数的返回值。这段程序的运行结果是输出字符串“30+53”。

2) 字符串相关函数

在 ASP 程序开发中，字符串使用非常频繁，如用户名和用户密码、用户留言等都是当作字符串来处理的。很多时候要对字符串进行截取、大小写转换等操作，必须掌握常用的字符串处理函数进行这些操作。常用的字符串处理函数如表 6-4 所示。

表 6-4　常用的字符串处理函数及功能

函　　数	功　　能
Len(string)	返回 string 字符串的字符数
Trim(string)	去掉字符串两端的空格
Ltrim(string)	去掉字符串前端的空格
Rtrim(string)	去掉字符串后端的空格
Mid(string,start,length)	从 string 字符串的 start 字符开始取得 length 长度的字符串，如果省略 length 参数表示是从 start 字符开始到结束的所有字符
Left(string,length)	从 string 字符串的左边开始取得 length 长度的字符串
Right(string)	从 string 字符串的右边开始取得 length 长度的字符串
LCase(string)	将 string 上的所有字母转为小写
Ucase(string)	将 string 上的所有字母转为大写
StrComp(string1,string2)	返回 string1 字符串与 string2 字符串比较的结果，如果两个字符串相同则返回 0，不同或为 Null 返回其他值
InStr(string1,string2)	返回 string2 字符串在 string1 中第一次出现的位置

续表

函　　数	功　　能
Split(string1,delimiter)	将字符串 string1 根据 delimiter 拆分成一维数组，其中 delimiter 用于标志子字符串界限字符。如果省略 delimiter，则使用“”作为分隔字符
Replace(string1,find,replacewith)	返回字符串，其中指定的子字符串 find 被替换为另一个字符串 replacewith

下面的例子简要说明几个函数的使用方法。

```
Dim str,email
str=Mid("Hello,the world!",7,4)   '返回“the”，注意后面还有一个空格
str=Trim(str)                     '去掉两端的空格，返回“the”
email="abc@hotmail.com"
if InStr(email,"@")>0 then   '返回数值 4，此方法可以初步判断 email 是否正确
  Response.write "email 格式正确!"
else
  Response.write "email 格式错误!"
end if
```

Split 的用法稍微复杂一些，下面的例子中把用户的 IP 地址拆分成一个数组，并显示 IP 后面部分。

```
-------------------------清单 6-3  ch6-3.asp -------------------------
<html>
<head>
    <title>Split 函数的使用示例</title>
</head>
<body>
<%
  Dim IP,array
  IP="211.69.32.65"
  array=split(IP,".")  '以 "." 为分界符拆分 IP 成有四个元素的一维数组 array
  Response.write "IP 地址: *.*."&array(2)&"."&array(3)
%>
</body>
</html>
----------------------------------------------------------------------
```

该 ASP 网页的调试结果如图 6-10 所示。

图 6-10　网页 ch6-3.asp 的调试结果

3) 日期和时间函数

在 VBScript 中，可以使用日期和时间函数来得到各种格式的日期和时间，比如在论坛

中要使用 Now() 函数来记载留言日期和时间，常用的函数如表 6-5 所示。

表 6-5　常用日期和时间函数

函　数	功　能
Date()	取得系统当前的日期
Time()	取得系统当前的时间
Now()	取得系统当前的日期和时间
Year(Date)	取得给定日期的年份
Month(Date)	取得给定日期的月份
Day(Date)	取得给定日期是几号
Hour(time)	取得给定时间是第几小时
Minute(time)	取得给定时间是第几分钟
Second(time)	取得给定时间是第几秒钟
WeekDay(Date)	取得给定日期是星期几的整数，1 表示星期日，2 表示星期一，以此类推
DateDiff("Var",Var1,Var2)	计算两个日期或时间的间隔。其中：Var 表示日期或时间间隔因子，Var1 表示第一个日期或时间，Var2 表示第二个日期或时间
DateAdd("Var",Var1,Var2)	对两个日期或时间做加法
Timer()	返回 0 时后已经过去的时间，以秒为单位

下例是关于日期和时间函数的使用方法。

```
------------------------清单 6-4  ch6-4.asp -------------------------
<HTML>
<HEAD>
   <TITLE>计算 For 循环所用的时间</TITLE>
</HEAD>
<BODY>
<%
   Dim startTime,i,j
   j=0
   startTime=timer()              '获取当前时间(0 时开始至当前时刻的时间)
   For i=1 To 100000  Step 1      '这是一个步长为 1 的 For 循环
      j=j+1
   Next
   response.write "这个 For 循环所用的时间为:"&(Timer()-startTime)*1000&"
   毫秒"
%>
</BODY>
</HTML>
--------------------------------------------------------------------
```

网页 ch6-4.asp 的调试结果如图 6-11 所示。

4) 数学函数

常用的数学函数如表 6-6 所示。

计算For循环所用的时间
http://localhost/ch6/ch6-4.asp
这个For循环所用的时间为：44.92188毫秒

图 6-11　时间函数与循环结构的应用

表 6-6　常用的数学函数功能

函　数	功　能
Abs(number)	返回一个数的绝对值
Sqr(number)	返回一个数的平方根
Sin(number)	返回角度的正弦值
Cos(number)	返回角度的余弦值
Tan(number)	返回角度的正切值
Atn(number)	返回角度的反正切值
Log(number)	返回一个数的对数值
Exp(number)	e 的 number 次幂
Int(number)	取整函数，返回小于或等于 number 的第一个整数
Round(number,n)	四舍五入取小数，n 是保留小数的位数
FormatNumber(Number, n)	转化为指定小数位数的数字
Ran(number)	以 number 为种子产生随机数
Ubound(数组名称，维数)	返回该数组的最大下标数，如数组只有一维，可以省略维数

例如，使用 FormatNumber(Number,n)函数，将 ch6-4.asp 中的时间保留 2 位小数，可以把语句

```
Response.write "循环所用的时间为:" &(Timer()-startTime)*1000&"毫秒"
```

改为：

```
Response.write "循环所用的时间为:"
    &FormatNumber((Timer()-startTime)*1000,2)&"毫秒"
```

5) 检验函数

检验函数通常用来检验某变量是否是某种类型，常用的检验函数如表 6-7 所示。

表 6-7　常用的检验函数及功能

函　数	功　能
VarType(Variant)	检查变量 Variant 的值，函数值为该变量的数据类型，0 表示空(Empty)，2 表示整数，7 表示日期，8 表示字符串，11 表示布尔变量，8129 表示数组
IsNumeric(Variant)	检验变量 Variant 的值，如果 Variant 是数字类型，则函数值为 True
IsDate(Variant)	检验变量 Variant 的值，如果 Variant 是日期类型，则函数值为 True
IsNull(Variant)	检验变量 Variant 的值，如果 Variant 是无效值，则函数值为 True
IsEmpty(Variant)	检验变量 Variant 的值，如果 Variant 没有设定值，则函数值为 True
IsObject(Variant)	检验变量 Variant 的值，如果 Variant 是对象类型，则函数值为 True
IsArray(Variant)	检验变量 Variant 的值，如果 Variant 是数组类型，则函数值为 True

例如，

```
<% Dim str,blo
str="ASP"
blo=IsNull(str)  '不是无效值，返回 False
Response.write blo
%>
```

6.2.3　VBScript 的控制结构

在没有控制语句的情况下，VBScript 中的代码总是按照书写的先后顺序依次执行。但是在实际应用中，通常要根据情况来改变代码的执行顺序，这时就要用到控制结构。在 VBScript 中，控制结构有两种，即判断结构和循环结构。

1. 判断结构

VBScript 支持的判断结构分为条件语句和分支语句两种。

1）条件语句

if 条件语句也叫 if 分支语句，一般使用多行语句的结构，根据条件的真或假指定要运行的语句。以下是多行条件语句的常用的两种形式。

形式一：If…Then…End If

```
If 条件表达式 Then
   执行语句
End If
```

形式二：If…Then…Else…End If

```
If 条件表达式 Then
   执行语句 1
Else
   执行语句 2
End If
```

if 条件语句可以嵌套使用，每一个“执行语句”中还可以包含有 if 条件语句。因此，if 条件语句可以形成很多个分支的结构。它的使用方法和含义与其他高级语言的非常相似，这里不再举例说明。

2）多分支语句

多分支语句也就是 Select Case 语句，它是分支结构的另外一种形式，在某些情况下使用多分支语句比 if 条件语句有更强的可读性。当然，也可以用嵌套的 if 条件语句来实现多分支语句的功能。

多分支语句的语法结构如下。

```
Select Case 变量或表达式
Case 结果 1
  执行语句 1
Case 结果 2
```

　执行语句 2

……

Case 结果 N

　执行语句 N

Case Else

　执行语句 N+1

End Select

在执行 Select Case 语句时，先计算表达式或变量的值，然后将结果与每一个 Case 后的值进行比较，若相等就执行此 Case 后的“执行语句”，然后退出 Select Case 语句，若与所有的结果(结果 1~结果 N)都不相等，则执行 Case Else 后的执行语句 N+1 后再退出。

```
--------------------------清单 6-5  ch6-5.asp--------------------------
<HTML>
<HEAD>
    <TITLE> 分支语句的使用 </TITLE>
</HEAD>
<BODY>
<%
    Dim h
    h=Hour(Now()) '使用内置函数获取服务器当前时间的小时数
    Select Case h
    Case 0
      Response.write "现在时间：零点"
    Case 7,8,9,10,11,12
      Response.write "现在时间：上午"
    Case 13,14,15,16,17,18
      Response.write "现在时间：下午"
    Case Else
      Response.write"现在时间：夜间"
    End select
%>
</BODY>
</HTML>
------------------------------------------------------------------------
```

调试结果出现错误和乱码，如图 6-11(a)所示，在该网页最开始处添加一行代码：

```
<%@LANGUAGE="VBSCRIPT" CODEPAGE="65001"%>
```

保存后再调试就正常了，如图 6-12(b)所示。这里 CODEPAGE="65001"表示采用 utf-8 字库。

2. 循环结构

循环结构通常用于重复执行一组语句。在 VBScript 提供了多种不同风格的循环，下面学习最常用的 Do 循环和 For 循环。

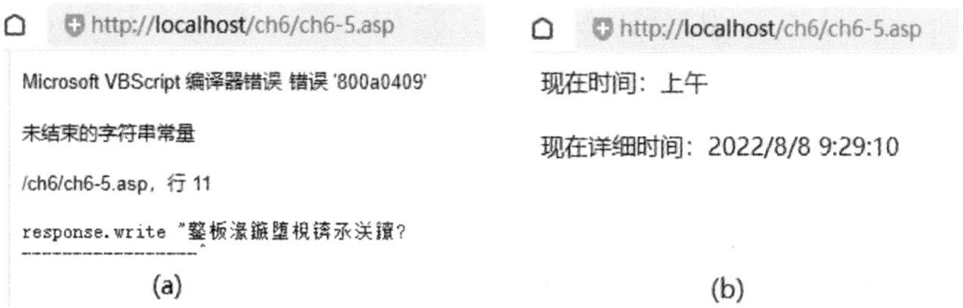

http://localhost/ch6/ch6-5.asp

Microsoft VBScript 编译器错误 错误 '800a0409'

未结束的字符串常量

/ch6/ch6-5.asp，行 11

response.write "鐾板滚鏕隍梘锈氶泆擴?

(a)

http://localhost/ch6/ch6-5.asp

现在时间：上午

现在详细时间：2022/8/8 9:29:10

(b)

图 6-12　分支结构的应用

1) Do 循环

Do 循环有以下两种形式。

第一种是 Do while…Loop 循环。

语法如下：

```
Do while 条件
    执行语句
Loop
```

第二种是 Do…Loop while 循环。

语法如下：

```
Do
    执行语句
Loop While 条件
```

第一种是入口型循环，它先检查条件是否为 True，如果为 True，才会进入循环中执行语句，否则退出循环；而第二种是出口型循环，先无条件地进入循环中执行 1 次后，再判断条件是否为 True，如果为 True，才会继续进入循环中执行语句，否则退出循环。

可以把两种 do 循环中的关键字 while 换成 until，换成 until 以后，意义与 while 相反：当条件为 True 时，退出循环；条件为 False 时，循环。

例如，用 Do 循环计算 1+2+3+…+100 的值。

```
--------------------------清单 6-6  ch6-6.asp-------------------------
<%@LANGUAGE="VBSCRIPT" CODEPAGE="65001"%>
<HTML>
<HEAD>
<TITLE> Do 循环的使用 </TITLE>
</HEAD>
<BODY>
<%
Dim i,sum
i=1
sum=0
Do While i<=100
      sum=sum+i
   i=i+1
Loop
```

```
Response.write "使用 Do while….Loop 循环:Sum(1,…,100)="&sum

i=1
s=0
Do
    s=s+i
    i=i+1
Loop While i<=100
Response.write"<br>使用 Do …. Loop while 循环:Sum(1,…,100)="&s

%>
</BODY>
</HTML>
--------------------------------------------------------------------
```

Ch6-6.asp 网页调试结果如图 6-13 所示。

图 6-13　Do 循环结构的应用

2) For 循环

与 Do 循环不同，For 循环包含有一个循环变量，每执行一次循环，循环变量的值就会增加或减少。For 循环的语法格式如下。

```
For 循环变量=初值 To 终值 [Step=步长]
    执行语句
Next
```

其中，“循环变量”“初值”和“步长”都是数值型。步长可正可负，如果步长为正，初值必须小于或等于终值；如果步长为负，初值必须大于或等于终值。步长为 1 时，可以省略 Step=1。

用 For 循环求 1+2+3+…+100 的值。

```
-------------------------清单 6-7  ch6-7.asp-------------------------
<%@LANGUAGE="VBSCRIPT" CODEPAGE="65001"%>
<HTML>
<HEAD>
    <TITLE> For 循环的使用 </TITLE>
</HEAD>
<BODY>
<%
  Dim i,sum
  sum=0
  For i=1 To 100
```

```
    sum=sum+i
  Next
  Response.write" For 循环计算:1+2+3+...+100="&sum
%>
</BODY>
</HTML>
```

Ch6-7.asp 调试结果如图 6-14 所示。

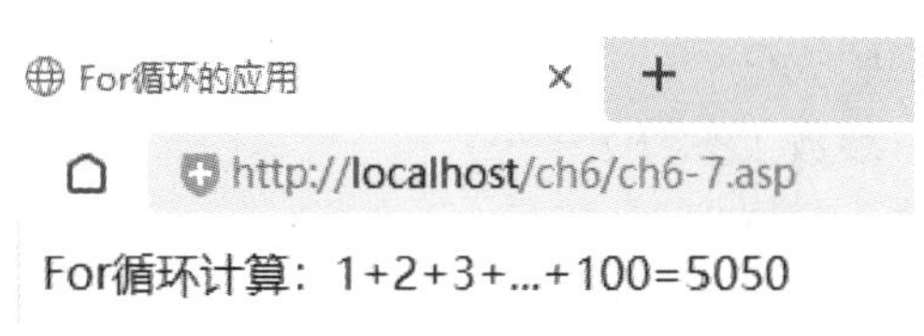

图 6-14　For 循环结构的应用

注意：在 VBScript 中，循环变量在每一次循环后自动增加或减少，不需要在循环中人为修改循环变量。如 ch6-7.asp 中，若在循环中增加语句 i=i+1，会造成逻辑错误。

3) 循环强行退出

循环强行退出是指在循环体语句执行过程中，强行退出循环。一般情况下，会在强行退出前添加一个 if 条件语句。Do…Loop 循环中的强行退出循环的指令是：Exit Do；在 For…Next 循环中强行退出循环的指令是：Exit For。例如：

```
<%
Dim i,s
s=0
For i=1 To 100
    s=s+i
  If  i>50 then  '如果 i>50 就强行退出循环
    Exit For
  End If
Next
%>
```

6.2.4　VBScript 过程和函数

前面学习了 VBScript 的内置函数，利用这些内置函数可以非常方便地完成某些功能。但要完成某些特定功能时，就只能自己编制过程或函数来实现这些功能。

一种是 Sub 过程，另一种是 Function 函数。两者的区别在于：Sub 过程只是执行程序语句而没有返回值；Function 函数可以将执行代码后的结果返回给请求程序。过程和函数的命名规则与变量名命名规则相同。

1. Sub 过程

1) 声明 Sub 过程的语法

```
Sub 过程名(参数 1,参数 2,……)
```

```
  ……
  [exit sub]
End Sub
```

其中，参数是指由调用过程传递的常数、变量或表达式。如果 Sub 过程无任何参数，Sub 过程名后面也必须包含空括号( )。exit sub 用于强制跳出过程。

```
Sub 过程名( )
  ……
End Sub
```

2) Sub 过程调用的两种方式

方法 1：Call 过程名(参数 1,参数 2,……)

方法 2：过程名 参数 1,参数 2,……

注意：用 Call 语句调用过程时参数需要带有括号，而用子过程名直接调用时参数不用括号。

3) 过程实例

用过程实现求任意两个数的最小公倍数。

```
--------------------------- minibs.asp ----------------------------
<%
Dim m,n
m=14
n=16
sub minibs(a,b)
    if a<=b then
      max=b
    else
      max=a
    end if
  for i=max to a*b
   if i mod a=0 and i mod b=0 then
      Response.write i        'i 是 a 和 b 的最小公倍数
      exit for
    end if
  next
end sub
call minibs(m,n)              '第一种调用过程的方法
Response.write "<br>"
minibs m,n                    '第二种调用过程的方法
%>
-------------------------------------------------------------------
```

调试该 ASP 网页程序，两次调用过程，结果都输出：112。

在第 5 章中已经提到，可以使用 JavaScript 和层制作菜单。在这一节，我们把编辑菜单写成一个过程，在调用此过程的时候使用不同的参数就可以得到不同的菜单，体会过程的“一次编写，多次调用”的优点。程序清单和执行结果如下。

```
---------------------------清单 6-8  ch6-8.asp --------------------------
<html>
<head>
<title>使用层和过程技术制作菜单</title>
<script language="javascript">
function disp(obj)
{if (obj.style.visibility=="visible")
    {obj.style.visibility="hidden";}
  else
    {obj.style.visibility="visible";}
     }
</script>
<style>
.caiDan{position:absolute;
  z-index:2;
  visibility: hidden;
  background-color: #FFFFFF;
  layer-background-color: #FFFFFF;
  border: 1px solid #ff0000;
  filter: Alpha(Opacity=80);}
</style>
</head>
<body>
<%
Sub menu(title,content) '定义过程
Response.write "<table width=200 border=0 align=center cellpadding=0
    cellspacing=0><tr bgcolor=#99CC00><td height=30 style='cursor:hand'
    onClick='disp("&title&")'>"&title&"</td> </tr><tr
    height=0><td><div  id="&title&" class='caiDan' >"&content&"
    </div></td>  </tr></table>"
End Sub
'四个变量作为两次调用函数的参数
Dim str1,str2,str3,str4
str1="用户控制面板"
str2="<span style= line-height:20px> 更改用户头像<br>更改用户密码<br>个人
    资料修改<br>所发表的主题帖子<br>用户发表的回复帖</span>"
str3="风格设置"
str4="<span style= line-height:20px> 默认风格<br>青青河草<br>橘子红了<br>
    紫色淡雅</span>"
%>
<!-- 下面两次调用 menu 过程,等到两个不同的菜单 -->
<table><tr>
  <td><%Call menu(str1,str2)%></td>
  <td><%Call menu(str3,str4)%></td>
</tr></table>
```

```
</body>
</html>
-----------------------------------------------------------------------
```

在浏览器调试 ch6-8.asp 结果，初始时如图 6-15(a)所示，分别单击“用户控制面板”和“风格设计”菜单后，效果如图 6-15(b)所示。

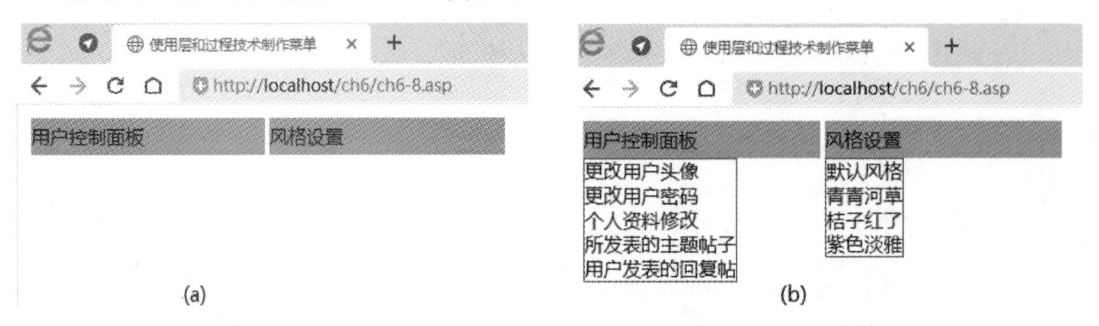

图 6-15　使用 HTML 层和 ASP 过程综合定义的菜单

从这个例子可看出：

(1) HTML 元素中可以调用 JavaScript 函数，如<td> onClick='disp("&title&")', </td>;

(2) ASP 代码段可以嵌入 HTML 代码里，如<td><%Call menu(str1,str2)%></td>;

(3) HTML 代码也可以出现在 ASP 的输出语句中，如 response.write "<table width=200 border=0…>…";

(4) 一个 ASP 文件可以包含有多个 ASP 代码段。

(5) 在过程 menu 中，只有一条输出语句 response.write，这条语句看起来比较复杂，通过下面的解读以后，也不难理解。

①…<div id="&title&"class…>把第一个参数 title 作为放置菜单内容层的 id，这样多次调用过程时，每个层的 id 都不一样，当然是在菜单名称不一样的前提下；

②…onClick='disp("&title&")'…鼠标单击菜单标题单元格时，就把层变为显示或隐藏；

③…>"&title&"</td> </tr>…把第一个参数作为菜单的标题；

④…class='caiDan'>"&content&" </div>…把第二个参数作为菜单的内容。

我们可以通过浏览结果(见图 6-15)，并与 ch6-8.asp 代码对照来理解此过程的定义与调用。

2. Function 函数

1) 声明函数的语法

```
Function 函数名([参数 1,参数 2,……])
    ……
    [exit function]
    函数名=函数返回值
End Function
```

与 Sub 过程类似，其中“参数 1,参数 2,……”是指由调用 Function 传递的常数、变量或表达式。如果 Function 无任何参数，则 Function 函数名后面也必须有空括号( )。“exit function”是强制跳出函数，“函数名=函数返回值”即对函数名赋值，这个值就是函数的返回值，这也是函数与过程不同的地方。

2) 函数的调用方式

调用函数时，函数名必须放在赋值语句的右边或表达式中。格式如下：

```
变量=函数名(参数)
```

或

```
Response.write 函数名(参数)
```

3) 使用函数实例

例如，采用函数的方法，求两个数的最大公约数。

```
---------------------------- maxys.asp ----------------------------
<%
  Dim x,y
  x=21
  y=28
Function maxys(a,b)
    If a<b then
      small=a
    else
     small=b
    end if
    for j=small to 1 step -1
      if a mod j=0 and b mod j=0 then
         exit for
      end if
     next
     maxys=j                'j 是 a 和 b 的最大公约数
  end function
  Response.write maxys(x,y)
%>
------------------------------------------------------------------
```

调试该 ASP 网页，输出结果为：7。

有时候需要在网页中显示某些特殊字符，例如，<>等与 HTML 标记符是相同的符号时，浏览器会自动将<>内的内容解释为 HTML 标记符，因此要用字符实体来替换这些特殊字符。

例如，要在网页上显示"<font color=red>abc</font>"这个字符串时，若直接用 Response.write "<font color=red>abc</font>"会得不到想要的结果，得到的是一个红色的"abc"，用字符实体来替换这些特殊字符："<font color=red >abc</font> "。同样，在设计的论坛中，用户的留言含有这些特殊的字符时也不能正常显示，甚至会导致网页不能正常显示。因此，经常要把这些特殊字符替换为字符实体来显示，非常有必要定义一个有这种功能的函数。

下面例子中的函数把一些常用的特殊字符替换为字符实体，也可以看出申明和调用 Function 函数的一般方法。

```
--------------------------清单 6-9  ch6-9.asp-------------------------
<HTML>
<HEAD>
   <TITLE> 函数的定义和调用 </TITLE>
</HEAD>
<BODY>
<%
  Function myReplace(myString)'
    myString=Replace(myString,"&","&amp;")   '替换&为字符实体&amp;
    myString=Replace(myString,"<","&lt;")    '替换<为字符实体&lt;
    myString=Replace(myString,">","&gt;")    '替换>为字符实体&gt;
    myString=Replace(myString,chr(13),"<br>") '替换回车符为换行标记<br>
    myString=Replace(myString,chr(32)," ") '替换空格符为字符实体
     
    myString=Replace(myString,chr(9),"     ")
                                             '替换 Tab 缩进符为四个空格
    myString=Replace(myString,chr(39),"&acute;") '替换单引号为字符实体&acute;
    myString=Replace(myString,chr(34),"&quot;") '替换双引号为字符实体&quot;
      myReplace=myString                     '返回函数值
  End Function
  Dim str
  str="<font color=red>abc</font>"
  Response.write str                 '得到的是一个红色的“abc”
  Response.write"<br>"
  Response.write myReplace(str)      '替换为字符实体，得到正确的结果
%>
</BODY>
</HTML>
-----------------------------------------------------------------------
```

调试结果如图 6-16 所示。

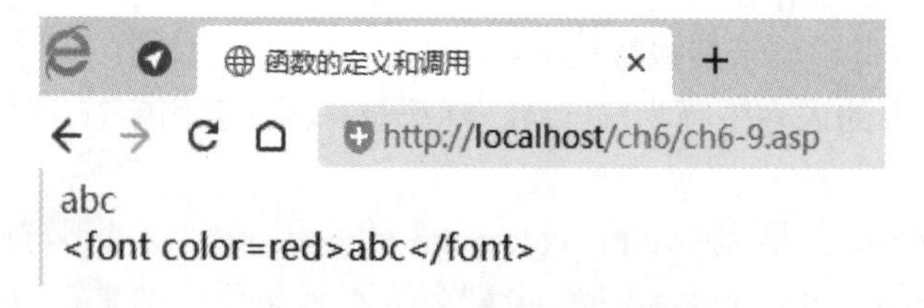

图 6-16　ch6-9.asp 的运行结果

3. 过程和函数的布置

自定义过程和函数可以放置在 ASP 文件的任意位置上，也可以放在另外一个 ASP 文件中，然后在需要调用过程或函数的文件中插入一行代码：<!--#Inlcude file= "filename "-->。这里的 filename 是要插入的文件名全称。例如，ch6-9.asp 可以改写为如下两个 asp 文件。

```
-------------------------清单 6-10  ch6-10.asp-----------------------
<%
Function myReplace(myString)'
  myString=Replace(myString,"&","&amp;")       '替换&为字符实体&amp;
  myString=Replace(myString,"<","&lt;")        '替换<为字符实体&lt;
  myString=Replace(myString,">","&gt;")        '替换>为字符实体&gt;
  myString=Replace(myString,chr(13),"<br>")    '替换回车符为换行标记<br>
  myString=Replace(myString,chr(32)," ")'替换空格符为字符实体 
  myString=Replace(myString,chr(9),"     ")
       '替换 Tab 缩进符为四个空格
  myString=Replace(myString,chr(39),"&acute;") '替换单引号为字符实体&acute;
  myString=Replace(myString,chr(34),"&quot;")  '替换双引号为字符实体&quot;
  myReplace=myString                           '返回函数值
End Function
%>
-------------------------清单 6-11  ch6-11.asp-----------------------
<!--#Include file="ch6-10.asp"-->
<HTML>
<HEAD>
   <TITLE> 函数的定义和调用 </TITLE>
</HEAD>
<BODY>
<%
   Dim str
   str="<font color=red>abc</font>"
   Response.write str       '得到的是一个红色的“abc”
   Response.write"<br>"
   Response.write myReplace(str)    '替换为字符实体，得到正确的结果
%>
</BODY>
</HTML>
--------------------------------------------------------------------
```

调试 ch6-11.asp，结果与调试 ch6-9.asp 相同，如图 6-16 所示。

在这里，ch6-10.asp 和 ch6-11.asp 放置在同一个文件夹下面。若这两个文件不是在同一个文件夹下面时，Include 语句中"ch6-10.asp "前面还需要加上 ch6-10.asp 的相对路径名。

可以利用这种方法将常用的一些函数和过程都放在同一个文件中，然后在其他文件中包含该函数文件即可，这样函数和过程可以一次定义，却能在多个文件中反复调用。

6.3　ASP 内置对象及应用

ASP 支持面向对象程序设计方式，提供多个内置对象供程序员使用，程序员可以灵活

地调用这些对象的数据集合、属性或方法，即可实现该对象所提供的特定功能，如收集来自浏览器的发送请求信息、向客户端浏览器传送信息，以及存储用户信息、创建特定应用对象等。常用的 ASP 内置对象有 Request、Response、Session、Application 和 Server 等，各对象的主要作用如表 6-8 所示。

表 6-8　ASP 的主要内置对象及功能

对　　象	功 能 说 明
Response	将数据信息输送给客户端
Request	服务器端从客户端获得数据信息
Session	暂存单个用户在信息服务器端
Application	存放同一个应用程序中的所有用户间的共享信息在服务器端
Server	创建 COM 对象、Connection、Recordset 对象，以及 Scripting 组件等

这五个内置对象之间的关系如图 6-17 所示。

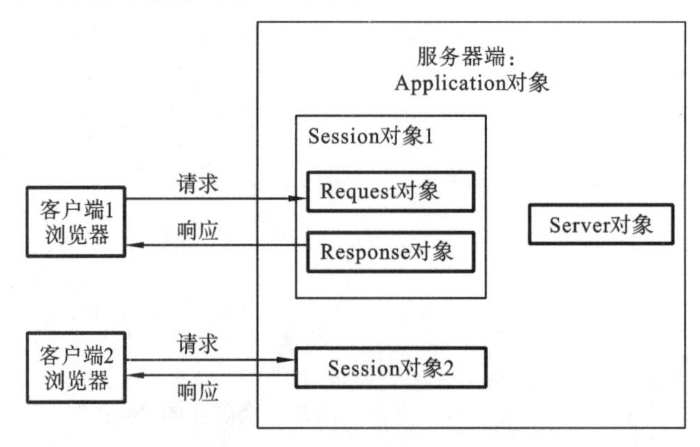

图 6-17　ASP 内置对象之间关系

下面分别来学习这几个 ASP 内置对象。

6.3.1　Response 对象

Response 对象的功能主要是将服务器端的信息发送到客户端浏览器，使用格式如下：

Response.方法|属性|数据集合

1. Response 对象的方法

Response 对象的方法及功能如表 6-9 所示。

表 6-9　Response 对象的常用方法

方　　法	功 能 说 明
Write	将数据用 HTML 超文本格式发送到客户端浏览器
Redirect	重定向浏览器到另一个 URL
End	立即终止处理 ASP 程序
Clear	清除缓冲区中的内容

续表

方　　法	功 能 说 明
Flush	输出缓冲区中已有信息
AppengToLog	将指定信息添加到 IIS 日志文件中
AddHeader	将指定值添加到 HTML 标题中

1) Write 方法

Response 对象的 Write 方法的功能是将信息从服务器端直接送到客户端，使用格式如下：

Response.write String

String 可以是字符串、变量或 HTML 标记。

```
-------------------------清单 6-12  ch6-12.asp-----------------------
<%
   Dim str1
   str1="欢迎您光临我校！"
   Response.write "您好，"          '输出字符串，须加双引号
   Response.write"<br>"            '输出 HTML 标记，也要加双引号
   Response.write str1             '输出变量的值，只需给出变量名，不要双引号
%>
--------------------------------------------------------------------
```

调试结果如图 6-18 所示。

http://localhost/ch6/ch6-12.asp

您好，
欢迎您光临我校！

图 6-18　response 对象的 write 方法应用

Response.write 向客户端发送信息是最常用的 ASP 方法，前面已多次用到该方法。

上面三条 Response.write 语句，通过使用字符串连接运算符&，可以用一条语句来实现：

```
<%
 Response.write "您好，" & "<br>" & str1
%>
```

除了可用 Response 对象的 write 方法向客户端浏览器输出信息以外，当<%　%>里只有一条 Response.write String 语句时，可以用简略格式取代：

```
<%=String%>
```

这里的 String 同样是字符串、变量或 HTML 标记。

2) Redirect 方法

Redirect 方法的功能是使浏览器重新定位到新的 URL 地址（即跳转到 URL 网页），与 HTML 静态网页中的超链接<a href="……">功能相似；所不同的是，静态网页的标签 a 需要单击链接对象 Redirect 实现的是动态超链接，而 Respnose.redirect 会根据条件（如果前面有条件语句）自动定位到相应的 URL 地址，不需要用户去点击某个链接点。格式如下：

Response.redirect String

String 是某网站的 URL 地址，也可以是本网站里的某个网页文件。例如：

```
<%
If password="abc123" then
   Response.redirect "http://www.test.cn"
Else
  Response.redirect "login.asp"
End if
%>
```

以上代码的功能是对 password 的值进行判断，如果 password 的值为 abc123 就自动定位到 http://www.test.cn 这个网站，否则，就定位到 login.asp 这个网页文件，重新进行身份确认。

3) End 方法

Response 对象的 End 方法的功能是停止处理.asp 文件，并将已处理的结果返回到客户端浏览器。格式如下：

Response.End

使用 End 方法，不需要参数。例如，

```
<%
Response.write "您好！"
Response.End
Response.write "欢迎您的光临！"
%>
```

调试结果，将只显示“您好！”。

至此，我们已经学习了三种不同环境下网页跳转的方式：

(1) HTML 静态网页的<a href="url">标签跳转法；

(2) JavaScript 脚本语言的 location.href="url"法；

(3) ASP 对象的 request.redirect("url")方法。

下面将这三种网页跳转集中到一个网页 Ch6-13.asp 中，第一种是单击一个 HTML 元素后实现网页跳转，后两种网页跳转是自动跳转。下面将三种网页跳转方式集中到一个 ASP 网页里，为了方便体验，给后两种自动跳转分别加上一个鼠标事件条件。代码如下：

```
--------------------------清单 6-13  ch6-13.asp-----------------------
<%@LANGUAGE="VBSCRIPT" CODEPAGE="65001"%>
<html>
<head><title>网页跳转三种方式</title></head>
<body>
    <h3>三种网页跳转方式：</h3>
    1.html 的 a 标签 href 属性实现跳转：<a href="https://www.pku.edu.cn/">北京大学</a><br/><br/>
    2.JavaScript 的 location.href 实现跳转：<input type="button" value="清华大学" onClick="JavaScript:
    location.href='https://www.tsinghua.edu.cn'"/><br/><br/>
    3.ASP 的对象的 response.redirect 实现跳转：
     <form action="" method="post">
```

```
    <input type="radio" name="rad" value="a" >跳转 <input
type="submit" value="去华中科技大学" />
 </form>
  <% x=request.form("rad")
    if(x="a") then
      response.redirect "https://www.hust.edu.cn"
    end if
  %>
</body>
</html>
```

网页 Ch6-13.asp 调试结果如图 6-19 所示。单击网页中的文字“北京大学”，就跳转到北京大学网站首页（a 标签跳转）；单击“清华大学”按钮，就跳转到清华大学网站首页（location.href 跳转）。选择单选项“◉跳转”，再单击“去华中科技大学”按钮，就跳转到华中科技大学网站首页（response.redirect 跳转）。

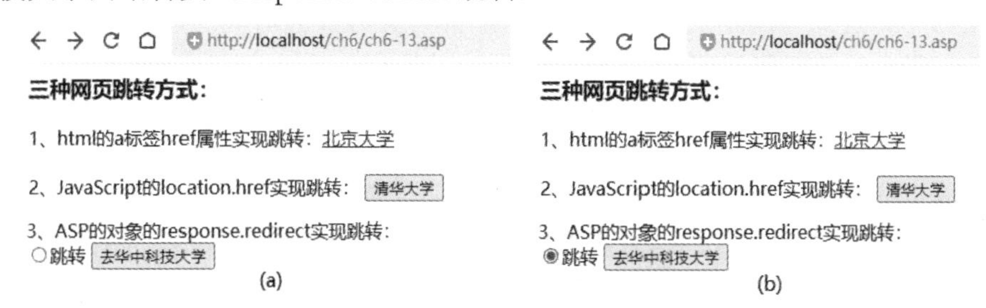

图 6-19　html、JS、ASP 三种不同的网页跳转方式

因为 response.redirect 是直接跳转的，该代码的前面设置表单单选项(radio 类型，名为 rad、值"a")和提交按钮(submit 类型、值"去华中科技大学")，是为这个跳转创设对象事件。request.form("rad")是 ASP 获取表单元素的值，request 对象的 form 方法将在 6.3.2 节学习。

2. Response 对象的属性

1) Buffer 属性

Buffer 属性用于设置输出网页内容时是否使用缓冲区，缓冲区是内存中一个特定的存储区域。使用格式如下：

Response.Buffer=True | False

当 Buffer 属性值为 True 时，服务器将对脚本处理的所有结果进行缓冲，直到当前网页的所有服务器脚本处理完毕，或者调用了 Flush 或 End 方法为止，服务器才将处理结果发送给客户端浏览器。当 Buffer 属性值为 False 时，服务器在处理脚本的同时向客户端浏览器发送信息。通常将<% Response. Buffer=True | False %>放在网页的第一行。

2) Expires 属性

Expires 属性指定在客户端浏览器上缓冲存储的网页离过期还有多久。当一个网页被传到客户端浏览器后，这个页面通常被缓存在浏览器中，当下一次访问此页面时，就不必重新从服务器下载该页面，而是从浏览器缓存中取得，这样可提高网页访问的效率。格式如下：

Response.Expires=intnum

其中，intnum 表示页面存储在缓存中的时间，单位是分钟。若 Reaponse.Expires=3，则浏览器每过 3 分钟自动从服务器读取一次。若 Response.Expires=0，可使缓存页面立即过期，这适合于要求信息即时传送的网页，如登录页面由于有用户填写密码等保密信息，就不应被缓存而应立即过期，以确保安全。

3. Response 对象的数据集合

Response 对象只有一个数据集合——cookies。cookies 是一种能够让网站服务器把少量数据储存到客户端或从客户端读取已存数据的一种技术。Cookies 是一种发送到客户端浏览器的文本，用来记录客户端的信息，并保存在客户端的硬盘里。例如，当浏览某网站时，由 Web 服务器置于硬盘上的一个非常小的文本文件，它可以记录用户 ID、浏览过的网页、停留的时间等信息。当再次访问该网站时，网站通过读取 Cookies 得知相关信息，就可以做出相应的动作，如在页面显示欢迎你的标语，或者不用输入 ID、密码就能直接登录等。一旦将 Cookie 保存在计算机上，则只有创建 Cookie 的网站才能读取。

给 cookies 赋值语法格式如下：

```
Response.cookies(cookies 名称)[(key)|.attribute]=cookie 值
```

获取 cookies 的值（将 cookies 的值赋给别的变量）方式如下：

```
变量名= response.cookies(cookies 名称)[(key)|.attribute]
```

其中，cookies 名称用于标志 cookies 数据集合，key 是 cookies 数据集合中某个数据项名，attribute 是 response 的某种属性，如 Expires 属性等，[]的内容是可选项。

下面举例说明如何把相关的信息存入 cookies 中？如何设置 cookies 的有效期？如何读取存储在 cookies 中的信息？

```
<%
  Response.cookies("UserName")="王五"  '将值存入 Cookies 的 UserName 项
  Response.cookies("Password")="12345"
  Response.cookies("UserName").Expires=#2018-1-1#  '此日期前有效
  Response.cookies("Password").Expires=Date()+7     '一个星期内有效
%>
```

6.3.2 Request 对象

Request 对象用来读取从客户端浏览器发送到服务器的数据。

例如，服务器经常需要获得客户端输入的信息，如常见的注册、登录、留言等，用户把相应的信息填写在表单中，然后“提交”表单，这时就需要使用 Request 对象获取表单中的信息。Request 对象的常用方法和属性如表 6-10 所示。

表 6-10 Request 对象的常用方法

方 法	功 能 说 明
Form	获取客户端在表单中所输入的信息
QueryString	获取客户端发过来、附着在 url 地址后的查询字符串信息
Cookies	取得客户端浏览器的 Cookies 信息
ServerVariables	取得服务器端环境变量信息

1. 使用 Request.Form 获取表单中的数据

Form 是 Request 对象最常用的方法之一，它用来获取客户端在表单中各种元素(文本框、单/多选项等)所输入的信息，请看一个简单的获取用户登录时用户名和密码的例子。

```
------------------------清单 6-14  ch6-14.asp--------------------------
<HTML>
<HEAD>
 <TITLE> 信息输入与提交页 </TITLE>
</HEAD>
<BODY>
 <Form Method="Post" Action="ch6-15.asp"
   onSubmit="JavaScript:confirm('确定要提交吗？ ')">
   用户名:<Input Type="text" Name="userName" size="10"/><br/>
   性别: <Input Type="radio" Name="rad1" value="n"/>男
         <Input Type="radio" Name="rad1" value="v"/>女<br/>
   爱好: <Input Type="checkbox" Name="check1" value="a"/>唱歌
         <Input Type="checkbox" Name="check1" value="b"/>跳舞
         <Input Type="checkbox" Name="check1" value="c"/>朗诵
         <Input Type="checkbox" Name="check1" value="d"/>打球<br/>
   密码: <Input Type ="password" Name="Ps" size="10"/><br/>
         <Input Type= "submit" value="提交"/>
 </Form>
</BODY>
</HTML>
-----------------------------------------------------------------------
```

```
------------------------清单 6-15  ch6-15.asp-------------------------
<%@LANGUAGE="VBSCRIPT" CODEPAGE="65001"%>
<HTML>
<HEAD>
   <TITLE>信息获取页</TITLE>
</HEAD>
<BODY>
<%
   dim xm,xb,ah,mm
   xm=request.form("userName")
   xb=request.form("rad1")
   ah=request.form("check1")
   mm=request.form("Ps")
   response.write "你输入的用户名是:"&xm
   response.write"<br/>你选择的性别是:"&xb
   response.write"<br/>你选择的爱好是:"&ah
   response.write"<br/>你输入的密码是:"&mm
%>
</BODY>
</HTML>
```

```
--------------------------------------------------------------------------
```

动态网页 Ch6-14.asp 运行结果如图 6-20(a)所示，输入信息并单击“提交”按钮后，弹出图 6-20(b)所示的对话框，单击“确定”按钮后，跳转到 Ch6-15.asp 网页运行结果，如图 6-20(c)所示。

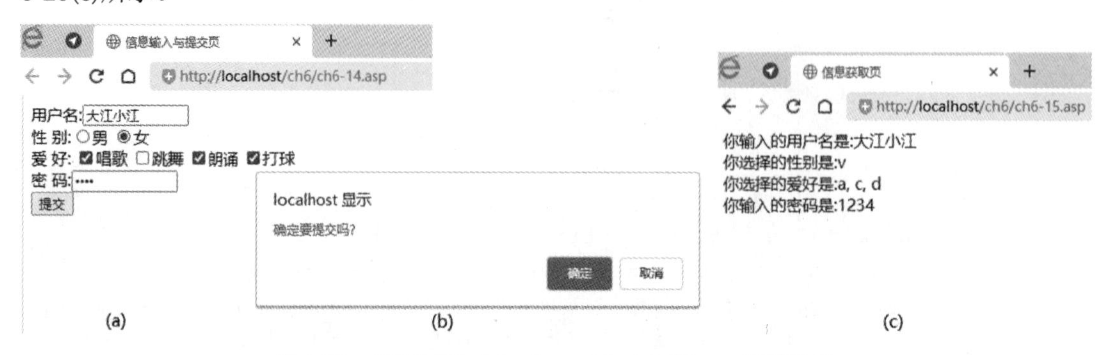

图 6-20　动态网页 ch6-14.asp 和 ch6-15.asp 运行结果

通过这个实例，我们可看出 form 表单里输入（或选择）元素的值是如何被 request 对象获取到的。还要注意：①表单内的文本和密码输入框、单选项，尤其多选项的类型(Type)、名称(Name)、值(Value)是如何设计的；②表单“提交”后的弹窗是如何用 JavaScript 代码实现的；③用户选择了单选项、多选项以后，获得的值分别是什么（特别是多选项）。通过观察图 6-20(a)中信息输入以及图 6-20(c)所示的结果，再结合 Ch6-14.asp 和 Ch6-15.asp 代码，综合解读、分析，然后思考：这种综合技术可应用于哪些场合的动态网站实践，如何应用？

在这里，ch6-14.asp 用于显示表单，供用户填写或选择信息项，表单 form 的 Action 属性值为 ch6-15.asp，这样用户填写登录信息并单击“登录”按钮会跳转到 ch6-15.asp 网页；表单的两个文本字段的 Name 分别命名为 userName 和 Pass，为方便在 ch6-15.asp 中获取它的值做好准备工作。ch6-15.asp 用来获取用户在 ch6-14.asp 的表单里输入的值，并显示出来，用 request.form("userName") 和 request.form("Pass")获取两个文本输入字段的值，用 request.form("rad1") 获取单选项的值，用 request.form("check1")获取多选项的值，然后一起输出，也就是在图 6-20 中所看到的结果。

也可以将 Form 的 Action 属性设置为 Action=""，让本网页来读取此表单信息，这时上述两个 ASP 网页整合成一个 ASP 网页（ch6-16.asp）来实现上例中的效果。

```
------------------------清单 6-16  ch6-16.asp------------------------
<%@LANGUAGE="VBSCRIPT" CODEPAGE="65001"%>
<HTML>
<HEAD>
  <TITLE>信息输入提交与获取页</TITLE>
</HEAD>
<BODY>
  <Form Method="Post" Action="" onSubmit="JavaScript:confirm('确定要提
    交吗？')">
    用户名:<Input Type="text" Name="userName" size="10"/><br/>
    性  别: <Input Type="radio" Name="rad1" value="n"/>男
```

```
            <Input Type="radio" Name="rad1" value="v"/>女<br/>
    爱  好: <Input Type="checkbox" Name="check1" value="a"/>唱歌
            <Input Type="checkbox" Name="check1" value="b"/>跳舞
            <Input Type="checkbox" Name="check1" value="c"/>朗诵
            <Input Type="checkbox" Name="check1" value="d"/>打球<br/>
    密  码: <Input Type ="password" Name="Ps" size="10"/><br/>
            <Input Type= "submit" value="提交"/>
  </Form>
<%
  if request.form("userName")<>"" and request.form("rad1")<>"" and
    request.form("check1")<>"" and request.form("Ps")<>""  then
    dim xm,xb,ah,mm
    xm=request.form("userName")
    xb=request.form("rad1")
    ah=request.form("check1")
    mm=request.form("Ps")
    response.write "<br/>你输入的用户名是:"&xm
    response.write"<br/>你选择的性别是:"&xb
    response.write"<br/>你选择的爱好是:"&ah
    response.write"<br/>你输入的密码是:"&mm
  end if
%>
</BODY>
</HTML>
-----------------------------------------------------------------
```

ch6-16 运行结果如图 6-21 所示。

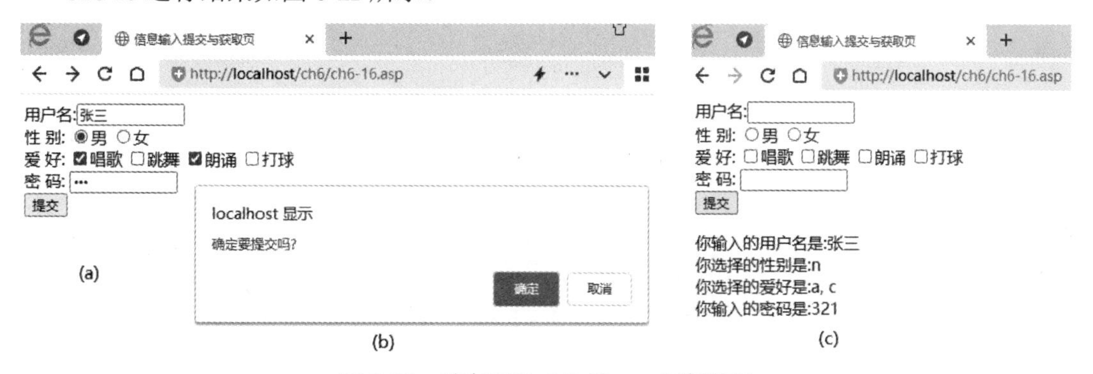

图 6-21　动态网页 ch6-16.asp 运行结果

这个例子中，<% if request.form("userName")<>"" and request.form("rad1")<>"" and ...then ...%>这个条件语句表示，如果用户在用户名、密码框中都输入了内容，并且选择了性别和爱好，就执行这个条件语句为真后的 ASP 代码：获取信息、显示信息。在第一次打开此页面时，用户名、密码框中都没有内容，性别也没有选择值、爱好也没有选项值时，不会执行条件语句后的 ASP 代码，只会显示表单的内容；只有输入信息和选择了选项，提交并确定后，才会执行。

2. 使用 Request.QueryString 获取 URL 变量

当网页通过超链接或者其他方式从一张网页转到另一张网页的时候，往往需要在转跳的同时把一些数据传递到第二张网页中，可以把这些数据附加在超链接 URL 的后面，在第二张网页中使用 Request.Querystring 方法来获取 URL 后变量的值。例如：

```
<a href="ch6-18.asp?Id=李四&page=5">李四的情况</a>
```

此超链接中含有两个 URL 变量：Id 和 page，变量参数之间用&连接。请看如下的例子。

```
------------------------清单 6-17  ch6-17.asp------------------------
<HTML>
<HEAD>
   <TITLE>传送 URL 变量 </TITLE>
</HEAD>
<BODY>
   <a href="ch6-18.asp?Id=李四&page=5">李四的情况</a>
</BODY>
</HTML>
------------------------清单 6-18  ch6-18.asp------------------------
<HTML>
<HEAD>
   <TITLE> 获取 URL 变量 </TITLE>
</HEAD>
<BODY>
<%
   Dim id,page
   id=request.querystring("id")
   page=request.querystring("page")
   Response.write "id="&id&"<br>page="&page
%>
</BODY>
</HTML>
--------------------------------------------------------------------
```

浏览 ch16-17.asp 结果如图 6-22(a)所示，单击超链接“李四的情况”，打开 ch16-18.asp 网页并同时传送 2 个参数 Id 和 page，ch16-18.asp 运行结果如图 6-22(b)所示。

图 6-22　ch6-17.asp 和 ch6-18.asp 的执行结果

在程序 ch6-17.asp 中，直接通过 URL 参数将常量“李四”和“5”的信息传送到 ch6-18.asp。实际应用时，常使用 URL 参数来传送 ASP 变量的值，就要用<%=变量%>

来取代前面的常量（如“李四”、“5”等）。于是将 ch6-17.asp 改写成 ch6-17(2).asp：

```
----------------------清单 6-17(2)  6-17(2).asp ---------------------
<HTML>
<HEAD>
   <TITLE>传送 URL 变量 </TITLE>
</HEAD>
<BODY>
  <%
   name="李四"
   page=5
  %>
  <a href="ch6-18.asp?Id=<%=name%>&page=<%=page%>">李四的情况</a>
</BODY>
</HTML>
--------------------------------------------------------------------
```

ch6-17(2)与 ch6-17.asp 功能相同，只不过传递的 URL 参数不是常量，而是变量。

3. 使用 Request.ServerVariables 获取环境变量信息

有时需要获取服务器端或客户端的某些特定信息，比如获取客户端的 IP 地址、客户端浏览器所发出的所有 HTTP 标题文件等，可以使用 Request 对象的 ServerVariables 方法方便地取得这些信息。使用此方法的语法如下：

Request.ServerVariables("环境变量名")

常用的环境变量名如表 6-11 所示。

表 6-11　Request.ServerVariables 常用的环境变量

环境变量名称	功 能 说 明
ALL_HTTP	客户端浏览器所发出的所有 HTTP 标题文件
LOCAL_ADDR	服务器端的 IP 地址
LOGON_USER	若用户以 Windows NT 登录时，所记录的客户端信息
QUERY_STRING	HTTP 请求中？后的内容
REMOTE_ADDER	客户端 IP 地址
REMOTE_HOST	客户端主机名
SCRIPT_NAME	当前 ASP 文件的虚拟路径
SERVER_NAME	服务器端的 IP 地址或名称
SERVER_PORT	用 HTTP 作数据请求时，所用到的服务器端的端口号
URL	URL 相对网址

下面使用 Request. ServerVariables 方法来获取客户机的 IP 地址和当前 ASP 文件的虚拟路径。

```
------------------------清单 6-19  ch6-19.asp ------------------------
<HTML>
<HEAD>
   <TITLE> ServerVariables 方法获取 IP 地址与虚拟路径</TITLE>
```

```
</HEAD>
<BODY>
<%
    Dim ip1,ip2,path
    ip1=Request.ServerVariables("LOCAL_ADDR")
    ip2=Request.ServerVariables("REMOTE_ADDR")
    path=Request.ServerVariables("SCRIPT_NAME")
    response.write"WWW 服务器 IP 地址:"&ip1
    response.write"<br/>您的 IP 地址:"&ip2
    response.write"<br/>当前 ASP 文件的虚拟路径是:"&path
%>
</BODY>
</HTML>
```

该 ASP 网页调试结果如图 6-23(a)所示，::1 是 localhost 对应的本地回环 IPv6 地址。

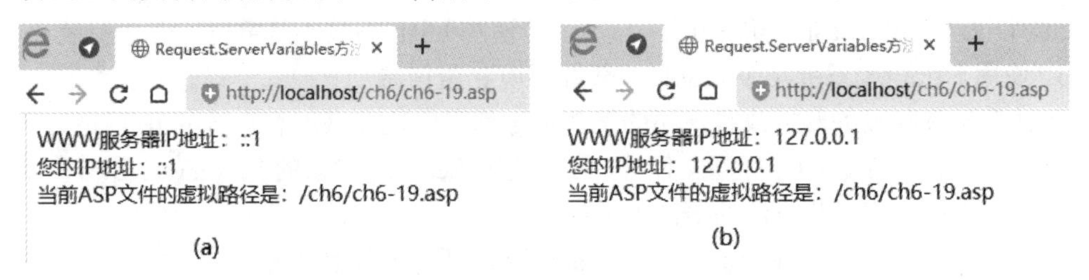

图 6-23　网页 ch6-19.asp 的调试结果

如果要显示本地回环测试 IPv4 地址，则要在 ch6-19.asp 网页代码中作一下回环地址变换，在 ip1、ip2 获得 IP 地址之后，添加以下几行代码：

```
if(ip1="::1") then
   ip1="127.0.0.1"
end if
if(ip2="::1") then
   ip2="127.0.0.1"
end if
```

添加这几行后，在本机上调试 ch6-19.asp 网页的结果如图 6-23(b)所示。这里显示的服务器 IP 地址与客户机 IP 地址相同，是因为我们调试时服务器与客户机是同一台计算机。

如果在网络环境下测试，获得的两个 IP 地址就不相同了。

网络环境下在客户机测试服务器上的 ASP 动态网页，是通过服务器 IP 地址进行的。譬如 WWW 服务器的 IP 地址是 192.168.10.88，要在客户机上浏览 WWW 服务器虚拟目录 ch6 下 ch6-19.asp 网页，则要在客户机的浏览器地址栏输入以下代码：

```
192.168.10.88/ch6/ch6-19.asp
```

按回车键，就能在客户机浏览器上看到所获取的 WWW 服务器 IP 地址和客户 IP 地址，两个 IP 地址不相同。

所有客户要访问 WWW 服务器，必须先知道 WWW 服务器的 IP 地址才行。那么怎样才能查询到计算机的 IP 地址呢？在键盘上按⊞+<R>组合键，弹出运行对话框，在对话框里输入 cmd，单击“确定”按钮，即进入 DOS 命令模式，然后输入如下命令：

```
ipconfig　回车
```

即可查看到此计算机的 IP 地址。

4. 使用 Request.cookies 获取客户端浏览器的信息

Cookies 是 ASP 在客户机保存用户上网信息的一种技术。

当 Response 对象设置好 cookies 数据集合里的各项数据项之后，就可以通过 Request.cookies 对象获得这些数据项的内容。

使用格式如下：

Request.cookies(cookies 名称)[(key)|.attribute]

cookies 的应用实例如下。

```
------------------------清单 6-20　ch6-20.asp------------------------
<%
Response.cookies("user")("name")="张三"
Response.cookies("user")("pwd")="1234"
a= request.cookies("user")("name")
b= request.cookies("user")("pwd")
Response.write  a&b
%>
--------------------------------------------------------------------
```

执行结果如图 6-24 所示。

http://localhost/ch6/ch6-20.asp

张三123456

图 6-24　ch6-20.asp 调试结果

下面举一个 cookies 的综合实例。

```
------------------------清单 6-21　ch6-21.asp------------------------
<html>
<head>
<title>Cookies 综合示例</title>
</head>
<body>
<%if  Request.cookies("UserName")<>"" then
   Response.write"欢迎您："&request.Cookies("UserName")
else
%>
<table width="98%" height="30" border="0" cellpadding="0"
   cellspacing="1" bgcolor="#666666">
  <tr bgcolor="#CCCCCC">
   <td>
    <form name="form1" method="post" action="">
```

```
        请输入: <br/>用户名:
            <input name="UserName" type="text" id="UserName" size="12">
          电子邮件:
          <input name="Email" type="text" id="Email" size="12">
      保存时间:
      <select name="Save" id="Save">
        <option value="1">保存 1 天</option>
        <option value="7">保存 1 周</option>
        <option value="30">保存 1 月</option>
      </select>
       <input type="submit" name="Submit" value="确定">
       </form>
      </td>
    </tr>
  </table>
  <%
       if request.Form("UserName")<>"" and request.Form("Email")<>"" then
         Response.cookies("UserName")=Request.Form("UserName")
         Response.cookies("Email")=Request.Form("Email")
         Response.cookies("UserName").Expires=date()+Cint(request.
      form("Save"))
                   '设置有效期
         Response.cookies("Email").Expires=date()+Cint(request.
      form("Save"))
         Response.redirect("ch6-21.asp")    '相当于刷新本页
         Response.end
       end if
  end if
  %>
  </body>
  </html>
  ------------------------------------------------------------------------
```

ch6-21.asp 调试结果如图 6-25(a)所示，按要求输入信息并单击“确定”按钮后，结果如图 6-25(b)所示。

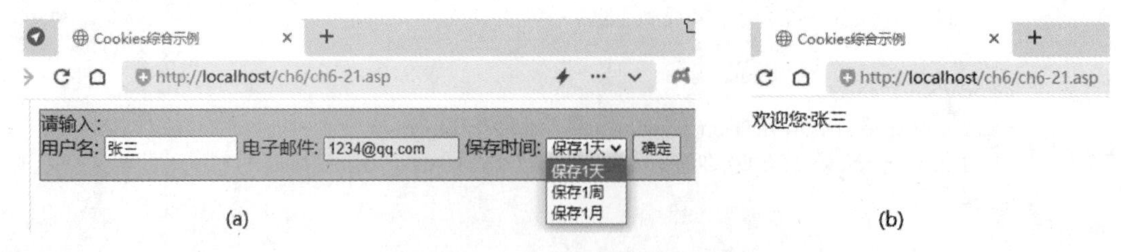

图 6-25　ch6-21.asp 的调试结果

本例综合应用了 Response 对象、Request 对象的方法，以及 HTML 表单 form。表单 form 提供用户输入信息的界面，request.form 方法用于获取浏览器里的表单信息，Response.cookies 用于将信息写入客户端 cookies，request.cookies 获取客户端已存的 cookies

信息，response.write 则用于在客户端浏览器里显示信息。

注意：本例中有2段asp代码，第一段<%　%>里有一个if语句；第二段<%　%>开头部分也有一个if语句，后面有2个end if，这2个end if分别与前面2个if匹配(尽管有一个if不在第二段asp代码里，而是在第一段asp代码里)。这就是说，虽然这2段asp代码在形式上被一些HTML代码隔离了，但作为asp程序，这2段代码在逻辑上并没有被隔开，而是“前后相邻”的。在以后编辑asp文件时，会经常这样使用，值得大家注意。

6.3.3　Session 对象

当从一张网页转跳到另一张网页时，前一张网页中以变量、常量等形式存放的数据会丢失。ASP 中使用 Session 对象来记录特定客户的信息，这些信息在用户从一张网页跳转到另一张网页时不会丢失，Session 对象所记录的信息被当前客户机的所有网页共享。

1. 利用 Session 存储信息

利用 Session 存储信息，与前面学习的利用变量存储信息很相似。使用格式如下：

```
Session("Session 名称")=变量或字符串信息
```

例如，

```
<%Session("userName")="张三"          '将字符串存入 Session
   Session("age")=19                  '将数字信息存入 Session
   Dim a
   a="wweer@126.com"
   Session("email")=a                 '将变量的值存入 Session
%>
```

注意：Session 对象还可以存储数组信息，请读者查阅相关的参考书籍。

2. 读取 Session 信息

读取 Session 信息和读取变量信息一样简单，它可以放在赋值语句中或其他地方。例如，

```
<% Dim b
   b=Session("userName")
  Response.write Session("userName")
%>
```

3. 利用 Session.Timeout 属性设置 Session 有效期

利用 Session 对象存储的数据并不是永远有效，如果没有特别说明，默认存储时间为 20 分钟。如果客户端超过 20 分钟没有向服务器提出请求或刷新 Web 页面，该 Session 对象就会自动结束。Session.Timeout 属性的使用格式如下：

```
Session("Session 变量名")=intnum          'intnum 是超时值，单位为分钟
```

例如，使用 Session.Timeout 属性设置 Session 有效期为 60 分钟。

```
Session.Timeout=60                       '将 Session 有效期设为 60 分钟
```

4. 利用 Session.Abandon 方法清除 Session 对象中的信息

对象过期之前可以使用 Abandon 方法强行清除当前客户的 Session 对象中存储的所有信息。使用格式如下：

```
Session.Abandon
```

例如：

```
<%
  Session("userName")="张三"      '将字符串存入 Session
  Session("age")=32               '将数字信息存入 Session
  Session.Abandon                 '清除 Session
  Response.write Session("userName")'Session 已经清除，所以不会输出任何信息
%>
```

使用 Session 对象实现 ch6-22.asp 类似的功能，增加了一个注销功能，由 ch6-22(1).asp 实现，把 ch6-22.asp 和 ch6-22(1).asp 放置在同一个文件夹。

```
-------------------------清单 6-22  ch6-22.asp------------------------
<html>
<head>
   <title>Session 综合示例</title>
</head>
<body>
  <% if Session("UserName")<>"" then
     Response.write"欢迎您:"&Session("UserName")
     Response.write "<a href=ch6-22(1).asp>注销</a>" '将 HTML 代码插入 asp
   中
   else
  %>
  <table width="98%" height="30" border="0" cellpadding="0"
   cellspacing="1" bgcolor="#666666">
   <tr bgcolor="#CCCCCC">
     <td>
       <form name="form1" method="post" action="">  'HTML 表单
        请输入:  用户名:
          <input name="UserName" type="text" id="UserName" size="12">
        电子邮件:
         <input name="Email" type="text" id="Email" size="12">
         <input type="submit" name="Submit" value="确定">
       </form>
     </td>
   </tr>
  </table>
  <%
     if request.Form("UserName")<>"" and request.Form("Email")<>"" then
       Session("UserName")=Request.Form("UserName")
       Session("Email")=Request.Form("Email")
       Response.redirect("6-20.asp")    '相当于刷新本页
       Response.end
     end if
   end if
  %>
```

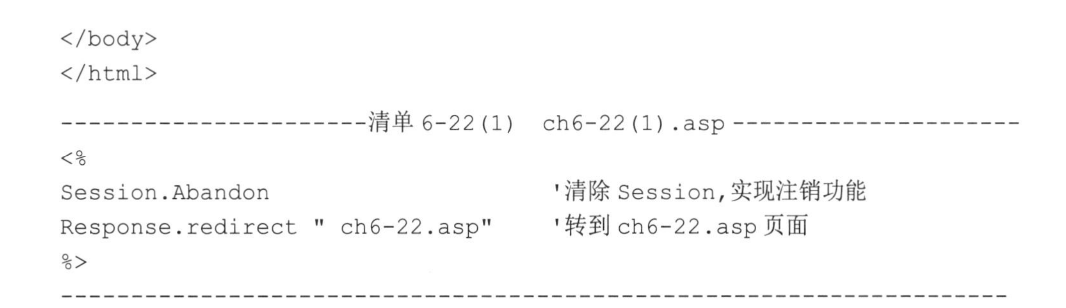

```
</body>
</html>
----------------------清单 6-22(1)  ch6-22(1).asp --------------------
<%
Session.Abandon                          '清除 Session,实现注销功能
Response.redirect " ch6-22.asp"          '转到 ch6-22.asp 页面
%>
--------------------------------------------------------------------
```

ch6-22.asp 的调试结果与 ch6-21.asp 的相似。

注意：本例中有一行 asp 代码 Response.write "<a href= ch6-22(1).asp>注销</a>"，它将一段 HTML 代码<a href= ch6-22(1).asp>注销</a>以字符串的形式写在 Response.write 的后面，这是将 HTML 代码插入 asp 代码中的基本方法。

6.3.4　Server 对象

Server 对象是专为处理服务器上的特定任务而设计的，主要是与服务器的环境和处理活动有关的任务。它提供了一些非常有用的属性和方法，主要用来创建 COM 对象和 Script 对象组件、转化数据格式、管理其他网页的执行。Server 的属性和方法分别如表 6-12、表 6-13 所示。

表 6-12　Server 对象的属性

属　　性	功 能 说 明
ScriptTimeout	规定脚本文件最长执行时间，超过时间就停止执行脚本。默认时间为 90 秒

表 6-13　Server 对象的主要方法

方　　法	功 能 说 明
CreateObject	Server 对象中最重要的方法，用于创建已注册到服务器的 ActiveX 组件、应用程序或脚本对象
HTMLEncode	将字符串转换成 HTML 格式输出
MapPath	将路径转化为绝对路径
Execute	停止执行当前的网页，转到新的网页执行，执行完毕后返回原网页，继续执行 Execute 方法后面的语句
Transfer	停止执行当前网页，转到新的网页执行。与 Execute 不同的是，执行完毕后不返回原网页，而是停止执行过程

1. ScriptTimeout 属性

该属性用来规定脚本文件执行的最长时间。如果超过最长时间脚本文件还没有执行完毕，就会自动停止执行。这主要是用来防止某些可能进入死循环的错误而导致页面过载的问题。

系统默认的最长时间是 90 秒，可以使用 ScriptTimeout 属性设置和读取这个时间。

```
<%
  Server.ScriptTimeout=300
  Response.write "最长执行时间为："&Server.ScriptTimeout
%>
```

2. HTMLEncode 方法

此方法可用来转化字符串，它可以将字符串中的 HTML 标记符转换为字符实体，如把<转化为<，把>转化为>等。

使用此方法与没有使用此方法有时有很明显的区别，如下例。

```
------------------------清单 6-23  ch6-23.asp ------------------------
<html>
<head>
   <title>HTMLEncode</title>
</head>
<body>
<%
   Response.write "<font color=red>xyz</font>"
   Response.write "<br>"
   Response.write Server.HTMLEncode("<font color=red>xyz</font>")
%>
</body>
</html>
----------------------------------------------------------------------
```

查看图 6-26 所示结果与 ch6-23 的源代码，仔细分析使用与不使用 HTMLEncode 之间的差别。

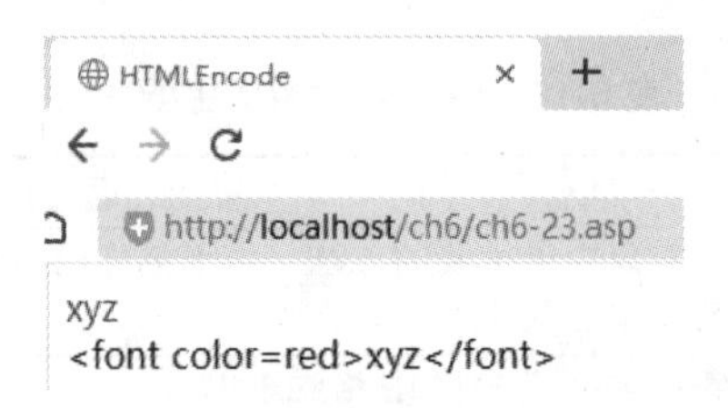

图 6-26　使用和不使用 HTMLEncode 的差别

3. MapPath 方法

在网站中指定路径时，可以使用绝对路径也可以使用相对路径。但相对路径使用得更多，如<img src="pic/logo.gif">中，就是使用相对路径，当站点进行移植时使用相对路径方便些。但在有些操作中要使用绝对路径，如数据库文件的操作等。

利用 Server.MapPath 方法可以将某些相对路径转化为绝对路径，语法如下：

Server.MapPath(相对路径)

```
------------------------清单 6-24  ch6-24.asp ------------------------
<html>
<head>
```

```
    <title>MapPath 方法</title>
</head>
<body>
<%
    Response.write Server.MapPath("ch6-24.asp")
    Response.write "<br>"
    Response.write Server.MapPath("Ch7/ch7-1.html")
%>
</body>
</html>
-----------------------------------------------------------------------
```

运行结果如图 6-27 所示。从运行结果可以看出，该例子是将两个文件的相对路径转化成绝对路径。

图 6-27　Server.MapPath 将相对路径转换为绝对路径

6.3.5　Application 对象

Application 对象可以用来记录某些信息，这些信息可以被当前站点的所有客户端的所有网页使用和修改。Application 对象与 Session 对象的使用方法相似，但 Application 对象的作用域比 Session 对象要广。我们可以把变量、字符串等信息保存在 Application 对象中。

Application 对象是所有的客户机所共用的对象，当两个或多个用户同时修改一个 Application 对象的某个值时，就可能发生想不到的错误。Application 对象采用两个特殊的方法来避免这种错误：Lock 和 Unlock(锁定和解除锁定)。当某一客户端要修改 Application 对象的值时，先锁定 Application 对象，再修改，修改完后解除锁定。请看下面的例子。

```
<%
Application.Lock
  Application("hits")=Application("hits")+1
Application.Unlock
%>
```

再来看一个简单的例子，使用 Application 设计一个简单的留言板。

```
------------------------清单 6-25  ch6-25.asp------------------------
<%@LANGUAGE="vbscript" codepage="65001"%>
<html>
<head>
    <title>Application 留言板</title>
</head>
<body>
```

```
<form name="form1" method="post" action="">
 姓  名:
 <input name="userName" type="text" id="userName" size="12">
留言内容:
 <input name="LiuYan" type="text" id="LiuYan" value="" size="30">
 <input type="submit" name="Submit" value="提交">
</form>
<%
   Dim str          'str 中存储留言时间、姓名、内容等信息
   if request.Form("userName")<>"" and request.Form("LiuYan")<>"" then
    str=Time()&request.Form("userName")&"说:  "
    str=str&request.Form("LiuYan")&"<br>"
    Application.Lock
        Application("bbs")=str&Application("bbs")
    Application.Unlock
    str=Null
   end if
   Response.write Application("bbs")
 %>
</body>
</html>
-------------------------------------------------------------------
```

在 ch6-25.asp 中，Application("bbs")用来保存所有用户的留言信息，并且显示出来。在程序中有一个条件语句：if…then，这里条件为表单中的两个文本字段都不为空时，就执行下面的语句：①把用户留言的时间、笔名和留言内容加入 Str 变量中；②把 str 加入 Application("bbs")中去。其中加了一个
是为了将每一次留言内容都换行显示。

ch6-25.asp 网页调试结果如图 6-28 所示。

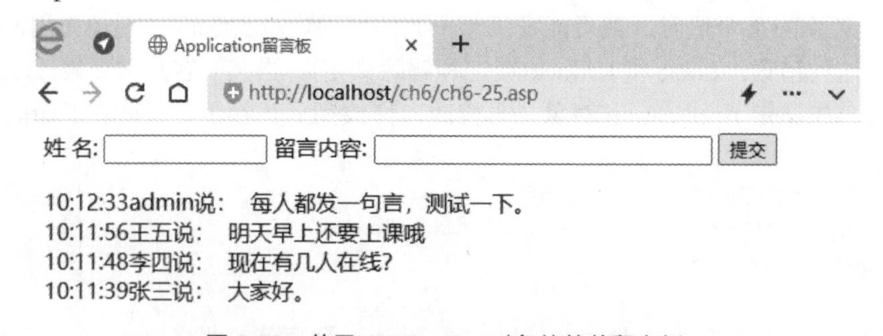

图 6-28 基于 Application 对象的简单留言板

Application 对象从建立起就会存在，一直到服务器重新启动或取消当前站点 Web 服务才消失。但这些消息保存在内存中，系统关闭或重启以后，它就不存在了。想要长久地保存某些消息，最好的办法是把这些消息保存在数据库或文件里面。

第 7 章将学习 ASP 网页访问数据库，第 8 章将设计开发一个用数据库保存消息的在线留言与管理系统。

6.3.6　静态题目在线测试与自动评分应用

ASP 的几种内置对象中，使用最多的是 Response、Request 和 Server 对象。下面应用 Response、Request 对象、Form 表单和 ASP 语言分支、循环结构来设计一个具有固定题目的在线测试与自动评分的综合 ASP 网页。

一般只有客观题才适合于在线测试与自动评分，客观题又分为单选题和多选题。前面的 ch6-16.asp 网页上半部分有表单，表单里有单选项、多选项，从表单设计来看，属于同一个单选题的几个选项 radio 元素，name 必须相同，value 也必须不同；属于同一个多选题的几个选项 checkbox 元素，name 要相同，value 要不相同。提交表单后交给本网页，由网页下半部分的 ASP 代码来处理，网页的下半部分的功能主要是接收来自表单的单选题、多选题答案，通过与标准答案比较来进行评判、评分，单选题和多选题的标准答案分别用一个数组来预存。

根据 ch6-16.asp（调试结果见图 6-21），单选题提交上来的答案是一个已选项的 value；而多选题提交上来的答案是一个字符串，包含几个已选项的 value，但一个选项 value 与另一个选项 value 之间还隔着一个逗号和一个空格符，没有选中的选项其 value 不出现在这个字符串里。这为我们预存标准答案提供了依据，所有单选题的标准答案存入一个一维数组，数组每个元素存一个值，对应一道单选题的 value；所有多选题的标准答案存入另一个一维数组，数组每个元素存一道多选题的答案，这个答案是一个字符串，包含多个选项的 value，是用逗号和空格符将多个 value 按序连接起来形成的字符串。例如，一道多选题（假如 1~4 个选项的 value 分别是"a"、"b"、"c"、"d"），如果正确答案是第 1、2、4 项，则标准答案就是字符串"a, b, d"("a 逗号空格符 b 逗号空格符 d")。

将从表单获得的用户答案与标准答案循环比对，就可以计算出总成绩（每一道题额定赋分要事先规定好），就可以对每一道题的正确性进行评判，然后输出结果。

根据以上设计，编写出具体的 ASP 网页代码 radiocheck.asp 如下。

```
--------------------清单 radiocheck  radiocheck.asp--------------------
<%@LANGUAGE="vbscript" codepage="65001"%>
<html>
  <head><title>单选题多选题测试与评析</title><meta charset="utf-8">
    </head>
<body>
  <form method="post" action="">
<h3>一、单选题（每小题 10 分）</h3>
      <p>1.已知 x=5,y=8，则 x*y+3=<br/>     
          <input type="radio" name="radio1" value="a">A.8    
          <input type="radio" name="radio1" value="b">B.43   
          <input type="radio" name="radio1" value="c">C.120   
          <input type="radio" name="radio1" value="d">D.13
     </p>
     <p>2.已知圆 r=4，则圆面积=<br/>     
          <input type="radio" name="radio2" value="a">A. 16    
          <input type="radio" name="radio2" value="b">B. 64   
```

```
        <input type="radio" name="radio2" value="c">C. 12.56
      
        <input type="radio" name="radio2" value="d">D. 50.24
      </p>
      <p>3. 已知 x=1000，则 log(x)=<br/>     
        <input type="radio" name="radio3" value="a">A. 10    
        <input type="radio" name="radio3" value="b">B. 3   
        <input type="radio" name="radio3" value="c">C. 4   
        <input type="radio" name="radio3" value="d">D. 5
      </p>
      <p>4.已知球 r=1.5，则球的体积=<br/>     
        <input type="radio" name="radio4" value="a">A. 14.13
      
        <input type="radio" name="radio4" value="b">B. 4.71
      
        <input type="radio" name="radio4" value="c">C. 3.14
      
        <input type="radio" name="radio4" value="d">D. 12.56
      </p>
      <p>5. 已知 x=20000，则 sqrt(x)=<br/>     
        <input type="radio" name="radio5" value="a">A. 20    
        <input type="radio" name="radio5" value="b">B. 1414
      
        <input type="radio" name="radio5" value="c">C. 141.4
      
        <input type="radio" name="radio5" value="d">D. 200
      </p>
<h3>二、多选题（每小题 25 分，错选多选少选均不给分）</h3>
      <p>6. 已知角度数如下，则属于锐角的有：<br/>    
        <input type="checkbox" name="check1" value="a">A. 60
      
        <input type="checkbox" name="check1" value="b">B.
    85.5  
        <input type="checkbox" name="check1" value="c">C. 120
      
        <input type="checkbox" name="check1" value="d">D. 177
      </p>
      <p>7. 已知 3 个角的度数如下，这 3 个角能构成一个三角形的有：
    <br/>    
        <input type="checkbox" name="check2" value="a">A. 80,50,50
      
        <input type="checkbox" name="check2" value="b">B.
    100,30,90  
        <input type="checkbox" name="check2" value="c">C. 120,30,30
      
```

```
        <input type="checkbox" name="check2" value="d">D. 45,90,45
      </p>
      <input type="reset" value="重做"/>     <input
    type="submit" value="提交"/>
  </form>
  <% Dim a,ans(10),d,dans(10),s,i
        s=0
        a=array("","b","d","b","a","c")  '一维数组存储所有单选题标准答案
        d=array("","a, b","a, c, d")    '一维数组存储所有多选题标准答案，注
    意每题答案里相邻两个选项之间有 1 逗号 1 空格
        for i=1 to 5               '单选题计分
            ans(i)=request.form("radio" & i)     '读取表单元素 radioi 的值
    (i:1~5)
             if(ans(i)=a(i)) then
                s=s+10
             end if
        next
        for i=1 to 2          '多选题计分
           dans(i)=request.form("check" & i)     '读取表单元素 checki 的值
    (i:1~5)
           if(dans(i)=d(i)) then
             s=s+25
           end if
        next
if(ans(1)<>"" or dans(1)<>"") then            '若 1 或 6 已作答，则给出成绩和
    评判结论
    response.write "<br/>你的测试成绩为: "& s &"分。<br/>"   '先给出总成绩
    response.write "评判结果: <br/>"                    ' 再给出详细评价
    response.write "<table border=0>"
    response.write "<tr><th>题号</th><th align=center>你的答案</th><th >
    正确答案<th>评判</th></tr>"
   for i=1 to 5         '单选题逐题评判
     if(ans(i)=a(i)) then
        pan="正确"
     else
        pan="错误"
     end if
     response.write"<tr><td>"&i&"</td><td>"&ans(i)&"</td><td>"&a(i)&
    "</td><td>"&pan&"</td><tr>"
   next
   for i=1 to 2         '多选题逐题评判
     if(dans(i)=d(i)) then
       pan="正确"
     else
       pan="错误"
```

```
        end if
        j=5+i
       response.write"<tr><td>"&j&"</td><td>"&dans(i)&"</td><td>"&d(i)
      &"</td><td>"&pan&"</td><tr>"
    next
    response.write "</table>"
    response.write "<form method=post >     "
     '重新再考
    response.write "<input type='submit' value='我要再考一次'/>"
    response.write "</form>"
end if
%>

</body>
</html>
-----------------------------------------------------------------------
```

调试该 ASP 网页，上半部分先呈现出所有的选择题，如图 6-29(a)所示，用户在这里对每一题的答案作出选择后，单击“提交”按钮；网页的下半部分即出现自动得出的总分，以及系统自动对每一道题给出的评判，如图 6-29(b)所示。

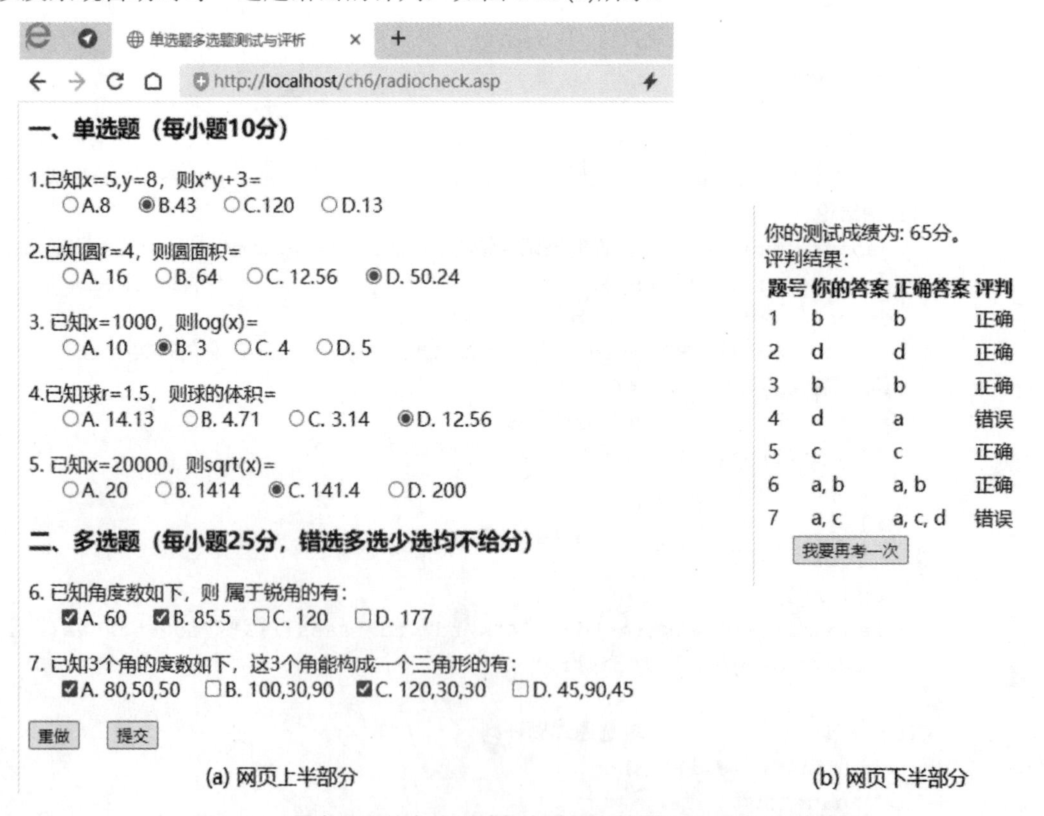

(a) 网页上半部分　　　　(b) 网页下半部分

图 6-29　固定题目的在线测试与自动评分评价 ASP 网页测试效果

通过这个 ASP 综合实例的开发，可以看出 ASP 代码能够一定程度地实现网络测试与评分、评价自动化。但是，这个题目却是固定的，若要设计开发出由教师动态添加试题与答案、系统组卷、用户参加测试、系统再自动评分评价的系统，需要数据库支持，还要 ASP 访问数据库(读/写)。第 8 章的实例将实现这一目标。

【练习六】

(1) 在自己的计算机中编写个人站点主页，使用局域网中的其他计算机访问该页面。

(2) $S=1^2+3^2+5^2+\cdots+99^2$，请用两种循环语句编写程序，计算 S 的值。

(3) 模仿 ch6-8.asp (见图 6-15)编写能生成菜单的过程，注意菜单的外观。

(4) 编写一张 ASP 网页，显示来访者的 IP 地址、服务器 IP 地址，如果来访者 IP 地址以 192.168 开头就显示欢迎信息，否则显示为非法用户并终止程序。

(5) 改进 ch6-25.asp 的例子，加入登录和注销、在线用户列表等功能，留言以表格或层的形式更美观地显示出来。

【实验六】 ASP 网页编程基础实验

实验内容一如下。

(1) 用循环语句把 0~49 共 50 个整数输出到 5 行 10 列的表格中，如下图所示。

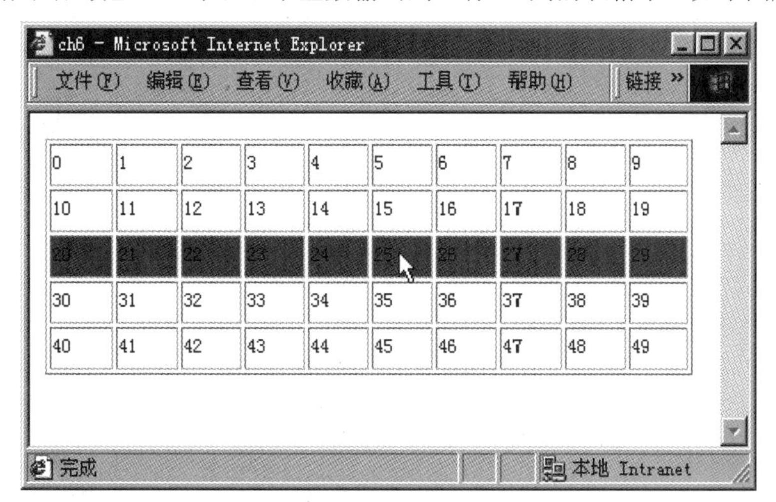

(2) 当光标移动到某一行上面时，此行变色，离开此行时恢复原来的色彩。

(3) 网页参考代码如下：

```
<html>
<head>
<title>使用循环</title>
</head>
```

```
<body>
<%
Dim i,j,k
k=0
Response.Write "<table width=98%  border=1>"
For i=1 to 5
  Response.Write "<tr height=25 bgcolor=#ffffff
    onMouseOver=JavaScript:this.bgColor='red'
    onMouseOut=JavaScript:this.bgColor='#ffffff'>"
  for j=0 to 9
    Response.write"<td>"&k&"</td>"
    k=k+1
  next
  Response.Write "</tr>"
next
Response.write "</table>"
%>
</body>
</html>
```

实验内容二如下。

(1) 完善第 2 章实验二，使网页能正确显示票数和统计图。

(2) 使用 Application 对象记录投票信息。

第 7 章　ASP 动态网页数据库技术

【本章要点】

(1) 数据库基础知识

(2) SQL 语言基础

(3) ASP 连接、访问数据库

(4) ASP 动态网页数据库技术应用

要想建立真正意义上的动态网站，就离不开数据库的支持，如用户注册、信息发布、信息查询与修改、在线留言、在线测试等功能都需要数据库，都需要读、写数据库信息。

通常把网站中的一些需要长期保存的数据放在数据库中，通过读、写数据达到动态化网页的目的，访问数据库是 ASP 中非常重要的内容之一。

ASP 访问的数据库一般包括 Access、MySQL 或 SQL Server 数据库。Access 数据库配置简单、移植方便，适合小型网站使用。本章先学习 Access 数据库基本知识，再学习 ASP 访问数据库的方法与步骤等知识。

7.1　数据库基础知识

数据库技术的优点在于可将大量复杂的信息以合理的结构组织起来，便于对其进行处理，因此很多应用程序都用到了数据库技术。在建立动态网站的过程中，数据库与网页的结合非常紧密，网页大多数内容都来源于数据库，用户提交的信息也存放在数据库里。

7.1.1　数据库基本概念

数据库(database)就是按照一定数据模型组织起来，能为多个用户共享的，与应用程序相对独立、相互关联的数据集合。

简单地说，数据库就是把各种各样的数据按照一定的规则组合在一起形成的“数据”的“集合”。其实，数据库也可以看成我们日常使用的一些表格组成的“集合”，图 7-1 所示的就是数据库里的一张“用户基本情况表”。

下面是数据库的一些基本术语。

(1) 字段：表中竖的一列称为一个字段，每个字段有一个名称——字段名，字段名相当于一个变量名。图 7-1 中“depts”就是选中字段的名称。

(2) 记录：表中横的一行称为一个记录，图 7-1 中选中了第 2 条记录，也就是“王五”

的相关信息。

(3) 值：纵横交叉的地方称为值，图 7-1 中选择了“王五”时，其 depts 字段的值为“外语系”。

(4) 数据表（简称表）：由横行竖列垂直相交而成。可以分为表的框架（也称表头）和表中数据两部分，图 7-1 所示的就是一张数据表。表中的一行就是一条记录，一列就是一个字段。数据表有多少条记录，一个字段就有多少个值，同一字段的值在不同的记录中不一样；或者说，数据表有多少个字段，每条记录就有多少个值（包括空值）。

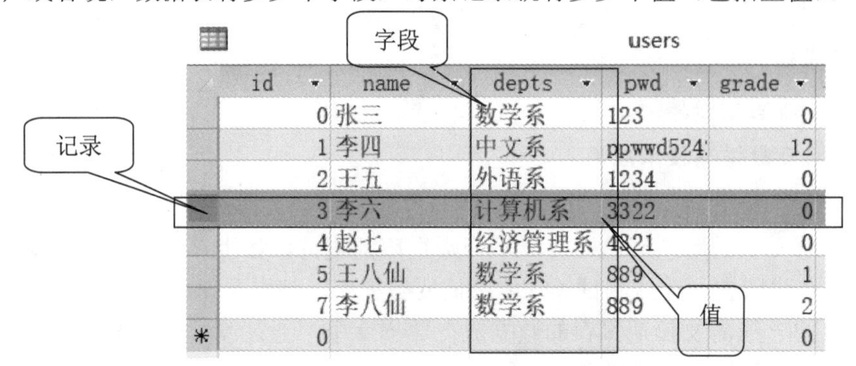

id	name	depts	pwd	grade
0	张三	数学系	123	0
1	李四	中文系	ppwwd524:	12
2	王五	外语系	1234	0
3	李六	计算机系	3322	0
4	赵七	经济管理系	4321	0
5	王八仙	数学系	889	1
7	李八仙	数学系	889	2
* 0				0

图 7-1　用户基本情况表

(5) 数据库：是用来组织管理表的，一个数据库一般可以管理若干张表，数据库不仅提供了存储数据的表，而且还包括规则、触发器和表的关联等高级操作。

数据库中数据的组织一般都有一定的形式，称为数据模型。数据模型分为层次型、网络型和关系型。利用关系型数据模型建立的数据库就称为关系型数据库，图 7-1 中给出的例子就是关系型数据库中的一张数据表。目前使用的数据库，如 Accesss、Sql Server、Mysql、Oracle、Sybase、DB2 等，大多是关系型数据库。

7.1.2　建立 Access 数据库

Access 是微软公司 Office 系列办公软件的重要组成部分，安装 Office 时会自动默认安装 Access。

下面以 Access 2016 为例讲解其主要的操作。

1. 新建数据库

Access 数据库是以文件形式保存的，每一个数据库保存为一个文件。初次启动 Access 2016，或者执行“文件”→“新建”数据库命令后，会出现如图 7-2 所示的对话框。

选择“空白桌面数据库”选项，然后单击“确定”按钮，会弹出如图 7-3 所示的“空白桌面数据库”对话框（默认的数据库文件名为 Database1）。

可以给数据库文件起名(如 db1)，再单击右边的钮，会弹出如图 7-4 所示的“文件新建数据库”对话框，在这里也可输入数据库文件名称，特别是要选择文件类型，可选择*.accdb(默认)，也可选择*.mdb，为了方便 ASP 连接 Access 数据库，建议选择 Microsoft Access 数据库 2002-2003 格式(*.mbd)类型。

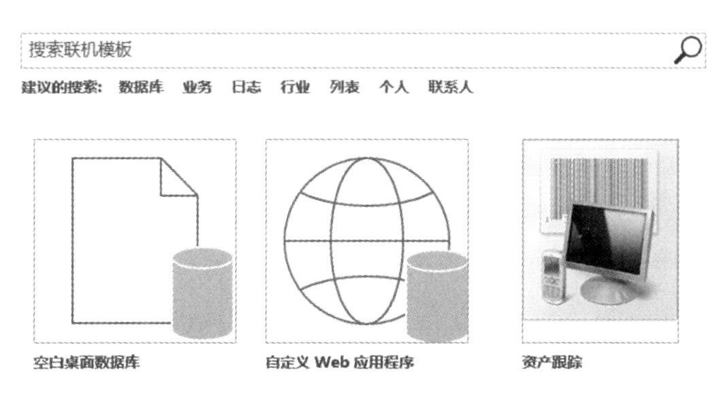

图 7-2　新建 Access 对话框

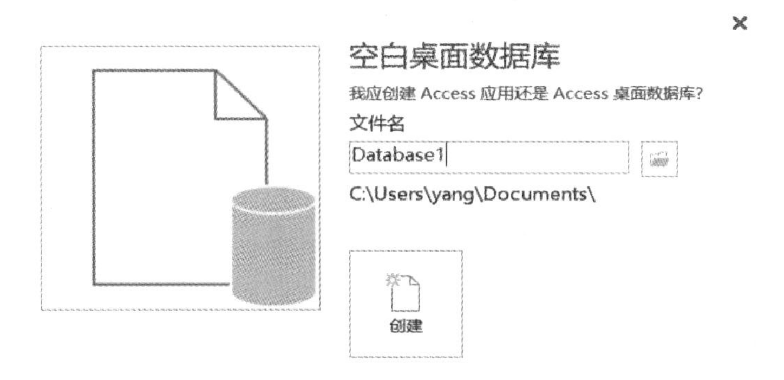

图 7-3　“空白桌面数据库”对话框

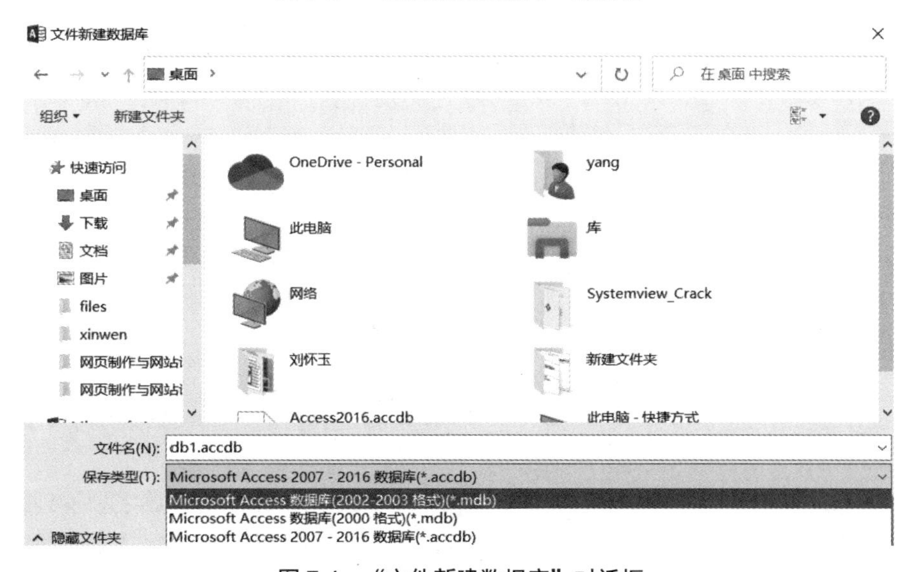

图 7-4　“文件新建数据库”对话框

然后单击“确定”按钮，回到图 7-3，单击“创建”按钮，弹出如图 7-5 所示的 Access 主窗口。

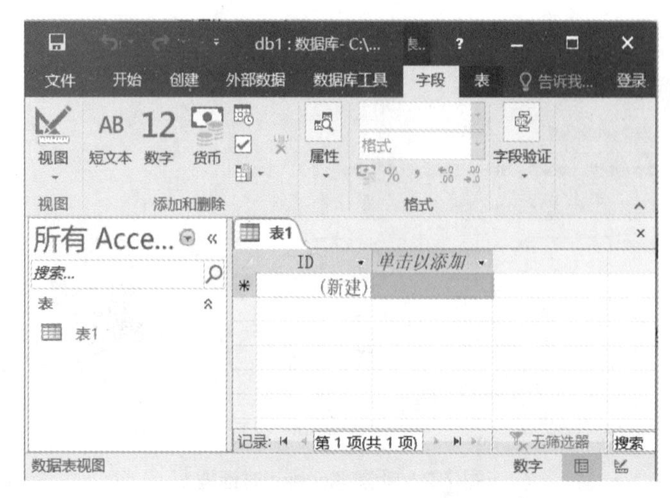

图 7-5 Access 主窗口 1

2. 新建和维护数据表

1) 新建表

数据库主要由表组成（其他对象如查询、窗体、报表、宏在这里不学习讨论），新建的Access 数据库默认有一个“表 1”，如图 7-5 所示。右击“表 1”弹出菜单，选择“设计视图”，会出现“另存为”对话框，在这里将表 1 改名为 users，如图 7-6 所示，单击“确定”按钮进入表结构设计状态。

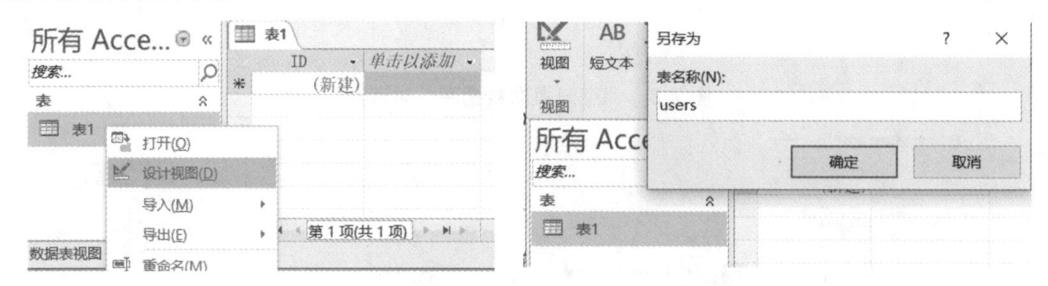

图 7-6 Access 主窗口 2

也可以选择 Access 菜单栏的“创建”→“表”命令，创建一个新表，如表 2、表 3 等，然后右击表名称，选择“设计视图”，输入表名称并单击“确定”按钮，进行表结构的设计，如图 7-7 所示。

设计表时，需注意以下几点：

(1) 设计视图中的一行对应于表的一个字段，也就是表中的一列，请依次输入字段名称、数据类型和说明；

(2) 字段命名规则与变量命名的类似，字段名可以是由半角字母、数字和下划线组成的字符串，也可以是中文，建议不要用中文和全角字符，为避免 SQL 访问数据库的麻烦，字段名最好不要使用 name、number、password 等保留字；

(3) 数据类型有短文本、长文本、数字、日期/时间、是否、货币、OLE 对象、超链接等类型；

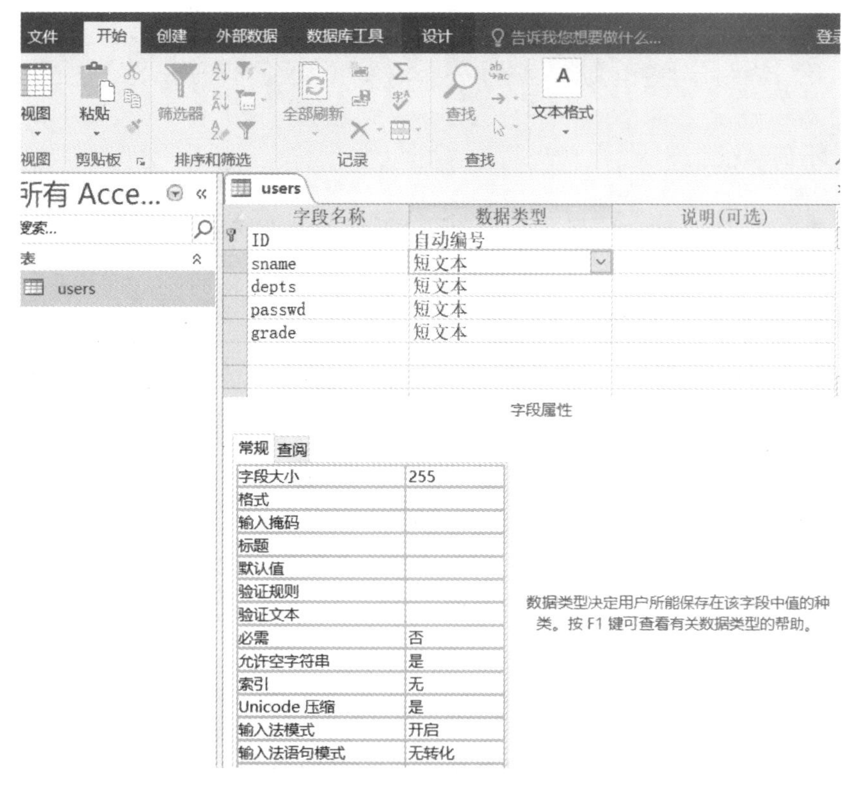

图 7-7　表结构的设计

(4) Access 2016 自动将表的第一个字段名设定为 ID，类型是自动编号类型，自动编号是一个特殊的类型，当向表中添加一条新记录时，由 Access 指定一个唯一的自动顺序号（每次加 1），自动编号字段的内容不能修改；

(5) 系统默认 ID 字段是主键（关键字段），也可以指定已有的某个字段为主键，设置方法是在表结构设置窗口里选择某一行（某一字段的各种属性），鼠标指向窗口左边，右击，在弹出的快捷菜单中选择“主键”，就将该字段设置为主键了。

2) 保存表

正确输入所有字段以后，单击表窗口右上角的“X”按钮，或单击 Access 主窗口左上角保存按钮即可保存表结构，会弹出“另存为”对话框，此时还可以输入(或修改)表名(users)，然后单击“确定”按钮即可。

3) 在表中输入数据

成功新建一个表以后，就会在图 7-5 所示的主窗口左边出现该表的名称 users，双击它就可以打开数据表视图，可以像普通表格一样在其中输入数据，如图 7-8 所示。输入完成后，单击表右上角的“X”按钮，即自动保存该数据表的内容。

4) 修改数据表设计

当出现图 7-8 所示的数据表视图时，单击左上角的视图图标，会切换至“设计视图”（再次单击该图标，切换至“数据表视图”），可以回到图 7-7 所示的设计视图修改表结构。

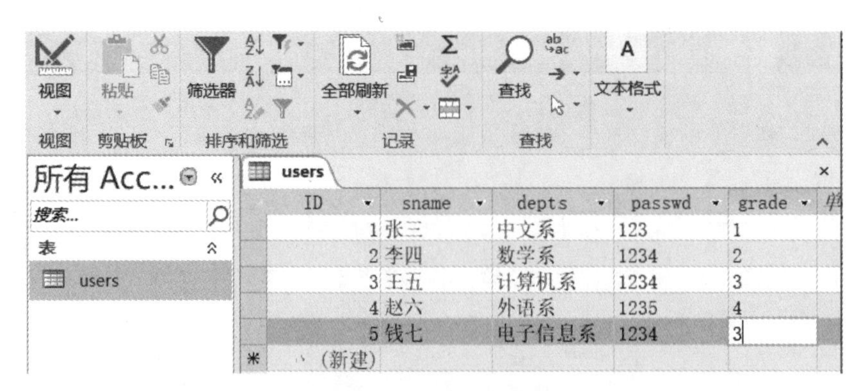

图 7-8　在表中输入数据

一个数据库里可以包含有多个数据表。选择菜单栏“创建”→“表”命令，采用同样方法，再建立一个数据表 news，如图 7-9 所示。

图 7-9　数据表 news 的表结构和表内容

建好数据表 users、news 以后，db1 就是包含 2 个数据表的数据库(文件名 db1.mdb)。

7.2　SQL 语言基础

结构化查询语言 SQL(Structure Query Language)是一种介于关系代数与关系演算之间的语言，其功能包括数据定义、查询、操作和控制四个方面。SQL 以其强大的功能及较高的通用性，已成为关系型数据库的标准语言。SQL 可用于不同的关系型数据库管理系统中。

在 ASP 中，无论何时要访问一个数据库，都要使用 SQL 语言。因此，学好 SQL 语言对 ASP 编程非常重要。本节将学习 4 种常用的 SQL 数据查询和操作语句，即

(1) Select 语句——查询数据：从数据表中查询行或列；

(2) Insert 语句——添加记录：向数据表中添加记录，即增加行；

(3) Delete 语句——删除记录：从数据表中删除记录；

(4) Update 语句——更新记录：修改数据表中的记录。

1. Select 语句

SQL 语言的主要功能之一是实现数据库查询，此时可以使用 Select 语句来取得满足特定条件的记录集，也就是说可以从数据库中查询有关记录(或字段)。

语法格式如下：

Select [All|Top(数值)] 字段列表 From 表名 [Where 条件] [Order By 字段] [Group By

字段]

语法说明如下。

(1) All：查找范围是所有记录，All 是系统默认的查找范围；Top(数值)：表示只选取前多少条记录，例如，先取前 5 条记录，使用 Top(5)。

(2) 字段列表：就是要查询的字段，可以是表中的一个或几个字段，中间用逗号隔开，用 * 表示查询所有字段。

(3) 表名：就是要查询的数据表名称，如果是多个表，中间用逗号隔开。

(4) 条件：就是查询时要求满足的条件，如果为逻辑值(True、False)，如 sname=“张三”。

(5) Order By：把查询结果按指定字段排序，ASC 表示升序排列，DESC 表示降序排列，默认为升序排列。

(6) Group By：表示将指定字段求和。

(7) “[ ]”内为可选内容。

需要注意的是：

SQL 命令（无论是 select 还是 insert、delete、update 等）中这些关键词一般不区分大小写，但关键词、标点符号（逗号、单引号、双引号、等于号、括号、空格等）必须严格采用 ASCII 字符（英文半角字符），绝不能用中文符号或英文全角字符取代。英文与中文不难区分，容易混淆的是英文半角字符与英文全角字符。下面举例说明：

英文半角字符:abcdefABCDEF12345,.""()'

英文全角字符：ａｂｃｄｅｆＡＢＣＤＥＦ１２３４５，．＂＂（）＇

特别容易混淆的是半角与全角字符有：单引号、逗号、双引号、括号和空格字符，许多初学者编写 ASP 程序时，常犯这样的错误。大多数计算机通过<shift>+<space>组合键，可切换英文半角/全角输入状态。但是，在中文 Word 等软件中，即使是英文半角输入状态下，输入的有些符号（如单引号、双引号、逗号等）常常不是英文半角字符，导致 ASP 网页调试错误。所以输入英文半角字符时，最好在记事本或 DW 环境下进行。

下面列举一些常用的 Select 例子。

(1) 查询数据表 users 里所有记录的所有字段数据：

```
Select  *  From Users
```

(2) 查询数据表里所有记录的指定字段的数据：

```
Select Id,Name From Users
```

(3) 只查询数据表的前 2 条记录：

```
Select  Top(2)  *  From Users
```

(4) 根据条件选取数据表的记录：

```
Select * From Users Where Id=3
```

(5) 按关键字查找记录：

```
Select * From Users Where Name="张三"
```

有时候查找条件可以不太精确，例如，要查询所有姓名中有“张”字的用户：

```
Select * From Users Where Name like "%张%"
```

查找所有第一个字为“张”的用户：

```
Select * From Users Where Name like "张%"
```

(6) 查询结果排序。

当查询表得到的记录集中含有较多条记录时，总是希望结果能够按照所要求的顺序排列，利用 Order By 就可以实现。例如，将查询结果按姓名升序排列：

```
Select * From Users Order By Name ASC
```

如果有多个字段排序，中间用逗号隔开，排序时，首先参考第一个字段的值，当第一个字段的值相同时，再参考第二个字段的值，依此类推。例如：

```
Select * From Users Order By Name ASC,Depts Desc
```

需要注意：如果数据表的字段名是保留字，如 name 等，那么 SQL 查询此字段时要在字段名称外加上[]，如[name]。

2. Insert 语句

在 ASP 中，经常需要向数据库中插入记录，例如，在用户表 Users 中增加新成员时，就需要将新用户的数据作为一条新记录插入表 Users 中。此时，可以使用 SQL 语言的 Insert 语句来实现这个功能。

语法格式如下：

```
Insert Into 表名(字段 1,字段 2,……)  Values(字段 1 的值,字段 2 的值,……)
```

语法说明如下。

(1) 在插入的时候要注意字段的类型，若为文本或备注型，则该字段的值两边要加引号；若为日期型，则应在值的两边加#号；若为布尔型，其值应为 True 或 False；若为自动编号类型字段，不需要插入值。

(2) Values 括号中字段值的顺序必须与前面括号中的字段依次对应，各字段之间、字段值之间用逗号分开。

(3) 可以在设计数据库表结构时使用默认值，插入记录时可以不填写该字段，也可以自动插入默认值。

下面列举一些常用的 Insert 例子。

(1) 只插入 Name 字段：

```
Insert Into Users (Name) Values ("aabbcc")
```

(2) 插入 Name 和 Pwd 字段：

```
Insert Into Users(Name,Pwd) Values("王成","388bac")
```

3. Delete 语句

在 SQL 语言中，可以使用 Delete 语句来删除表中的某些记录。

语法格式如下：

```
Delete From 表名 [Where 条件]
```

语法说明如下。

(1) “Where 条件”的用法与 Select 中的用法是一样的，凡是符合条件的记录都会被删除，如果没有符合条件的记录，则不删除。

(2) 如果省略“Where 条件”，将删除表中的所有记录。

下面列举一些常用的 Delete 例子。

(1) 删除 Name 为“aabbcc”的记录：

```
Delete From Users Where Name="aabbcc"
```

(2) 删除表中的所有数据：

```
Delete From Users
```

4. Update 语句

在 SQL 语言中，可以使用 Update 语句来修改、更新表中的某些记录。

语法格式如下：

Update 数据表名 Set 字段 1=值 1,字段 2=值 2,……[Where 条件]

语法说明如下。

(1) Where 指定修改记录的条件，其用法与 Select 语句中的“Where 条件”的用法相同。

(2) 如果省略“Where 条件”，则更新表中的全部记录。

下面列举一些常用的 Update 例子。

(1) 修改 Name 为“张三”用户的 grade 为 1：

```
Update Users Set grade=1 Where Name= "张三"
```

(2) 将所有 grade 值为 0 的用户中的 grade 值减 2：

```
Update Users Set  grade=grade-2  Where  grade=0
```

以上介绍的 SQL 语句，是可供用户直接使用的 SQL 查询语句。

在 ASP 网页连接访问数据库时，需要使用 SQL 语句，但不是直接使用，而要将 SQL 语句嵌入 ASP 命令中，并且将整个 SQL 语句用双引号括起来，SQL 命令中原来有双引号的，要变为单引号。例如，ASP 中执行上述删除一条姓名为 aabbcc 记录的命令是：

```
Conn.execute "Delete From users Where sname= 'aabbcc'"
```

当在 ASP 网页中执行嵌入式 SQL 语句时，SQL 语句 Where 条件里字段的值不一定是常量(如'aabbcc')，更多的时候是变量，这时不能直接用变量取代常量，而要用'"&变量&"'取代'常量'。假如上例中的值不是常量 aabbcc，而是变量 xm，我们就要用'"&xm&"'来取代'aabbcc'。上述 ASP 命令就要变为

```
Conn.execute "Delete From users Where sname='"&xm&"'"
```

7.3　ASP 访问数据库

使用 ASP 技术创建动态网页，通常是在 ASP 网页文件中添加运行于服务器端并能访问数据库的脚本程序来实现。ASP 脚本访问数据库既可以使用 ADO 对象通过 ODBC 访问数据库，也可以使用 ADO 对象通过 OLE DB 访问数据库。

ADO 是 ASP 内置的访问 Web 数据库的组件。

ODBC(Open DataBase Connection)开放式数据库连接，是 Microsoft Windows 开放服务体系的一部分，是数据库访问的标准接口，ASP 等应用程序可以通过 ODBC 提供的 API 来访问任何带有 ODBC 驱动程序的关系型数据库。这种方式访问数据库，既可先在 Windows 控制面板中建立一个与某数据库相关联的数据源 DSN(包括 userID、password)。再通过 ODBC 访问数据源，达到访问数据库的目的；也可以通过 ODBC 直接访问数据库。

OLE DB（Object Linking and Embedding Database）对象连接与嵌入数据库，是 Microsoft

设计的组件对象模型（COM），是一种系统级的编程接口。OLE DB 分为 Jet.OLEDB（32 位机）和 ACE.OLEDB（64 位机）。使用 ADO 对象，可以轻松访问这些接口。

通过 OLE DB 既可以访问数据源（DSN），也可以访问 EXCEL、文本文件等文件，还可直接连接数据库。

ASP 应用程序、ADO、OLE DB/ODBC 与数据库之间的调用关系如图 7-10 所示。

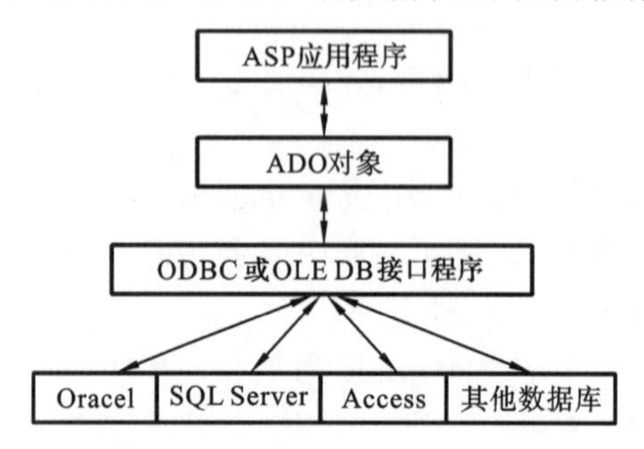

图 7-10　ASP 脚本程序与中间组件、数据库之间的关系

实际应用中，ASP 应用程序访问数据库有三种常用方式：一是使用 ADO 组件对象与 ODBC 数据源建立连接来访问数据库；二是使用 ADO 对象通过 ODBC 连接直接访问数据库；三是使用 ADO 对象通过 OLE DB 访问数据库。本节将要学习 ASP 访问数据库技术，主要使用第二种、第三种方法访问数据库。

ASP 使用 ADO 对象来访问数据库，一般分为以下几个步骤：

(1) 新建一个连接对象；

(2) 使用连接对象与数据库相连接；

(3) 根据要执行的操作，选择使用某个 ADO 对象，使用这个 ADO 对象来执行指定的 SQL 命令，如查找、添加、删除或更新等；

(4) 将执行结果以一定的形式返回到记录集对象、变量，再以一定形式(如表格)返回到客户端的浏览器；

(5) 关闭记录集对象、关闭与数据库的连接对象，删除记录集对象、连接对象(释放该对象占驻的内存空间)。

最好还提供常规方法检测错误，当出现错误时显示错误信息。

下面来学习使用 ADO 组件对象及其访问数据库的方法。

7.3.1　ADO 组件对象简介

ADO(ActiveX Data Obiect)是微软公司提供的可对各种类型数据库进行操作的最简单、最有效和功能最强大的方法。ADO 是 ASP 内置的、用于访问 Web 数据库的服务器组件，应用程序开发者可以使用该组件，并结合 ASP 语句，编写具有后台数据库信息的动态网页，并在客户端浏览器中实现对数据库的查询与更新。

ADO 是一个用于存取数据的 COM 组件。它提供了编程语言和数据访问方式 OLE DB (或 ODBC)的一个中间层。它允许开发人员在编写访问数据的代码时，不用关心数据库是如何实现的，而只关心数据库的连接即可。

ADO 组件把对数据库操作封装在其内部的七个对象中，每个对象都有一系列属性与方法，在 ASP 网页中，通过调用这些对象的属性与方法，可以完成相应的数据库操作。

表 7-1 所示的是 ADO 的七个对象及其功能说明。

表 7-1　ADO 的对象及其功能

对　象	功 能 说 明
Connection	数据库连接对象，建立与数据库的连接，对数据库的任何操作都要先建立此对象
Command	命令对象，对数据库执行 SQL 命令，如查询、添加、修改和删除等命令
Recordset	记录集对象，用来保存和管理某个查询返回的记录集，依附于前两个对象
Parameter	参数对象，用来描述 Command 对象的命令参数
Property	属性对象，表示 ADO 各项对象的属性值
Field	域对象、字段对象，用来表示 RecordSet 对象的指定字段
Error	错误对象，用来描述连接或访问数据库时发生的错误信息

在这七个对象中，最核心、最常用的是 Connection 对象和 Recordset 对象。下面将重点学习这两个对象的应用。

7.3.2　Connection 对象及应用

Connection 对象是用来建立和管理应用程序与数据库之间的连接，通过调用 Connection 对象的属性和方法，可以打开、关闭与数据库的连接，并通过适当的命令执行嵌入式 SQL 语句。

1. 建立 Connection 对象

要使用 Connection 对象，必须先建立一个连接对象实例(Connection 对象)，而连接对象实例是通过 ASP 内置对象之一 Server 对象的 CreatObject 方法来建立的。语法格式如下：

```
Set Connection对象名= Server.CreatObject("ADODB.Connection")
```

例如，Set Conn= Server.CreatObject("ADODB.Connection")

其中，Conn 是自定义的 Connection 对象名。

2. Connection 对象的方法

1) Open 方法与应用

当建立了一个 Connection 对象后，就可以使用 Open 方法将该 Connection 对象通过 ODBC 与指定数据源(DSN)连接，也可以通过 ODBC 或 OLE DB 方式直接与某个数据库进行连接。

(1)通过 ODBC 数据源(DSN)与数据库连接的语法格式如下：

```
Connection对象名.open "DSN=dsnname; UID=username; PWD=password"
```

其中，参数 dsnname 是在 Windows“控制面板”→“管理工具”→“ODBC 数据源(32 位)” 中已建立的系统数据源名称，username 是连接数据源的用户名，password 是用户密码。这里未出现数据库名，具体数据库在建立数据源(PSN)时就已经确定好了。

在 32 位(windows 7 以前版本)计算机上，用这种方式连接数据库会比较顺利地实现，但在 64 位计算机上，用这种方式连接数据库，会遇到一些麻烦。

(2)通过 ODBC 方式直接连接 Access 数据库，语法格式如下：

```
Connection 对象名.open "Driver={Microsoft Access Driver (*.mdb)};
    Dbq=path\name.mdb"
```

其中，path\name.mdb 是路径和数据库文件名，name.mdb 就是 7.1 节讲过的 Microsoft Access 2002-2003 数据库(*.mdb)(若采用*.accdb 类型数据库，在这里会遇到困难，即使将驱动程序换成 Microsoft Access Driver (*.mdb, *.accdb)也可能遇到困难，原因是该驱动程序与 IIS 组件的衔接还不太成熟)。注意这里的路径，需要绝对路径。Open 后面的双引号里，用分号隔开的两部分，排列不分先后。例如：

```
Conn.open "Driver={Microsoft Access Driver (*.mdb)};
    Dbq= d:\chap7\db1.mdb "
```

或

```
Conn.open "Dbq= d:\chap7\db1.mdb;Driver={Microsoft Access Driver (*.mdb)}"
```

但是使用绝对径在整个网站文件移植时，会出现问题。假设在开发计算机中，数据库文件 db1.mdb 存放在 d:\chap7 文件夹里，从开发计算机移植到服务器后，数据库文件的绝对路径可能不一样了，那么移植后 ASP 与数据库的连接就不会成功！为保证数据库路径的正确性，要么移植后，再修改一下 ASP 程序代码，使之与数据绝对路径相符；要么原 ASP 程序中只要保存相对路径，设法能将相对路径转换成绝对路径，这样网站移植后只需要保持相对路径一致就行了。实际使用时最好采用后一种方法。第 6 章已经介绍了 server 对象的 MapPath 方法能将相对路径转换成绝对路径，采用 server 对象的 MapPath 方法来获取数据库文件的实时绝对路径。假设数据库文件 db1.mdb 与 ASP 网页在同一个文件夹下，上述连接变为如下格式：

```
Conn.open "Driver={Microsoft Access Driver (*.mdb)};
    Dbq="&mappath("db1.mdb")
```

或 Conn.open "Dbq="&mappath("db1.mdb")&";Driver={Microsoft Access Driver (*.mdb)}"

也可以先将 Server.MapPath("db1.mdb")得到的绝对路径保存到一个变量，再建立连接：

```
Dbpath= Server.MapPath ("db1.mdb")
Conn.open "Driver={Microsoft Access Driver (*.mdb)}; Dbq="&Dbpath
```

(3) 通过 OLE DB 方式直接连接 Access 数据库，语法格式如下：

```
Connection 对象名.open " Provider=Microsoft.Jet.OLEDB.4.0;
    Data Source=path\name.mdb"
```

其中，Microsoft.Jet.OLEDB.4.0 是 32 位机 OLE DB 数据库驱动程序（64 位机 OLE DB 数据库驱动程序是 Microsoft.ACE.OLEDB.12.0，但该驱动程序与 IIS 组件衔接尚不成熟，使用时可能出现问题）；path\name.mdb 是绝对路径和数据库文件名，同样，通过采用 Server 对象的 MapPath 方法将数据库文件的相对路径转换为绝对路径。例如：

```
Dbpath=Server.MapPath ("db1.mdb")
Conn.open "Provider=Microsoft.Jet.OLEDB.4.0; Data Source="&Dbpath
```

ADO 与其他数据库的连接格式稍有差别，请查看有关参考书。

2) Execute 方法与应用

Execute 方法负责执行指定的 SQL 语句。Execute 方法既可以执行 select 语句，该语句执行后会返回记录集数据，需要存放到一个 Recordset 记录集对象（记录集对象可以用

Server.CreateObject 创建后再使用，也可以事先不创建记录集对象，而是在需要时临时创建）。记录集对象里有一个记录指针，该指针默认为只能向下移动（但也可以在创建或打开记录集时，通过命令参数改变为指针可上下移动，后面将会学习到）；Execute 方法也可以执行 insert、update、delete 等不返回记录集数据的 SQL 语句。Execute 方法使用格式如下：

Connection 对象名.Execute comandText [,RecordsAffected] [,Option]

其中，CommandText 就是 Command 对象，即要执行的 SQL 语句（如 select、insert、delete、update 等 SQL 命令），通常用双引号括起来。如果有记录集返回的 SQL 语句，则需在外加上一对括号；RecordsAffected 是对数据库提出请求时，所返回或者影响的记录数，默认值为 0；Option 参数用来指定 CommandText 的可选类型，可优化执行性能。例如：

```
Conn.execute "update users set grade=grade+1 where grade=0",number
```

这里的 number 用来保存执行这条命令所影响的记录条数。

```
Set rs=Conn.execute("select * from users")
```

因为执行 select 语句会返回记录数据，需要用一对括号()，还需要有一个能暂存记录数据的变量来存储。这里的 rs 是临时创建的记录集对象，用来存储 select 语句返回的记录数据。记录集对象的指针默认指向第一条记录（如果记录集不为空），执行 rs.movenext 命令可使指针移动到下一条记录，使用 rs("sname")、rs("passwd")可以得到指针所指向这一条记录的 sname 字段值和 passwd 字段值。

3) close 方法

当对某个数据库访问完成后，就可以使用 close 方法关闭 Connection 对象与该数据库的连接。语法格式如下：

```
connection 对象名.close
```

使用 close 方法关闭连接后，Connection 对象（conn）依然存在，可以再次用 open 方法将该 Connection 对象与另外一个具体数据库进行连接。若要删除该 Connection 对象，则释放与连接有关的内存资源。应用下面这条语句：

```
Set connection 对象名=nothing
```

3. Connection 对象的属性及应用

ConnectionTimeout 属性设置连接数据库的最长等待时间，单位为秒，默认值是 15 秒。如设为 0，则表示系统将会一直等到连接成功为止。语法格式如下：

```
Connection 对象名.connectiontimeout=10 seconds
```

说明：该属性的设置必须在连接前或者取消连接后进行，因为在连接成功后，这个属性就成为只读的了。

下面是通过使用 ADO 组件的 Connection 对象连接数据库 db1.mdb 的 users 数据表，并用其 open 方法执行 select 查询 users 数据表的命令，结果保存到记录集，然后从记录集读取数据的一个 ASP 网页程序。

```
---------------------------清单 7-1  ch7-1.asp------------------------
<%
Dim conn
set conn=Server.CreateObject("ADODB.Connection") '创建 ADODB 连接对象 conn
dbpath=Server.MapPath("db1.mdb")
```

```
conn.open "Driver={Microsoft Access Driver (*.mdb)}; Dbq="& dbpath
set rs=conn.execute("select * from users") '执行有记录集数据返回的命令,临
    时创建记录集对象 rs
response.write "ID 姓名  系别 密码 级别 <br/>"
                                '  是空格字符的 html 代码
do while not rs.eof             '指针未指向表的末尾, 则执行循环体
  Response.write rs("ID") & rs("name") & rs("depts") & rs("pwd") &
   rs("grade") & "<br/>"
  rs.movenext                   '指针指向下一条记录
loop
rs.close                        '关闭记录集对象 rs
conn.close                      '关闭 conn 连接
set rs=nothing                  '删除记录集对象 rs
set conn=nothing                '删除连接对象实例 conn
%>
--------------------------------------------------------------------
```

为了方便调试本章所有的 ASP 动态网页，先创建一个虚拟目录 ch7。

具体做法：先在某个磁盘(如 D 盘)下创建一个文件夹 chap7，将本章所有 ASP 网页文件和 db1.mdb 数据库文件都放置在该文件夹下；然后在 IIS 管理平台中，在 WWW 默认网站下创建一个虚拟目录 ch7，并将虚拟目录 ch7 与文件夹 chap7 建立对应关系，重启 WWW 服务。在浏览器地址栏输入 localhost/ch7/*.asp 就可以调试本章的网页了。

ch7-1.asp 网页的调试结果如图 7-11 所示。

http://localhost/ch7/ch7-1.asp

ID 姓名 系 别 密码 级别
1张三中文系1231
2李四数学系12342
3王五计算机系12343
4赵六外语系12354
5钱七电子信息系12343

图 7-11　ch7-1.asp 调试结果

从调试结果来看，数据的格式不整齐、不美观。如将这个数据表中读出的记录信息嵌入 table 表格里，将更加整齐美观，用循环的方法将每一条记录的字段值放在一个表行里。修改 ASP 网页文件如下。

```
--------------------------清单 7-2  ch7-2.asp-------------------------
<%Dim conn
set conn=Server.CreateObject("ADODB.Connection")
dbpath=Server.MapPath("db1.mdb")
conn.open "Driver={Microsoft Access Driver (*.mdb)}; Dbq="& dbpath
set rs=conn.execute("select * from users")  '执行有记录集数据返回的命令,临
    时创建记录集对象 rs
response.write "<table border='1' width='300' align='center'>"    '采用
    表格式输出
```

```
response.write "<tr><th>ID</th> <th>姓名</th><th>系 别</th><th>密码
    </th><th>级别</th></tr>"          '这里是自动换行
do while not rs.eof                   '指针未指向表的末尾，则执行循环体
  response.write
   "<tr><td>"&rs("id")&"</td><td>"&rs("sname")&"</td><td>"&rs("depts
   ") &"</td><td>"&rs("passwd")&"</td><td>"&rs("grade")&"</td></tr>"
                                      '这里是自动换行
  rs.movenext                         '指针指向下一条记录
loop
response.write "</table>"             '表格结束
rs.close                              '关闭记录集对象 rs
conn.close                            '关闭 conn 连接
set rs=nothing                        '删除记录集对象 rs
set conn=nothing                      '删除连接对象实例 conn
%>
---------------------------------------------------------------------
```

将该 ch7-2.asp 保存在 chap7 文件夹下，调试该网页，结果如图 7-12(a)所示，如果修改<table>标签里的 border='0'，并将网页另存为 ch7-2(2).asp，调试结果如图 7-12(b)所示。 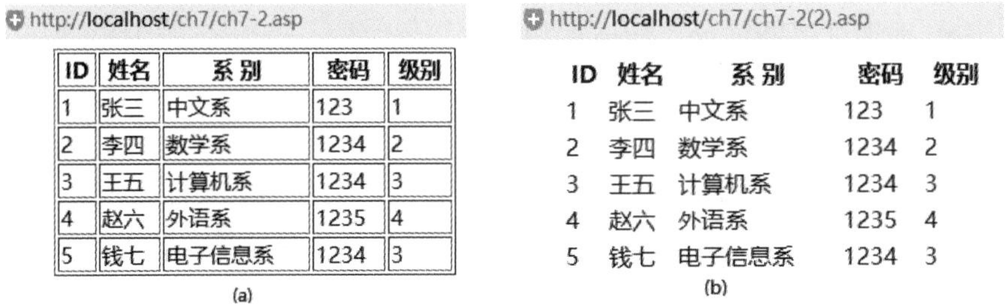

http://localhost/ch7/ch7-2.asp

ID	姓名	系 别	密码	级别
1	张三	中文系	123	1
2	李四	数学系	1234	2
3	王五	计算机系	1234	3
4	赵六	外语系	1235	4
5	钱七	电子信息系	1234	3

(a)

http://localhost/ch7/ch7-2(2).asp

ID	姓名	系 别	密码	级别
1	张三	中文系	123	1
2	李四	数学系	1234	2
3	王五	计算机系	1234	3
4	赵六	外语系	1235	4
5	钱七	电子信息系	1234	3

(b)

图 7-12　ch7-2.asp 及 ch7-2(2).asp 调试结果

当多个 ASP 程序都要操作同一个数据库 db1.mdb 时，此程序的前 4 行代码将会反复用到，可以将这 4 行代码单独保存为一个 ASP 文件(如取名为 conn.asp)，代码如下所示。

```
------------------------清单 7-0  conn.asp---------------------------
<%
Dim conn
set conn=Server.CreateObject("ADODB.Connection")
dbpath=Server.MapPath("db1.mdb")
conn.open "Driver={Microsoft Access Driver (*.mdb)}; Dbq="& dbpath
%>
---------------------------------------------------------------------
```

然后在需要引用该 conn 连接的 ASP 文件的第一行，加入如下代码：

```
<!--#include file="conn.asp" -->
```

原来的 ch7-2.asp 文件，就变为以下形式。

```
-----------------------清单 7-2-1  ch7-2-1.asp-----------------------
<!--#include file="conn.asp" -->
set rs=conn.execute("select * from users")  '执行有记录集数据返回的命令,临
```

```
   时创建记录集对象 rs
response.write "<table border='1' width='300' align='center'>"
                                     '采用表格式输出
response.write "<tr><th>ID</th><th>姓名</th><th>系别</th><th>密码
   </th><th>级别</th></tr>"        '这里是自动换行
do while not rs.eof                '指针未指向表的末尾，则执行循环体
  response.write
   "<tr><td>"&rs("id")&"</td><td>"&rs("sname")&"</td><td>"&rs("depts
   ") &"</td><td>"&rs("passwd")&"</td><td>"&rs("grade")&"</td></tr>"
   '这里是自动换行
  rs.movenext                     '指针指向下一条记录
loop
response.write "</table>"         '表格结束
rs.close                          '关闭记录集对象 rs
conn.close                        '关闭 conn 连接
set rs=nothing                    '删除记录集对象 rs
set conn=nothing                  '删除连接对象实例 conn
%>
-------------------------------------------------------------------
```

ch7-2-1.asp 的调试结果与 ch7-2.asp 的相同。

注意：为了网站数据库安全，防止别人下载数据库文件，可以把数据库文件名中加一个特殊字符(如“#”等)，有一定隐蔽作用；若是将 Access 数据库文件的扩展名修改为 asp（变为*.asp)，数据库文件就会被直接下载，因为 ASP 文件不直接传送给用户，不会影响 ASP 网页对数据库的访问（连接数据库时，要采用修改后的数据库名称)，这样会更安全一些。

7.3.3 Recordset 对象及应用

记录集对象 Recordset 是 ADO 中极为重要且普遍使用的对象，可以先用 Server.CreateObject 创建，后使用；也可以不用 Server.CreateObjoct 创建，而是在需要时用赋值的方法临时创建。记录集对象负责保存从数据库中获取的符合条件的记录集合。Recordset 对象都是用记录(行)和字段(列)构造的，有点像一个二维数组。通过 Recordset 对象可对数据进行操作。记录集对象有一个记录指针，任何时候该指针只指向一条记录，所指向的这一条记录就叫当前记录，我们能操作的记录只是当前记录；但可以采用移动记录指针的办法去操作别的记录。

1. 建立 Recordset 对象

通常，Recordset 对象也需要使用 Server 对象的 CreateObject 方法来创建，然后对该对象进行相应的操作。建立 Recordset 对象的语法格式如下：

```
Set Recordset 对象=Server.CreateObject("ADODB.Recordset")
```

例如：

```
Set rs= Server.CreateObject("ADODB.Recordset")
rs.open "select * from users",conn
```

```
'这里使用了记录集对象的 open 方法,后面会有介绍
```

例 ch7-1.asp 和 ch7-2.asp 没有用 Server.CreateObject 创建 Recordset 对象，而是使用了如下一条命令，采用赋值的方法直接创建了一个记录集对象 rs。

```
set rs=conn.execute("select * from users")
```

这条命令的功能是既创建了记录集对象 rs，又将 select 执行结果保存到了记录集对象 rs 里，注意关键词 set 不能省略。ASP 是弱类型的程序设计语言，允许这样使用。

下面介绍使用该 rs 对象对数据库的访问操作。

2. Recordset 对象的方法

Recordset 对象有许多方法，这些方法提供了一些和记录集相关的操作，Recordset 对象的主要方法如表 7-2 所示。

表 7-2　Recordset 对象的常用方法

方法	说明
Open	打开记录集
Close	关闭当前的 Recordset 对象
Requery	重新打开记录集
AddNew	在记录集中添加一条记录
Delete	删除记录集中一条记录
Update	用记录集更新数据库表
MoveFirst	指针移动到第一条记录
MovePrevious	指针移动到上一条记录
MoveNext	指针移动到下一条记录
MoveLast	指针移动到最后一条记录
Move	指针移动到指定记录

下面把 Recordset 对象的常用方法分为三组。

第一组是关于 Recordset 对象的打开、关闭。

(1) Open 方法。

前面已使用过该方法，它的作用是打开记录集，还可带几个参数，语法格式如下：

```
Recordset 对象.Open [Source],[ActiveConnection],[CursorType],
    [LockType],[Options]
```

第 1 个参数 Source，可以是一个 command 对象名称、一条 SQL 语句、一个指定数据表名称等；

第 2 个参数 ActiveConnection，表示所使用的连接，通常是一个 Connection 对象，如前面已建立的 Connection 对象 conn；

第 3 个参数 CursorType，表示打开 Recordset 记录集时所使用的游标(指针)类型(取值 0~3)，默认值为 0，表示记录集指针只能向下移动，若设置为 1，则记录集指针可以向上或向下自由移动，也可以用记录集对象来更新或删除数据表；

第 4 个参数 LockType，是锁定信息（取值 1~4，1 记录集只读，2 个或以上记录集才

可修改，以及用来更新数据库)；

第 5 个参数 Options，是数据库查询信息类型（取值－1~3)。

其中参数 1、2 必须有，参数 3、4、5 不是必需的。若要省略中间的某个参数，后面参数不省略，则必须用逗号给出中间参数的位置。也就是说，每一个参数必须对应相应的位置。例如，只有第 1、2、4 个参数，要省略第 3 个参数，可这样使用：

```
rs.Open "select * from Users",conn,,2
```

以上各参数的具体意义，详见表 7-3 及后面的相应解释。

(2) Close 方法。

该方法用于关闭 Recordset 对象，语法格式如下：

```
Recordset 对象.Close
```

与 Connection 对象的关闭方法一样，及时关闭它们是一个好习惯。

(3) Requery 方法。

该方法将已关闭的记录集对象重新打开，语法格式如下：

```
Recordset 对象. Requery
```

第二组，主要用来操作记录集里的记录。

(1) AddNew 方法。

该方法在记录集对象当前记录后，插入一条新的空白记录，语法格式如下：

```
Recordset 对象. AddNew
```

(2) Delete 方法。

该方法删除记录集对象里的当前记录，语法格式如下：

```
Recordset 对象. Delete
```

(3) Update 方法。

该方法是用记录集对象的内容去更新数据库表，语法格式如下：

```
Recordset 对象. Update
```

若记录集对象的记录来自某数据库表，当在记录集对象里增加、删除记录后，再用这个记录集对象去更新数据库表，这就相当于在数据库表里增加、删除了记录(要求记录集对象打开数据库表时，第 4 个参数 LockType 不能为默认值 1，而要为 2 或以上)。

第三组，主要用来移动记录集里的指针。

(1) MoveFirst 方法。

该方法用于将记录指针移动到第一条记录，语法格式如下：

```
Recordset 对象. MoveFirst
```

(2) MovePrevious 方法。

该方法用于将记录指针移动到上一条记录，这需要在 open 方法中设置允许(第 3 个参数设置为 1)才行，默认不允许向上移动，语法格式如下：

```
Recordset 对象. MovePrevious
```

(3) MoveNext 方法。

该方法用于将记录指针移动到下一条记录，语法格式如下：

```
Recordset 对象. MoveNext
```

该方法在前面实例中已多次使用。

(4) MoveLast 方法。

该方法用于将记录指针移动到最后一条记录，语法格式如下：

```
Recordset 对象. MoveLast
```

(5) Move 方法。

该方法用于将指针移动到指定的记录，语法格式如下：

```
Recordset 对象. Move number,start
```

其中，start：设置指针移动的开始位置，如果省略，则默认为当前指针的位置；number：从 start 设置的起始位置向前或向后移动 number 条记录，如果 number 为正整数，则表示向下移动，如果为负整数，则表示向上移动(需要在 open 方法打开记录集时设为允许)。

3. Recordset 对象与 Connection 对象应用初步

先建立一个 Recordset 对象，并应用该对象的 Open 方法。

```
--------------------------清单 7-3  ch7-3.asp-------------------------
<!--#include file="conn.asp" -->
<%
  Dim rs
  set rs=Server.CreateObject("ADODB.Recordset")
                                                  '建立 Recordset 对象实例 rs
  rs.Open "Select * from Users",conn
                                                  '执行 SQL 语句，将返回结果保存在 rs 中
%>
-----------------------------------------------------------------------
```

调试该例后，没有结果显示。因为将 select 查询结果保存在 Recordset 对象 rs 里面，记录集对象 rs 在内存中，其中的信息并没有显示出来。

建立了 Recordset 对象以后，就可以查询、插入、删除或更新数据表的记录。

1) 查询并显示数据表信息的 ASP 网页

查询数据表里的记录的 SQL 命令是 select，当使用 Recordset 对象的 Open 方法执行完 select 语句，建立了记录集以后，记录指针指向第一条记录，第一条记录就成了当前记录，从记录集里提取当前记录某个字段的格式如下：

```
记录集对象名("字段名")
```

要读取其他记录，可以移动指针来改变当前记录，然后读取当前记录的信息。

在网页中显示数据库表的内容，从 Recordset 对象提出记录集，编写一个 ASP 网页，为使源代码显得整齐美观，我们采用将 ASP 脚本嵌入 HTML 代码中。网页代码如下。

```
------------------------- 清单 7-4  ch7-4.asp -------------------------
<!--#include file="conn.asp" -->
<%
Dim rs
set rs=Server.CreateObject("ADODB.Recordset")
rs.Open "Select * from Users",conn    '第 3 项及以后参数均采用默认
%>
<html>
<head><title>用 recordset 查询并显示数据表信息</title></head>
```

```
<body>
<table border="1">
<caption>用户信息表</caption>   <!--显示表名-->
  <tr height="30" bgcolor="#808080">
    <td>ID</td>               <!--显示表头字段-->
    <td>sname</td>
    <td>depts</td>
    <td>passwd</td>
    <td>grade </td>
  </tr>
<% do while not rs.eof    '只要不是表的结尾就执行循环
  %>
<tr>
    <td><%=rs("ID")%></td>    <!--显示一条记录-->
    <td><%=rs("sname")%></td>
    <td><%=rs("depts")%></td>
    <td><%=rs("passwd")%></td>
    <td><%=rs("grade")%></td>
</tr>
<% rs.movenext            '将记录指针向下移动一条记录
loop                      '与前面的 do while 语句配对，构成循环结构
rs.close                  '关闭 Recordset 对象 rs，要先关闭 rs，然后再关闭 conn
set rs=nothing            '从内存中清除 rs
conn.close                '关闭 connection 对象 conn
set conn=nothing          '从内存中清除 conn
%>
</table>
</body>
</html>
---------------------------------------------------------------------
```

调试该网页，结果如图 7-13(a)所示，有乱码。于是在 ch7-4.asp 网页最开头，增加一行(首行)：

```
<%@LANGUAGE="VBSCRIPT" CODEPAGE="65001"%>
```

保存后，再浏览就没有乱码了，结果如图 7-13(b)所示。

(a)　　(b)

图 7-13　ch7-4.asp 调试结果

这里使用了循环语句 do while …loop，来依次读取记录集保存的值，每读取一次后，用 rs.moveNext 语句使指针移动指向下一条记录。若指针指向表的末尾，则退出循环。

循环体为表格的行，若数据库表中有 5 条记录则循环 5 次，和一个表头一起构成 6 行的表格。注意，这里的循环结构语句，尽管分布在不同的<%……%>代码段里，但它们依然构成一个循环整体。

<%=rs("ID")%>等效于<% Response.write rs("ID")%>，当一个<%……%>代码段内只输出某一个变量或表达式时，可以把 Response.write 省写成“=”，此时它们有相同的作用。

2) 往数据表里添加记录的 ASP 网页

往数据库表 Users 中添加一条记录，在 ASP 中有几种方案：可以采用 Connection 对象 Execute 方法直接执行嵌入式 Insert 命令插入记录；也可以采用 Recordset 对象的 open、addnew 和 update 方法间接插入记录。

方法一　Connection 对象 Execute 方法执行 Insert 语句直接插入记录。

如果只往数据表 Users 中添加一条新记录不需要返回记录集，就可以不使用 Recordset 对象，直接使用 conn 对象的 Execute 方法来执行相关的 SQL 语句(Insert)就能完成任务。

例如，在 Users 表中加入一条新记录：

```
conn.Execute"insert into users(ID,sname,depts,passwd,grade)
   Values('6','王八仙','数学系', '886', '1')"
```

当双引号里面还有双引号时，就要变成单引号。如原 SQL 语句中参数"王八仙"，由于把它嵌入在 ASP 语句中，整个 SQL 语句需用双引号括起来，SQL 语句里原有的双引号就要变为单引号。如原 SQL 语句中参数"王八仙"，就要写成'王八仙'。

有时候需要知道 Execute 方法在本次操作中所影响的记录数，就要用一个变量(如 number)来保存这个数量，语法格式如下：

```
Connection 对象.Execute  SQL 语句,number
```

此时 number 参数返回此次操作所影响的记录条数。将这行代码改写后，加入网页中，形成一个添加记录的 ASP 网页，代码如下：

```
-----------------------清单 7-5  ch7-5.asp-----------------------
<%@LANGUAGE="VBSCRIPT" CODEPAGE="65001"%>
<!--#include file="conn.asp" -->
<%
  conn.Execute"insert into users(ID,sname,depts,passwd,grade)
   Values('6','王八仙','数学系', '886', '1')",number       '这时是自动换行
  response.write"本次操作共添加 "&number&" 条记录"
%>
-----------------------------------------------------------------
```

调试 ch7-5.asp 的结果如图 7-14(a)所示，再浏览一下 ch7-4.asp，效果如图 7-14(b)所示。对比图 7-14(b)与图 7-13(b)，可知 Users 表增加了一条记录:6 王八仙 数学系 886 1。

这是采用 Insert 语句直接插入法，往数据库表里插入记录。

方法二　使用 Recordset 对象方法间接插入。

实现方法是先执行 select 查询 Users 表，并将结果保存在 Recordset 记录集对象里；再使用记录集对象的 Addnew 方法在记录集添加一条空记录，接着给空记录各个字段赋值；

最后用记录集对象 Update 方法去更新数据库的 Users 表，就将记录集对象里所有记录覆盖数据表里的记录，从而在数据表 Users 中添加一条新记录。具体代码如下：

图 7-14　执行 ch7-5.asp 插入记录后再浏览 ch7-4.asp 的结果

```
--------------------------清单 7-6  ch7-6.asp--------------------------
<%@LANGUAGE="VBSCRIPT" CODEPAGE="65001"%>
<!--#include file="conn.asp" -->
<% set rs=createobject("ADODB.Recordset")
   rs.open "select * from users",conn,,2
      '用 rs 的 open 方法执行查询，第 4 个参数设为 2，这非常重要
   rs.addnew                 '在记录集添加一条新记录(空记录)
   rs("sname")="孙九儿"      '给当前记录各个字段赋值
   rs("depts")="新闻系"
   rs("passwd")="9988"
   rs("grade")=2
   rs.update              '用记录集 rs 去更新 conn 连接所对应的数据库表(Users)
   rs.close
   conn.close
   set rs=nothing
   set conn=nothing
%>
-----------------------------------------------------------------------
```

调试 ch7-6.asp，结果如图 7-15(a)所示，看不到有什么显示结果；再浏览 ch7-4.asp 网页查看数据表 Users，结果如图 7-15(b)所示。

对比图 7-15(b)与图 7-14(b)，便可知数据 Users 增加了一条记录:7 孙九儿 新闻系 9988 2。

用 ch7-6.asp 这种方法添加记录不太直观，但由于是先在记录集里操作，再用记录集去更新数据库表，给编程带来了灵活性，在此基础上可以实现其他一些功能。需要添加的记录信息也是事先在程序中规定的，所以还是属于静态添加记录的方法。

3) 删除记录的 ASP 网页

方法一　Connection 对象 Execute 方法直接执行 delete 语句删除记录。

与添加记录相似，删除记录也不需要返回记录集，直接使用 Connection 对象的 Execute 方法来执行 SQL 语句 delete 就可以了。

http://localhost/ch7/ch7-6.asp

(a)

http://localhost/ch7/ch7-4.asp

用户信息表

ID	sname	depts	passwd	grade
1	张三	中文系	123	1
2	李四	数学系	1234	2
3	王五	计算机系	1234	3
4	赵六	外语系	1235	4
5	钱七	电子信息系	1234	3
6	王八仙	数学系	886	1
7	孙九儿	新闻系	9988	2

(b)

图 7-15　执行 ch7-6.asp 后再浏览 ch7-4.asp 的结果

```
-------------------------清单 7-7  ch7-7.asp------------------------
<%@LANGUAGE="VBSCRIPT" CODEPAGE="65001"%>
<!--#include file="conn.asp" -->
<%  conn.Execute "Delete From users where sname='王八仙'",number  %>
<html>
<head><title>删除记录数</title></head>
<body>
    本次操作共有 <%=number%> 条记录被删除
</body>
</html>
--------------------------------------------------------------------
```

浏览 ch7-7.asp，结果如图 7-16(a)所示，再浏览 ch7-4.asp 查看数据表 Users，结果如图 7-16(b)所示。

对比图 7-16(b)与图 7-15(b)，可知数据表 Users 中被删除了一条记录:6 王八仙 数学系 886 1。

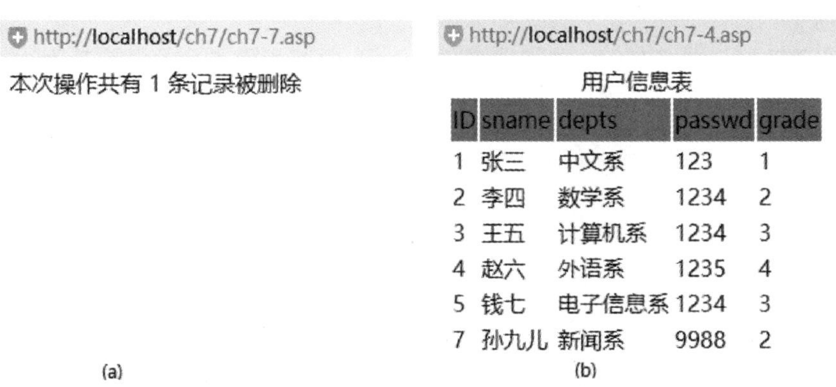

http://localhost/ch7/ch7-7.asp

本次操作共有 1 条记录被删除

(a)

http://localhost/ch7/ch7-4.asp

用户信息表

ID	sname	depts	passwd	grade
1	张三	中文系	123	1
2	李四	数学系	1234	2
3	王五	计算机系	1234	3
4	赵六	外语系	1235	4
5	钱七	电子信息系	1234	3
7	孙九儿	新闻系	9988	2

(b)

图 7-16　ch7-7.asp 的调试结果

方法二　使用 Recordset 对象的方法间接删除记录。

先用 Recordset 对象的 open 方法执行 select 查询语句，查询数据表 Users 的记录，将结果保存在 Recordset 记录集对象里；用 ASP 循环语句在记录集对象里找到目标记录，让指针指向它；再用记录集对象的Delete方法，删除记录集的当前记录；最后用记录集对象的update方法去更新数据库的数据表 Users，从而实现将数据表 Users 中一条记录删除。具体代码如下：

```
------------------------清单 7-8  ch7-8.asp---------------------------
<%@LANGUAGE="VBSCRIPT" CODEPAGE="65001"%>
<!--#include file="conn.asp" -->
<%
  set rs=createobject("ADODB.Recordset")
  rs.open "select * from users",conn,,2   '这里将第 4 个参数设为 2，可修改记
    录集
  do while rs("sname")<>"孙九儿"    '循环移动指针，使之指向目标记录
     rs.movenext
  loop
  if(rs("sname")="孙九儿") then    '找到了想删除的记录
     rs.delete                     '删除记录集当前记录
     rs.update             '用记录集 rs 去更新 conn 连接所对应的数据库表(Users)
     response.write "已删除孙九儿的记录"
  else
      response.write "未找到孙九儿记录"
   end if
   rs.close
   conn.close
   set rs=nothing
   set conn=nothing
%>
------------------------------------------------------------------
```

浏览 ch7-8.asp，结果如图 7-17(a)所示，再浏览 ch7-4.asp 查看数据表 Users，结果如图 7-17(b)所示。

对比图 7-17(b)与图 7-16(b)，可知数据表 Users 中被删除了一条记录:7 孙九儿 新闻系 9988 2。

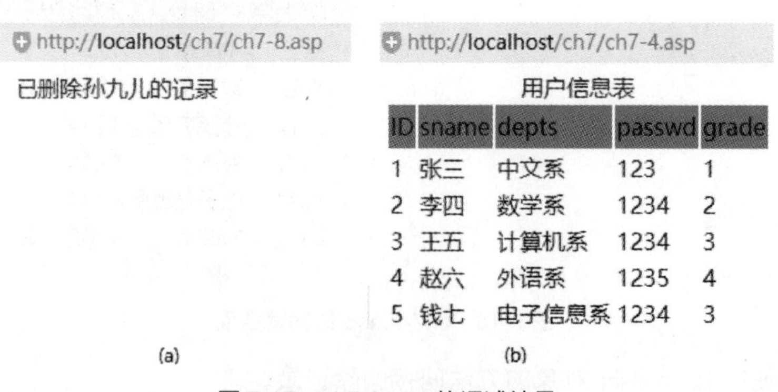

图 7-17 ch7-8.asp 的调试结果

这 2 例删除数据表记录，都是在程序中规定好的，都是静态删除记录的案例。

4) 修改数据表记录的 ASP 网页

方法一　Connection 对象 Execute 方法直接执行 update 语句更新。

与添加记录相似，更新记录也不需要返回记录集，直接使用 Connection 对象 Execute 方法来执行 SQL 语句 update 就可以。

请看下例，修改用户的密码。

```
--------------------------清单 7-9  ch7-9.asp-------------------------
<%@LANGUAGE="VBSCRIPT" CODEPAGE="65001"%>
<!--#include file="conn.asp" -->
<%  conn.Execute "Update users set passwd='ppwd44' where sname='李四'",
    number  %>
<html>
<head><title>修改记录</title></head>
<body>
    本次操作共有 <%=number%> 条记录被修改
</body>
</html>
--------------------------------------------------------------------
```

浏览 ch7-9.asp，结果如图 7-18(a)所示，再浏览 ch7-4.asp 查看数据表 Users 结果，如图 7-18(b)所示。

对比图 7-18(b)与图 7-17(b)，可知数据表 Users 中李四的密码已被修改成 ppwd44。

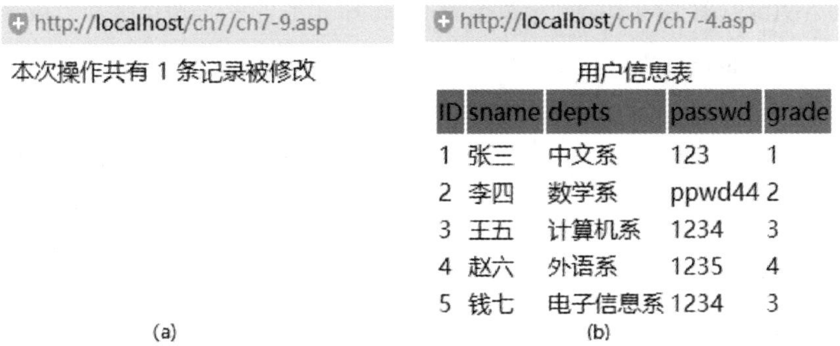

http://localhost/ch7/ch7-9.asp

本次操作共有 1 条记录被修改

(a)

http://localhost/ch7/ch7-4.asp

用户信息表

ID	sname	depts	passwd	grade
1	张三	中文系	123	1
2	李四	数学系	ppwd44	2
3	王五	计算机系	1234	3
4	赵六	外语系	1235	4
5	钱七	电子信息系	1234	3

(b)

图 7-18　ch7-9.asp 调试结果

当然，在实际的网站中，修改密码要先判断用户的权限，权限不够就不能修改。

方法二　使用 Recordset 对象间接修改。

实现方法是先查询数据表 Users，并将结果保存在 Recordset 记录集对象里；使用 ASP 循环语句，使指针指向符合条件的记录；再采用最基本的赋值方法，修改几个字段的值；最后用记录集对象的 Update 方法去更新数据表 Users，从而实现更新数据表 Users 中某一记录的字段值。例如，要将数据表 Users 中名为“王五”的密码改为 555、年级改为 4，代码如下：

```
-------------------------清单 7-10  ch7-10.asp-------------------------
<%@LANGUAGE="VBSCRIPT" CODEPAGE="65001"%>
<!--#include file="conn.asp" -->
<% set rs=createobject("ADODB.Recordset")
   rs.open "select * from users",conn,,2
```

```
                                            '这里将第 4 个参数设为 2，可修改记录集
    do while rs("sname")<>"王五"     '用循环法实现指针定位
       rs.movenext
    loop
     if(rs("sname")="王五") then    '给当前记录集各个字段赋值
       rs("passwd")="555"          '用赋值法，修改记录集当前记录中某些字段
       rs("grade")=4
       rs.update            '用记录集 rs 去更新 conn 连接所对应的数据库表(Users)
       response.write "已更新"&rs("sname")&"记录的 passwd 和 grade 字段值"
     else
       response.write "未找到王五的记录"
    end if
     rs.close
     conn.close
     set rs=nothing
     set conn=nothing
%>
-------------------------------------------------------------------
```

浏览 ch7-10.asp，结果如图 7-19(a)所示，再浏览 ch7-4.asp 查看数据表 Users，结果如图 7-19(b)所示。

对比图 7-19(b)与图 7-18(b)，可知数据表 Users 中王五的密码和年级都已被修改。

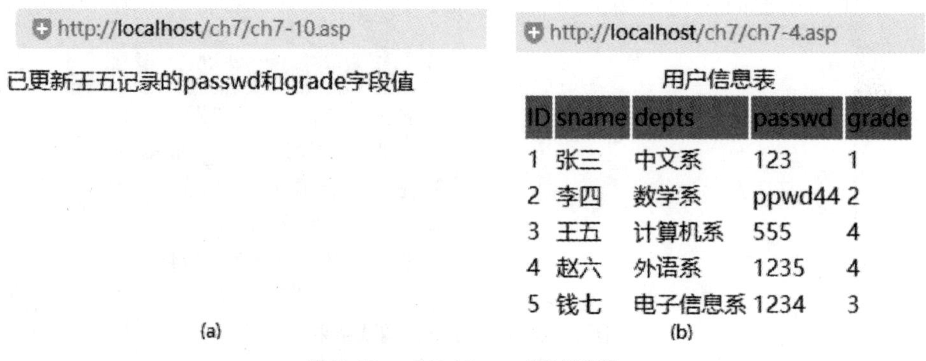

图 7-19 ch7-10.asp 调试结果

4. Recordset 对象的属性与应用

Recordset 对象的属性用得不是很多，但要想随心所欲地操纵记录，就得要用到 Recordset 对象的属性。常用属性如表 7-3 所示。

表 7-3 Recordset 对象的常用属性

属性	说明
Source	Command 对象名或 SQL 语句或数据表名
ActiveConnection	Connection 对象名或包含数据库连接信息的字符串
CursorType	记录集中指针类型，取值:0～3，0(向下指针，默认)，1(键盘指针，可上下移，修改值单向可视)，2(动态指针，可上下移，修改值双向可视，耗费资源大)，3(静态指针，可上下移，修改值不被其他用户可视)

续表

属性	说明
LockType	Recordset 对象锁定类型，取值:1～4，1(只读，默认)，2(只能被 1 个用户修改，修改时锁定)，3(可被多用户修改，直到 update 时锁定)，4(可被多用户修改，不锁定其他用户)
Maxrecords	控制从服务器取得的记录集的最大记录数目
CursorLocation	控制数据处理的位置，是客户端还是服务器端
Filter	控制欲显示的内容
RecordCount	记录集总数
Bof	记录集的开头
Eof	记录集的结尾
PageSize	数据分页显示时每一页的记录数
PageCount	数据分页显示时数据页的总数
AbsolutePage	当前指针所在的数据页
AbsolutePossition	当前指针所在的记录行

Recordset 对象的属性可以根据功能大致分成三组。

1) 第一组属性功能

第一组属性主要限定记录集的内容和性质，这一组属性通常需要在打开记录集(使用 Open 方法)前设置。

(1) Source 属性：用于设置记录集对象的数据库查询信息，可以是 Command 对象名、SQL 语句或表名等。

语法格式如下：

Recordset 对象.Source=数据库查询信息

例如，

```
<%
  Dim rs
  set rs=Server.CreateObject("ADODB.Recordset")
  rs.Source= "Select * from Users"
  response.Write rs.Source
%>
```

(2) ActiveConnection 属性：用于设置记录集对象的数据库连接信息，可以是 Connection 对象名或包含数据库连接信息的字符串。

语法格式如下：

```
Recordset 对象.ActiveConnection=数据库连接信息
```

(3) CursorType 属性：用于设置记录集的指针类型。

语法格式如下：

```
Recordset 对象. CursorType=取值(0|1|2|3)
```

若不设置，默认值是 0，记录集指针只能向前移动，要想指针可以自由前后移动，一般设为 1 或 2。

(4) LockType 属性：用于设置记录集的锁定类型。

语法格式如下：

```
Recordset 对象.LockType=取值(1|2|3|4)
```

若不设置，默认值是 1，表示记录集的数据只能读取。如果只要查询 Recordset 记录集对象里的数据，就可以采用默认值 1；若要将 Recordset 对象里的数据执行添加、删除、更新等操作，就不能采用默认，而要设置该属性的值，一般设置为 2。

用下面例子来说明前面四个属性的用法，使用这四个属性来改写 ch7-1.asp，代码如下。

```
------------------------清单 7-11  ch7-11.asp------------------------
<!--#include file="conn.asp" -->
<%
  Dim rs
  set rs=Server.CreateObject("ADODB.Recordset")
  rs.Source="Select * from Users"
  rs.ActiveConnection=conn
  rs.CursorType=0    '0 为默认值,此句可以省略
  rs.LockType=1      '1 为默认值,此句可以省略
  rs.Open            ' 按设置的参数打开记录集
  do while not rs.eof
    Response.write rs("ID") & rs("name") & rs("depts") & rs("pwd") &
    rs("grade") & "<br/>"
    rs.movenext
  loop
  rs.close
  set rs=nothing
  conn.close
  set conn=nothing
%>
---------------------------------------------------------------------
```

调试结果如图 7-20 所示。

http://localhost/ch7/ch7-11.asp

1张三中文系1231
2李四数学系ppwd442
3王五计算机系5554
4赵六外语系12354
5钱七电子信息系12343

图 7-20　ch7-11.asp 的调试结果

从以上例子可以看出，使用 Recordset 对象的这几个属性与设置 Open 方法的参数的效果是一样的，它们具有相同的作用。

(5) CursorLocation 属性：用于设置记录集在客户端还是在服务器端处理，取值及说明如表 7-4 所示。

表 7-4　CursorLocation 参数取值及说明

CursorLocation 参数	取值	取 值 含 义
AdUseClient	1	在客户端处理
AdUseServer	2	在服务器端处理
AdUseClientBatch	3	动态处理，在客户端处理，不过处理时要切断连接，处理完毕再重新连接更新

语法格式如下：

```
Recordset 对象.CursorLocation= 整数值(1|2|3)
```

一般情况下，我们不关心记录集在哪里处理，不过恰当地设置该属性，可以使资源得到优化，比如为了减轻服务器的负担，可以把记录集放在客户端处理。

(6) Filter 属性：用于设置欲显示的内容，取值及说明如表 7-5 所示。

表 7-5　Filter 参数取值及说明

Filter 参数	取值	取 值 含 义
adFilterNone	0	显示所有数据
adFilterPendingRecords	1	只显示没有经过修改的数据
adFilterAffectedRecords	2	只显示最近修改过的数据
adFilterFetchedRecords	3	只显示暂存于客户端缓存中的数据

语法格式如下：

```
Recordset 对象.Filter=取值(0|1|2|3)
```

2) 第二组属性

第二组属性包括 RecordCount、Bof、Eof 这三个属性，该组属性主要是关于记录数量、指针在开头或结尾处的，它们一般只能在打开记录集后再读取，而不能设置。

(1) RecordCount 属性：用于返回记录集中的记录总数。

语法格式如下：

```
Recordset 对象.RecordCount
```

一个统计数据表 Users 中记录总数的代码如下：

```
-------------------------清单 7-12  ch7-12.asp-----------------------
<%@LANGUAGE="VBSCRIPT" CODEPAGE="65001"%>
<%
  Dim rs
  set rs=Server.CreateObject("ADODB.Recordset")
  rs.Open "Select * from Users",conn,1
  Response.Write "user 数据表共有 "&rs.RecordCount&" 条记录"
%>
---------------------------------------------------------------------
```

使用该属性时，必须设置指针类型 CursorType 为 1 或 3，否则会出错。

Ch7-12.asp 网页调试结果如图 7-21(a)所示。大家可能觉得该网页里第一行代码多余，如果缺少这一行，Windows 10 以上环境里运行该网页会出现图 7-21(b)所示的错误提示。

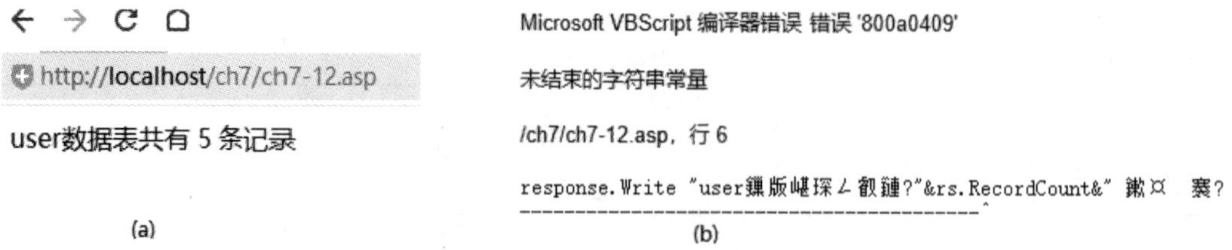

← → C ⌂

http://localhost/ch7/ch7-12.asp

user数据表共有 5 条记录

(a)

Microsoft VBScript 编译器错误 错误 '800a0409'

未结束的字符串常量

/ch7/ch7-12.asp，行 6

response.Write "user鏁版嵁琛ㄥ叡鏈?"&rs.RecordCount&" 鏉¤ 褰?

(b)

图 7-21　ch7-12.asp 调试结果

(2) Bof 属性：用于判断当前记录指针是否在记录集的开头(第一条记录之前)，在开头返回 True，否则返回 Flase。

(3) Eof 属性：用于判断当前记录指针是否在记录集的结尾(最后一条记录之后)，在结尾则返回 True，否则返回 Flase。

如果记录集为空，可以认为记录集指针指在开头，也指在结尾。Bof 和 Eof 属性的值都为 True，常用此属性来判断记录集是否为空。例如，

```
<%……
  rs.Open……
  if rs.Eof and rs.Bof  Then
    response.write"没有找到相关的记录"
    ……
  end if
%>
```

3) 第三组属性

第三组属性主要用来完成数据分页显示的功能，当打开的记录集对象里的记录数很多时，让记录分页显示很有必要。这一组属性通常在打开记录集后再设置。

(1) PageSize 属性：用于设置记录集数据分页显示时，第一页显示的记录数。

语法格式如下：

```
Recordset 对象.PageSize=整数
```

(2) PageCount 属性：用于设置记录集数据分页显示时，数据页的总数。

语法格式如下：

```
Recordset 对象.PageCount
```

(3) AbsolutePage 属性：用于设置当前指针位于哪一页。

语法格式如下：

```
Recordset 对象.AbsolutePage=整数
```

该整数应该小于数据页的总数。

(4) AbsolutePostion 属性：用于设置当前指针所在的记录行的绝对值。

语法格式如下：

```
Recordset 对象. AbsolutePostion=整数
```

使用这几个属性完成数据分页时，一般把 CursorType 设置为 1。下面举例介绍如何使用以上四个属性进行数据分页显示。

当要显示的数据较多时，往往把数据分成多页来显示，用户可以一页一页地浏览。例如，某大学的新闻就有很好的分页显示功能，如图 7-22 所示。

首页 >> 媒体一师

【红网】湖南省启动义务教育新课程方案和新课程标准专题培训　2022-07-25

【红网】湖南一师学子到张家界教字垭镇开展暑期三下乡活动　2022-07-22

【新湖南】"智汇潇湘·鸿雁之约"高校学子赴麻阳开展助力乡村美育发展实践活动　2022-07-22

【红网】师生7年深耕留守儿童美育夏令营，推动乡村美育工作　2022-07-22

【新湖南】推动乡村美育工作，山里娃也有美育夏令营啦！　2022-07-22

【掌上长沙】2022年长沙市第一期公务员任职培训班开班　2022-07-22

【红网】喜迎二十大 青春向阳生 湖南一师学子开展"三下乡"社会实践活动　2022-07-20

【新湖南】情暖童心 湖南第一师范学院开展"琴"艺红色艺术课堂　2022-07-20

【湖南教育政务网】湖南第一师范学院："双减"护航促成长，"五育"并举添精彩　2022-07-19

【华声在线】湖南一师举行汨罗市中小学骨干校长能力提升高端研修项目开班典礼　2022-07-18

共1045条　2/105　首页　上页　下页　尾页　转到　页

图 7-22　分页显示记录集

要进行分页，就要用到前面介绍过的 Recordset 对象的第三组属性：PageSize、PageCount 和 AbsolutePage。PageSize 是每一页的记录数，PageCount 是数据页总数，AbsolutePage 指向当前显示哪个数据页。具体请参看表 7-3。下面看一个 ASP 分页显示的例子，在 ch7-4.asp 中加入分页显示的功能。

```
------------------------清单 7-13  ch7-13.asp------------------------
<!--#include file="conn.asp" -->
<html>
<head><title>分页显示 Users 中的数据</title></head>
<body>
<%
 '------------------------a 记录集 rs----------------------------
 Dim rs
 set rs=Server.CreateObject("ADODB.Recordset")
 rs.Open "Select * from Users",conn,1
 '-------如果第一次打开,不带 URL 参数 pageNo,则显示第一页-----------
 Dim pageNo,pageS
 if Request.querystring("pageNo")="" Then
   pageNo=1
 else
   pageNo=cInt(request.querystring("pageNo"))
 end if
 '------------------------b  设置分页参数-------------------------
 '开始分页显示,指向要显示的页,然后逐条显示当前的所有记录
 rs.PageSize=2               '设置每页显示两条记录
```

```
  pageS=rs.PageSize          'PageS变量用来控制当前页逐条记录地循环显示
  rs.AbsolutePage=pageNo     '设置当前显示第几页
%>
<!--------------------c  表头内容------------------------>
<table border="1" width="400">
  <caption>用户信息表</caption>
  <tr height="30" bgcolor="#808080">
    <td>ID</td>
    <td>Sname</td>
    <td>Depts</td>
    <td>Passwd</td>
    <td>Grade</td>
  </tr>
  <%
  '-------------------d  表中的内容,用循环逐条显示-------------------
    Do while not rs.Eof and pageS>0  %>
  <tr>
    <td><%=rs("ID")%></td>
    <td><%=rs("Sname")%></td>
    <td><%=rs("Depts")%></td>
    <td><%=rs("Passwd")%></td>
    <td><%=rs("Grade")%></td>
  </tr>
<%
    rs.movenext
    pageS=pageS-1
    Loop
%>
<!-------e  显示页数的一行存在链接的文字------->
<tr>
     <td colspan="6" align="right">
     <%
     response.write rs.RecordCount&"条 "    '共多少条记录
     response.write rs.PageCount&"页 "      '共分多少页
     response.write  pageNo&"/"&rs.PageCount&"页 "
     '当前页的位置
       Dim i   'i作为循环变量
       for i=1 to rs.PageCount
         if i=pageNo then
           response.write i&" "  '如果i是当前页,输出i,不跳转
         else                         '如果i不是当前页,跳转到新的页
           response.write "<a
    href='ch7-13.asp?pageNo="&i&"'>"&i&"</a> "
         end if
       next
```

```
      %>   </td>
    </tr>
  </table>
</body>
</html>
<%
    rs.close
    set rs=nothing
    conn.close
    set conn=nothing
%>
------------------------------------------------------------------
```

在 Windows 10 的笔记本电脑调试 ch7-13.asp，结果如图 7-23(a)所示，结果显示有乱码。于是，在 ch7-13.asp 网页的开头增加一行（必须放在第一行）：

```
<%@LANGUAGE="VBSCRIPT" CODEPAGE="65001"%>
```

保存 ch7-13.asp 网页后，再浏览，结果如图 7-23(b)所示，没有乱码了。结合前面几例，不难得出以下结论：若 ASP 网页由 html 静态代码与<%……%>动态代码混排组成，首行要添加代码：<%@LANGUAGE="VBSCRIPT" CODEPAGE="65001"%>，否则，调试 ASP 网页时很有可能出现乱码，甚至出现错误提示。

出现乱码主要是由于浏览器默认的字符编码（字库）与 html 默认字符编码（字库）、数据库默认的字符编码（字库）不一致造成的。

图 7-23　ASP 网页内容分页显示的结果

在如图 7-23(b)中，单击右下角的 2 或者 3，就能显示第 2 页、第 3 页的内容。

此程序有些复杂，特作如下说明。

(1) 程序的中心思想是每一次单击(选择)要显示的页数，然后将该页号参数(i)返回给本 ASP 网页。

(2) a 部分建立 Recordset 对象 rs，如果 URL 没有带参数，则显示第一页。

(3) b 部分是程序的重点和难点：先设置每页显示的记录数为 2，然后根据 pageNo 的值将指针指向相应的页。当指针指向每一页的时候，其实就是指向该页的第一条记录，然后利用循环依次显示该页的每一条记录。

(4) 注意 d 部分的循环：如果指针指向某页的最后一条记录时，还继续使用 Movenext 方法，则指针就指向下一页的第一条记录。因此，在每页的循环条件中要判断两种结尾，一种是分页的结尾(pageS>0)，另一个是最后一页可能只有一条记录，因此还要判断是否是整个记录的结尾(rs.Eof 是否为 True)。

在 Internet 上，有很多 ASP 的资源可以利用，比如分页、上传、UBBCode 等有编写好的免费源代码供我们使用，灵活地利用这些源代码可以提高 ASP 程序编写的速度。分页还可以使用类来实现，这些类已经编写好了，可以直接下载使用，再新建对象就可以很容易地进行分页显示了。

7.3.4 Field 对象和 Fields 集合的应用

Fields 对象又称字段对象，是 Recordset 的子对象。在一个记录集中，第一个字段就是一个 Field 对象，而所有的 Field 对象组合起来就是 Fields 集合。

在 ch7-4.asp 中，使用过 rs("name")来取得当前记录的 name 字段的值，其实就是使用 Fields 集合和 Fields 对象。要输出当前记录 sname 字段的值，可使用以下几种方法：

(1) rs("Sname")

(2) rs.Fields("Sname")

(3) rs.Fields("Sname").Value

(4) rs.Fields.Item("Sname").Value

(5) rs (1)

(6) rs.Fields(1)

(7) rs.Fields(1).Value

(8) rs.Fields.Item(1).Value

说明：rs(1)里的 1 是 Sname 字段在记录集 rs 中的索引值(索引值从 0 开始)，可以通过 Select 语句来改变此索引值。例如，把 ch7-4.asp 中的 rs.Open "Select * from Users"，conn 语句改写成 rs.Open "Select Sname，passwd，grade，ID from Users"，conn，此时 Sname 字段在 rs 记录集中的索引值就变成了 0。

1. Fields 集合的属性 Count

Fields 集合的属性只有一个，就是 Count 属性。该属性返回记录集中字段(Field 对象)的个数，语法格式如下：

```
Recordset 对象.Fields.Count
```

2. Fields 集合的方法与应用

Fields 集合的方法也只有一个，就是 Item 方法。该方法用于建立某一个 Field 对象。语法格式如下：

```
Set  Field 对象=Recordset 对象.Fields.Item(字段名或字段索引值)
```

其中，字段索引值是根据记录集中的先后顺序从 0 起到 Fields.Count−1。

下面几条语句都是创建 Sname 字段的 Field 对象。

```
-----------------------清单 7-14  ch7-14.asp-------------------------
<!--#include file="conn.asp" -->
<%
   Dim rs
   set rs=Server.CreateObject("ADODB.Recordset")
```

```
    rs.Open "Select * from Users",conn
    Dim fld
    '使用字段名或索引值作为参数建立 Field 对象
    set fld=rs.Fields.Item("Sname")
    set fld= rs.Fields.Item(1)
    '------------Item 可以省略----------------
    set fld=rs.Fields("Sname")
    set fld= rs.Fields(1)
    '------------Fields 也可以省略------------
    set fld=rs("Sname")
    set fld= rs(1)
%>
------------------------------------------------------------
```

由于没有显示语句，所以在调试时不会显示内容。

3．Field 对象的属性与应用

Field 对象的常用属性如表 7-6 所示。

表 7-6　Field 对象的常用属性

属　　性	说　　明
Name	字段名称
Value	字段值
Type	字段数据类型
DefinedSize	字段长度
Precision	字段存放数字最大位数
NumericScale	字段存放数字最大值
ActualSize	字段数据长度
Attributes	字段数据属性

表中所列出的属性基本上是用来返回字段(Field 对象)的各种性质，如字段类型、长度等，这些属性在 Access 表设计视图中可以看到。Value 是比较常用的属性，其他属性用得较少，请看下面的例子。

```
------------------------清单 7-15  ch7-15.asp-------------------------
<!--#include file="conn.asp" -->
<%
    Dim rs
    set rs=Server.CreateObject("ADODB.Recordset")
    rs.Open "Select * from Users",conn
    Dim i,fld
    '表格的第一行
    response.write "<table border=1><tr><td>字段名称</td><td>字段类型
    </td><td>字段大小</td><td>字段最大位数</td></tr>"
    '表格的第二行作为循环体,取得所有字段名等属性的值
    For i=0 to rs.Fields.Count-1
```

```
      set fld=rs.Fields.item(i)
      response.write
    "<tr><td>"&fld.Name&"</td><td>"&fld.Type&"</td><td>"&fld.Definedsize&"</td><td>"&fld.Precision&"</td></tr>"
    Next
    '表格结束
    Response.write"</table>"
%>
-------------------------------------------------------------
```

调试结果如图 7-24 所示。

http://localhost/ch7/ch7-15.asp

字段名称	字段类型	字段大小	字段最大位数
ID	3	4	10
sname	202	255	255
depts	202	255	255
passwd	202	255	255
grade	202	255	255

图 7-24　程序 7-15.asp 的运行结果

可以用 Field 对象的属性来获得表结构：每一次循环就建立一个 Field 对象 fld，每一个 fld 对象依次是属于每一个字段，在循环中输出此对象的名称、类型、大小和最大位数属性，循环结束后输出整个表的所有字段的结构，即表结构。通常都用这种方式获取表的结构。

7.4　ASP 动态网页数据库技术应用基础

7.4.1　ASP 动态添加、删除记录

前面例子中，当向数据表 Users 添加或删除记录时，要添加、删除的记录信息须事先在 ASP 网页规定好，这属于静态添加、删除记录。如果运行 ASP 网页程序时，根据用户输入的信息来添加、删除记录，就是动态添加、删除记录，只有动态添加、删除记录才会有实用性。与静态添加、删除记录相比，动态添加、删除记录需注意以下几个技术要点：

（1）动态网页添加、删除记录，继续使用前面已建立的 conn.asp 和 db1.mdb。

（2）要添加、删除的信息不是固定的，而是来自用户的随机输入，因此要有表单。

（3）要将用户输入信息与 ASP 处理信息区分开来。因此，无论是添加还是删除，最好用两个 ASP 网页来完成。

（4）动态插入、删除时，值的表示形式不一样。例如，静态添加姓名等参数是常量，用单引号（如'李遥'）括起来就可以了，例如：

Conn.execute "insert into user(Sname,passwe,……) values('李遥',' 321',……)"

但是动态添加时，值不是常量而是变量。如动态插入时，姓名是 x 变量的值，那么上

述命令中的参数'李遥'，就要用"'&x&'"来取代；查询、删除时的变量值也要作如此处理。

（5）添加与删除数据信息，对数据库来说都是重大事件，在表单里单击“提交”后，最好出现一个确认弹窗。这可以在<form>元素里添加如下 JS 代码来实现：

```
OnSubmit="javascript:return confirm('……确认提示信息……？')"
```

（6）删除记录前，最好先要查询一下记录是否存在，并将记录信息呈现出来，供用户选择（删除还是放弃）。

（7）处理删除记录的 ASP 网页有两项功能：一是查询功能；二是正式删除功能。那么该网页第一部分功能完成后最好提供一个“删除”按钮，等确认“删除”后（提交一个表单），再执行第二部分功能，同时传递一个超链接参数（如?dele=ok），方便第二部分功能是否要执行。中间表单传递链接参数的关键代码如下：

```
<form  method="post" action="deleuser.asp?dele=ok"
   onSubmit="javascript:……">
```

下面具体介绍 ASP 的添加、删除这两种动态功能。

1. 动态添加记录

为完成这个任务，需要编写两个 ASP 网页（formadd.asp、insertdb.asp）。第一个 ASP 网页中提供一个表单，供用户输入、提交信息，第二个 ASP 网页是接收来自第一个 ASP 网页的表单信息，作简单的完整性检查后，将其插入数据库表中(数据库 db1.mdb 表 Users)。

1）第一个网页供用户动态输入信息

数据表 Users 有 ID(编号)、sname(姓名)、passwd(密码)、depts(系部)和 grade(年级)5 个字段，其中，第一个网页需提供姓名、密码、系部和年级 4 个字段的信息，编号是自动编号类型可不用管，还应有一个“提交”按钮，单击“提交”按钮后要弹出一个确认对话框，进一步确定后再将参数传输给第二个网页。网页 formadd.asp 完整代码如下：

```
------------------------ 清单 formadd.asp --------------------------
 <html>
<head>
  <title>添加用户</title>
</head>
<body>
 <h3>添加用户信息</h3>
 <form  method="post" action="insertdb.asp"
   onSubmit="javascript:return confirm('确认提交吗？')">
    姓名:<input type="text" name="name0"/><br/>
    院部:<input type="text" name="depts0"/><br/>
    密码:<input type="text" name="pwd0"/><br/>
    级别:<input type="text" name="grade0"/><br/>
    <input type="submit" value="提交"/>
 </form>
</body>
</html>
-------------------------------------------------------------------
```

浏览 formadd.asp 网页，效果如图 7-25 所示。

图 7-25　formadd.asp 网页浏览效果

2）第二个网页接收并处理提交过来的信息

第二个网页接收第一个网页提交过来的表单信息，经完整性分析后，将其插入数据库表中。第二个网页 insertdb.asp 的完整代码如下：

```
------------------------- 清单 insertdb.asp -------------------------
<!--#include file="conn.asp" -->
<%
 Dim x,y,z,n
 x=request.form("name0")
 y=request.form("depts0")
 z=request.form("pwd0")
 n=request.form("grade0")
if(x<>"" and y<>"" and z<>"" and n<>"") then
   conn.Execute "insert into users(sname,depts,passwd,grade)
   Values('"&x&"','"&y&"','"&z&"', '"&n&"')",number
   response.write"本次操作共添加 "&number&" 条记录"
else
   response.write "缺内容或信息不全，不能写入数据库。"
end if
%>
--------------------------------------------------------------------
```

浏览 insertdb.asp 网页，在表单中输入姓名等信息，单击“提交”按钮，会弹出确认对话框，如图 7-26 所示。

(a)　　(b)

图 7-26　insertdb.asp 网页浏览效果

在图 7-26(b)中，单击“确定”按钮，就将表单信息提交给 insertdb.asp，insertdb.asp 网页运行结果如图 7-27(a)所示，显示已经在数据表 Users 中插入一条记录。

为了查看插入以后数据表 Users 中记录，再次运行 ch7-4.asp，结果如图 7-27(b)所示，证明向 Users 中动态插入了一条“张欠欠”用户记录，插入操作成功！

http://localhost/ch7/insertdb.asp

本次操作共添加 1 条记录

(a)

http://localhost/ch7/ch7-4.asp

用户信息表

ID	sname	depts	passwd	grade
1	张三	中文系	123	1
2	李四	数学系	ppwd44	2
3	王五	计算机系	555	4
4	赵六	外语系	1235	4
5	钱七	电子信息系	1234	3
8	张欠欠	电子信息	8889	3

(b)

图 7-27　insertdb.asp 执行记录添加及添加后结果查询

2. 动态删除记录

为完成这个任务，需要编写两个 ASP 网页，第一个 ASP 网页（forminput.asp）提供一个简易表单，供用户输入要删除的用户名和一个提交按钮；第二个 ASP 网页（deleuser.asp）接收来自第一个 ASP 网页的表单信息，再查询数据表中是否有该用户信息(数据库 db1.mdb 表 Users)，查到后显示出来，并要用户进行删除前确认，用户确定后执行删除操作。

第一个 ASP 网页（forminput.asp）比较简单，代码如下：

```
------------------------ 清单 forminput.asp ------------------------
<html>
<head>
   <title></title>
</head>
<body>
  <h3>信息输入提交</h3>
  <h3>输入要删除用户的信息：</h3>
  <form  method="post" action="deleuser.asp"
    onSubmit="javascript:return confirm('确认要提交吗？')">
   姓名:<input type="text" name="name0"/>  
    <input type="submit" value="查询后删除"/>
  </form>
</body>
</html>
-------------------------------------------------------------------
```

执行 forminput.asp 后，会出现提示信息、一个文本输入框和“查询后删除”按钮，在文本框中输入要删除的用户名，并单击按钮后，会弹出一个确认对话框，如图 7-28 所示。

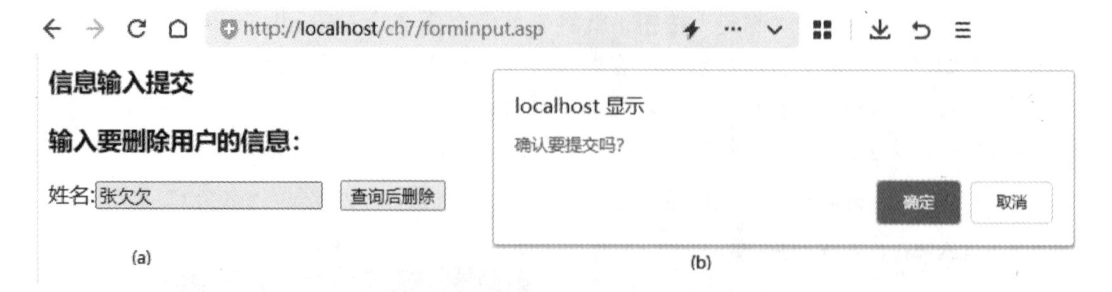

图 7-28　insertdb.asp 执行记录添加及添加后结果查询

第二个 ASP 网页（deleuser.asp）就要复杂一些，主要完成两项功能：一是查询数据表 Users 中是否有该用户信息，若存在则显示出该用户信息，并出现“删除”按钮(表单按钮)，不存在则显示提示信息；二是当用户单击“删除”按钮并确认后，正式执行删除用户记录，并显示是否删除成功的消息。deleuser.asp 具体代码如下：

```
------------------------- 清单 deleuser.asp ---------------------------
<!--#include file="conn.asp" -->
<%
  Dim x,del
  x=request.form("name0")          '获得表单元素 name0 的值
  del=request.querystring("dele")   '获得超链接附带变量 dele 的值
  if(x<>"" and del<>"ok") then
          '第一次执行 deleuser.asp，若用户名不为空且变量 del 值不为 ok
    response.write "<h4>准备从 Users 表中,删除以下用户的信息：</h4>"
    set rs=Server.CreateObject("ADODB.Recordset")
    rs.open "select * from users where sname='"&x&"'",conn
    if(not rs.eof and not rs.bof) then
       response.write "编号："&rs("ID")&"<br/>姓名："&rs("sname")&"<br/>
    密码：****<br/>院部："&rs("depts")&"<br/>年级：
    "&rs("grade")&"<br/><br/>"          '这里是自动换行
       session("nam")=x                 '将用户姓名暂存到 session("nam")
  %>
  <form  method="post" action="deleuser.asp?dele=ok"
    onSubmit="javascript:return confirm('确认要删除该用户吗？')">
    <!--这里提供一个删除按钮,并有 JS 确认功能,传递变量 dele(其值为"ok")给本网页
    -->
      <input type="submit" value="删除"/>
  </form>
<%  else
       response.write "<br/>没有找到."
     end if
     rs.close
     set rs=nothing
  else
    if(del="ok")  then   '第二次执行 deleuser.asp(已按"删除"),del 的值才为
```

```
    ok
        x1=session("nam")
        conn.execute "delete from users where sname='"&x1&"'",number
                                            '执行从 users 删除记录
        response.write "已删除用户"&x1&"的信息"&number&"条!"
        session("nam")=""     '清除 session("nam")变量保存的值
      end if
    end if
    conn.close
    set conn=nothing
%>
</body>
</html>
-------------------------------------------------------------------
```

在图 7-28(b)弹出的对话框中单击“确定”按钮，就将用户名信息提交给 deleuser.asp 网页，若查到了用户信息则显示出来，如图 7-29(a)所示，若查不到，则显示“没有找到”。在图 7-29(a)所示的界面中单击“删除”按钮，就会弹出图 7-29(b)所示的对话框，在该对话框中单击“确定”按钮，会再一次运行 deleuser.asp 并传递参数 dele（值为 ok），这一次运行时即执行删除指定记录的功能，结果如图 7-30(a)所示。

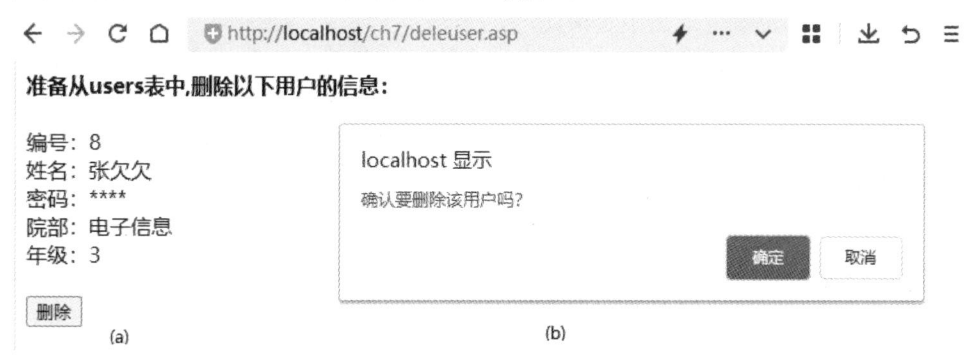

图 7-29　ideleuser.asp 第一次执行得到查询结果,点击“删除”后出现的弹窗

检验一下删除记录效果，再一次运行 ch7-4.asp 显示出数据表 Users 中的全部记录，如图 7-30(b)所示。对比图 7-30(b)与图 7-27(b)，可以看出用户“张欠欠”的信息已被删除。

ID	sname	depts	passwd	grade
1	张三	中文系	123	1
2	李四	数学系	ppwd44	2
3	王五	计算机系	555	4
4	赵六	外语系	1235	4
5	钱七	电子信息系	1234	3

图 7-30　deleuser.asp 第二次执行删除及删除记录后 users 表的全部记录

上述两例，实现了 ASP 网页的动态插入、删除。类似地，ASP 网页的动态查询、动态更新同样可以实现（留给大家作为课后练习题）。虽然此两例是对数据库 db1.mdb 表 Users 的记录进行操作，同样可以将其应用于新闻表、通知表、在线测试题表、在线留言表等数据的操作。

7.4.2 用户注册、登录与退出系统

为了综合应用本章所学习的知识与技能，这里以常用的用户注册与登录为例，详细介绍数据库的存取应用。

用户注册要用到查询和插入记录集，先查询该用户名是否存在，若用户名已经存在则返回注册失败信息，若用户名不存在则插入当前用户名到数据库表中。

用户登录时，要查询记录集，查询条件为用户名和用户密码与用户输入的登录名和密码一致，若查询记录集为空则登录失败，若不为空则登录成功。登录成功的同时要把用户名存入服务器端的 Session 对象（变量）中，标志用户已经登录。当然也可以在客户端使用 Cookies 来记录用户名等信息，这里为了简单把用户名记录在 Session 对象（变量）中。

用户退出登录的过程，就是清除记录用户名的 Session 对象的过程，没有 Session 标志说明用户没有登录，也就是退出了登录。

为了避免使用过多张网页，这里把以上三种功能整合在一张网页 reg_logAction.asp 中，reg_logAction.asp 网页根据传递过来的超链接参数不同，采用多分支结构执行不同的功能。

在访问网页主页的时候就会先判断记录用户名的 Session 对象是否为空，为空则显示登录表单，不为空则显示欢迎信息。

在本章网页文件夹下新建一个文件夹 userlog，将本例的 1 个数据库文件、4 个 ASP 文件都存放到该文件夹下面，这几个文件是：

(1) db1.mdb——数据库文件；

(2) conn.asp——连接数据库，建立 Connection 对象；

(3) index.asp——用户登录网页的第一个页面；

(4) regForm.asp——用户填写注册信息的页面；

(5) reg_logAction.asp——用户注册登录和退出登录功能页面。

下面依次建立各个文件。

1. 数据库文件 db1.mdb

该数据库文件在 7.1 节已经建立，这里只用到其中的一张表 Users。该数据表有 ID、sname、passwd、depts 和 grade 五个字段(见图 7-31)，里面已经有了几条记录。在这里将 sname 字段设为主键。

users

字段名称	数据类型	说明(可选)
ID	自动编号	
sname	短文本	
depts	短文本	
passwd	短文本	
grade	短文本	

图 7-31　数据表 Users 的结构

2. 连接数据库文件 Conn.asp

```
-------------------------清单  conn.asp -----------------------------
<%
Dim conn
set conn=Server.CreateObject("ADODB.Connection")
dbpath=Server.MapPath("db1.mdb")
conn.open "Driver={Microsoft Access Driver (*.mdb)}; Dbq="& dbpath
%>
--------------------------------------------------------------------
```

3. 用户访问网站的首页 index.asp

本动态网页使用了 if 分支结构语句，根据用户是否已经登录（session 变量为空则未登录），分别显示不同的内容：登录表单或者欢迎信息。

```
--------------------------清单  index.asp ---------------------------
<!--#include file="conn.asp" -->
<html>
<head>
<title>用户注册与登录</title>
</head>
<body>
<%if session("userName")="" then %>
<!--如果没有登录则显示登录表单 -->
<table width="500" border="0" cellpadding="5" cellspacing="1"
   bgcolor="#666666">
      <!-- 注意表单的 Action 后面带的 URL 参数-->
 <form name="form1" method="post"
   action="reg_logAction.asp?action=log">
   <tr>
     <td bgcolor="#dddddd"> 用户登录：<br/><br/>
      用户名：<input name="userName" type="text" id="userName" size="12">
      密码：<input name="passWord" type="password" id="passWord"
   size="12">
      <input type="submit" name="Submit" value="登录">
      <a href="regForm.asp">注册</a></td>
   </tr>
 </form>
```

```
</table>
<%else%>
<!--如果已经登录则显示欢迎信息 -->
<table width="98%" border="0" cellpadding="5" cellspacing="1"
    bgcolor="#666666">
  <tr>
      <td bgcolor="#dddddd">
           欢迎您：<% =session("userName") %>
           今天是:<%=date()%>
       <!-- 注意链接?后面带的 URL 参数-->
            <a href="reg_logAction.asp?action=exit">退出</a>
       </td>
  </tr>
</table>
<%end if%>
</body>
</html>
------------------------------------------------------------------------
```

浏览 index.asp，输入登录信息(见图 7-32)，单击“登录”按钮，结果如图 7-33 所示。

图 7-32　用户未登录时显示登录界面

图 7-33　用户已登录时显示欢迎信息

4. 用户填写注册信息的页 regForm.asp

```
---------------------------清单 regForm.asp ---------------------------
<html>
<head>
<title>用户注册</title>
</head>
<body>
```

```
<form name="form1" method="post" action="reg_logAction.asp?action=reg"
   onSubmit="javascript: return confirm('确定要提交吗?')">    '这里是自动
   换行
  <table width="98%" border="0" cellpadding="5" cellspacing="1"
   bgcolor="#666666">
   <tr bgcolor="#dddddd">
        <td colspan="2"> => 填写注册信息</td>
   </tr>
   <tr bgcolor="#FFFFFF">
        <td width="150">用户名:</td>
        <td><input name="userName" type="text" id="userName"></td>
   </tr>
   <tr bgcolor="#FFFFFF">
       <td width="150">密码:</td>
       <td><input name="passWord" type="password" id="passWord"></td>
   </tr>
   <tr bgcolor="#FFFFFF">
       <td width="150">重复密码:</td>
       <td><input name="passWord2" type="password"
   id="passWord2"></td>
   </tr>
   <tr bgcolor="#FFFFFF">
       <td width="150">所在系部:</td>
       <td><input name="department" type="text" id="department"></td>
   </tr>
   <tr bgcolor="#FFFFFF">
     <td width="150">年级或等级（整数）:</td>
     <td><input name="ugrade" type="text" id="ugrade"></td>
   </tr>
   <tr bgcolor="#FFFFFF">
       <td colspan="2" align="center">（必须填写所有信息）
        <input type="submit" name="Submit" value="确定">   
        <input name="Submit2" type="reset" value="重填">
      </td>
   </tr>
  </table>
</form>
</body>
</html>
--------------------------------------------------------------------
```

在主页(index.asp)中单击“注册”按钮，跳转到 regForm.asp，填写注册信息后单击“确定”按钮，会弹出一个进一步确认的对话框，如图 7-34 所示。

图 7-34　用户填写注册信息页面

5. 注册登录和退出登录功能页 reg_logAction.asp

这个网页较为复杂，请参照说明仔细阅读。

```
------------------------清单  reg_logAction.asp -----------------------
<!--#include file="conn.asp" -->
<%
Dim rs,str
'str 变量中存储登录/注册/退出的相关信息
'rs 为记录集
set rs=Server.CreateObject("ADODB.Recordset")
select case Request.QueryString("Action")
'使用分支语句,依据 URL 后面的不同参数执行不同的分支
'-----------------------用户登录----------------------------------------
case "log"
   na=request.Form("userName")
   pa=request.Form("passWord")
   rs.Open "Select * from Users where sname='"&na&"' and
   passwd='"&pa&"'",conn
   '使用 eof 和 bof 来判断记录集是否为空
  if not rs.eof and not rs.bof then
      session("userName")=na
      str="1. 登录成功<br>2. 5 秒后返回主页"
   else
      str="1. 登录失败<br>2. 5 秒后返回主页"
   end if

'-----------------------退出登录----------------------------------------
case "exit"
```

```
    session("userName")=""          '清除 Session("username")
str="1. 用户退出成功<br>2. 5 秒后返回主页"

'----------------------注册新用户--------------------------------------
case "reg"
   a=request.form("userName")     '先获取表单信息
   b=request.form("passWord")
   b1=request.form("passWord2")
   c=request.form("department")
   d=request.form("ugrade")
  if a<>"" and b<>"" and b1=b and c<>""  and d<>"" then
     rs.open "select * from Users where sname='"&a&"'",conn
        '判断用户名是否已经存在
     if not rs.eof and not rs.bof then
        str="1. 用户名已经存在，请重新选择用户名<br>2. 5 秒后返回主页"
     else      '插入记录,注册新用户
        conn.execute "insert Into Users(sname,passwd,depts,grade) Values
    ('"&a&"', '"&b&"','"&c&"','"&d&"')"       '这里是自动换行
           str="1. 用户注册成功<br>2. 5 秒后返回主页"
     end if
  else      '用户注册信息不正确,注册失败
      str="1.  用户注册信息不正确,注册失败<br>2. 5 秒后返回主页"
 end if
 '-----------------------------------------------------------------
case else
   response.write "请选择事件"
end select
%>
<html>
<head>
<title>登录/注册/退出 结果</title>
   <!-- 设定 5 秒后刷新当前窗口，浏览 index.asp 网页 -->
<meta http-equiv="refresh" content="5;URL=index.asp">
</head>
<body>
<table width="90%" border="0" cellpadding="5" cellspacing="1"
    bgcolor="#666666">
  <tr bgcolor="#dddddd">
      <td>>> 登录/注册 结果</td>
  </tr>
  <tr bgcolor="#FFFFFF">
      <td><%=str%></td>
  </tr>
</table>
</body>
```

```
</html>
----------------------------------------------------------------------
```

调试结果如图 7-35、图 7-36 所示。

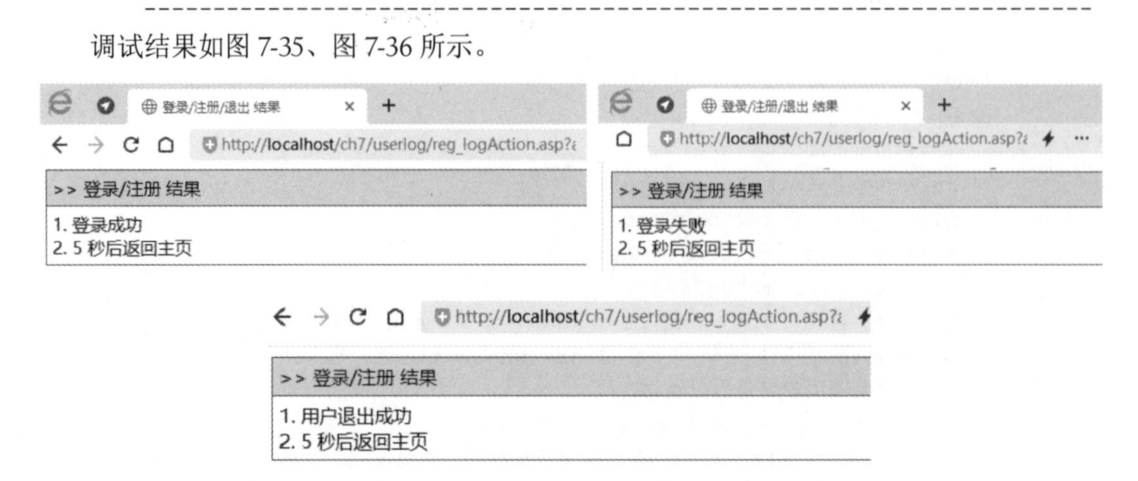

图 7-35 用户退出登录成功、失败与退出的界面

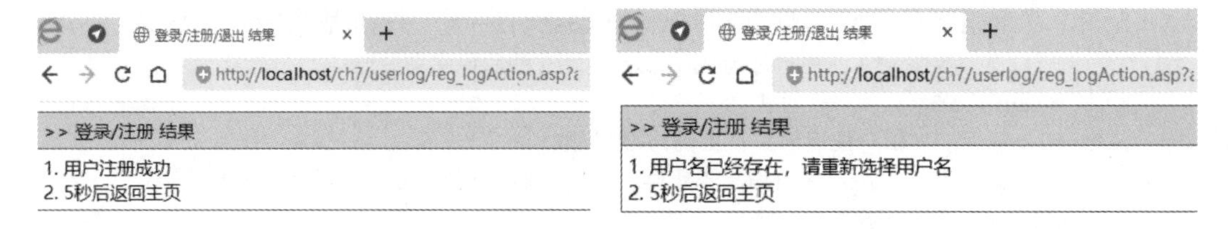

图 7-36 用户注册成功/失败出现的界面

本节设计了两个最基本的 ASP 动态网页应用：ASP 动态网页插入、删除记录，用户注册、登录、注销系统。可以将用户注册、登录与记录的插入、删除结合起来，做成一个先注册、登录验证，后进行记录（可以是留言、新闻、通知、测试题等）插入、删除的系统。跨网页识别已登录用户，需要用到 Session 或 Cookies 来暂存用户身份确认情况。请读者思考如何完成这一组合。

将本节学过的动态网基础应用和第 5 章学习过的 JavaScript 行为，嵌入第 2、第 4 章学过的网页布局设计中，就能制作出既有优美外观又有良好交互功能的动态网站。

【练习七】

(1) 自行设计数据库表，开发一个在线通讯录，要求能显示通讯录的内容，并能添加、修改和删除通讯录中的内容。

(2) 进一步修改第 6 章中简易留言板程序，用数据库表来记录注册在线用户和留言内容，并把留言显示在表格中。

(3) 制作一个在线投票表决系统，有多个可选项，客户点击某个选项后，相应的票数立即增 1。用 Access 数据表存储各个选项，以及相应的票数等内容。

【实验七】 ASP 动态网页数据库实验

实验内容如下。

(1) 验证第 7.4 节的注册/登录/注销系统和新闻发布系统。

(2) 找出其中的建立 Connection 对象、建立记录集对象的关键语句。

(3) 查阅有关 MD5 加密算法书籍，在 Internet 上下载 MD5.asp 的网页，并使用 MD5 对用户密码进行加密。

(4) 将 7.4 节的注册/登录/注销系统和记录插入、删除系统结合起来，做一个先登录验证身份，再发布留言(或通知、新闻等)的网站系统。

第 8 章　Web 动态网站设计开发实例

【本章要点】

(1) Web 动态网站设计开发一般步骤

(2) 在线测试与自动评分系统设计开发

(3) 网络留言与管理平台设计开发

(4) Web 动态新闻网站设计开发

Web 网页做好以后，不修改网页代码，在浏览网页时，其内容也能发生变化，这样的网页称为 Web 动态网页(简称动态网页)，含有动态网页的网站称为 Web 动态网站(常简称为动态网站)。动态网页里的信息大多存储在数据库，当数据库的信息发生变化后，浏览网页时，网页内容也随着发生变化。

动态网页代码由网页框架代码和动态程序代码组成，网页框架代码一般由 html、CSS 和 JS 等代码组成；网页动态程序代码可以采用 ASP 或 PHP、JSP 等动态语言编写。动态网页数据库可以采用 Access、MySQL、ORACLE 或 SQLServer 等。本章的 ASP 动态网站实例，采用 ASP 动态语言和 Access 数据库相结合、Dreamweaver 网页制作工具和手工编写代码相结合的方式进行。按照需求分析、数据库设计、网页静态结构设计与网页动态设计开发的流程，分别设计开发了在线测试与自动评分系统动态网站、网络留言与管理平台以及动态新闻网站。通过这三个实例将前面学过的技术综合应用起来，全面提高网页网站设计开发能力。也可根据需要，选择其中一例或二例进行学习和实践。

8.1　Web 动态网站设计开发一般步骤

在前面第 1 章到第 5 章，我们学习了 HTML、CSS、网页图形图像处理和 JavaScript(JS) 技术，还学习了网站的规划与设计，根据用户需求来规划网站的栏目、设计网站的目录结构、风格与导航。如果只开发静态网页和网站，掌握这些知识就差不多了。但是，如今互联网上绝大多数网站都是动态网站，而不是静态网站，如果要开发 Web 动态网站，还需要掌握第 6 章、第 7 章介绍的 ASP 基础与 ASP 数据库技术，包括数据库的设计、动态网页与数据库的连接、网页动态功能设计与实现、网站安全等环节。

一般来说，Web 动态网站设计开发(以 ASP+Access 为例)包括以下几步。

第一步，需求分析。根据用户的要求，分析建立网站的目的，网站的主要功能、次要功能，网站名称、网页名称、网页之间的链接关系等。

第二步，网页静态结构设计。根据需求分析的结果，进一步确定网站的栏目和主要内容，主页与各个分网页的内部布局、网站风格(包括主色调、网页图片等)、网站导航、网站目录结构。根据以上设计，编写各个网页 HTML 代码、CSS 代码和 JS 代码，初步完成网页的静态开发。静态开发的网页结构(扩展名为.html 或.htm)在普通 PC 上就可以浏览网页的初步设计效果。

第三步，动态服务器设置。安装 WWW 服务器组件、设置好 Web 动态网站服务器参数，包括 IIS(Internet 信息服务)或 Apache、Tomcat 等服务组件的安装，以及安装好组件后的 WWW 服务环境配置，安装组件时要选择支持 ASP 服务；设置 WWW 服务器环境包括动态地址池参数、ASP 运行参数设置，还有动态网站所对应的实际目录(文件夹)、默认主页名、主机头(域名)等，以及虚拟目录的指定。

第四步，数据库设计开发。根据需求分析及网站功能，建立一个用于保存网站信息的后台数据库(如 Access 数据库)，并在数据库里建立一个或多个数据表(Table)；然后根据需要设计开发出每一个数据表的具体结构，包括表内需要哪几个字段名(一般用英文半角命名)、字段类型、表的关键字段，以及多个表之间关联设计。在 Windows 7 以前的操作系统里，还要设置好 Access 数据库文件所在文件夹的安全属性(设置为可读可写)，以及 Internet 匿名用户(IISuser)对 Access 数据库文件所在文件夹的权限设置为可读可写。

第五步，Web 网页动态设计开发。网页动态设计开发就是要实现网站的动态功能，网页连接到指定的数据库、从指定数据库读取数据并整合到网页信息中，或者将网页代码运行产生的结果信息保存进数据库；动态网页还要能对网络用户身份进行检验，管理员用户除了能通过动态网页对网页信息进行管理，还能对注册用户的信息、权限进行管理。以 ASP 与 Access 为例，包括：ASP 与 Access 数据库(数据源)的连接、记录集的建立；访问数据库的嵌入式 SQL 命令、参数设置，如何读取数据库表记录信息到 ASP 网页中来，如何将用户从网页上传输过来的信息、ASP 网页程序某些运行结果信息保存进数据库；执行怎样的嵌入式 SQL 命令，实现更新数据库表里的信息，或者删除数据库里某些记录，从而实现 Web 网页内容的动态变化。

第六步，Web 动态网站的测试、发布和维护。动态网站的测试分为多个环节，首先是开发过程的测试，开发过程测试又分为局部测试和整体测试，发现问题及时解决；其次是在线测试，就是将网站移植到服务器后，因为运行环境和客户数发生了变化，需要做进一步测试，对于新出现的问题要逐个解决。动态网站的发布，就是将动态网站从开发计算机移植到 WWW 服务器上，一般还要向信息管理机构申请一个域名。动态网站的维护，就是对网站运行过程中发现的代码 Bug 进行修复，对新的需求进行再次开发。

Web 网页的动态设计开发，是在网页静态设计开发、数据库设计开发基础上进行的。既可以采取纯手工输入代码的方式，也可以采用网页工具 Dreamweaver 的菜单和面板功能，可视化方式来完成。读者可根据需要从简到繁、从易到难，循序渐进地学习。

此外，还要对动态网站进行安全设计、缓存设计、可并发容量设计、防崩溃设计等。ASP 动态网站设计开发流程如图 8-1 所示。图中黑箭线表示模块的先后关系，如要先进行需求分析，后进行静态设计，再进行 ASP 动态设计和数据库设计等。左右花括弧{}表示包含的关系，如数据库设计包含表结构设计、表间关联设计、*数据库文件可写属性设置、IIS 匿名用户对数据库文件写权限设置。图中虚箭线表示影响或控制，如 ASP 动态设计要按照需求分析的要求进行，还要考虑安全性、缓存设计等要求。设计数据库及表时，除了要满足需求分析的要求，还要考虑到数据库的安全、可并发数以及数据库文件可读写属性；设置网站服务器时，还要考虑整个网站的安全性。

Access 数据库以单个文件形式存在，Access 数据库文件分为*.mdb(32 位)和*.accdb(64 位)两种形式，本章实例中的数据库全都采用*.mdb 形式。

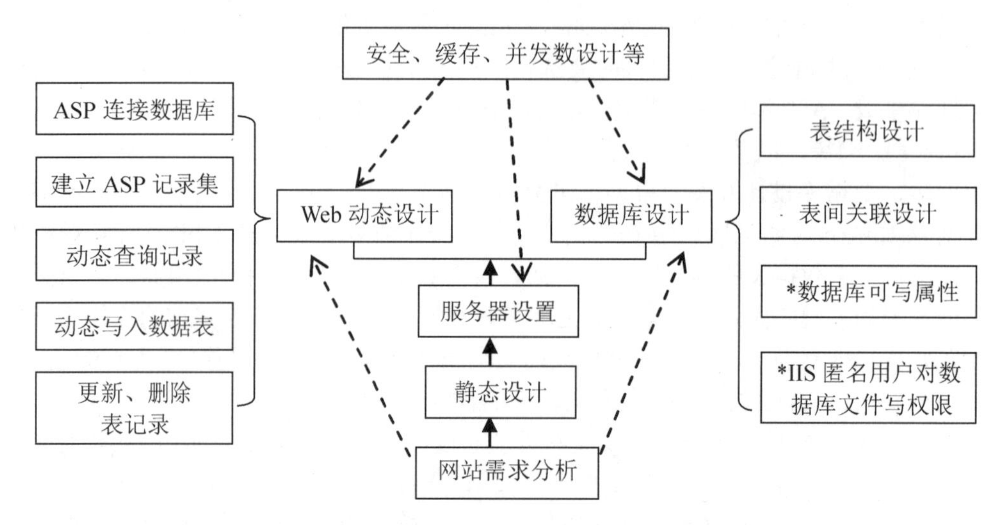

图 8-1　Web 动态网站(以 ASP&Access 为例)设计开发流程

其中，网站的服务器设置在第 6 章介绍，这部分内容在下面的实例中省略。

8.2　在线测试与自动评分系统设计开发

在当今网络信息时代，通过网络在线学习、在线测试，已成为各行各业提高学员素养的方式之一。在线学习主要是通过网络呈现学习内容的信息，是比较通用的动态网页应用，与 8.4 节的动态新闻网站实例相类似；而在线测试与自动评分，一般都需要学员(考生)先登记注册，然后参加测试，系统自动(或自动+手工)评分，管理者还能在后台查阅学员(考生)的测试成绩。这些似乎有些神秘，我们就从该案例开始学习。

8.2.1　在线测试自动评分系统需求分析

要进行在线测试与自动评分系统设计开发，需要知道该系统的使用者、主要功能及支撑条件，以及注意事项。

首先要明确在线测试系统的使用人员主要有考生、命题教师和管理员，老师也可以兼管理员，这样就可以将该系统的用户简化为考生和教师两类。

其次，要确定该系统的功能。从人员使用该系统的角度来看，在线测试与自动评分系统应该具有以下功能。

(1) 用户注册功能。考生必须在系统中先注册，然后能登录后参加测试，系统才能记录考生的测试成绩。

(2) 学员(考生)和教师登录、系统认定功能。学员只有登录并被确认后，才能以考生身份参加测试，教师只有登录被确认后，才能履行教师在本系统中的职责。

(3) 教师为考试命题并上传到系统的功能。为方便自动评分，需要上传单选题、多选题及答案。

(4) 学员(考生)以确定身份参加测试功能。

(5) 系统应具有的综合功能，即存储单选题、多选题的题库功能，从题库中选择题目自组考卷的功能，对考生提交的答卷能够自动判断、评分功能，还能将每位考生的测试成绩存入数据库的功能，将考生测试结果呈现给教师的功能。

根据系统的功能分析，拟设计开发以下几个动态网页及数据库。

(1) index.asp：首页，为考生和教师提供登录、注册的接口，然后验证登录信息的真伪，并作相应处理。

(2) sformreg.asp：考生注册页，为考生填写注册信息提供界面，查验没有问题后执行注册。

(3) proquest.asp：教师命题页，为教师出题(单选题、复选题)提供界面，并上传到数据库。

(4) ontest.asp：考生测试页，自动组卷，并让考生在线做题，提交答卷，自动判卷、评分。

(5) showstud.asp：考生信息页，显示考生主要信息与最近一次测试的成绩，只有教师才能查询。

(6) conn.asp：数据库链接基础文件，建立 ADODB 连接数据库的对象 conn，为以上各个动态网页共享。

(7) kaoshi1.mdb：Access 数据库文件(32 位)，包含 stud、teach、danxuanti 和 duoxuanti 4 个表，分别用于存放考生信息、教师信息、单选题库和多选题库。

这些网页、数据库之间的相互关系如图 8-2 所示。

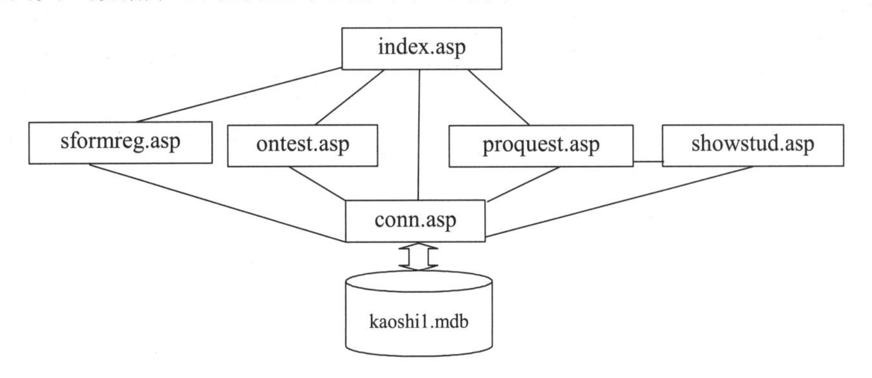

图 8-2　在线测试与自动评分系统总设计图

其中，conn.asp 是基础网页，该网页里创建了一个连接对象 conn，用于连接数据库(kaoshi1.mdb)，其他每个网页都引入了 conn.asp 文件。

需要注意的是，本系统的 5 个动态网页 index.asp、sformreg.asp、ontest.asp、proquest.asp 和 showstud.asp 中，只有首页 index.asp 和注册页 sformreg.asp 没有访问权限的限制，其他 3 个网页都有访问权限问题需要处理。

访问权限采用前面已学过的 session("变量")来解决，由于 session("变量")对同一个用户能够跨网页识别，可以用这个功能来实现权限管理。当一个用户(如考生)访问 index.asp 网页时，如果登录验证成功，就将该考生的姓名保存在一个 session("sName")里。当该用户访问另一个动态网页(如 ontest.asp)时，可以根据 session("sName")的值是否非空(因为登录未成功时 session("变量")默认值为空)，来决定该用户是否有权限访问 ontest.asp 的内容，如 session("sName")= " "就没有权限，则自动返回到主页 index.asp。

对于教师访问网页的权限也是如此，譬如教师在 index.asp 网页登录成功后，用 session("tName")保存登录成功的教师姓名(教师登录不成功时，session("tName")默认为空)。当某用户访问 proquest.asp 或 showstud.asp 时，系统同样可以根据服务器内存保存的 session("tName")的值是否非空，判断当前是否有教师登录成功，从而决定该用户是否有权限出题、查看考生信息。

在计算机某磁盘上新建一个文件夹(如 D:\2022\aspexps\testonline)作为网站的主目录，这些 ASP 动态网页都保存在这个文件夹(主目录)下，数据库文件 kaoshi1.mdb 则保存在该文件夹的子文件夹 dbdir 下。

8.2.2 在线测试与自动评分系统数据库设计

为本测试与自动评分系统建立一个数据库 kaoshi1.mdb (Access，32 位)。kaoshi1.mdb 包含 stud(学生信息)、teach(教师信息)、danxuanti(单选题库)和 duoxuanti(多选题库)4 个数据表，4 个表结构设计如图 8-3 所示。

其中，学生信息表 stud 用于保存每一位考生的信息，包含 ID、snumber、sname、spassword 和 score0 共 5 个字段，分别用于保存自动编号、考生学号、考生姓名、考生密码和最近一次测试成绩。该表没有预先设置的记录，所有记录内容来自 sformreg.asp 动态网页传输来的考生注册信息和 ontest.asp 动态网页传输过来的测试成绩。

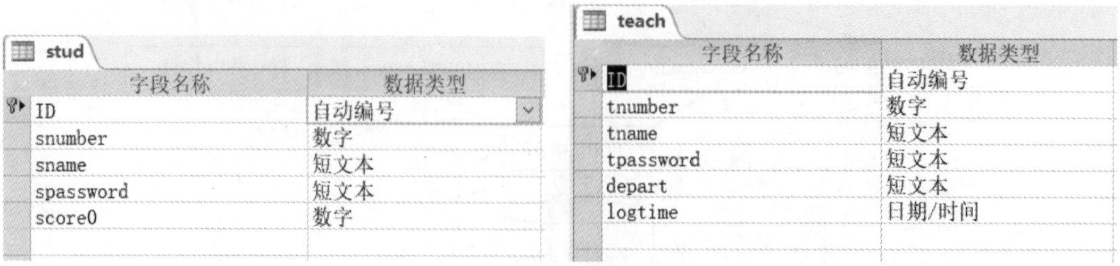

stud

字段名称	数据类型
ID	自动编号
snumber	数字
sname	短文本
spassword	短文本
score0	数字

(a)

teach

字段名称	数据类型
ID	自动编号
tnumber	数字
tname	短文本
tpassword	短文本
depart	短文本
logtime	日期/时间

(b)

图 8-3　在线测试与自动评分系统数据库 4 个表结构的设计

danxuanti

字段名称	数据类型
ID	自动编号
question	短文本
A	短文本
B	短文本
C	短文本
D	短文本
answer	短文本
teacher	短文本

(c)

duoxuanti

字段名称	数据类型
ID	自动编号
question	短文本
A	短文本
B	短文本
C	短文本
D	短文本
answer	短文本
teacher	短文本

(d)

续图 8-3

教师信息表 teach 包含 ID、tnumber、tname、tpassword、depart 和 logtime 共 6 个字段，分别用于保存自动编号、教师工号、教师姓名、教师密码、所在部门和最近一次登录时间。该表的记录内容直接在数据库表中添加，也可以增加一个与 sformreg.asp 类似的动态网页(暂缺)用来添加教师信息。teach 表预设了一个管理员教师(名称、密码都是 admin)，如图 8-4 所示。

teach

ID	tnumber	tname	tpassword	depart	logtime
1	1	admin	admin	计算机学院	2022/7/28
(新建)	0				

图 8-4　teach 表预设的 admin 记录

单选题表 danxuanti 用于存储教师上传的单选题、选项、答案及教师名称，包含 ID、question、A、B、C、D、answer 和 teacher 共 8 个字段，分别用于保存自动编号、单选题目内容、选项 A、选项 B、选项 C、选项 D、正确答案和教师名称，该表没有预设内容，所有记录来自 proquest.asp 传过来的信息。

多选题表 duoxuanti 用于存储教师上传的多选题、选项、答案及教师名称，包含 ID、question、A、B、C、D、answer 和 teacher 共 8 个字段，分别用于保存自动编号、多选题目内容、选项 A、选项 B、选项 C、选项 D、正确答案和教师名称，该表没有预设内容，所有记录来自 proquest.asp 传过来的信息。

数据库表 danxuanti 和 duoxuanti 的 answer 字段值，来自于 proquest.asp 网页提交题目时选择的单选项结果和多选题的多项结果，两数据表的 teacher 字段用来保存命题教师的名称。

8.2.3　在线测试自动评分系统静态结构设计

除了 conn.asp 以外，在线测试自动评分系统其他 5 个网页的静态设计，都在 Dreamweaver 中进行，以设计视图为主，适当在代码视图辅助设计。

1. 主页 index.asp 静态结构设计

在线测试可能是某个大网站的一个局部功能，因此将在线测试自动评分系统的主页

index.asp 设计得简单一些，拟设计成一个较小的登录表格形式。先制作一个表格，表格内嵌套一个 form 表单，表单内添加需要的表单元素。拟设计成如图 8-5 所示的样式。

图 8-5　在线测试与自动评分系统主页设计图

经过静态结构设计，index.asp 的代码如下：

```
<!--   在线测试自动评分系统 index.asp 静态结构   -->
<table width="550" border=0 align="center" cellpadding=1 cellspacing=1
   bgcolor=#999999>
<form name="form1" method="post" action="" >
<tr bgcolor="#FFFFFF" align="center"><td height="78" colspan="2"><p
   align="center"><h3>在线测试系统</h3></p></td></tr>
<tr bgcolor="#dddddd"><td height="35" > 用户登录：</td><td></td></tr>
<tr><td height="35">用户名：<input name="userName" type="text"
   id="userName" size="12"></td>
  <td>密码：<input name="passWord" type="password" id="passWord"
   size="12"></td> </tr>
<tr><td height="35">用户类别：<input type="radio" name="radi" value="s"
   checked>考生
   <input type="radio" name="radi" value="t">教师</td><td></td></tr>
<tr><td height="40"><a href="sformreg.asp">考生注册</a> </td>
<td><input type="submit" name="Submit" value="登录"></td></tr>
</form>
</table>
```

在 DW 平台的设计视图中，显示 index.asp 静态设计如图 8-6 所示。

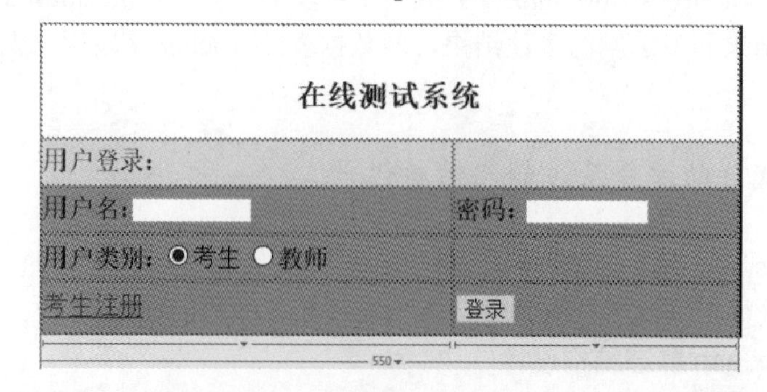

图 8-6　在线测试与自动评分系统 index.asp 代码静态设计视图

2. 考生注册页 sformreg.asp 静态结构设计

在 DW 中，采用表单、表格嵌套方式进行该网页的静态设计。拟设计成如图 8-7 所示的形式。

=> 填写考生注册信息	
考生编号:	
考生姓名:	
密码:	
重复密码:	
重填　确定　（必须填写所有信息）返回	

图 8-7　在线测试与自动评分系统 sformreg.asp 网页设计图

经过静态结构设计，sformreg.asp 页的代码如下：

```
<!--在线测试自动评分系统 sformreg.asp 网页的静态结构-->
<form name="form1" method="post" action="" >
  <table width="70%" border="0" cellpadding="5" cellspacing="1"
    bgcolor="#666666">
    <tr bgcolor="#dddddd">
      <td colspan="2"> => 填写考生注册信息</td>  </tr>
    <tr bgcolor="#FFFFFF">
      <td width="150">考生编号:</td>
      <td><input name="sNumber0" type="text" id="sNumber0"></td> </tr>
    <tr bgcolor="#FFFFFF">
      <td width="150">考生姓名:</td>
      <td><input name="sName0" type="text" id="sName0"></td> </tr>
    <tr bgcolor="#FFFFFF">
      <td width="150">密码:</td>
      <td><input name="spassWord1" type="password"
    id="spassWord1"></td> </tr>
    <tr bgcolor="#FFFFFF">
      <td width="150">重复密码:</td>
      <td><input name="spassWord2" type="password"
    id="spassWord2"></td> </tr>
    <tr bgcolor="#FFFFFF">
      <td colspan="2" align="center">
      <input type="reset" name="reset"  value="重填">  
      <input type="submit" name="Submit" value="确定">
      (必须填写所有信息)<input type="button" value="返回" /></td> </tr>
  </table>
</form>
```

在 DW 平台的设计视图中，显示 sformreg.asp 静态设计如图 8-8 所示。

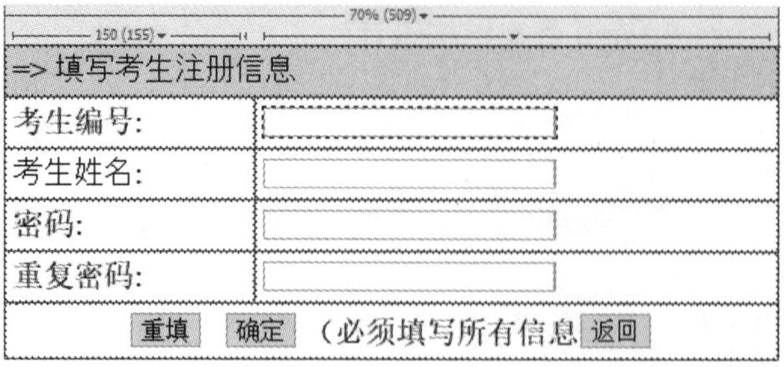

=> 填写考生注册信息

考生编号:	
考生姓名:	
密码:	
重复密码:	
重填 确定 （必须填写所有信息 返回	

图 8-8　在线测试与自动评分系统 sformreg.asp 代码静态设计视图

3. 考生测试页 ontest.asp 静态结构设计

在 DW 中，采用表单、表格进行该网页的静态设计，拟设计成如图 8-9 所示的样式。

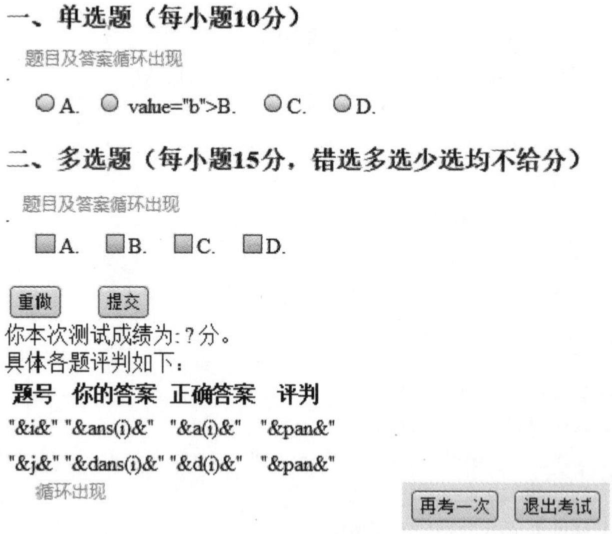

一、单选题（每小题10分）

题目及答案循环出现

A. value="b">B. C. D.

二、多选题（每小题15分，错选多选少选均不给分）

题目及答案循环出现

A. B. C. D.

重做 提交

你本次测试成绩为:?分。

具体各题评判如下:

题号	你的答案	正确答案	评判
"&i&"	"&ans(i)&"	"&a(i)&"	"&pan&"
"&j&"	"&dans(i)&"	"&d(i)&"	"&pan&"

循环出现

再考一次 退出考试

图 8-9　在线测试与自动评分系统 ontest.asp 网页设计图

经过静态结构设计，ontest.asp 页的代码如下：

```
<!--在线测试自动评分系统 ontest.asp 网页的静态结构-->
<form method="post" action="" >
<h3>一、单选题(每小题 10 分)</h3>
  <p><%=i%>.<% =rs1("question")%><br/> <!--静态列出一道题，动态循环可列预定
    题-->
     <input type="radio" name="radio<%=i%>"
    value="a">A.<%=rs1("A")%>  
     <input type="radio" name="radio<%=i%>"<%=i%>
    value="b">B.<%=rs1("B")%>
     <input type="radio" name="radio<%=i%>"  value="c">C.<%=rs1("C")%>
     <input type="radio" name="radio<%=i%>"  value="d">D.<%=rs1("D")%>
   </p>
<h3>二、多选题(每小题 15 分，错选多选少选均不给分)</h3>
```

```
<p><%=i+4 %>.<% =rs2("question")%><br/><!--静态列出一道题，动态循环可列预
  定题-->
  <input type="checkbox" name="check<%=i%>" value="a">A.
  <%=rs2("A")%>
  <input type="checkbox" name="check<%=i%>" value="b">B.
  <%=rs2("B")%>
  <input type="checkbox" name="check<%=i%>" value="c">C.
  <%=rs2("C")%>
  <input type="checkbox" name="check<%=i%>" value="d">D.
  <%=rs2("D")%> </p>
  <input type="reset" value="重做"/> <input type="submit" value="提交
  "/>
</form>
     <br/>你本次测试成绩为： ？ 分。<br/>  具体各题评判如下：<br/>
<table border=0>
    <tr><th>题号</th><th>你的答案</th><th>正确答案</th><th>评判
  </th></tr>
      <!--下面静态列出一题的信息，动态循环则可列出本次测试所有题的评判-->
    <tr><td>"&i&"</td><td>"&ans(i)&"</td><td>"&a(i)&"</td><td<!--列
  出一条用户信息，循环读取则可列出所有-->>"&pan&"</td><tr>
</table>
<table wideth=60% align="center" bgcolor=#eee >
    <tr><td><input type='button' value="再考一次" /></td>
<td><input type='button' value="退出考试" /></td> </tr>
</table>
```

在 DW 平台的设计视图中，显示 ontest.asp 静态设计效果如图 8-10 所示。

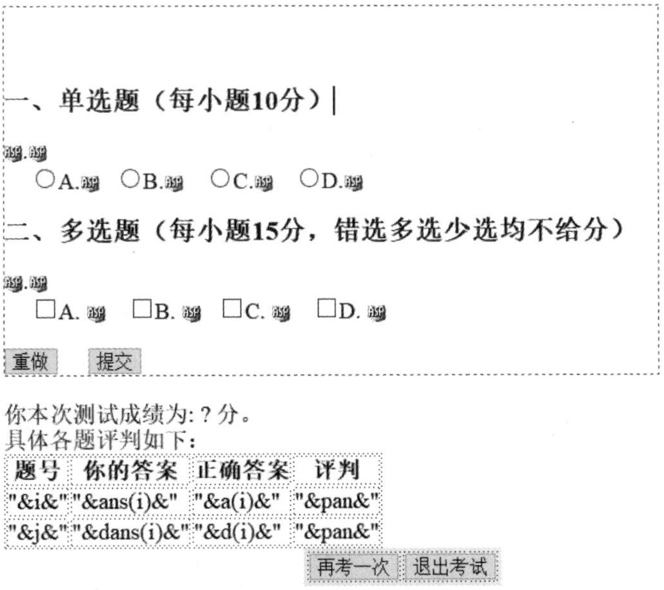

一、单选题（每小题10分）

.
○A. ○B. ○C. ○D.

二、多选题（每小题15分，错选多选少选均不给分）

.
☐A. ☐B. ☐C. ☐D.

重做　提交

你本次测试成绩为: ? 分。
具体各题评判如下:

题号	你的答案	正确答案	评判
"&i&"	"&ans(i)&"	"&a(i)&"	"&pan&"
"&j&"	"&dans(i)&"	"&d(i)&"	"&pan&"

再考一次　退出考试

图 8-10　在线测试与自动评分系统 ontest.asp 代码静态结构视图

4. 教师命题及上传页 proquest.asp 静态结构设计

在 DW 中，采用表单、表格进行该网页的静态设计，拟设计成如图 8-11 所示的形式。

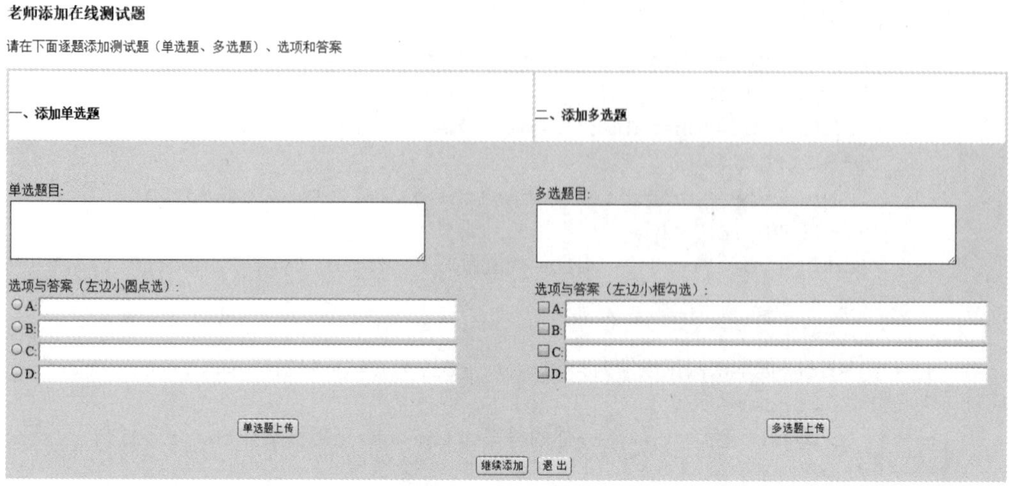

老师添加在线测试题

请在下面逐题添加测试题（单选题、多选题）、选项和答案

一、添加单选题　二、添加多选题

单选题目:　多选题目:

选项与答案（左边小圆点选）:　选项与答案（左边小框勾选）:

A: B: C: D:

单选题上传　多选题上传

继续添加　退出

图 8-11　在线测试与自动评分系统 proquest.asp 网页设计图

经过静态结构设计 proquest.asp 页的代码如下：

```
        <!--在线测试自动评分系统 proquest.asp 网页的静态结构-->
   <h3>老师添加在线测试题</h3>
<p>请在下面逐题添加测试题(单选题、多选题)、选项和答案</p>
<table width="95%" border="0" cellspacing="3" cellpadding="0"
   bgcolor="#dddddd">
  <tr bgcolor="#FFFFFF">
   <td> <h4>一、添加单选题</h4></td><td> <h4>二、添加多选题
   </h4></td></tr>
 <tr><td height="400"> 
 <form  method="post" action="" >
    单选题目:<br/><textarea  name="timu1" cols=82 rows=4
   ></textarea><br/><br/>
    选项与答案(左边小圆点选):<br/>
 <input type="radio" name="radio1" value="a">A:<input type="text"
   name="a0" size=80 /><br/>
 <input type="radio" name="radio1" value="b">B:<input type="text"
   name="b0" size=80 /><br/>
 <input type="radio" name="radio1" value="c">C:<input type="text"
   name="c0" size=80 /><br/>
<input type="radio" name="radio1" value="d">D:<input type="text"
   name="d0" size=80 /><br/>
<p align="center"><input type="submit" value="单选题上传"/></p>
</form> </td>
<td height="400">  <form  method="post" action="">
多选题目:<br/><textarea  name="timu2" cols=82 rows=4
```

```
    ></textarea><br/><br/>
选项与答案(左边小框勾选):<br/>
<input type="checkbox" name="check1" value="a">A:<input type="text"
    name="a2" size=80 /><br/>
<input type="checkbox" name="check1" value="b">B:<input type="text"
    name="b2" size=80 /><br/>
<input type="checkbox" name="check1" value="c">C:<input type="text"
    name="c2" size=80 /><br/>
<input type="checkbox" name="check1" value="d">D:<input type="text"
    name="d2" size=80 /><br/>
<p align="center"><input type="submit" value="多选题上传"/></p>
</form>
</td> </tr>
<tr> <td>本次操作添加 "&number1&" 道单选题 </td>
<td> 本次操作添加 "&number2&" 道多选题<br/> </td> </tr>
<tr><td align="right"><form method=post><input type='submit' value='
    继续添加'/>
</form></td>
     <td align="left">
<form><input type="button" value="退 出" ></form>
</td>
 </tr>
</table><br/>
<form name="form3" method="post" action="showstud.asp" >
<p align="center"><input type="submit" value="查询考生测试数据"/></p>
</form>
```

在 DW 平台的设计视图中，显示 proquest.asp 网页静态设计效果如图 8-12 所示。

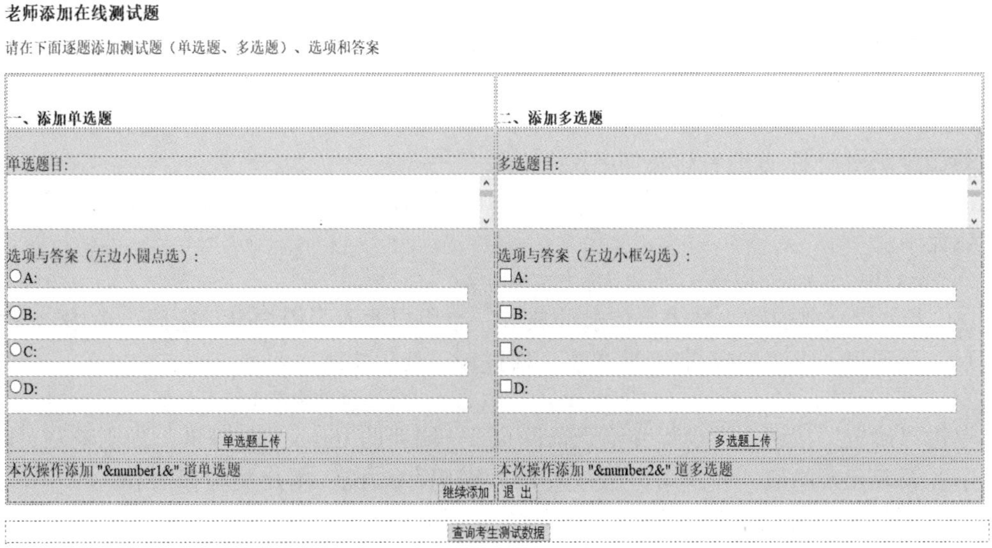

图 8-12　在线测试与自动评分系统 proquest.asp 代码静态结构视图

5. 学生信息查看 showstud.asp 网页静态设计

showstud.asp 网页采用表格式静态设计，静态设计代码如下：

```
<h3>所有考生的网络测试数据</h3>
<table border="0" cellspacing="3" bgcolor="#dddddd" >
<tr bgcolor="#eeeeee"><th>考生编号</th><th>考生姓名</th><th>最近测试成绩
    </th></tr>
<!--静态列出一条考生信息，动态循环读取则可列出所有考生信息-->
<tr
    ><td>"&rs("snumber")&"</td><td>"&rs("sname")&"</td><td>"&rs("scor
    e0")&"</td></tr>
</table>
```

该网页结构简单，静态设计效果图就省略了。

8.2.4 在线测试自动评分系统动态设计开发

1. conn.asp 代码

```
-------------------------- conn.asp 代码----------------------------
<%
Dim conn
Set conn=Server.CreateObject("ADODB.Connection")  '创建连接对象 conn
dbkao=Server.MapPath("dbdir/kaoshi1.mdb")        '将数据库文件相对路径变为
    绝对路径
conn.open "Provider=Microsoft.Jet.OLEDB.4.0; Data Source="&dbkao
    '建立数据库连接
'或者 conn.open "Driver={Microsoft Access Driver (*.mdb)}; Dbq="&dbkao
%>
---------------------------------------------------------------------
```

2. 首页 index.asp 动态设计与开发

index.asp 动态设计，需要实现以下功能。

(1) 清空暂存的已登录用户信息。浏览 index.asp 网页时，首先要清空暂存在 session 变量里的已登录用户名(考生名和教师名)。

(2) 能跳转到用户注册页。当单击“考生注册”按钮后，跳转到 sformreg.asp 网页。实现代码如下：

```
<a href="sformreg.asp">考生注册</a>
```

(3) 表单提交前的确认与表单信息的获取。当用户输入了用户名、密码，单击“登录”按钮后，会弹出一个“确定/取消”弹窗，通过以下代码实现：

```
onSubmit="javascript:return confirm('你要登录测试系统？')"
```

单击“确定”按钮，表单提交给当前网页——刷新的 index.asp 网页，当刷新网页时，获得了各表单元素的值，并将用户名存入 na，密码存入 pa，用户类型存入 ra。

(4) 用户登录信息验证与登录成功的标志。先进行完整性检查，若以下 2 个 if 语句会有一个为 true(单选项值 ra=“s”代表考生，ra=“t”代表教师)，即

```
if(na<>"" and pa<>"" and ra="s") then
```

```
if(na<>"" and pa<>"" and ra="t") then
```

就会进入一段用户名和密码检测的阶段，这需要连接和访问数据库。若检测通过，则会将考生名保存到 session("sName")，或者将教师名保存到 session("tName")，这也是用户登录成功的标志，然后跳转到测试页(ontest.asp)或命题管理页(proquest.asp)。

按照以上动态设计，开发出 index.asp 动态网页，完整代码如下：

```
-------------------------- index.asp 代码----------------------------
<!--#include file="conn.asp" -->
<% session("sName")=""    '清空服务器 session 缓存中暂存的已登录成功的学生名称
  session("tName")=""    '清空服务器 session 缓存中暂存的已登录成功的教师名称
%>
<html><head><title>测试首页——登录</title></head>
<body> <!-- 先显示用户信息输入、登录界面 -->
<table width="550" border="0" align="center" cellpadding="1"
   cellspacing="1" bgcolor="#999999">
<form name="form1" method="post" action="" onSubmit="javascript:return
   confirm('你要登录测试系统？')">
<tr bgcolor="#FFFFFF" align="center"><td height="78" colspan="2"><p
   align="center"><h3>在线测试系统</h3></p></td></tr>
<tr bgcolor="#dddddd"><td height="35" > 用户登录：</td><td></td></tr>
<tr><td height="35">用户名：<input name="userName" type="text"
   id="userName" size="12"></td>
    <td>密码：<input name="passWord" type="password" id="passWord"
   size="12"></td> </tr>
<tr><td height="35">用户类别： <input type="radio" name="radi" value="s"
   checked>考生
    <input type="radio" name="radi" value="t">教师</td><td></td></tr>
<tr><td height="40"><a href="sformreg.asp">考生注册</a></td><td><input
   type="submit" name="Submit" value="登录"></td></tr> </form>
</table>
<%dim na,pa,ra                 '已按登录并确定之后的 ASP 逻辑处理
    na=request.form("userName") '先将 3 个表单元素值分别用变量 na、pa、ra 暂存
    pa=request.form("passWord")
    ra=request.form("radi")
    set rs=Server.CreateObject("ADODB.Recordset")
    if(na<>"" and pa<>"" and ra="s") then   '考生登录
         rs.Open "Select * from stud where sname='"&na&"' and
   spassword='"&pa&"'",conn
         if not rs.eof and not rs.bof then   '记录集指针 eof 和 bof 来判断
   是否找到该用户
                session("sName")=na   '暂存考生名到 session 变量
                rs.close      '关闭 rs、conn 对象
                conn.close
                set rs=nothing    '清除 rs、conn 对象
                set conn=nothing
```

```
                response.redirect("ontest.asp")     '考生跳转到测试页
            end if
        end if
        if(na<>"" and pa<>"" and ra="t") then   '教师登录
            rs.Open "Select * from teach where tname='"&na&"' and
tpassword='"&pa&"'",conn
            if not rs.eof and not rs.bof then      '使用 eof 和 bof 来判断记
录集是否为空
                session("tName")=na       '暂存教师名到 session 变量
                time1=date()
                conn.execute"update teach set logtime='"& time1 &"' where
tname='"&na&"'"
                rs.close       '关闭 rs、conn 对象
                conn.close
                set rs=nothing     '清除 rs、conn 对象
                set conn=nothing
                response.redirect("proquest.asp")     '教师跳转到命题页
            end if
end if
 %>
</body>
</html>
---------------------------------------------------------------------
```

设置好支持 ASP 的 WWW 服务器网站后，在浏览器里浏览 index.asp，在“登录”窗口里输入用户名和密码，无论选择“考生”或“教师”，单击“登录”按钮后，都会出现“你要登录测试系统？”确认弹窗。效果如图 8-13 所示。

如果用户名、密码和用户类别选择正确，单击“登录”按钮后，在出现的弹窗中单击“确定”按钮，则考生会进入 ontest.asp 网页进行在线测试，教师会进入 proquest.asp 网页进行命题、查看考生信息；若是填写、选择的登录信息有误，则会出现错误提示，并继续保留在 index.asp 网页状态。

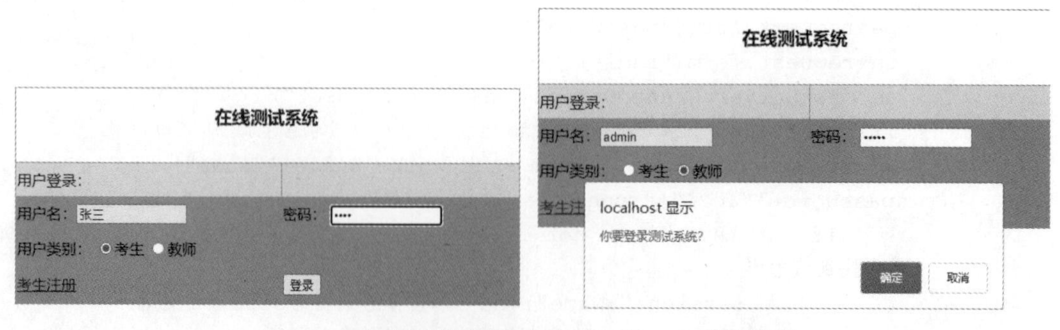

图 8-13　在线测试系统动态首页 index.asp 浏览效果

如果单击 index.asp 首页左下角的“考生注册”按钮，则会跳转到 sformreg.asp 网页。

3. 考生注册页 sformreg.asp 动态设计开发

在 sformreg.asp 网页静态设计的基础上，进行 sformreg.asp 动态设计。

(1) 首先给表单添加上提交后确定弹窗功能，在表单<form>标签里添加以下代码，即可实现。

```
onSubmit="javascript:return confirm('确定要注册吗?')"
```

(2) 获取表单信息，检验信息完整性。提交表单给本网页后，会刷新当前网页，用 request.form(表单元素名称)获取所提交的信息，初步检验提交信息是否完整。

(3) 连接数据库，查询是否重名，注册。连接数据库，查看 stud 表中是否已有该用户存在，若已存在，则提示告知；若不存在，则将用户提交的信息存入 stud 数据表，并显示注册成功的信息。

经过动态设计后，开发的 sformreg.asp 动态网页代码如下：

```
------------------------ sformreg.asp 代码--------------------------
<%@LANGUAGE="VBSCRIPT" CODEPAGE="65001"%>
<!--#include file="conn.asp" -->
<html><head> <meta charset="utf-8"/> <title>考生注册页</title></head>
<body>
<form name="form1" method="post" action=""
onSubmit="javascript:return confirm('确定要注册吗?')">
  <table width="70%" border="0" cellpadding="5" cellspacing="1"
    bgcolor="#666666">
    <tr bgcolor="#dddddd"> <td colspan="2"> => 填写考生注册信息</td> </tr>
    <tr bgcolor="#FFFFFF">  <td width="150">考生编号:</td>
      <td><input name="sNumber0" type="text" id="sNumber0"></td>  </tr>
    <tr bgcolor="#FFFFFF"> <td width="150">考生姓名:</td>
      <td><input name="sName0" type="text" id="sName0"></td> </tr>
    <tr bgcolor="#FFFFFF">  <td width="150">密码:</td>
      <td><input name="spassWord1" type="password"
    id="spassWord1"></td> </tr>
    <tr bgcolor="#FFFFFF">   <td width="150">重复密码:</td>
      <td><input name="spassWord2" type="password"
    id="spassWord2"></td> </tr>
    <tr bgcolor="#FFFFFF"> <td colspan="2" align="center">
      <input type="reset" value="重填"> <input type="submit"
    name="Submit" value="确定">
      (必须填写所有信息)<input type="button" value="返回" onClick=
    "javascript:location.href='index.asp'"/> </td>  </tr> </table>
</form>
<% Dim num,nam,pass,rs
  num=cInt(request.Form("sNumber0")) '获得已提交表单各元素的值
  nam=request.Form("sName0")
  pass=request.Form("spassWord1")
   if(num<>"" and nam<>"" and pass=request.Form("spassWord2")) then
    '如果表单各元素非空
```

```
   set rs=conn.execute("select * from stud where sname='"&nam&"'")
'查询一下要注册的考生名是否已存在
      if not rs.bof and not rs.eof then
         response.Write "数据库里已有"&nam&"<br/>"
      else          '若原来这个名称不存在，则进行注册(插入新记录)
         conn.Execute "insert into stud(snumber,sname,spassword)
   Values('"&num&"', '"&nam&"','"&pass&"')" ,number
         response.Write number&"条信息("&nam&")已成功添加考生数据库。"
      end if
   rs.close
   set rs=nothing
 end if
 conn.close
 set conn=nothing
%>
</body>
</html>
------------------------------------------------------------------
```

在主页中单击“考生注册”按钮，就跳转到 sformreg.asp 考生注册网页，如图 8-14 所示。

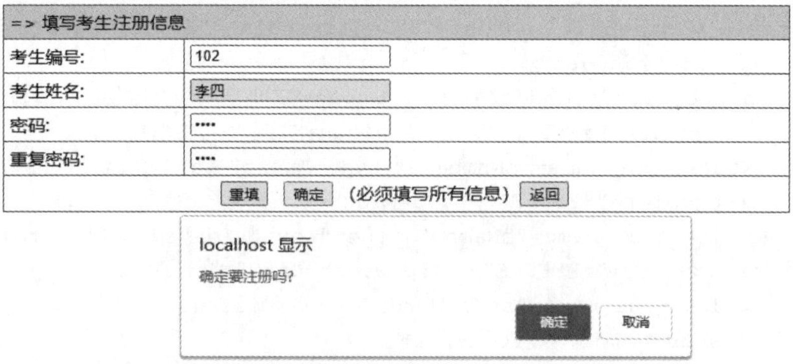

图 8-14　在线测试系统考生注册 sformreg.asp 网页浏览效果

在出现的表单中填写好考生注册信息后，单击“确定”按钮，会弹出“确认”对话框，进行确定后，会根据填写的用户名去查询数据库，是否已存在该考生名，若已存在，则会提示错误信息，若不存在，则在 stud 数据表添加一条新记录。

4. 测试题目添加网页 proquest.asp 动态设计开发

对 proquest.asp 网页进行动态设计。

(1)添加命题教师合法性检验。测试题的添加只能由合法教师(teach 数据表里注册的教师)去添加，这要在 proquest.asp 网页的开始部分，判断 session("tName")变量是否非空来确定。当用户在 index.asp 首页以教师身份登录成功后才会给 session("tName")变量赋予教师名，否则默认 session("tName")变量的值为空。session("tName")可以跨网页识别，当进入 proquest.asp 动态网页时检测到 session("tName")变量的值为非空，才能在 proquest.asp 网页中命题，否则，会立即返回 index.asp 首页。

(2) proquest.asp 动态网页提供 2 个表单，左边表单用于填写和提交单选题与答案，右边表单用于填写和提交多选题与答案。

(3) 填写完单选题题目、选项并选择了正确答案以后，单击“单选题上传”按钮，弹出确定对话框，这是通过在<form>表单标签中添加如下 JS 代码来实现的：

```
onSubmit="javascript:return confirm('确认要上传吗？')"
```

(4) 填写完多选题题目、选项并选择了正确答案以后，单击“多选题上传”按钮，同样会弹出确定对话框，这也是通过在<form>表单标签中添加上述 JS 代码来实现的。

(5) 分别有一段 ASP 代码来接收、处理来自单选题表单和多选题表单的信息，然后连接数据库，采用 SQL 语句(insert)将所接收的单选题信息插入 danxuanti 表、多选题信息插入 duoxuanti 表。

(6) 考生测试数据查询功能设计。proquest.asp 动态网页下边还有一个“查询考生测试数据”按钮，单击该按钮可跳转到 showstud.asp 网页，并显示所有考生的测试数据。

经过动态设计以后，开发出 proquest.asp 动态网页，其完整代码如下：

```
------------------------- proquest.asp 代码---------------------------
<%@LANGUAGE="VBSCRIPT" CODEPAGE="65001"%>
<!--#include file="conn.asp" -->
<html><head>
<meta http-equiv="Content-Type" content="text/html; charset=utf-8" />
<title>教师添加题库</title></head>
<% if(session("tName")="")  then
    response.Redirect(index.asp)
  else
    jiaoshi=session("tName")
    response.Write "<p>欢迎您，"& jiaoshi &"老师!</p>"
  end if  %>
<body>
<h3>老师添加在线测试题</h3>
<p>请在下面逐题添加测试题(单选题、多选题)、选项和答案</p>
<table width="95%" border="0" cellspacing="3" cellpadding="0"
    bgcolor="#dddddd">
  <tr bgcolor="#FFFFFF">
    <td><h4>一、添加单选题</h4></td> <td> <h4>二、添加多选题</h4></td>
    </tr>
  <tr> <td height="400">
<form  method="post" action="" onSubmit="javascript:return confirm('确
    认要上传吗？')">
     单选题目:<br/><textarea  name="timu1" cols=82 rows=4
    ></textarea><br/><br/>
     选项与答案(左边小圆点选):<br/>
   <input type="radio" name="radio1" value="a">A:<input type="text"
    name="a0" size=80 /><br/>
   <input type="radio" name="radio1" value="b">B:<input type="text"
    name="b0" size=80 /><br/>
```

```
 <input type="radio" name="radio1" value="c">C:<input type="text"
  name="c0" size=80 /><br/>
 <input type="radio" name="radio1" value="d">D:<input type="text"
  name="d0" size=80 /><br/>
  <p align="center"><input type="submit" value="单选题上传"/></p>
  </form>  </td>
<td height="400">
<form  method="post" action="" onSubmit="javascript:return confirm('
  确认要添加? ')">
   多选题目:<br/><textarea  name="timu2" cols=82 rows=4
  ></textarea><br/><br/>
   选项与答案(左边小框勾选):<br/>
<input type="checkbox" name="check1" value="a">A:<input type="text"
  name="a2" size=80 /><br/>
<input type="checkbox" name="check1" value="b">B:<input type="text"
  name="b2" size=80 /><br/>
<input type="checkbox" name="check1" value="c">C:<input type="text"
  name="c2" size=80 /><br/>
<input type="checkbox" name="check1" value="d">D:<input type="text"
  name="d2" size=80 /><br/>
  <p align="center"><input type="submit" value="多选题上传"/></p>
  </form>  </td> </tr>
<tr> <td>
   <% Dim ti1,a1,b1,c1,d1,an1
    ti1=request.form("timu1")
    a1=request.form("a0")
    b1=request.form("b0")
    c1=request.form("c0")
    d1=request.form("d0")
    an1=request.form("radio1")
if(ti1<>""and a1<>"" and b1<>"" and c1<>"" and d1<>"" and an1<>"")  then
     sql01= "insert into danxuanti(question,A,B,C,D,answer,teacher)
  Values('"&ti1&"',
  '"&a1&"','"&b1&"','"&c1&"','"&d1&"','"&an1&"','"&jiaoshi&"')"
     conn.Execute sql01,number
     response.write"本次操作添加 "&number&" 道单选题<br/>"
end if  %>  </td>
<td> <%
    Dim ti3,a3,b3,c3,d3,an3
    ti3=request.form("timu2")
    a3=request.form("a2")
    b3=request.form("b2")
    c3=request.form("c2")
    d3=request.form("d2")
    an3=request.form("check1")
```

```
    if(ti3<>""and a3<>"" and b3<>"" and c3<>"" and d3<>"" and an3<>"")
  then
      sql02= "insert into duoxuanti(question,A,B,C,D,answer,teacher)
  Values('"&ti3&"','"&a3&"','"&b3&"','"&c3&"','"&d3&"','"&an3&"','"
  &jiaoshi&"')"
      conn.Execute sql02,number2
      response.write"本次操作添加 "&number2&" 道多选题<br/>"
    end if   %>  </td>   </tr>
 <tr><td align="right"><form method=post><input type='submit' value='
  继续添加'/></form></td>
   <td align="left"><form><input type="button" value="退 出"
  onClick="javascript:location.href='index.asp'"/></form></td>
  </tr>
</table>  <br/>
<form name="form3" method="post" action="showstud.asp" >
   <p align="center"><input type="submit" value="查询考生测试数据"/></p>
</form>
</body>
</html>
----------------------------------------------------------------
```

proquest.asp 网页效果如图 8-15 所示。填写完单选题或多选题以后，单击“单选题上传”或“多选题上传”按钮，即出现一个确认弹窗，单击“确定”按钮即可将刚填写的单选题或多选题添加到数据库里，如图 8-16 所示。

在单选题添加表单、多选题添加表单的下面，还有 3 个按钮：“继续添加”、“退出”和“查询考生测试数据”，单击其中某按钮，能执行相应的功能。

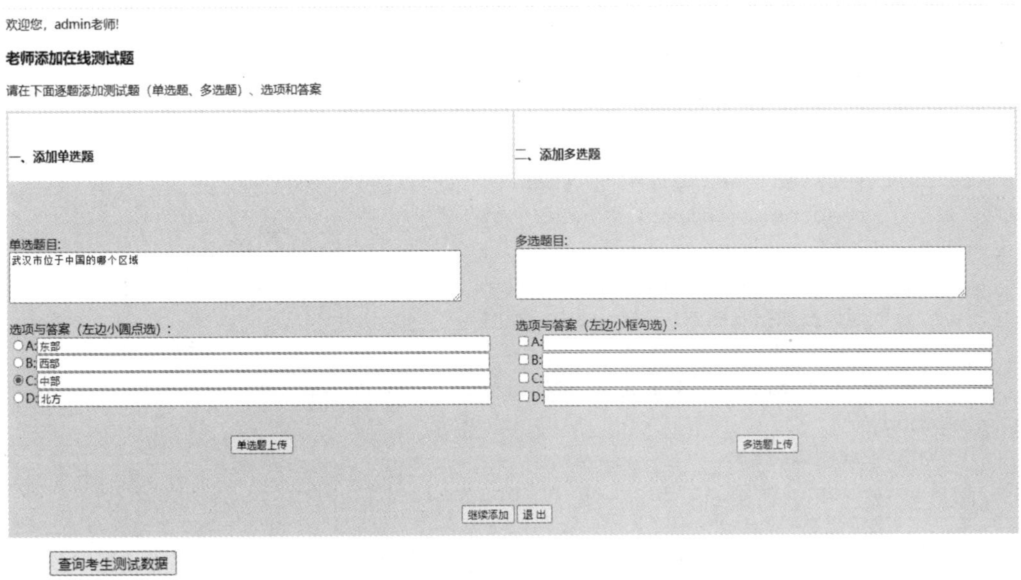

图 8-15　在线测试系统的 proquest.asp 网页中添加单选题和多选题

图 8-16　在 proquest.asp 网页单击上传按钮以后出现确认弹窗以及结果反馈信息

5. 考生在线测试网页 ontest.asp 动态设计与开发

先进行 ontest.asp 网页的动态设计。

(1) 设计题目数据与分值。要确定单选题、多选题各多少道，每题各多少分，使得额定总分为 100 分。

(2) 从数据库中提取题目组成电子试卷。根据第(1)步的设计，用循环程序方法分别从数据库 danxuanti 表和 duoxuanti 表各读取若干道题目，组成一份考生在线测试卷。

(3) 考生测试与答卷提交。做题过程就是从每一道单选题中选一个正确答案，从一道多选题中选几个正确答案。做好后，单击“提交”按钮，这时应弹出确认窗口，以便考生决定是交卷，还是暂不提交。

(4) 答案的获取与评分。采用 request.for()得到考生提交的答案后，将其答案逐题与从数据库里读取到的标准答案进行比较，从而判定正误、给出每题分数，并将得分累加起来，显示本次测试的最终总成绩(分数)。

(5) 测试评判详细情况及上一次成绩的显示。接着列出考生每一道题的答案与标准答案、自动评判结果，并显示最近一次的测试成绩。

经动态设计以后，开发出 ontest.asp 动态网页，完整代码如下：

```
------------------------- ontest.asp 代码----------------------------
<%@LANGUAGE="VBSCRIPT" CODEPAGE="65001"%>
<!--#include file="conn.asp" -->
<%if(session("sName")="") then
     response.redirect "index.asp"
  end if
  response.write  "<p><font size=4 color=red>"& session("sName") & ",
    欢迎你参加在线测试！</font></p>"%>
<html>
  <head><title>在线测试与评分</title>  <meta charset="utf-8"> </head>
<body>
<h3>在线测试</h3>
<form method="post" action="" onSubmit="javascript: return confirm('
    确定交卷吗？')">
<%dim rs1,rs2,i, a(10),d(10),flag    '数组 a(10),d(10)存放单选题和多选题标
    准答案
    set rs1=Server.CreateObject("ADODB.Recordset") 'rs1 作单选题记录集对象
```

```
    set rs2=Server.CreateObject("ADODB.Recordset") ' rs2 作多选题记录集对象
    rs1.Open "Select * from danxuanti",conn
    rs2.Open "Select * from duoxuanti",conn
  %>
 <h3>一、单选题(每小题 10 分)</h3>
   <% for i=1 to 4  %>
     <p><%=i%>.<% =rs1("question")%><br/>     
     <input type="radio" name="radio<%=i%>" value="a"> A.<%=rs1("A")%>
     <input type="radio" name="radio<%=i%>"<%=i%>
    value="b">B.<%=rs1("B")%>
     <input type="radio" name="radio<%=i%>"  value="c">C.<%=rs1("C")%>
     <input type="radio" name="radio<%=i%>"  value="d">D.<%=rs1("D")%>
    </p>
    <% a(i)=rs1("answer")
         rs1.movenext
      next
    %>
 <h3>二、多选题(每小题 15 分，错选多选少选均不给分)</h3>
   <% for i=1 to 4  %>
     <p><%=i+4 %>.<% =rs2("question")%><br/>
      <input type="checkbox" name="check<%=i%>" value="a">A.
    <%=rs2("A")%>
      <input type="checkbox" name="check<%=i%>" value="b">B.
    <%=rs2("B")%>
      <input type="checkbox" name="check<%=i%>" value="c">C.
    <%=rs2("C")%>
      <input type="checkbox" name="check<%=i%>" value="d">D.
    <%=rs2("D")%>
     </p>
   <% d(i)=rs2("answer")
         rs2.movenext
      next
   %>
   <input type="reset" value="重做"/> <input type="submit" value="提交"/>
   </form>
   <% dim ans(10),dans(10),s
           '数组 ans(10),dans(10)存放学生单选题和多选题的答案，s 作计分变量
      s=0
     for i=1 to 4             '单选题循环计分，假设单选题共 4 题，每题 10 分
       ans(i)=request.form("radio" & i)     '读取表单元素 radioi 的值(i:1~4)
       if(ans(i)=a(i)) then             '在前面 a(i)已保存第 i 个单选题答案
            s=s+10             '单选累加计分
       end if
     next
    for i=1 to 4         '多选题循环计分，假设多选题共 4 题，每题 15 分
```

```
        dans(i)=request.form("check" & i)  '读取表单元素 checki 的值(i:1~4)
        if(dans(i)=d(i)) then             '在前面，d(i)已保存第 i 个多选题答案
            s=s+15      '多选题累加计分
        end if
    next
    if(ans(1)<>"" or dans(1)<>"")  then    '若 1 或 5 已作答，则给出成绩和评判
        response.write "<br/>你本次测试成绩为: "& s &"分。<br/>"
     '显示此次测试总成绩
        response.write "具体各题评判如下: <br/>"     ' 给出此次测试详细评价
        response.write "<table border=0>"
    '以表格形式显示对各个小题解答的评判
response.write "<tr><th>题号</th><th>你的答案</th><th >正确答案</th><th>
    评判</th></tr>"
       for i=1 to 4        '单选题逐题评判
         if(ans(i)=a(i)) then
             pan="正确"
         else
             pan="错误"
         end if
     response.write"<tr><td>"&i&"</td><td>"&ans(i)&"</td><td>"&a(i)&
    "</td><td>" &pan&"</td><tr>"
    next
   for i=1 to 4       '多选题逐题评判
     if(dans(i)=d(i)) then
        pan="正确"
     else
        pan="错误"
       end if
      j=4+i
    response.write"<tr><td>"&j&"</td><td>"&dans(i)&"</td><td>"&d(i)
    &"</td><td>" &pan& "</td></tr>"
  next
response.write "</table>"
%>
<%dim rs3,nam
set rs3=Server.CreateObject("ADODB.Recordset")
   '连接数据库，从 stud 表中查找上一次的成绩
nam=session("sName")
rs3.Open "Select * from stud where sname='"&nam&"'",conn
response.write "<br/>上一次测试成绩: "&rs3("score0")&"<br/>"
conn.Execute"Update stud set score0='"&s&"' where
    sname='"&nam&"'",number
                         '用此次测试最新成绩更新本人的历史成绩
response.write "此次操作，更新了"&number&"条记录<br/>"
rs1.close           '关闭 rs1,rs2,rs3
```

```
rs2.close
rs3.close
set rs1=nothing        '删除 rs1,rs2,rs3
set rs2=nothing
set rs3=nothing
conn.close            '关闭、删除 conn
set conn=nothing   %>
<table wideth=60% align="center" bgcolor=#eee >
  <tr><td><input type='button' value="再考一次" onClick="javascript:
    location.href='ontest.asp'"/></td>
     <td><input type='button' value="退出考试" onClick="javascript:
    location.href='index.asp'"/></td> </tr>
</table>
<% end if     '与前面的 if(ans(1)<>"" or...)相对应
%>
</body>
</html>
--------------------------------------------------------------------
```

测试 ontest.asp 网页效果。要从首页登录开始，当考生“李四”在首页 index.asp 登录通过以后，就会跳转到测试动态网页 ontest.asp，系统会自动生成一套试卷并呈现出来，如图 8-17 所示。

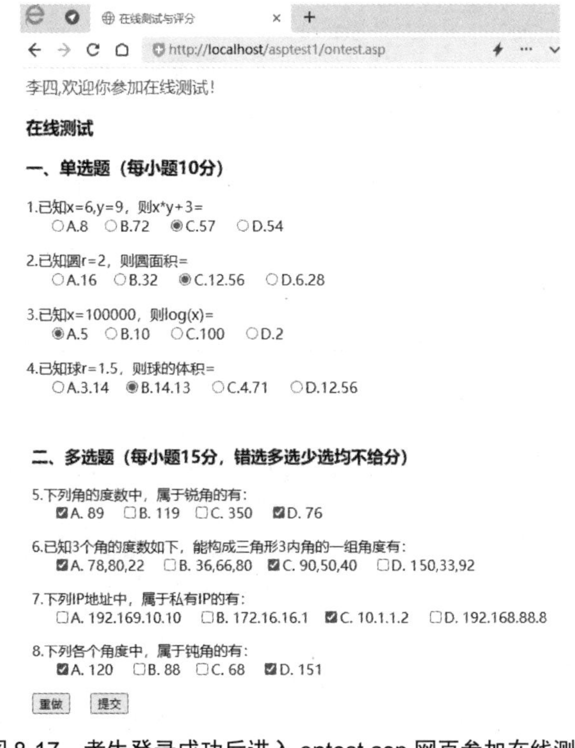

图 8-17　考生登录成功后进入 ontest.asp 网页参加在线测试

考生做完题，首先单击“提交”按钮，会出现一个弹窗，提示“确定交卷吗？”，单击“确定”按钮后才会真实交卷；然后，显示出本次测试的总成绩，以及每一题的正误情况，还会显示出上一次的测试成绩；最后再将本次测试的成绩保存到历史测试成绩中，如图 8-18 所示。

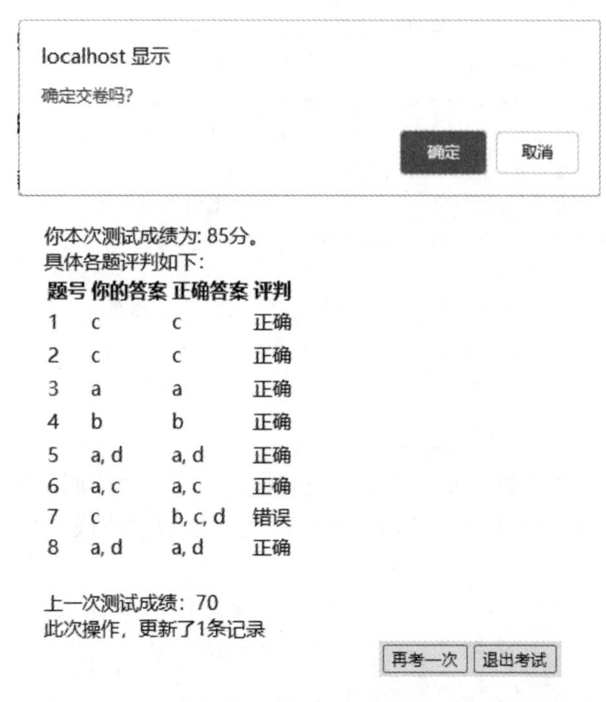

图 8-18 考生在线测试提交答卷并确认后显示的结果

单击“再考一次”按钮，就是重做一次本次测试；单击“退出测试”按钮，即返回到测试主页。

6. 学生信息显示网页 showstud.asp 动态设计开发

下面来设计开发 showstud.asp 网页动态特性。

(1) 浏览用户合法性检查。学生信息显示在 showstud.asp 动态网页，只允许已登录的合法教师浏览，在 showstud.asp 动态网页开头部分检查一下 session("tName")是否为空即能实现。

(2) 数据库连接与查询、显示。通过连接数据库以后，查询数据表 stud 里的信息，只需显示出每一个学生的编号、姓名、最近一次测试分数即可。

经过动态设计以后，开发出动态网页 showstud.asp，完整代码如下：

```
------------------------- showstud.asp 代码--------------------------
<%@LANGUAGE="VBSCRIPT" CODEPAGE="65001"%>
<!--#include file="conn.asp" -->
<!doctype html>
<% if(session("tName")="") then        '非教师登录，不能查询
      response.Redirect(index.asp)
   end if
```

```
%>
<html><head><meta charset="utf-8"><title>考生测试数据</title></head>
<body>  <h3>所有考生的网络测试数据</h3>
<table border="0" cellspacing="3" bgcolor="#dddddd" >
<tr bgcolor="#eeeeee"><th>考生编号</th><th>考生姓名</th><th>最近测试成绩
   </th></tr>
<%dim i,rs
  set rs=conn.execute("select * from stud")   '查询学生数据表 stud
  do while not rs.eof                          '逐条显示查询信息
    response.Write "<tr
    align=center><td>"&rs("snumber")&"</td><td>"&rs("sname")
    &"</td><td>"&rs("score0")&"</td></tr>"
    rs.movenext
  loop
  rs.close
  set rs=nothing
  conn.close
  set conn=nothing
%>
</table>
</body>
</html>
--------------------------------------------------------------------
```

教师用户在 proquest.asp 网页时，单击“查询考生测试数据”按钮，即可查询到所有考生的有关信息，显示结果如图 8-19 所示。

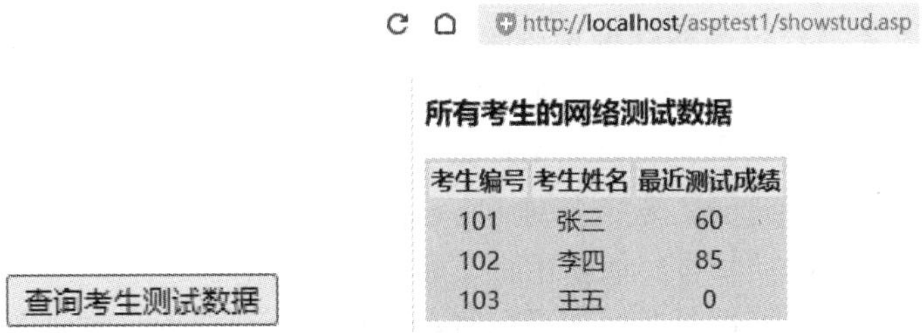

http://localhost/asptest1/showstud.asp

所有考生的网络测试数据

考生编号	考生姓名	最近测试成绩
101	张三	60
102	李四	85
103	王五	0

查询考生测试数据

图 8-19　单击“查询考生测试数据”(在 proquest.asp 里)后执行 showstud.asp 里的查询结果

到此，完成了整个网络在线测试与自动评分系统。该网络在线测试系统初步实现了网络测试的主要功能：学员注册、登录，系统自动组卷(单选题和多选题)、自动评分，学员参加在线测试，教师登录后向题库添加题目、答案并查询学员成绩。

本测试系统待提高和改进的方面：

(1) 密码安全性待加强。用户的密码以明码形式保存在数据库里不太安全。可修改为用 md5()函数加密变成密文后再保存，验证比对时也要先用 md5()算法对输入的密码进行运算，再与数据表里的加密密码进行比对。

(2) 生成试卷的随机性。一是从题库选题时不是顺序选取，而是随机选取；二是每道题的 4 个选项不按顺序出现，而是随机出现。可采用随机函数 rand()和数组实现。

(3) 加强数据库的安全性。Access 数据库文件*.mdb，一旦文件名和所在路径被黑客发现，这个*.mdb 可以通过网络下载，数据库文件被下载了，将是非常危险的事件。可将数据库文件*.mdb 修改扩展名为*.asp，修改以后也能被 ADODB 连接对象连接，同时*.asp 不能远程下载，从而实现数据库文件在网络服务器上的安全性。

(4) 增加教师注册功能。由于教师和管理员往往只有 1～2 人，本案例直接在数据表 teach 中添加教师，如果教师较多，而在动态网页代码中增加教师注册的功能。

8.3 网络留言与管理平台设计开发

在 6.3.5 节，曾用 Application 对象编写过基于 Application 对象的留言板。这只是为了演示 Application 的暂存功能而编写的一个最简留言板，当服务器重启后，暂存信息将会全部消失，而且该简易留言板没有管理员。所以，这是一个没有太多实用价值的网络留言板。

现在来设计开发一个有实用价值的网络留言与管理平台。网络用户在这里能够注册、登录，已注册用户能在网络平台上登录、留言及查看别人的留言；系统能保存用户的留言、留言时间和留言设备的 IP 地址；管理员能够查看所有留言(显示的、隐藏的)，并对留言进行管理，管理员能够查询、管理该平台上所有已注册网络用户。

8.3.1 网络留言与管理平台需求分析

网络留言与管理平台是各种中大型网站应具备的功能，那么这个平台应具备哪些主要功能才有实用价值呢？

第一，网络留言平台应该能够为普通网络用户提供注册、登录功能，注册了的用户能够在网络平台上留言、查看允许查看的所有留言。

第二，应该有管理员用户，管理员能够对所有网络留言进行处理：回复留言、隐藏或显示留言、删除留言，管理员还应能查询所有已注册的用户信息及登录时间、IP 地址，并对注册用户进行管理，包括禁言、恢复留言、删除该用户等。

第三，当普通用户、管理员登录该平台时，系统要获得该用户登录主机的 IP 地址和登录时间。

第四，所有用户(普通用户、管理员)的信息、留言标题内容和时间、最近登录的 IP 地址等信息，都应保存在数据库中。

根据以上功能需求，拟为网络留言与管理平台设计 5 个 ASP 网页和 1 个数据库，它们之间的关系如图 8-20 所示。

动态留言板 ASP 动态网页名称及大致功能如下。

index.asp：网络留言与管理平台主网页；

uformreg.asp：用户注册页；

onviewsay.asp：发表留言、查看平台留言网页；

onmanage.asp：平台管理网页；

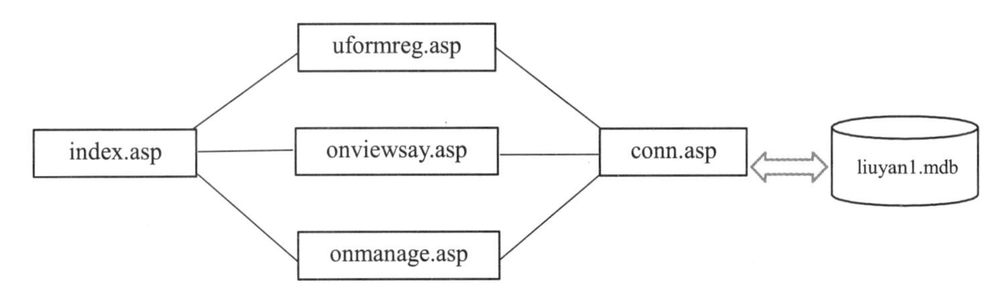

图 8-20　网络留言与管理平台 ASP 网页与数据库结构图

conn.asp：数据库连接对象网页；

liuyan1.mdb：平台数据库。

其中，index.asp 既是平台主页，也是用户、管理员登录入口，用户注册入口；uformreg.asp 是普通用户注册网页；onviewsay.asp 是留言与查看网页，通过浏览该网页，用户可查看平台上(允许的)留言，发表自己的留言；onmanage.asp 是管理员使用的网页，用于管理平台上所有的留言(隐藏、显示、删除等)，管理所有已注册的用户(禁止留言、恢复留言、删除)；conn.asp 建立数据库连接 ADODB 对象 conn，为其他网页所共享。

在计算机某磁盘上新建一个文件夹(如 D:\2022\aspexps\sayonline)作为网站的文件夹(主目录)，网站平台所有 ASP 动态网页都保存在这个文件夹(主目录)下，数据库文件 liuyan1.mdb 则保存在主文件夹的子文件夹 dbdir 下。

8.3.2　网络留言与管理平台数据库设计

为网络留言与管理平台建立一个数据库 liuyan1.mdb (Access，32 位)。liuyan1.mdb 包含 users(用户信息)、manager(管理员信息)和 titcont(留言主题与内容)3 个数据表，3 个数据表结构设计如图 8-21 所示。

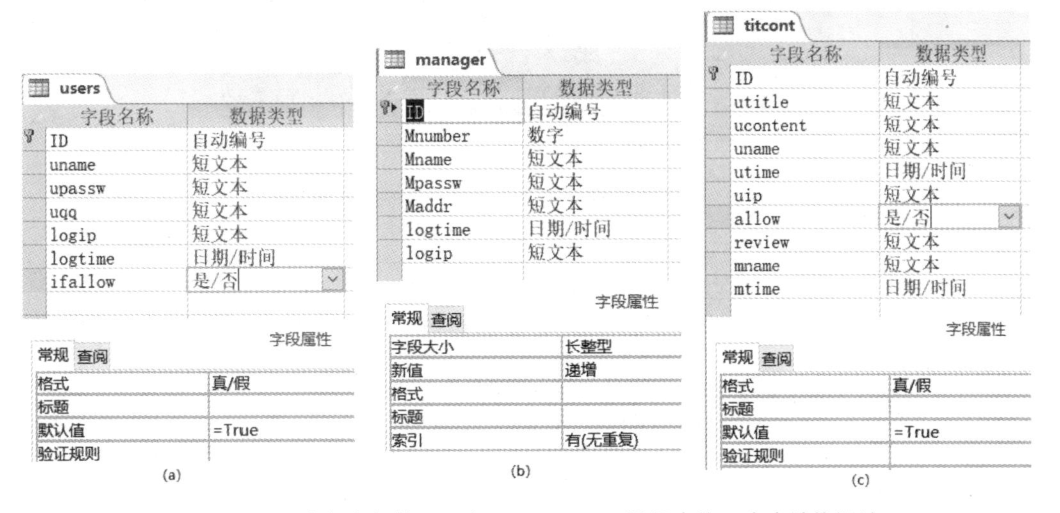

图 8-21　网络留言与管理平台 liuyan1.mdb 数据库的 3 个表结构设计

其中，数据表 users 包括 ID(编号，主键)、uname(用户名)、upassw(用户密码)、uqq(用户 QQ 号)、logip(登录主机的 IP 地址)、logtime(登录时间)、ifallow(是否允许留言)字段；

数据表 manager 包括 ID(编号，主键)、Mnumber(管理编号)、Mname(管理员名)、Mpassw(管理员密码)、Maddr(管理员住址)、logtime(登录时间)、logip(登录 IP 地址)字段；

数据表 titcont 包括 ID(编号，主键)、utitle(用户留言主题)、ucontent(用户留言内容)、uname(留言者名称)、utime(用户留言时间)、uip(留言者登录时 IP 地址)、allow(是否允许查看)、review(管理员回复内容)、mname(管理员名)、mtime(管理员回复时间)字段。

需要注意：

(1) 3 个数据表都有 ID 字段，字段类型都是长整型、自动增加型，且都是关键字段(主键)。

(2) 是否型(逻辑型)字段。users 表的 ifallow 字段、titcont 表的 allow 字段都是是否型(逻辑型)字段，users 表的 ifallow 字段表示是否允许某用户留言，titcont 表的 allow 字段表示本留言是否允许查看。是否型(逻辑型)字段的取值设置为 True 或 False，默认为 True。

8.3.3 网络留言与管理平台静态结构设计

用 Dreamweaver 工具和代码编写相结合的方法，进行网络留言与管理平台的静态设计。

1. 首页 index.asp 的静态结构设计

index.asp 是网络留言与管理平台的首页。网络留言与管理平台(有时简称留言板)一般是中大型网站的一个板块，所以首页不用设计得过大，只要具有基本功能、小巧即可。采用表格与表单相结合的方式，来完成首页的静态设计，如图 8-22 所示。

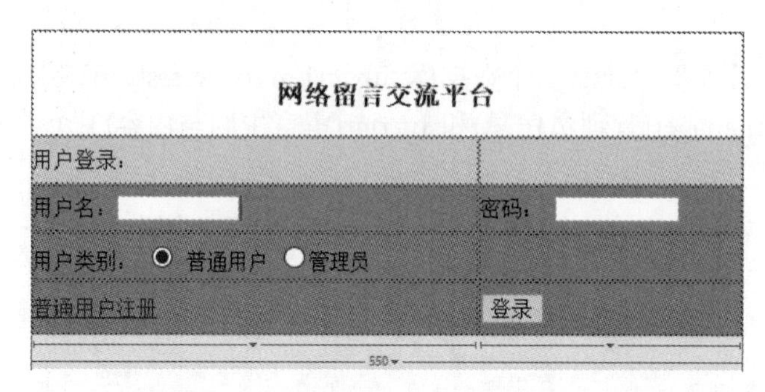

图 8-22 网络留言与管理平台首页 index.asp 静态设计

静态设计代码如下。

```
<!--网络留言与管理平台首页 index.asp 静态设计-->
<table width="550" border="0" align="center" cellpadding="1"
    cellspacing="1"  bgcolor="#999999">
  <form name="form1" method="post" action="" >
    <tr bgcolor="#FFFFFF" align="center"><td height="78" colspan="2"><p
    align="center">
    <h3>网络留言交流平台</h3></p></td></tr>
    <tr bgcolor="#dddddd"><td height="35" > 用户登录：</td><td></td></tr>
    <tr><td height="35">用户名：<input name="userName" type="text"
```

```
    id="userName" size="12"></td> <td>密码：<input name="passWord"
    type="password" id="passWord" size="12"></td>
  </tr>
    <tr><td height="35">用户类别：
<input type="radio" name="radi" value="u" checked> 普通用户
       <input type="radio" name="radi" value="m">管理员
    </td><td></td></tr>
    <tr><td height="40"><a href="uformreg.asp">普通用户注册</a>
    </td><td><input type="submit" name="Submit" value="登录"></td></tr>
  </form>
</table>
```

网页的静态设计将网页的基本框架定下来了，为动态设计打下基础。

2. 用户注册页 uformreg.asp 的静态设计

在 DW 环境下，采用表单与表格嵌套的方式来设计 uformreg.asp 用户注册网页的静态结构，如图 8-23 所示。

图 8-23　网络留言与管理平台注册页 uformreg.asp 的静态设计

uformreg.asp 静态设计具体代码如下：

```
<!--网络留言与管理平台注册页 uformreg.asp 静态设计-->
<form name="form1" method="post" action="" >
  <table width="70%" border="0" cellpadding="5" cellspacing="1"
    bgcolor="#666666">
    <tr bgcolor="#dddddd"> <td colspan="2"> => 填写用户注册信息</td> </tr>
    <tr bgcolor="#FFFFFF"> <td width="150">用户名称:</td>
      <td><input name="name0" type="text" id="name0"></td> </tr>
    <tr bgcolor="#FFFFFF"> <td width="150">用户 QQ 号:</td>
      <td><input name="uqq0" type="text" id="uqq0"></td> </tr>
    <tr bgcolor="#FFFFFF"> <td width="150">密码:</td>
      <td><input name="password1" type="password" id="password1"></td>
    </tr>
    <tr bgcolor="#FFFFFF">
      <td width="150">重复密码:</td>
      <td><input name="password2" type="password" id="password2"></td>
    </tr>
    <tr bgcolor="#FFFFFF"> <td colspan="2" align="center">
      <input type="reset" name="reset"  value="重填">  
      <input type="submit" name="Submit" value="确定">(必须填写所有信息)
```

```
<input type="button" value="返回" /></td>  </tr>
  </table>
</form>
```

3. 留言与查看网页 onviewsay.asp 的静态结构设计

同样用 DW 和代码相结合来设计 onviewsay.asp 网页的静态结构，将表格和表单相嵌套来制作网页的结构，该网页分为下、下两部分，上半部分查看留言列表，下半部分用于用户发言，如图 8-24 所示。

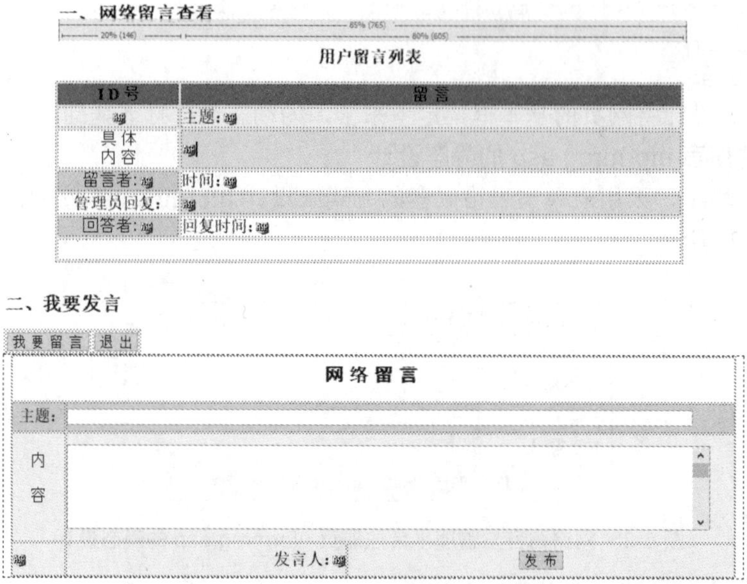

图 8-24　网络留言与管理平台 onviewsay.asp 网页的静态结构

需要注意：为节省浏览器空间，尽可能多地显示已有的留言消息，进入 onviewsay.asp 网页后，下面“网络留言”那个 div 块默认不显示，只有单击“我要留言”按钮后才会显示出来。这需要动态设计才能实现，但在静态设计时，将“我要留言”放在一个 div 块里，在设计开发之初先暂定该 div 块可显示，后面动态设计时再变换。

onviewsay.asp 网页的静态设计代码如下：

```
<!--网络留言与管理平台-查看与留言页 onviewsay.asp 静态设计-->
<h3>一、网络留言查看</h3>
<table border="0" cellspacing="3" width="85%" bgcolor="#EEEEEE">
<caption><h4>用户留言列表</h4></caption>
<tr height="40" bgcolor="#808080" align="center">
<td width="20%"><b>I D 号</b></td><td width="80%"><b>留 言
    </b></td></tr>
  <tr bgcolor="#FFFFCC"><td align="center"><%=rs("ID")%></td><td>主题:
    <%=rs("utitle")%></td></tr>
  <tr height="80"><td align="center" bgcolor=white><p>具 体<br/>内 容
    </p></td> <!--  显示用户留言内容 -->  <td
    bgcolor="#CCFFFF"><%=rs("ucontent")%></td></tr>
```

```
  <tr><td bgcolor="#FFCCFF" align="center">留言者：
    <%=rs("uname")%></td><td bgcolor=white>时间：
    <%=rs("utime")%></td></tr>
<tr bgcolor=white><td align="center"><p>管理员回复：</p></td>
     <!-- 如果有管理员回复，则显示回复内容 -->
     <td bgcolor="#CCFFFF"><%=rs("review")%></td></tr>
<tr><td bgcolor="#FFCCFF" align="center">回答者：</td><td bgcolor=white>
    回复时间： </td></tr>
<tr bgcolor=white> <td colspan="2" align="right">  <h4> </h4></td>
    </tr>
</table>
<p ><h3>二、我要发言</h3></p>
<table border="0" width="100" > <tr><td>
  <input name="input" type="button" onClick="" value="我 要 留 言"
    /></td>
 <td> <input name="input" type="button" onClick="'" value="退 出"
    /></td></tr>
</table>
<!-- 为便于隐藏/显示发言表格(表单)，将其放入 div 块里，初始时 div 块隐藏，单击“我
    要留言”按钮后，块才显示 -->
<div id="apDiv1">
  <table width="98%" border="0" align="center" cellpadding="1"
    cellspacing="1"  bgcolor="#eeffee">
    <form name="form1" method="post" action=""
    onSubmit="javascript:return confirm('确定要发布留言吗？')">
      <tr bgcolor="#FFFFFF" align="center">
        <td height="78" colspan="3"><p align="center">
          <h3>网 络 留 言</h3>
          <p></p></td>   </tr>
      <tr bgcolor="#dddddd">
        <td height="35" width="10%"  align="center">主题：</td>
        <td colspan="2"><input type="text" name="mytitle"  id="mytitle"
    size="95"></td>
      </tr>
      <tr> <td align="center"><br/> <p>内</p>  <p>容</p>  <br/></td>
        <td colspan="2"><textarea name="mycontent" rows="6" cols="95"
    ></textarea></td>
      </tr>
      <tr> <td height="40"><%=date()%></td>
        <td align="right" width="40%">发言人：<%=session("uName")%></td>
        <td align="center"><input type="submit" value="发 布"></td>
    </tr>
    </form>
  </table>
</div>
```

4. 留言管理与用户管理页 onmanage.asp 的静态结构设计

类似地，用 DW 和代码相结合来设计 onmanage.asp 网页静态结构。整个网页分为上、下两部分，上半部分是平台留言查看与管理，下半部分是平台用户列表与管理，如图 8-25 所示。

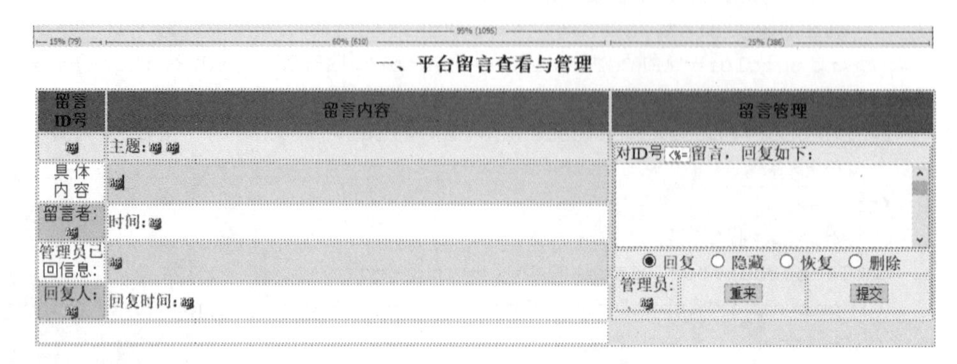

图 8-25　网络留言与管理平台 onmanage.asp 网页静态设计

上面部分，先画表格，再在 DW 内采用单元格合并的方法，制作成表格，然后适当设置表行背景色和单元格背景色使邻行颜色交叉呈现。最后在右边那个较大的合并单元格里制作一个表单，在表单里插入表单元素，用于留言管理。

下面部分，也是先制作表格，再在 DW 里进行单元格合并，然后在右边那个较大的单元格里制作一个表单，在表单里插入适当的表单元素，在这里执行对用户的管理。

onmanage.asp 网页静态设计的代码如下：

```
    <!-------------------留言列表表头------------------>
<table border="0" cellspacing="3" width="95%" bgcolor="#EEEEEE">
<caption><h3>一、平台留言查看与管理</h3></caption>
<tr height="40" bgcolor="#808080" align="center">
  <td width="15%"><b>留言 ID 号</b></td> <td width="60%"><b>留言内容
    </b></td>
  <td width="25%"><b>留言管理</b></td></tr>
   <tr bgcolor="#FFFFCC"><td align="center"
    height="31"><%=rs("ID")%></td>
<td>主题: <%=rs("utitle")%>   </td>
<td rowspan="5">
 <!-- 这是一个合并单元格，在右边单元格再建一个表格，包含一个表单，可对每一条留言管
    理-->
<table border="0">
<form  method="post" name="f1" action=""
    onSubmit="javascript:confirm('确定要提交吗? ')">
```

```
 <tr><td colspan="3">对ID号<input type="text" name="id0" size="4"
   value=<%=rs("ID")%>>留言，回复如下：<br/><textarea rows="6" cols="45"
   name="review1"></textarea> </td>  </tr>
 <tr align="center"> <td colspan="3">
          <input type="radio" name="radio3" value="a" checked/> 回复
     
          <input type="radio" name="radio3" value="b"/> 隐藏
     
          <input type="radio" name="radio3" value="c"/> 恢复
     
          <input type="radio" name="radio3" value="d"/> 删除 
   </td> </tr>
<tr align="center"> <td>管理员:<%=session("mName")%> </td>
<td><input type="reset" value="重来"/></td> <td><input type="submit"
   value="提交"/>
</td>  </tr>
</form>
</table></td>    <!--合并单元格结束-->
</tr>
<tr height="80"><td align="center" bgcolor=white><p>具 体<br/>内 容
   </p></td>
<!--显示留言内容，静态显示一条，动态循环则可显示所有记录-->
<td bgcolor="#CCFFFF"><%=rs("ucontent")%></td></tr>
<tr><td bgcolor="#FFCCFF" align="center">留言者：<%=rs("uname")%></td>
<td bgcolor=white>时间：<%=rs("utime")%></td> </tr>
<tr bgcolor=white><td align="center"><p>管理员已回信息：</p></td>
     <!--  如果有管理员回复，则显示回复内容 -->
 <td bgcolor="#CCFFFF"><%=rs("review")%></td>  </tr>
 <tr><td bgcolor="#FFCCFF" align="center">回复人：</td><td
   bgcolor=white>回复时间</td></tr>
<tr bgcolor=white>  <td colspan="2" align="center"> <!------该单元格是合
   并单元格，在下边显示页数、条数，以及页码链接文字------> <h4>  </h4></td>
   </tr>
</table>
<!--  以下是用户管理部分 先画表格，表格里再制作表单  -->
<table width="95%" border="0" cellspacing="2" bgcolor="#eeeeee">
<caption> <h3>二、平台用户列表与管理
<input type="button" value="退出管理平台" ></h3>  </caption>
  <!------------------用户情况列表表头------------------>
  <tr align="center"> <td width="12%" height="31">用户ID</td> <td
   width="12%">用户名</td>
   <td width="12%">QQ号</td> <td width="12%">登录IP</td> <td
   width="12%">登录时间</td>
   <td width="12%">发言权</td> <td width="28%">用户权限管理</td> </tr>
```

```
<tr align="center" bgcolor="white">   <!--列出一条用户信息，循环读取则可列
   出所有-->
<td height="31"><%=rs1("ID")%></td>
   <td><%=rs1("uname")%></td> <td><%=rs1("uqq")%></td>
   <td><%=rs1("logip")%></td> <td><%=rs1("logtime")%></td>
   <td><%=rs1("ifallow")%></td>
<td>   <!-- 该单元格在右边，呈现用户管理的表单-->
<form method="post" action="" >
     ID:<input type="text" name="uid2" size="3" value="">
      <input type="radio" name="radio2" value="a"/>禁言
      <input type="radio" name="radio2" value="b"/>开言
      <input type="radio" name="radio2" value="c"/>删除
      <input type="submit" value="提 交"/>
   </form>  </td> </tr>
 <tr align="center"> <td colspan="6"><h4>
   <!------该单元格是合并单元格，在下边显示页数、条数，以及页码链接------->
   </h4>  </td>
   <td>管理员：<%=session("mname")%>日期：  </td> </tr>
</table>
```

注意：(1) 无论第一部分留言列表，还是第二部分用户列表，实际应用时，都会有很多条信息，需要分成许多页来显示，所以第一、二部分表格的最后一行，专门用于显示总页数、总条数、当前第几页，以及列出所有页数，单击某个页号就可打开该页内容，这需要 ASP 动态开发才能实现，这里只是预留一个位置。

(2) 在“二、平台用户列表与管理”的右边有个 退出管理平台 按钮，为该按钮添加事件和适当 JS 动作后，单击该按钮就能退出网络留言管理。

8.3.4 网络留言与管理平台动态设计开发

1. conn.asp 代码

conn.asp 是共享代码，功能是建立 ADODB 连接，与数据库 liuyan1.mdb 连接起来，供其他程序调用，具体代码如下：

```
------------------------- conn.asp代码 ------------------------------
<%
Dim conn
Set conn=Server.CreateObject("ADODB.Connection")
dbliuyan=Server.MapPath("dbdir/liuyan1.mdb")
conn.open "Provider=Microsoft.Jet.OLEDB.4.0; Data Source="&dbliuyan
' 或者 conn.open "Driver={Microsoft Access Driver (*.mdb)};
   Dbq="&dbliuyan
%>
-------------------------------------------------------------------
```

2. 首页 index.asp 动态设计与开发

在静态设计的基础上，进行了以下几方面的 ASP 动态设计与开发。

(1) 给表单<form>添加事件和 JS 确认动作。

```
onSubmit="javascript:return confirm('你要登录留言平台？')"
```

(2) 获取表单元素等信息分析判断。获取表单元素值(用户名、密码、用户类型)、当前时间和登录主机的 IP 地址，通过查表确认输入信息是否正确。

(3) 如果验证正确，则用 session 变量保存该用户名(普通用户还要保存 ifallow 的值)，并且更新 users 表或 manager 表关于该用户的 logtime 字段值和 logip 字段值，然后，普通用户跳转到 onviewsay.asp 页，管理员用户跳转到 onmanage.asp 页。

(4) 否则，给错误提示信息。

加上 ASP 动态用户(普通用户、管理员)登录认证、跳转等代码后，形成的 index.asp 动态网页代码如下：

```
-------------------------- index.asp 代码------------------------------
<!--#include file="conn.asp" -->
<% session("uName")=""    '清空服务器缓存中暂存的已登录用户、管理员名称
  session("mName")=""
  session("uallow")=""
%>
<html><head><title>留言平台首页(登录)</title></head>
<body>  <!-- 用表格和表单嵌套设计布局：显示用户信息输入、登录界面   -->
<table width="550" border="0" align="center" cellpadding="1"
   cellspacing="1" bgcolor="#999999">
  <form name="form1" method="post" action=""
   onSubmit="javascript:return confirm('你要登录留言平台？')">
   <tr bgcolor="#FFFFFF" align="center"><td height="78" colspan="2"><p
   align="center">
   <h3>网络留言交流平台</h3></p></td></tr>
   <tr bgcolor="#dddddd"><td height="35" > 用户登录：</td><td></td></tr>
   <tr><td height="35">用户名：<input name="userName" type="text"
   id="userName" size="12"></td>
     <td>密码：  <input name="passWord" type="password" id="passWord"
   size="12"></td> </tr>
   <tr><td height="35">用户类别：
       <input type="radio" name="radi" value="u" checked> 普通用户
       <input type="radio" name="radi" value="m">管理员
   </td><td></td></tr>
   <tr><td height="40"><a href="uformreg.asp">普通用户注册</a> </td>
<td><input type="submit" name="Submit" value="登录"></td></tr>
  </form></table>
<%dim na,pa,ra              '单击“登录”按钮并确定之后，ASP 动态处理用户登录
    na=request.form("userName")  '获取用户提交的信息
    pa=request.form("passWord")
    ra=request.form("radi")    '获取用户类型
```

```
    dd=now()                '获得当前日期时间
  uip=request.ServerVariables("REMOTE_ADDR")  '获取用户 IP 地址
  if(uip="::1") then          '处理一下 localhost 主机 IP 问题
    uip="127.0.0.1"
  end if
  set rs=Server.CreateObject("ADODB.Recordset")
  if(na<>"" and pa<>"" and ra="u") then    '普通用户登录
    rs.Open "Select * from users where uname='"&na&"' and
upassw='"&pa&"'",conn
    if not rs.eof and not rs.bof then  '用 eof 和 bof 判断是否在 users
表中找到该用户
     session("uName")=na            '设置 session 变量的值
       session("uallow")=rs("ifallow")
       conn.execute"update users set logtime='"&dd&"',logip='"&uip
&"' where uname='"&na&"'"
                                   '将此次时间、登录主机 IP 地址写入数据表 users
       rs.close           '关闭 rs、conn 对象
       conn.close
       set rs=nothing      '清除 rs、conn 对象
       set conn=nothing
       response.redirect("onviewsay.asp")    '普通用户跳转到查看&发言页
       else
         response.Write"<br/>用户名、密码或用户类别选择错误<br/>"
    end if
  end if
 if(na<>"" and pa<>"" and ra="m") then   '管理员登录
    rs.Open "Select * from manager where mname='"&na&"' and
mpassw='"&pa&"'",conn
  if not rs.eof and not rs.bof then      '用 eof 和 bof 判断是否在 manager
表中找到该管理员
   session("mName")=na          '设置 session 变量的值
   conn.execute"update manager set logtime='"&dd &"',logip='"&uip
&"' where mname='"&na&"'"          '将此次登录时间、登录主机 IP 地址写入数
据表 mamager
      rs.close           '关闭 rs、conn 对象
      conn.close
      set rs=nothing      '清除 rs、conn 对象
      set conn=nothing
      response.redirect("onmanage.asp")     '管理员跳转到管理页
    else
        response.Write"<br/>用户名、密码或用户类别选择错误<br/>"
  end if
 end if
%>
</body>
```

```
</html>
--------------------------------------------------------------------
```

浏览 index.asp 动态网页结果如图 8-26 所示。

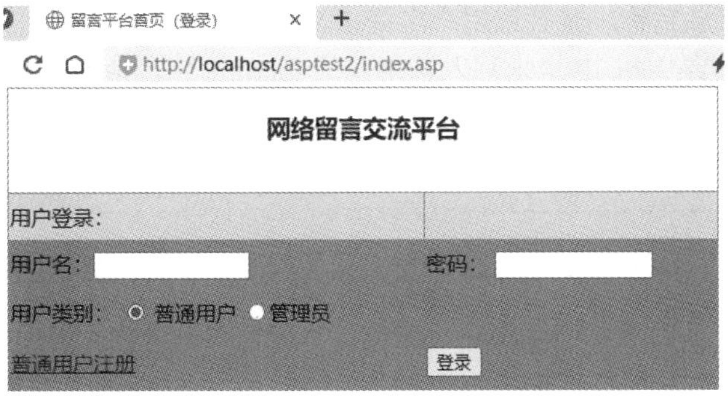

(a)

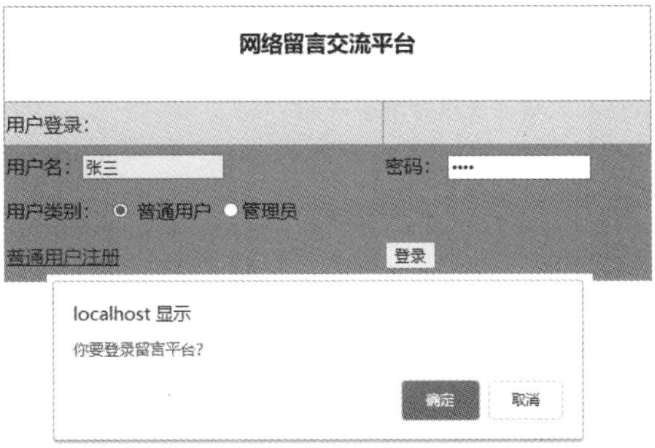

(b)

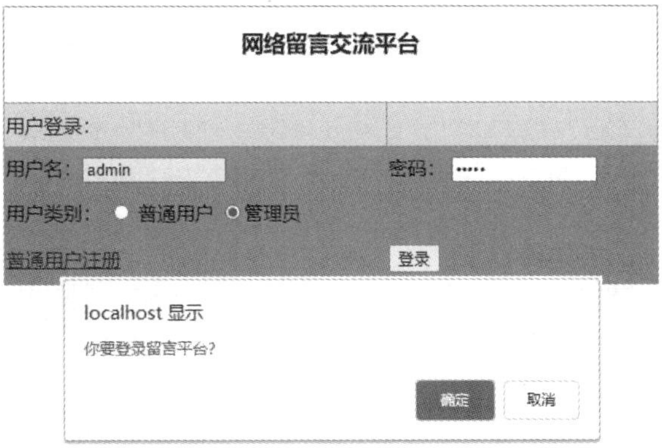

(c)

图 8-26　网络交流管理平台 index.asp 登录情况

3. 用户注册页 uformreg.asp 动态设计与开发

在 uformreg.asp 页静态设计的基础上，从以下几方面进行动态设计。

(1) 提交表单时弹出确认对话框。在<form>标签里增加动作：

```
onSubmit="javascript:return confirm('确定要注册吗?')"
```

(2) 获取表单元素等信息分析判断。获取表单元素值(用户名、密码)、当前时间和登录主机的 IP 地址，通过查表确认输入信息完整性、用户名是否已存在。

(3) 如果输入信息完整，并且该用户名尚未注册，则将该用户名、密码存入 users 表，同时将当前时间和登录主机 IP 地址写入该用户的 logtime 字段值和 logip 字段值。

(4) 否则，给出错误提示信息。

动态开发后的 uformreg.asp 网页代码如下：

```
------------------------ uformreg.asp 代码---------------------------
<%@LANGUAGE="VBSCRIPT" CODEPAGE="65001"%>
<!--#include file="conn.asp" -->
<html>
<head>
   <meta charset="utf-8"/>
   <title>用户注册页</title>
</head>
<body>
     <!--用表格和表单嵌套进行静态布局-->
<form name="form1" method="post" action="" onSubmit="javascript:return
   confirm('确定要注册吗?')">
  <table width="70%" border="0" cellpadding="5" cellspacing="1"
   bgcolor="#666666">
   <tr bgcolor="#dddddd"> <td colspan="2"> => 填写用户注册信息</td> </tr>
   <tr bgcolor="#FFFFFF">  <td width="150">用户名称:</td>
     <td><input name="name0" type="text" id="name0"></td> </tr>
   <tr bgcolor="#FFFFFF">   <td width="150">用户 QQ 号:</td>
     <td><input name="uqq0" type="text" id="uqq0"></td>  </tr>
   <tr bgcolor="#FFFFFF">    <td width="150">密码:</td>
     <td><input name="password1" type="password" id="password1"></td>
   </tr>
   <tr bgcolor="#FFFFFF">   <td width="150">重复密码:</td>
     <td><input name="password2" type="password" id="password2"></td>
   </tr>
   <tr bgcolor="#FFFFFF">  <td colspan="2" align="center">
     <input type="reset" name="reset"  value="重填">  
     <input type="submit" name="Submit" value="确定"> (必须填写所有信息)
<input type="button" value="返回"
   onClick="javascript:location.href='index.asp'"/>
</td>  </tr> </table>
</form>
<% dim nam,qq,pass,rs
  nam=request.Form("name0")        '获取用户提交的表单元素值
  qq=request.Form("uqq0")
  pass=request.Form("password1")
  dd=now()                    '获取当前时间、登录主机的 IP 地址
```

```
uip=request.ServerVariables("REMOTE_ADDR")
if(uip="::1") then
   uip="127.0.0.1"
end if
if(nam<>"" and qq<>"" and pass=request.Form("password2")) then  '完整
  性检查
   set rs=conn.execute("select * from users where uname='"&nam&"'")
      if not rs.bof and not rs.eof then                 '检查 users 表是
  否已有该用户名
         response.Write "数据库里已有"&nam&"，请用别的用户名注册。<br/>"
      else
        conn.Execute "insert into users(uname,uqq,upassw,logip,logtime)
  Values('"&nam&"', '"&qq&"','"&pass&"','"&uip&"','"&dd&"')",number
         response.Write number&"用户("&nam&")注册成功。"
      end if
      rs.close
  set rs=nothing
 end if
conn.close
set conn=nothing %>
</body>
</html>
```

在浏览主页 index.asp(见图 8-26)时，单击主页左下方的“普通用户注册”按钮即跳转到 uformreg.asp 注册页，呈现添加新用户表单，填写相应信息并单击“确认”按钮后，效果如图 8-27 所示。

图 8-27　新用户注册动态网页 uformreg.asp 浏览效果

4. 留言查看与发布留言页 onviewsay.asp 动态设计开发

在静态设计 onviewsay.asp 页的基础上，从以下几方面进行动态设计：

(1) 通过数据库连接对象 conn，查询数据表 titcont 表里的信息，将所有允许查看的记录先存入记录集对象 rs，再用循环程序逐条输出到 onviewsay.asp 页上面部分表格里，并且按每页显示 10 条留言的规则，分页显示出来。

(2) 在下半部分留言表单<form>标签里添加事件动作：

```
onSubmit="javascript:return confirm('确定要发布留言吗？')"
```

再增加接收表单信息的 ASP 代码，然后执行 SQL 命令 insert 将用户留言标题、内容、用户名，以及当前时间、登录计算机的 IP 地址，都写入 titcont 表中。

(3) 在 DW 环境里，将写留言的 div 块(包含留言表单)的可视化设置为 hidden，再单击“我要留言”按钮，为该按钮添加事件：onClick，添加行为：使留言 div 块的可视性变为 visable。

(4) 用户要发言成功的条件。填写留言主题、内容，并且该用户没有被管理员禁言(默认每一个用户都没有禁言)。

具体开发出来的 onviewsay.asp 动态网页代码如下：

```
----------------------- onviewsay.asp 代码---------------------------
<%@LANGUAGE="VBSCRIPT" CODEPAGE="65001"%>
<!--#include file="conn.asp" -->
<%if(session("uName")="") then    '如果没有合法普通用户登录成功，则返回主页
    response.redirect "index.asp"
  end if
  response.write now()&"<p><font size=4 color=red>"& session("uName") &
    ",欢迎你来到网络留言平台!</font></p>"    %>    '如果有合法普通用户登录成功，
    则显示欢迎消息
<html>
  <head><title>网络留言查看与发言</title>
     <meta charset="utf-8">  <!--下面的样式表，是在 DW 中插入 div 块时自动产生
    的-->
  <style type="text/css">
  #apDiv1 {
    position: absolute;
    width: 961px;
    height: 324px;
    z-index: 1;
    left: 129px;
    top: 482px;
    visibility: hidden;
}
  </style>
  <script type="text/javascript">
function MM_showHideLayers() { //v9.0
  var i,p,v,obj,args=MM_showHideLayers.arguments;
  for (i=0; i<(args.length-2); i+=3)
  with (document) if (getElementById &&
     ((obj=getElementById(args[i]))!=null)) { v=args[i+2];
    if (obj.style) { obj=obj.style;
```

```
    v=(v=='show')?'visible':(v=='hide')?'hidden':v; }
    obj.visibility=v; }
}
  </script>
 </head>
<body>
 <h3>一、网络留言查看</h3>        <!--上半部分显示所有可查看的留言，分页显示-->
<%'------------------a 记录集 rs 及有关分页------------------
Dim rs
set rs=Server.CreateObject("ADODB.Recordset")
rs.Open "Select * from titcont",conn,1
'---如果第一次打开，不带 URL 参数 pageNo，则显示第一页----------
Dim pageNo,pageS
if Request.querystring("pageNo")="" Then
   pageNo=1
else
   pageNo=cInt(request.querystring("pageNo"))
end if
'----------------b-----------------------------------
'开始分页显示，指向要显示的页，然后逐条显示当前的所有记录
rs.PageSize=10      '设置每页额定显示 10 条记录
pageS=rs.PageSize   'PageS 变量用来控制显示当前页记录
rs.AbsolutePage=pageNo    '设置当前显示第几页
%>
<!---------------c-------留言列表表头内容------------------>
<table border="0" cellspacing="3" width="85%" bgcolor="#EEEEEE">
<caption><h4>用户留言列表</h4></caption>
<tr height="40" bgcolor="#808080" align="center">
<td width="20%"><b>ID 号</b></td><td width="80%"><b>留 言</b></td></tr>
<%
'------------------d---表中的内容，用循环实现--------------
Do while not rs.Eof and pageS>0  '显示记录集 rs 里所有允许显示的内容
  if(rs("allow"))then  '根据 allow 字段的规定，若允许则显示该条留言，否则不显示
 %>
  <tr bgcolor="#FFFFCC"><td align="center"><%=rs("ID")%></td><td>主题:
    <%=rs("utitle")%></td></tr>
  <tr height="80"><td align="center" bgcolor=white><p>具 体<br/>内 容
    </p></td>
    <!-- 显示用户留言内容 -->
     <td bgcolor="#CCFFFF"><%=rs("ucontent")%></td></tr>
  <tr><td bgcolor="#FFCCFF" align="center">留言者:
    <%=rs("uname")%></td><td bgcolor=white>时间:
    <%=rs("utime")%></td></tr>
  <%if rs("review")<>""  then%>
<tr bgcolor=white><td align="center"><p>管理员回复：</p></td>
```

```
      <!-- 如果有管理员回复，则显示回复内容 -->
       <td bgcolor="#CCFFFF"><%=rs("review")%></td></tr>
<tr><td bgcolor="#FFCCFF" align="center">回答者：<%=rs("mname")%></td>
<td bgcolor=white>回复时间：<%=rs("mtime")%></td></tr>
  <%end if
  pageS=pageS-1   '显示完一条留言，将一页最多留言数 pageS 减 1
  end if
  rs.moveNext    '让指针指向记录集 rs 的下一条记录
Loop  %>
<!-----e---------显示页数、条数，以及链接文字------>
  <tr bgcolor=white>
    <td colspan="2" align="right">
    <h4> <% response.write rs.RecordCount&"条 "  '共多少条记录
          response.write rs.PageCount&"页 "    '共分多少页
          response.write  pageNo&"/"&rs.PageCount&"页 "
            '当前页的位置
      dim i   'i 作为循环变量
     for i=1 to rs.PageCount
        if i=pageNo then
          response.write i&" " '分页,如果是当前页,则不存在链接
        else
          response.write "<a
    href='onviewsay.asp?pageNo="&i&"'>"&i&"</a> "
        end if
     next
     rs.close          '关闭、清除 rs 对象
     set rs=nothing
    %>
     </h4>  </td>  </tr>
</table>
<p ><h3>二、我要发言</h3></p>   <!--下半部分：发表留言-->
<table border="0" width="100" > <tr><td>
  <input name="input" type="button"
    onClick="MM_showHideLayers('apDiv1','','show')" value="我 要 留 言"
    /></td> <!--这里的 onClick 事件，以及随后引发的动作都是在 DW 中可视化操作的结
    果-->
 <td> <a href="index.asp"><input name="input" type="button" value="退 出
    "/></a></td></tr>
<!-- 这个“退出”按钮上的超链接是纯手工输入的-->
 </table>
<!-- 为便于隐藏/显示发言表格(表单)，将其放入 div 块里，初始时 div 块隐藏，单击按钮
    “我要留言”后，块 div 才显示出来 -->
<div id="apDiv1">
  <table width="98%" border="0" align="center" cellpadding="1"
    cellspacing="1"  bgcolor="#eeffee">
```

```
<form name="form1" method="post" action="" onSubmit="javascript:return
   confirm('确定要发布留言吗？')">
 <tr bgcolor="#FFFFFF" align="center">
       <td height="78" colspan="3"><p align="center">
         <h3>网 络 留 言</h3> </p> </td>  </tr>
 <tr bgcolor="#dddddd">
   <td height="35" width="10%"  align="center">主题：</td>
   <td colspan="2"><input type="text" name="mytitle"  id="mytitle"
    size="95"></td> </tr>
     <tr> <td align="center"><br/>
         <p>内</p> <p>容</p> <br/></td>
       <td colspan="2"><textarea name="mycontent" rows="6" cols="95"
    ></textarea></td>
     </tr>
     <tr> <td height="40"><%=date()%></td>
       <td align="right" width="40%">发言人：<%=session("uName")%></td>
       <td align="center"><input type="submit" value="发 布"></td>
     </tr>
    </form> </table> </div>
<%dim tit,con,au,dd,uip,number  '用户提交并确定后，ASP 动态处理，写入数据库表
    titcont 里
     tit=request.form("mytitle")
     con=request.form("mycontent")
     au=session("uName")
        dd=now()
    uip=request.ServerVariables("REMOTE_ADDR")
       if(uip="::1") then
          uip="127.0.0.1"
       end if
if(tit<>"" and con<>"" and au<>""  and session("uallow")) then
 '用户若书写了主题和内容，并且有发言权，才能发布
       sql02="insert into titcont(utitle,ucontent,uname,utime,uip)
    values('"&tit&"','"&con&"','"&au&"','"&dd&"','"&uip&"')"
       conn.execute sql02,number
       if(number>0) then
           response.Write"发布成功"
       end if
       conn.close    '关闭、清除 conn 对象
       set conn=nothing
else
       if(not session("uallow"))  then
          response.Write("你被禁言了。<br/>")
     end if
end if  %>
</body>
```

```
</html>
-----------------------------------------------------------------
```

在主页输入用户名、密码、选择普通用户类型，用户张三正常登录成功后，进入 onviewsay.asp 动态网页，该用户可以查看留言，但被禁言了，如要恢复发言，需要管理员为该用户设置“开言”。onviewsay.asp 浏览效果如图 8-28 所示。

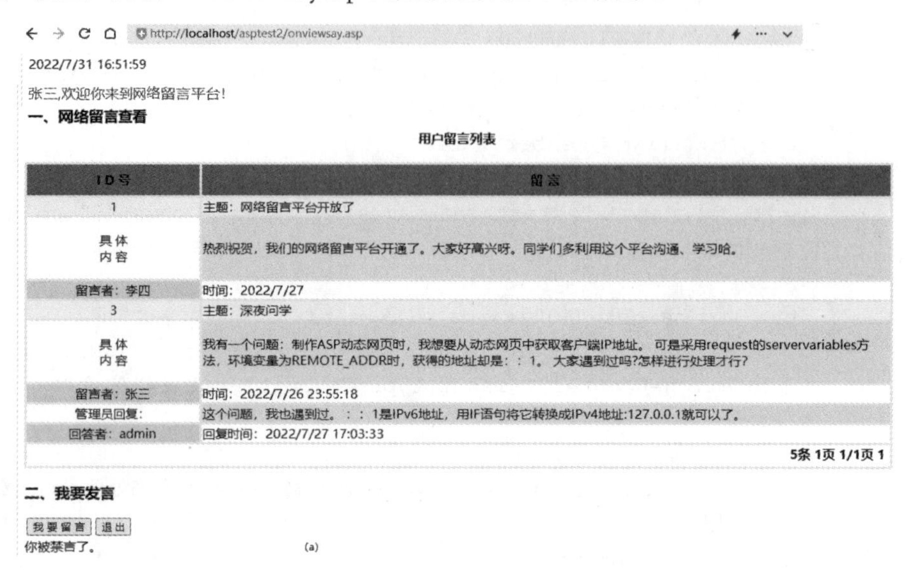

图 8-28　浏览 onviewsay.asp 动态网页时上半部分呈现的效果

单击“退出”按钮后，换一个用户“李四”登录，单击“我要留言”按钮，发表留言的 div 块会显现出来，填写留言主题、内容等，提交后会弹出一个“确认”对话框，单击“确定”按钮即提交留言，ASP 动态代码会检查该用户是否被禁言，如果没有被禁言，则能发布成功。过程如图 8-29 所示。

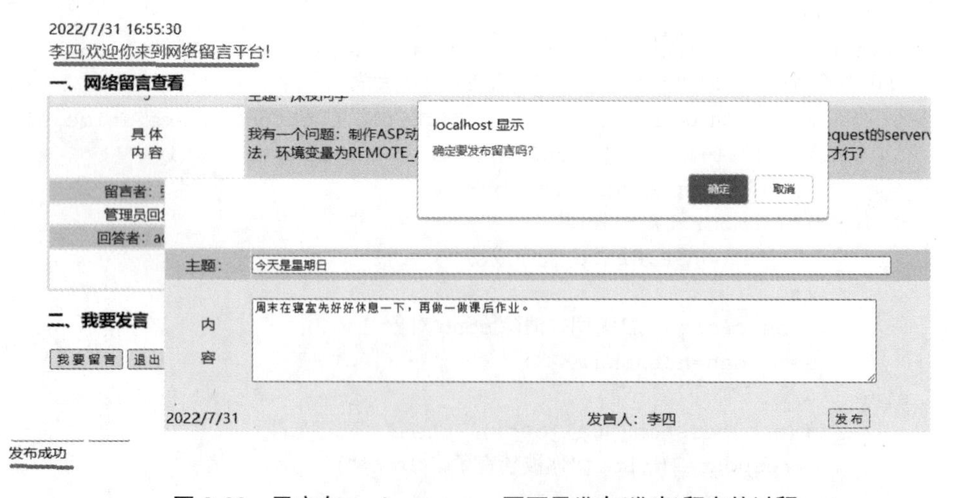

图 8-29　用户在 onviewsay.asp 网页里发布(发表)留言的过程

5. 留言管理与用户管理页 onmanage.asp 动态设计与开发

在静态设计 onmanage.asp 页的基础上，从以下几方面进行动态设计：

(1) 在 onmanage.asp 页的上半部分，通过查询数据表 titcont 将所有留言的信息(包括应隐藏的留言)都读取出来，先暂存于记录集对象，然后用循环程序将其逐条显示出来。如果是隐藏留言，则在其主题后添加红色字(*隐藏)，当超过 10 条留言时，自动分布显示。

(2) 每条留言的右边都有一个小表单，表单内有输入框，输入管理员对该留言的回答信息，还有 4 个单选项，即回复、隐藏、恢复、删除，以及“提交”按钮，要为这个表单设计提交确认弹窗，要为接收这些提交的内容编写接收代码，然后写入数据表 titcont。

(3) 在 onmanage.asp 页的下半部分为用户管理，先执行 SQL 查询命令，用循环程序列出全部用户有关信息，然后在每条用户信息右边的表单作相应的处理：禁言、恢复留言、删除用户。在提交表单之前，必须进一步确认。

(4) 单击“退出”按钮，返回 index.asp。

根据动态设计，开发出动态网页 onmanage.asp，完整代码如下：

```
------------------------ onmanage.asp 代码---------------------------
<%@LANGUAGE="VBSCRIPT" CODEPAGE="65001"%>
<!--#include file="conn.asp" -->
<%if(session("mName")="") then    '如果没有合法教师登录成功，则退出并返回主页
    response.redirect "index.asp"
  end if
  response.write now() & "<p><font size=4 color=red>欢迎管理员
    "&session("mName")&"来到管理后台！</font></p>"
    '教师成功登录，则显示欢迎消息
%>
<html>  <head><title>网络留言平台管理</title>
     <meta charset="utf-8">
  <style type="text/css">  <!--下面的 id 样式(CSS 代码)，是在 DW 操作中自动生
    成的-->
  #apDiv1 {
    position: absolute;
    width: 961px;
    height: 324px;
    z-index: 1;
    left: 129px;
    top: 482px;
    visibility: hidden;  }
 </style>
  <script type="text/javascript">
  function MM_showHideLayers() {
     //下面的 JS 代码，也是在 DW 操作过程中，自动生成的
    var i,p,v,obj,args=MM_showHideLayers.arguments;
    for (i=0; i<(args.length-2); i+=3)
    with (document) if (getElementById &&
    ((obj=getElementById(args[i]))!=null)) { v=args[i+2];
```

```
    if (obj.style) { obj=obj.style;
    v=(v=='show')?'visible':(v=='hide')?'hidden':v; }
    obj.visibility=v; }
  }
  </script> </head>
<body>  <h3>平台用户留言管理</h3>    <!--上半部分，留言管理-->
<%'------------------a 记录集 rs 及有关分页------------------
Dim rs
set rs=Server.CreateObject("ADODB.Recordset")
rs.Open "Select * from titcont",conn,1    '执行查询命令，结果存入 rs 记录集
'---如果第一次打开，不带 URL 参数 pageNo，则显示第一页----------
Dim pageNo,pageS
if Request.querystring("pageNo")="" Then
  pageNo=1
else
  pageNo=cInt(request.querystring("pageNo"))
end if
'----------------b------------------------------------
'准备分页显示，指向要显示的页，然后逐条显示当前的所有记录
rs.PageSize=10      '设置每页额定显示 10 条记录
pageS=rs.PageSize  'PageS 变量用来控制显示当前页记录
rs.AbsolutePage=pageNo   '设置当前显示第几页
%>
<% '留言管理栏目”提交“以后的 ASP 处理代码:
  Dim v1,r1,ip1,dd1,id1
  id1=request.Form("id0")       '获取留言管理表单所填写(选择)的各项值
  v1=request.Form("review1")
  r1=request.Form("radio3")
  mn=session("mName")          '获得管理员名、当前时间和 IP 地址
  dd1=now()
  ip1=request.ServerVariables("REMOTE_ADDR")
    if(ip1="::1") then      '若获得的 IP 址为::1，则修改为 127.0.0.1
      ip1="127.0.0.1"
    end if
select case r1         '根据单选项 r1 的值(a，b，c，d)不相同，进行多选处理
  case "a"  '追加管理员回复
conn.execute "update titcont set
    review='"&v1&"',mname='"&mn&"',mtime='"&dd1&"' where ID="&id1
    'ID 关键字段，ID 作查询字段时，要用 where ID="&id1 ID='"&id1&'"
 case "b"   '隐藏留言
   conn.execute "update titcont set
    allow=False,mname='"&mn&"',mtime='"&dd1&"' where ID="&id1
 case "c"   '恢复留言显示
   conn.execute "update titcont set
    allow=True,mname='"&mn&"',mtime='"&dd1&"' where ID="&id1
```

```
  case "d"   '删除留言
     conn.execute "delete from titcont  where ID="&id1
  case esle  '其他
 end select
%>
<!---------------c-------留言列表表头内容------------------>
<table border="0" cellspacing="3" width="95%" bgcolor="#EEEEEE">
<caption>
<h4>一、平台留言查看与管理</h4></caption>
<tr height="40" bgcolor="#808080" align="center">
  <td width="15%"><b>留言 ID 号</b></td>
  <td width="60%"><b>留言内容</b></td>
  <td width="25%"><b>留言管理</b></td></tr>
 <%  '------------------d---表中的内容，用循环实现--------------
  Do while not rs.Eof and pageS>0  '显示记录集 rs 里所有内容
 %>
  <tr bgcolor="#FFFFCC"><td align="center"
    height="31"><%=rs("ID")%></td>
    <td>主题：<%=rs("utitle")%>
      <%if(rs("allow")=false) then
          response.Write("<font color=red>[*已隐藏]</font>")
      end if%>
    </td>
    <td rowspan="5">
    <!-- 这是合并单元格，在右边，里面再建一个表，包含一个表单，每一条留言都有这个
    -->
  <table border="0">
   <form  method="post" name="f1" action=""
    onSubmit="javascript:confirm('确定要提交吗？')">
     <tr>
      <td colspan="3">对 ID 号<input type="text" name="id0" size="4"
    value=<%=rs("ID")%>>留言，回复如下：<br/>
        <textarea rows="6" cols="45" name="review1"></textarea>
      </td>
    </tr>
  <tr align="center">
     <td colspan="3">
      <input type="radio" name="radio3" value="a" checked/>回复
      
           <input type="radio" name="radio3" value="b"/>隐藏  
           <input type="radio" name="radio3" value="c"/>恢复  
           <input type="radio" name="radio3" value="d"/>删除  </td>
    </tr>
       <tr align="center">
          <td>管理员:<%=session("mName")%> </td>
```

```
        <td><input type="reset" value="重来"/></td>
        <td><input type="submit" value="提交"/></td>
      </tr>
    </form>   </table>
   </td>    <!--合并单元格结束-->
  </tr>
  <tr height="80"><td align="center" bgcolor=white><p>具 体<br/>内 容
   </p></td>   <!--  显示用户留言内容 -->
     <td bgcolor="#CCFFFF"><%=rs("ucontent")%></td></tr>
  <tr><td bgcolor="#FFCCFF" align="center">留言者:
   <%=rs("uname")%></td><td bgcolor=white>时间: <%=rs("utime")%></td>
   </tr>
  <tr bgcolor=white><td align="center"><p>管理员已回信息: </p></td>
     <!--  如果有管理员回复，则显示回复内容 -->
       <td bgcolor="#CCFFFF"><%=rs("review")%></td>     </tr>
    <tr><td bgcolor="#FFCCFF" align="center">回复人:
   <%=rs("mname")%></td><td bgcolor=white>回复时间:
   <%=rs("mtime")%></td>     </tr>
<% pageS=pageS-1   '显示完一条留言，将一页最多留言数 pageS 减 1
  rs.moveNext    '让指针指向记录集 rs 的下一条记录
Loop
%>
  <tr bgcolor=white>  <td colspan="2" align="center">
    <!-----e---该单元格是合并单元格，在下边显示页数、条数，以及页码链接文字
   ------>
  <h4> <%
   response.write rs.RecordCount&"条 "  '共多少条记录
      response.write rs.PageCount&"页 "    '共分多少页
      response.write  pageNo&"/"&rs.PageCount&"页 "  '当前页的位置
       Dim i   'i 作为循环变量
   for i=1 to rs.PageCount
        if i=pageNo then
          response.write i&" " '分页，如果是当前页，则不存在链接
        else
          response.write "<a
   href='onviewsay.asp?pageNo="&i&"'>"&i&"</a> "
        end if
   next
     rs.close           '关闭、清除 rs 对象
  set rs=nothing
 %> </h4></td>
  </tr> </table>    <br/>
<!-- 以下是下半部分: 用户管理部分   -->
<%  '提交用户权限管理以后的处理代码
  Dim r2,id2
```

```
   id2=request.Form("uid2")        '获取用户权限管理表单中各项的值
   r2=request.Form("radio2")
   select case r2    '根据单选项 r2 的值(a,b,c)，分别进行不同处理
   case "a"       '使用户 id2 禁言
     conn.execute "update users set ifallow=False where ID="&id2
   case "b"  '恢复用户 id2 发言权
     conn.execute "update users set ifallow=True where ID="&id2
   case "c"  '删除用户 id2
     conn.execute "delete from users  where ID="&id2
   case else  '其他
 end select
%>
<%
'--------------------a1 用户记录集 rs1 及有关分页-----------------------
Dim rs1
set rs1=Server.CreateObject("ADODB.Recordset")
rs1.Open "Select * from users",conn,1
'---如果第一次打开，不带 URL 参数 pageNo，则显示第一页-----------
Dim pageNo1,pageS1
if Request.querystring("pageNo1")="" Then
   pageNo1=1
else
   pageNo1=cInt(request.querystring("pageNo1"))
end if
'---------------------b1------------------------------------------
'准备分页显示，指向要显示的页，然后逐条显示当前的所有记录
rs1.PageSize=10        '设置每页额定显示 10 条记录
pageS1=rs1.PageSize  'PageS1 变量用来控制显示当前页记录
rs1.AbsolutePage=pageNo1   '设置当前显示第几页
%>
<table width="95%" border="0" cellspacing="2" bgcolor="#eeeeee">
  <caption>  <h3>二、平台用户列表与管理
       <a href="index.asp"><input type="button" value="退出管
    理平台"></a> </h3>
  </caption>
  <!---------------c1-------用户情况列表内容
    ---------------------------->
  <tr align="center">
    <td width="12%" height="31">用户 ID</td>
    <td width="12%">用户名</td>
    <td width="12%">QQ 号</td>
    <td width="12%">登录 IP</td>
    <td width="12%">登录时间</td>
    <td width="12%">发言权</td>
    <td width="28%">用户权限管理</td>
```

```
</tr>
<%  '--------------d1---表中的内容，用循环实现--------------------
Do while not rs1.Eof and pageS1>0  '显示记录集 rs1 里所有内容
%>
<tr align="center" bgcolor="white">
  <td height="31"><%=rs1("ID")%></td>
  <td><%=rs1("uname")%></td>
  <td><%=rs1("uqq")%></td>
  <td><%=rs1("logip")%></td>
  <td><%=rs1("logtime")%></td>
  <td><%=rs1("ifallow")%></td>
  <td>  <!-- 该单元格在右边，呈现用户管理表单-->
  <form method="post" action="" onSubmit="javascript:return confirm('
  确定修改该用户权限?')">
    ID:<input type="text" name="uid2" size="3"
  value=<%=rs1("ID")%>>  
     <input type="radio" name="radio2" value="a"/>禁言
     <input type="radio" name="radio2" value="b"/>开言
     <input type="radio" name="radio2" value="c"/>删除
     <input type="submit" value="提 交"/>
  </form>  </td>  </tr>
<% pageS1=pageS1-1   '显示完一条记录，将一页最多记录数 pageS1 减 1
 rs1.moveNext        '让指针指向记录集 rs1 的下一条记录
 Loop               '与前面的 do while 相对应
%>
 <tr align="center">
  <td colspan="6"><h4>
  <!------e1---该单元格是合并单元格，在下边，显示页数、条数，以及页码链接
  ------->
  <% response.write rs1.RecordCount&"条 "  '共多少条记录
       response.write rs1.PageCount&"页 "    '共分多少页
       response.write  pageNo1&"/"&rs1.PageCount&"页 "
         '当前页的位置
    Dim j   'j 作为循环变量
    for j=1 to rs1.PageCount
       if j=pageNo1 then
         response.write j&" "    '分页，如果是当前页，则不存在链接
       else
         response.write "<a
  href='onmanage.asp?pageNo1="&j&"'>"&j&"</a> "
       end if
    next
    rs1.close           '关闭、清除 rs1 对象
    set rs1=nothing
  %></h4>  </td>
```

```
      <td>管理员：<%=session("mname")%>  日期：<%=date()%></td>
    </tr> </table>
  </body>
   </html>
  -------------------------------------------------------------------
```

在 index.asp 主页中，以管理员(admin)身份登录，即可进入 onmanage.asp 网页浏览状态，效果如图 8-30 所示。

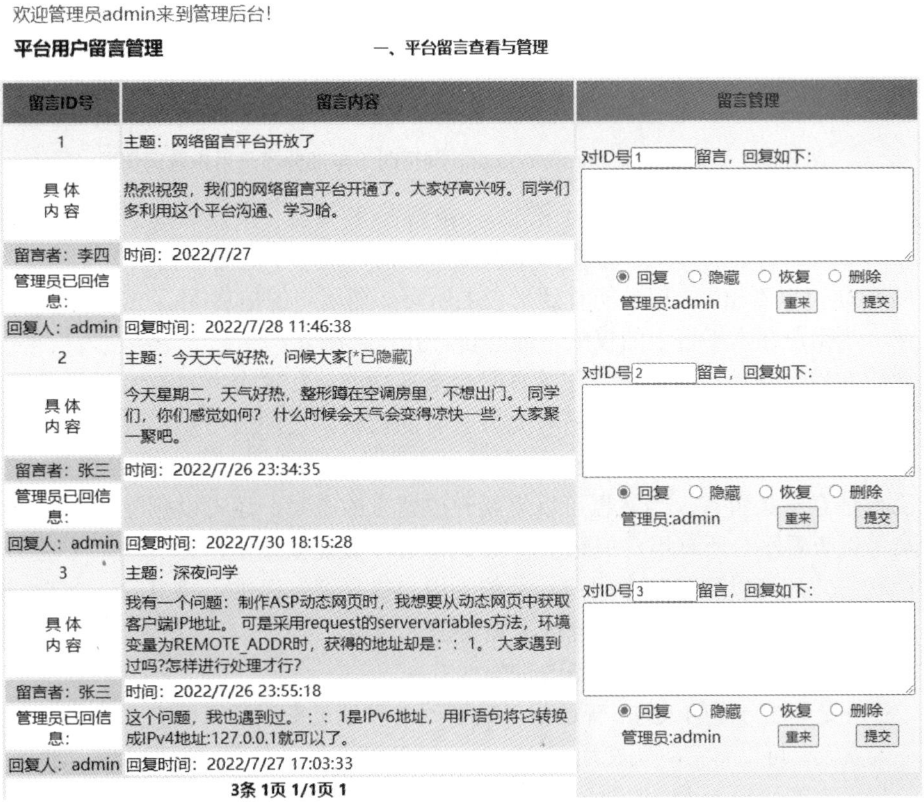

图 8-30　管理员浏览 onmanage.asp 时上半部分显示管理平台留言情况

图 8-30 只显示了上半部分的内容，从显示的结果来看，网络留言有 1、2、3 共 3 条留言，但第 2 条主题后有一个标注[*已隐藏]。图 8-28 中张三浏览网页时，只看到了第 1、3 条留言，管理员隐藏某一条留言后，普通用户是看不到了，只有管理员能看到。管理员可以回复每一条留言，也可以删除任意一条留言，只不过提交修改留言属性时，会出现确认弹窗，进一步确认后，才会真正修改成功。

admin 登录成功后，进入 onmanage.asp 网页浏览，下半部分显示的是普通用户信息、修改用户的权限或删除用户。下半部分浏览结果如图 8-31 所示。

从图 8-31 可以看出，5 个用户中，张三、王五 2 个用户的发言权是被禁止了(禁言)，导致前面测试张三发布留言时，并未成功。

二、平台用户列表与管理 退出管理平台

用户ID	用户名	QQ号	登录IP	登录时间	发言权	用户权限管理
1	张三	7878788	127.0.0.1	2022/7/30 22:41:12	False	ID:1 ○禁言 ○开言 ○删除 提交
2	李四	6767677	127.0.0.1	2022/7/27 8:43:10	True	ID:2 ○禁言 ○开言 ○删除 提交
3	王五	3344556	127.0.0.1	2022/7/27 8:44:10	False	ID:3 ○禁言 ○开言 ○删除 提交
4	赵六	78787786	127.0.0.1	2022/7/26 18:21:13	True	ID:4 ○禁言 ○开言 ○删除 提交
5	钱七	78788877	127.0.0.1	2022/7/30 21:35:18	True	ID:5 ○禁言 ○开言 ○删除 提交
5条 1页 1/1页 1						管理员：admin 日期：2022/7/30

图 8-31　管理员浏览 onmanage.asp 网页时下半部分显示用户管理情况

从图 8-30 可以看出，张三发布了第 2、3 条留言(其中第 2 条被隐藏了)，那么，张三是如何发布这 2 条留言的呢？应该是在张三被禁言之前，发布了这 2 条留言。

从图 8-31 可以看出，管理员能看到平台上所有普通用户的信息(除了密码)，管理员可以修改任何一个用户在本平台上的权限，即禁言、开言、删除。

至此，实现了预计的网络留言与管理平台全部功能，在这个留言与管理平台里，用户可以注册、登录，可以浏览平台上所有允许查看的留言，已注册用户如果没有被“禁言”还可以发布留言；平台管理员可以查看所有留言信息(包括隐藏的留言)，回复任意一条留言，也可以隐藏任意一条留言，当然也可以重新开放留言的查看，还可以删除某一条留言；平台管理员可以查看平台所有用户信息(用户密码除外)，设定某个用户为“禁言”状态或者“重开发言”状态，还可以删除某个用户。系统为用户提交留言提供了弹窗确认功能，也为管理员管理用户留言、管理用户状态提供了弹窗确认功能。

本网络留言与管理平台也有值得改进的地方：

(1) 密码安全性方面的改进。普通用户的密码与管理员密码都以明文形式保存在数据库表里，不太安全，可以将密码明文用 md5()加密运算以后再保存到数据库表里，验证时也需要将用户提交的密码经 md5()加密运算以后，再与数据表里加密密码进行比较。

(2) 数据库安全性方面。数据库 liuyan1.mdb 保存在网站 dbdir 子文件夹下，如果黑客知道了，可以下载该数据库文件，这样就不安全了。可以将数据库文件伪装成 ASP 文件(如将 liuyan1.mdb 重命名为 test12.asp)，ASP 文件是能下载的；另外，将数据库文件放在 dbdir 子文件夹下，很明显这是一个数据库所在的文件夹，可以将这个文件夹伪装成别的名字(如将 dbdir 子文件夹改名成 tttemp)，不过，这样伪装以后，conn.asp 文件中相应的内容也需要修改，但这样伪装是可行的。当然，在开发平台软件时，不必伪装；待开发基本完成，要上传到实际的 WWW 服务器上，才进行这样的伪装。

(3) 增加管理员添加功能。如果作为中大型网络留言与管理平台，作为信息审查的管理员可能较多，可考虑增加一个添加管理员的功能，但管理员只能由超级管理员 admin 添加，其他管理员可以管理留言和平台的普通用户，但不能再添加管理员。

(4) 平台使用范围与留言属性设置。本网络留言与管理平台预设为内部小规模的留言平台，采用方案是只有注册用户才能发表留言、查看留言，默认所有留言都是可以查看的；如果这个留言与管理平台面向广大互联网用户开放，那么 onviewsay.asp 动态网页应一分为二：onview.asp 和 onsay.asp，onview.asp 动态网页无需验证用户登录即可查看留言，onsay.asp 动态网页只有注册用户才能使用并发布留言；原来默认所有留言都可被浏览，是因为在内部运行，现在面向所有互联网用户，如果发言很敏感或者违法，平台将承担责任，因此要将所有的发言默认为隐藏，只有管理员审核通过了，才能被查看。

8.4　Web 动态新闻网站平台设计开发

Web 动态新闻网站是 Internet 上常见的网络应用服务，本实例将学习动态新闻网站需求分析、动态新闻网站数据库设计、动态新闻网站网页静态结构设计、动态新闻网站网页动态设计开发。通过 ASP 与 Access 数据库的连接与访问、管理员的登录与管理，从而实现新闻网站的动态网页发布与浏览。

8.4.1　动态新闻网站需求分析

Web 动态新闻网站是将不断变化的新闻信息存放到数据库中，Internet 用户应能通过浏览器浏览网站新闻列表、单击查看每一条新闻；网站管理员应能登录到管理后台，能实时地添加新闻、删除新闻、修改新闻网页的内容。

本实例动态新闻网站采用 ASP 动态语言开发，为使读者理解熟悉 ASP，所有 ASP 动态网页代码采用 DW 和手工相结合的方式编写，并作适当的说明、注解。数据库仍采用 Access 数据库。

Web 动态新闻网站 ASP 网页结构如图 8-32 所示。

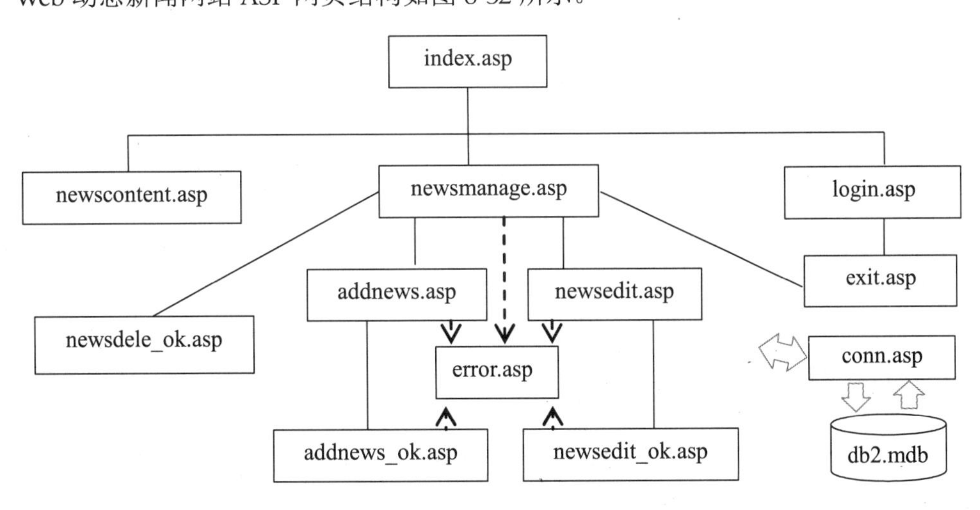

图 8-32　Web 动态新闻网站 ASP 网页结构图

图中实线显示网页之间的链接关系，虚线表示因权限不够或出错而自动跳转的关系。

动态新闻网站 ASP 网页文件名称与功能如下：

(1) conn.asp：连接数据库文件；

(2) index.asp：新闻网站首页；

(3) newscontent.asp：新闻内容页；

(4) login.asp：管理员登录页；

(5) exit.asp：退出登录页；

(6) newsmanage.asp：新闻管理页；

(7) addnews.asp、addnews_ok.asp：添加新闻及添加新闻成功页；

(8) newsedit.asp、newsedit_ok.asp：编辑已有新闻及编辑新闻成功页；

(9) error.asp：非管理员浏览管理页时出现提示信息。

其中，conn.asp 建立与 Access 数据库的连接对象 conn，凡要连接数据库的 ASP 网页都包含它，其他网页大多都包含该文件；index.asp 新闻网站首页，包含所有新闻列表，以及链接到 newscontent.asp 、login.asp、newsmanage.asp 等；newscontent.asp 显示一条具体新闻的详细信息，有返回首页的链接；login.asp 管理员登录网页，登录成功跳转到 newsmanage.asp，失败则跳转到 error.asp，退出登录则跳转到 exit.asp；error.asp 登录失败信息提示，以及返回(登录页、首页)链接；exit.asp 已登录用户退出，并有返回首页的链接；newsmanage.asp 管理后台，通过它可添加、删除、更新动态新闻，也可以查看某一条新闻，还可以退出管理登录；addnews.asp 按管理后台的命令，提供添加新闻信息界面；addnews_ok.asp 将添加的新闻信息写入数据库表里；newsdele_ok.asp 将管理后台指定的新闻信息从数据库里删除；newsedit.asp 按管理后台的指示，显示某一条新闻并提供修改(编辑)界面；newsedit_ok.asp 用编辑修改好的新闻信息，更新数据库表；error.asp 只有管理员才能浏览的网页，如果被浏览，就跳转到这儿并显示非法信息。

还要为网站建一个主目录，如在磁盘下新建文件夹 xinwen，将 D:\xinwen 作为动态新闻网站的主目录，网站所有 ASP 网页文件都放在该文件夹下，在主目录下再建一个子文件夹 db，将数据库文件 db2.mdb 保存在该子文件夹下。

8.4.2 动态新闻网站数据库设计

1. 创建子目录与 Access 数据库

Access 是文件型数据库，最好保存在一个专门文件夹里。在网站主目录(文件夹)D:\xinwen 下新建一个 db 的子目录(子文件夹)，作为 Access 数据库文件专用目录。

打开 Access，新建一个数据库文件 db2.mdb，保存在 D:\xinwen\db 目录下。

2. 数据表 admins 和 news 创建

在 Access 数据库里新建两个数据表 admins 和 news，admins 表保存管理员信息，news 表保存新闻信息。这两个表的结构分别如图 8-33 和图 8-34 所示。

admins 表中的 manager 字段用来保存管理员名称(设为关键字段)，passwd 字段保存管理员密码，两个字段都是文本型。admins 表中预存 2 条记录，如图 8-33 右所示。

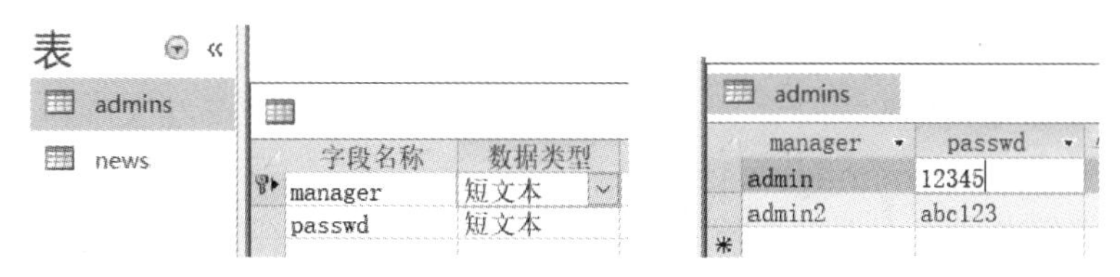

图 8-33　admins 表的结构和预存信息

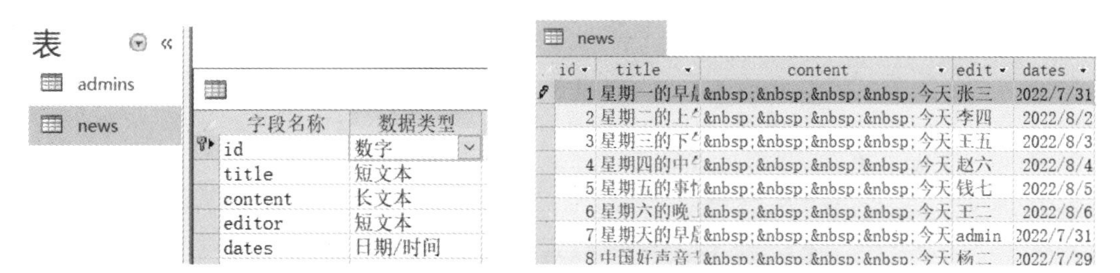

图 8-34　news 表的结构和预存信息

news 表的 id 保存新闻的序号(设为关键字段)，为数字类型；title 字段用于保存新闻标题，文本类型；content 字段用于保存新闻内容，为备注类型(因为新闻内容可能较长，而文本类型不能超过 255 个字符，备注类型的大小不受限制)；editor 字段保存作者信息，为文本类型；dates 字段记录新闻发布的时间，为日期/时间类型。其中 id 和 dates 为非空字段。先在 news 表里添加几条记录，如图 8-34 右所示。

3. 数据库文件属性与权限

Windows 10 及更高操作系统，一般不需要设置。早期 Windows 操作系统(Windows 7 之前版本)，网站管理员要想通过 Internet 管理新闻网站的信息，必须设置 Access 数据库所在子文件夹具有可写入属性，且要设置 Internet 来宾用户(iusr_...或 IISuser...)对数据库文件具有读、写权限，具体过程略。

8.4.3　新闻网站各网页静态结构设计

1. 首页 index.asp 和内容页 newscontent.asp 静态结构设计

采用表格式结构设计 index.asp 和内容页 newscontent.asp 的静态结构，如图 8-35、图 8-36 所示。

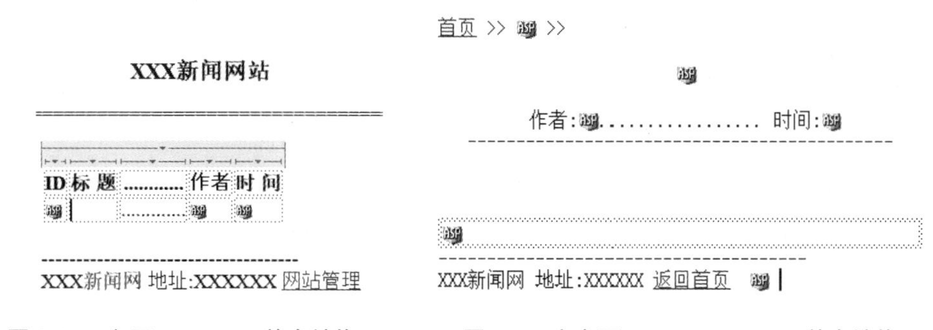

图 8-35　主页 index.asp 静态结构　　图 8-36　内容页 newscontent.asp 静态结构

因静态设计较为简单，所以静态设计代码就没有单独列出，但可以从后面的动态设计完整代码中看出(以下类似)。

2. 新闻管理页 newsmanage.asp 静态结构设计

同样采用表格布局方式来设计新闻管理页 newsmanage.asp 的静态结构，如图 8-37 所示。

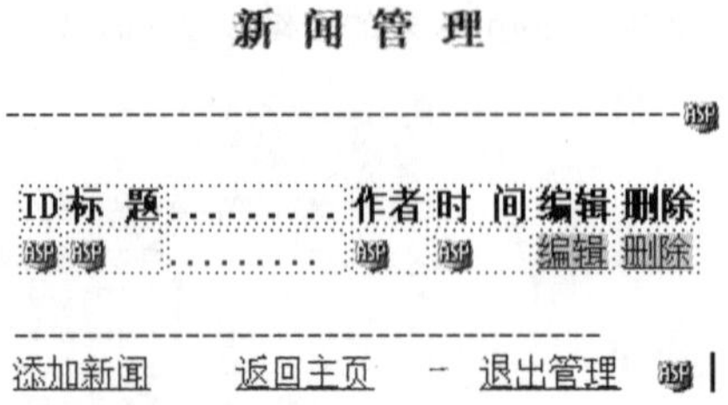

新 闻 管 理

ID	标 题	....	作者	时 间	编辑	删除
		....			编辑	删除

添加新闻　返回主页 - 退出管理

图 8-37　新闻管理页 newsmanage.asp 静态结构

3. 登录页 login.asp 与添加新闻页 addnews.asp 静态结构设计

采用表单<form>……</form>的方式来设计登录页 login.asp 与添加新闻页 addnews.asp 的静态结构，分别如图 8-38、图 8-39 所示。

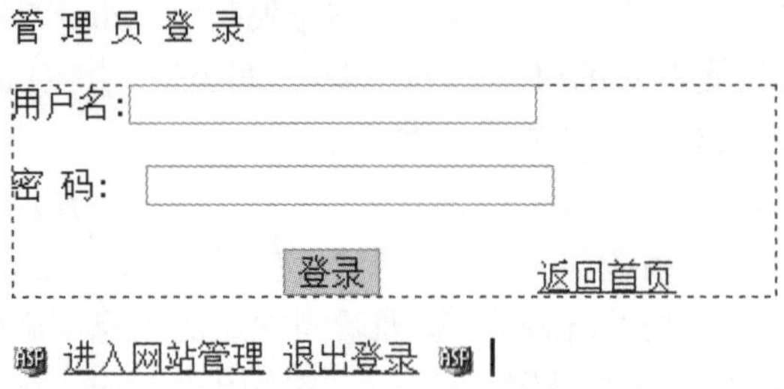

管 理 员 登 录

用户名:

密 码:

登录　返回首页

进入网站管理 退出登录

图 8-38　登录页 login.asp 静态结构

添加新闻

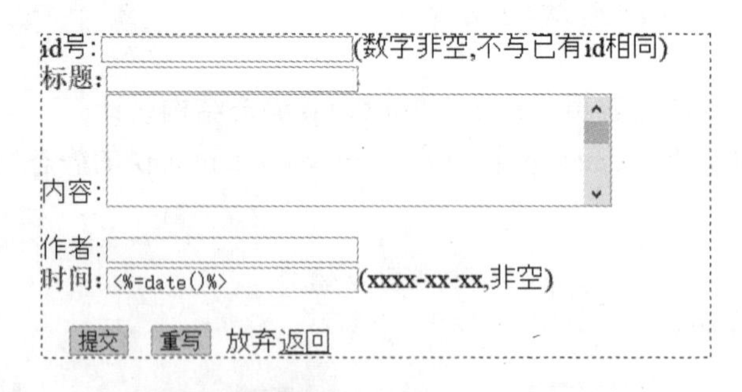

图 8-39　添加新闻页 addnews.asp 静态结构

4. 编辑新闻 newsedit.asp 静态结构设计

同样，采用表单<form>……</form>方式来设计编辑新闻页 newsedit.asp 的静态结构，如图 8-40 所示。

编 辑 新 闻

序号(old)：	
序号(New)：	<%=rs("id")%>
标题(old)：	
标题(New)：	
内容(old)：	
内容(New)：	
作者(old)：	
作者(New)：	
时间(old)：	
时间(New)：	<%=date()%>
更新	重置　放弃返回
编辑说明：	按序号更新，在需修改项对应New框内输入完整的内容，不需修改项(New)框内不要填写，全部填好后按[更新]。

图 8-40　编辑新闻页 newsedit.asp 静态结构

8.4.4　ASP 新闻网站动态设计开发

Web 动态新闻网站的基本 ASP 网页主要有 index.asp、newscontent.asp 和 conn.asp。首页 index.asp 显示新闻列表和到其他网页的导航(链接)；在首页单击某一条新闻后，就会打开内容页 newscontent.asp，显示该新闻的详细情况；conn.asp 包含连接数据库的命令，被其他网页所共用。

1. 连接数据库文件 conn.asp

conn.asp 文件用 ADO 通过 ODBC 直接连接到 Access 数据库的方法，创建连接数据库的对象 conn。注意，“driver=”后、{}内是 ODBC 驱动程序，必须原样照写，microsoft access driver (*.mdb)四组字符串相互之间各有一个空格(不能多一个空格，也不能少一个空格！)，server.mappath()是 sever 对象转换为绝对路径的函数。

```
-------------------------- conn.asp 代码-----------------------------
<%
set conn=server.createObject("ADODB.Connection")
   '创建 ADODB 连接对象 conn
dpath=server.mappath("db\db2.mdb")  '获取数据库文件的绝对路径
conn.open "driver={microsoft access driver (*.mdb)};dbq="&dpath
   '在 conn 对象中,打开 db 子目录下的数据库 db2.mdb
%>
```

2. 首页 index.asp 动态设计开发

在静态设计的基础上，设计动态 index.asp 网页。

(1) 该网页的主要功能是显示新闻条目、链接新闻详情、为网站管理提供入口。

(2) 第一行将 conn.asp 包含进来。

(3) 采用 conn 对象的 execute()执行 SQL 查询语句 select，并保存在 rs 里。

(4) 静态 HTML 代码与 ASP 动态代码交叉书写，ASP 动态代码写在<%……%>里。

(5) 用 do while...loop 循环的方式，读出数据库表里的新闻信息，逐条保存在 table 表格内，每条新闻占一表行。

(6) 将新闻标题 rs("title")作为链接对象，链接目标是新闻内容页 newscontent.asp，在链接 a 标签?后将变量 n(值为 rs("id"))传递过去，a 链接传递参数方式如下：

```
<a href="newscontent.asp ? n=<%=rs("id")%>" ><%=rs("title")%></a>
```

(7) 数据库访问完，按序关闭、释放 rs 和 conn。

(8) 页脚要设有“网站管理”链接。

开发好的 index.asp 动态网页的完整代码如下：

```
-------------------------- index.asp 代码---------------------------
 <!-- #include file="conn.asp" -->
<html>
<head><title>XXX 新闻网站首页</title></head>
<%  set rs=conn.execute("select * from news")
   '使用 conn 对象的 execute 方法，执行查询 SQL 语句，结果返回给 rs
%>
<body><h3 align="center">XXX 新闻网站</h3>
<p align="center">=====================================</p>
<p align="center">
<table>
   <tr border=1><th>ID</th><th>标题</th><th>…………</th><th>作者
    </th><th>时间</th></tr>
  <% do while not rs.eof %>
  <!-- 循环读取 rs 中每一条记录 id、title、editor 和 dates 值，分别显示在表格每一
    行 -->
   <tr>   <td><%=rs("id")%></td>
    <td><a href="newscontent.asp?n=<%=rs("id")%>"
    ><%=rs("title")%></a></td>
    <!--列出每条新增标题，并链接到 newscontent.asp，同时传递参数 n(即记录的 id)
    -->
    <td>…………</td> <td><%=rs("editor")%></td>
    <td><%=rs("dates")%></td>
   </tr>
  <% rs.movenext  'rs 移向下一条记录
Loop
 rs.close     '关闭并释放掉 rs 和 conn 对象
    set rs=nothing
    conn.close
    set conn=nothing
%>
</table>
<br/>------------------------------------<br/>
XXX 新闻网 地址:XXXXXX <a href="login.asp" target="_blank">网站管理</a>
</p>
</body>
```

```
</html>
------------------------------------------------------------------
```

浏览 index.asp 动态网页，效果如图 8-41 所示。

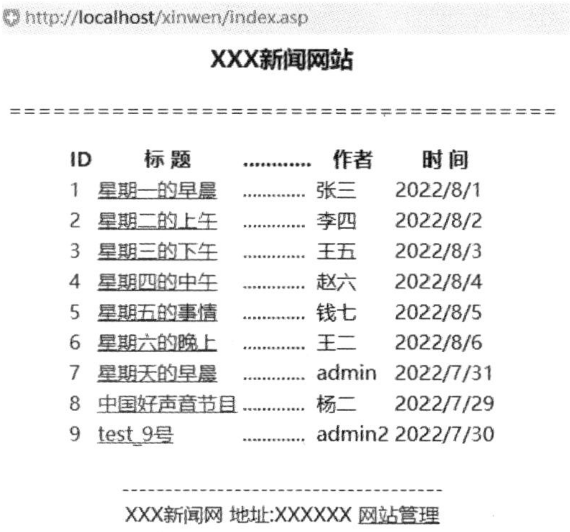

http://localhost/xinwen/index.asp

XXX新闻网站

=======================================

ID	标 题	....	作者	时 间
1	星期一的早晨	....	张三	2022/8/1
2	星期二的上午	....	李四	2022/8/2
3	星期三的下午	....	王五	2022/8/3
4	星期四的中午	....	赵六	2022/8/4
5	星期五的事情	....	钱七	2022/8/5
6	星期六的晚上	....	王二	2022/8/6
7	星期天的早晨	....	admin	2022/7/31
8	中国好声音节目	....	杨二	2022/7/29
9	test_9号	....	admin2	2022/7/30

XXX新闻网 地址:XXXXXX 网站管理

图 8-41　首页 index.asp 浏览效果

3. 新闻内容网页 newscontent.asp 动态设计开发

先设计 newscontent.asp 动态网页。

(1) newscontent.asp 动态网页显示一条新闻的具体题目、内容、作者等信息。

(2) 采用 request.querystring("n")方法接收 index.asp 传递过来的参数 n，并赋给 id1。

(3) 使用带一个条件且查询参数是变量的 SQL 语句查询数据表 news，使用"select * from news where id="& id1 的方式将 select 语句和查询条件——变量 id1 连接起来。

根据动态设计的要求，开发出来的 newscontent.asp 动态网页代码如下：

```
------------------------- newscontent.asp 代码------------------------
<!-- #include file="conn.asp" -->
<html>
<head> <title>XXX 新闻网</title></head>
<%
  id1=request.querystring("n") '将调用本网页者传送过来的参数 n 赋给 id1
  set rs=conn.execute("select * from news where id="& id1)
     '以 id1 为条件执行 select 查询，查询结果赋给 rs
%>
<body>
<p><a href="index.asp"> 首页</a> >> <%=rs("title")%> >></p>
  <!-- 显示首页导航链接 -->
<h3 align="center"><%=rs("title")%></h3>
   <!-- 显示新闻标题 -->
<p align="center">
  作者:<%=rs("editor")%>................. 时间:<%=rs("dates")%> <br/>
   <!-- 显示作者，时间 -->
```

```
  --------------------------------------------
</p>
<p align="center">
<table border=0 width=400>
   <tr> <td><%=rs("content")%></td>
        <!-- 在一个 1 行 1 列、无边框的表格内显示新闻内容 -->
   </tr>
</table>
--------------------------------------<br/>
XXX 新闻网 地址:XXXXXX <a href="index.asp">返回首页</a>
    <!-- 显示页脚信息,以及返回网站首页链接 -->
</p>
<% rs.close    '关闭并释放掉 rs 和 conn 对象
  set rs=nothing
  conn.close
  set conn=nothing
%>
</body>
</html>
```

单击图 8-41 首页上某条新闻，则打开一个新闻内容页，如图 8-42 所示。

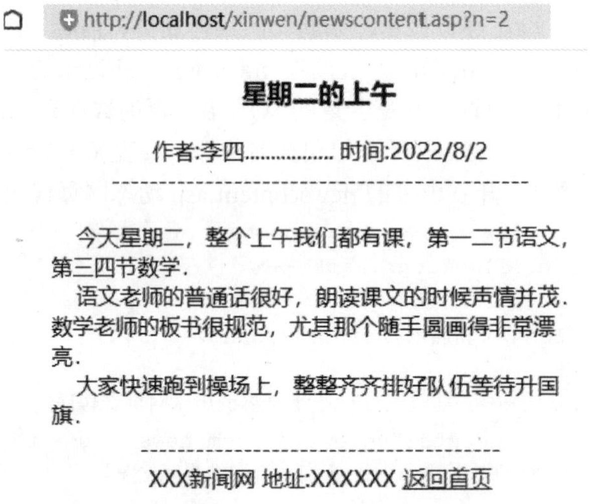

http://localhost/xinwen/newscontent.asp?n=2

星期二的上午

作者:李四................. 时间:2022/8/2

今天星期二，整个上午我们都有课，第一二节语文，第三四节数学.

语文老师的普通话很好，朗读课文的时候声情并茂.数学老师的板书很规范，尤其那个随手圆画得非常漂亮.

大家快速跑到操场上，整整齐齐排好队伍等待升国旗.

XXX新闻网 地址:XXXXXX 返回首页

图 8-42　新闻内容页 newscontent.asp 浏览效果

单击图 8-41 首页中“网站管理”按钮，就会打开 login.asp 页，该网页用于管理员登录。

4. 管理员登录页 login.asp 与 exit.asp 动态设计开发

动态网站的动态功能主要由动态管理页来实现。本例 Web 动态新闻网站的管理 ASP 网页由 login.asp(管理员登录)、newsmanage.asp(管理主页)、addnews.asp 和 addnews_ok.asp(添加新闻)、newsdele_ok.asp(删除新闻)、newsedit.asp 和 newsedit_ok.asp(新闻修改编辑)等组成。

设计管理员登录动态网页 login.asp。

(1) login.asp 网页主要用于管理登录与验证。普通网页变量不能够跨越网页，而 session 变量则可以跨网页识别，用 session 变量记录管理员登录的情况，并用 session.timeout 设置 session 变量保存的时间。

(2) 获取用户在表单 form 输入的用户名和密码后，访问数据表 admins 进行验证。

(3) 查询用户名之前，先查一下是否已有管理员登录(即 session(name0)是否为空)，如为空才访问数据库表并检验。

(4) 若用户登录成功，则显示管理员名称，并将管理员名称存入 session(name0)。

(5) 单击本页中“进入网站管理”的链接，跳转到管理主页 newsmanage.asp 页。

(6) 本页设计了一个“退出登录”的链接，当用户单击该链接时，会弹出确定/取消对话框，如果确认退出则跳转至 exit.asp，否则什么也不做。这个确定/取消对话框及功能是由 onClick 操作和 JavaScript 中自定义函数 exconfirm()共同实现。

开发出的动态 login.asp 页详细代码如下：

```
--------------------------- login.asp 代码----------------------------
<!-- #include file="conn.asp" -->
<html>
<head><title>管理员登录页</title>
<%  session.timeout=10   '设定 sesion 变量保留时间为 10 分钟
 %>
<Script language="JavaScript">
 function exconfirm()  //确定或取消退出登录自定义函数
 { if(confirm("确定退出登录?"))
return true;   //返回 true
   else      //否则
     return false;  //返回 false
 }
</Script>
</head>
<body>
<p>管 理 员 登 录</p>
<form name="form1" method="post" action="">
  <!-- 创建登录表单，接收表单信息的是默认文件即本文件 login.asp-->
  <p>用户名:<input type="text" name="name1"> </p>
  <p>密 码: <input type="password" name="password1"></p>
  <p>    <input type="submit" value="登录"></p>
</form>
<p>
<%
if  session("name0")="" and request.form("name1")<>"" then
  '如果目前没有管理员用户登录成功，且提交的用户名非空，则到数据库中查验
  set rs0=Server.CreateObject("ADODB.Recordset")
  '创建 rs0 记录集
  name1=request.form("name1")
```

```
    password1=request.form("password1")
     '暂存提交过来用户名、密码
    exec="select * from admins where manager='"&name1&"' and
      passwd='"&password1&"'"
    rs0.open exec,conn,1,1
    '在数据库 admins 表中查找该用户和密码
    if not rs0.eof and not rs0.bof then '如未到表结尾或最开头
      session("name0")=name1
      session("password0")=password1
     '若查验合格(用户名和密码)，则 session("name0")记录该用户名
     rs0.close  '关闭并释放掉 rs0
     set rs0=nothing
    end if
  end if
    if session("name0")<>"" then  '若已登录，则显示已登录用户名
      response.write session("name0")&"已登录"
  %>
    <a href="newsmanage.asp">进入网站管理</a>
    <a href="exit.asp" onClick="return exconfirm();">退出登录</a>
  <%
    end if
  %>
    </p>
  </body>
  </html>
```

相应地，退出登录动态页 exit.asp 的具体代码如下：

```
  <%
    session("name0")=abandon     '将已登录用户名 session(name0)置空
    response.write "<p>已退出登录</p>"
    response.write " <a href='index.asp'> 返回主页</a> "
    response.write " <a href='login.asp'> 返回登录页</a> "
  %>
  ---------------------------------------------------------------------
```

浏览 login.asp，效果如图 8-43(a)所示。

当输入用户名和密码，单击“登录”按钮，如验证通过，结果如图 8-43(b)所示；若用户名和密码未通过检验，则继续留在登录页；在图 8-43(b)中单击“退出登录”，会弹出如图 8-43(c)所示的对话框，单击“确定”按钮后退出登录并显示信息，如图 8-43(d)所示。

若在图 8-43(b)中，单击“进入网站管理”按钮，则会打开 newsmanage.asp 网页。

5. 新闻管理后台主页 newsmanage.asp 动态设计开发

新闻管理后台 newsmanage.asp 页的动态设计如下。

(a) 用户登录界面　　(b) 登录成功界面

(c) 单击“退出登录”按钮弹出的对话框　　(d) 确定退出后显示的界面

图 8-43　用户的登录与退出

(1) newsmanage.asp 页应该具有列出所有新闻条目、编辑(修改)任意一条新闻、删除任意一条新闻(删除前弹出确定/取消对话框，防误删)、添加新闻，返回主页、退出登录等功能。

(2) 为确保管理后台页不被非法访问，网页一开始就根据 session("name0")是否为空来判定，如不为空，表示管理员已登录，显示管理页面；否则，跳转至 error.asp 显示有关错误的信息。

(3) 每一条新闻后面都有“编辑”、“删除”链接，当单击“删除”按钮时会弹出确认/取消对话框，确认后跳转至 newsdele_ok.asp 执行删除；单击“编辑”按钮时进入编辑新闻页 newsedit.asp。

(4) 当单击“删除”按钮或“退出管理”按钮时，都显示确定/取消对话框，通过 deleconfirm()和 exitconfirm()自定义 JavaScript 函数实现。

(5) 本页页脚还有添加新闻(链接到 addnews.asp)、返回主页和退出管理的链接。

根据动态设计，开发出动态网页 newsmanage.asp，具体代码如下：

```
------------------------ newsmanage.asp 代码--------------------------
<!-- #include file="conn.asp" -->
<html>
<head>
  <title>新闻管理页</title>
<%
if  session("name0")<>"" then  '若有合法用户登录，则进入新闻编辑状态
%>
<Script language="JavaScript">
 function deleconfirm()   //确定或取消删除的自定义函数
  { if(confirm("确定要删除吗?"))
       return true;
```

```
    else
        return false;
  }
 function exitconfirm()   //确定或取消退出管理的自定义函数
  { if(confirm("确定要退出吗?"))
 return true;
    else
        return false;
  }
</Script>
</head>
<body>
<h3 align="center">新 闻 管 理</h3>
<p align="center">---------------------------------------</br>
<%
  set rs=conn.execute("select * from news")
%>
<table>  <!-- 用表格方式列出所有新闻及各操作 -->
   <tr border=1><th>ID</th><th>标题</th><th>.........</th><th>作者
    </th><th>时间</th><th>编辑</th><th>删除</th></tr>
  <% do while not rs.eof
  ' 用do while...loop循环在表行内逐条列出新闻，供查看/编辑/删除
  %>
   <tr>
    <td><%=rs("id")%></td>  <!-- 列出序号 -->
    <td><a href="newscontent.asp?n=<%=rs("id")%>" target="_blank">
    <%=rs("title")%></a></td>
        <!-- 列出标题，并链接到newscontent.asp，同时传送n(id序号) -->
    <td>.........</td>
    <td><%=rs("editor")%></td> <!-- 列出作者 -->
    <td><%=rs("dates")%></td>  <!-- 列出时间 -->
    <td><a href="newsedit.asp?n=<%=rs("id")%>" >编辑</a></td>
       <!-- 单击“编辑”按钮，确认后跳转到newsedit.asp进行编辑 -->
<td><a href="newsdele_ok.asp?n=<%=rs("id")%>" onClick="return
    deleconfirm();">删除</a></td>
       <!--单击“删除”按钮后，确认后跳转到newsdele_ok.asp正式删除 -->
   </tr>
  <%   rs.movenext  '指向下一条记录
     loop       '循环结尾处
     rs.close    '关闭rs
     set rs=nothing '释放rs
     conn.close  '关闭conn
     set conn=nothing  '释放conn
  %>
</table>
```

```
<br/>----------------------------------<br/>
  <a href="addnews.asp">添加新闻</a>  
  <a href="index.asp">返回主页</a>   
  <a href="exit.asp" onClick="return exitconfirm()">退出管理</a>
    <!-- 单击“退出管理”按钮，经确认后跳转到 exit.asp，清除已登录用户-->
</p>
<%
else   '无合法用户登录，关闭并释放 conn，然后跳转到 error.asp
   conn.close
   set conn=nothing
   response.redirect "error.asp"
end if
%>
</body>
</html>
```

在图 8-43(b)中单击“进入网站管理”按钮，会出现网站管理后台主页，如图 8-44 所示。

http://localhost/xinwen/newsmanage.asp

新闻管理

ID	标题	....	作者	时间	编辑 删除
1	星期一的早晨	....	张三	2022/8/1	编辑 删除
2	星期二的上午	....	李四	2022/8/2	编辑 删除
3	星期三的下午	....	王五	2022/8/3	编辑 删除
4	星期四的中午	....	赵六	2022/8/4	编辑 删除
5	星期五的事情	....	钱七	2022/8/5	编辑 删除
6	星期六的晚上	....	王二	2022/8/6	编辑 删除
7	星期天的早晨	....	admin	2022/7/31	编辑 删除
8	中国好声音节目	....	杨二	2022/7/29	编辑 删除
9	test_9号	....	admin2	2022/7/30	编辑 删除

添加新闻　返回主页　退出管理

图 8-44　新闻管理后台 newsmanage.asp 页浏览效果

6. 添加新闻 addnews.asp 和 addnews_ok.asp 动态设计开发

在静态设计的基础上，动态设计添加新闻页 addnews.asp 和 addnews_ok.asp 如下。

(1) addnews.asp 动态网页提供一个添加新闻的表单，供管理员填写新闻。

(2) 在 addnews.asp 动态网页里单击“提交”按钮后，将表单参数全部提交给 addnews_ok.asp 页处理。

(3) addnews_ok.asp 页接收到来自 addnews.asp 页的表单参数后，查看表单 id0 字段和 dates0 是否为空(数据表 news 的 id 是关键字段，dates 是日期/时间字段，两者不能为空)，如果非空，则以写入方式建立并打开记录集 rs，作适当处理后添加一条记录，然后更新数据库。添加新闻成功以后，显示“成功插入一条 XXXXXX 新闻”。

(4) addnews_ok.asp 里建立 Rcordset 记录集 rs，并以可写入方式 rs.open exec,conn,1,3 打

开记录集，打开记录集以后，用 rs.addnew 方法增加一条新记录，将 rs 新增记录的每个字段赋值以后，用 rs.update 更新数据表 news。

(5) 为使新闻内容显示格式与后台编辑格式一致，addnews_ok.asp 里使用 replace 函数将后台输入的回车换行字符 chr(13)chr(10)替换成“
”字符串、将空格字符 chr(32)替换成“ ”字符串。

按照上述动态设计要求，开发出添加新闻的动态网页 addnews.asp，具体代码如下：

```
-------------------------- addnews.asp 代码-----------------------------
<html>
<head><title>添加新闻页</title></head>
<body>
<%if session("name0")<>"" then %>
  <!-- 如果合法用户已登录，则继续 -->
   <p align="center">  <h3>添加新闻</h3> </p>
   <form action="addnews_ok.asp" name="frm1" method="post">
   <p>
     id 号：<input type="text" name="id0">(数字非空，不与已有 id 相同)<br/>
     标题：<input type="text" name="title0"><br/>
     内容：<textarea  name="content0" cols="45" rows="5"></textarea>
    </p>
    <p>
     作者：<input type="text" name="editor0"><br/>
     时间：<input type="text" name="dates0" value=<%=date()%>>(xxxx-xx-xx
    空)<br/>
       <input type="submit" value="提交">  
    <input type="reset" value="重写"> 放弃<a href="newsmanage.asp">返回
    </a>
    </p>
   </form>
</p>
<% else  '没有合法用户登录，则跳转到 error.asp
     response.redirect "error.asp"
    end if
%>
</body>
</html>
-----------------------------------------------------------------------
```

根据动态设计，开发出 addnews_ok.asp 动态网页，具体代码如下：

```
------------------------ addnews_ok.asp 代码----------------------------
<!-- #include file="conn.asp" -->
<html>
<head>
  <title>添加新闻</title>
<%
if session("name0")<>"" then '若管理员用户已登录，则继续
```

```
if request.form("id0")="" or request.form("dates0")="" then
   'id0 或 dates0 为空则返回
  response.write "id 号和时间不能为空!<p><a href='addnews.asp'>重新添加
    </a></p>"
else  '否则，继续
  set rs=server.createobject("adodb.recordset")
   '创建记录集 rs
  exec="select * from news"
  rs.open exec,conn,1,3
   '以可写方式打开记录集 rs
  rs.addnew
   '给记录集添加一条新记录
    rs("id")=request.form("id0")
    rs("title")=request.form("title0")
content0=request.form("content0")
content0=replace(replace(content0,chr(13)&chr(10),"<br>"),chr(32),"&
    nbsp;")
    rs("content")=content0
    rs("editor")=request.form("editor0")
    rs("dates")=request.form("dates0")
  rs.update
  '更新记录集 rs
%>
</head>
<body>
<p>成功插入一条"<%=request.form("title0")%>"新闻! </p>
<p><a href="newsmanage.asp">继续编辑</a> <a href="index.asp">返回主页
    </a></p>
<%
  rs.close
  set rs=nothing
  conn.close
  set conn=nothing
 end if
else  '若没有管理员用户登录，则跳转到 error.asp
   response.redirect "error.asp"
end if
%>
</body></html>
```

在图 8-44 新闻管理后台页单击“添加新闻”按钮，便打开 addnews.asp，如图 8-45(a)所示，在该页面中输入新的新闻的各项内容(注意 id 和时间这 2 字段为非空字段)；单击“提交”按钮后，出现图 8-45(b)所示的添加新闻成功的信息。

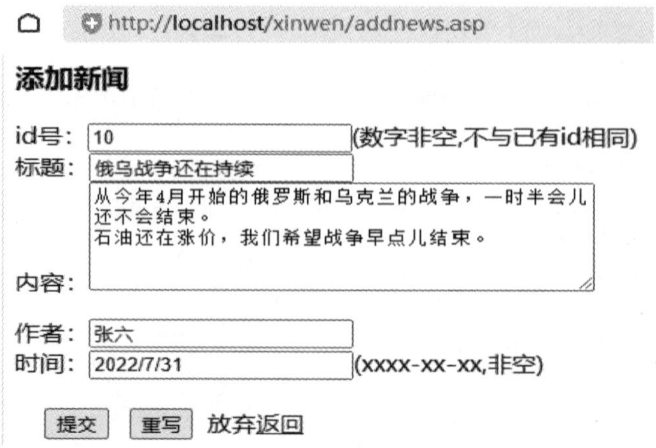

http://localhost/xinwen/addnews.asp

添加新闻

id号：10 (数字非空,不与已有id相同)
标题：俄乌战争还在持续
内容：从今年4月开始的俄罗斯和乌克兰的战争，一时半会儿还不会结束。
石油还在涨价，我们希望战争早点儿结束。
作者：张六
时间：2022/7/31 (xxxx-xx-xx,非空)

提交 重写 放弃返回

(a) 添加新闻页 addnews.asp

http://localhost/xinwen/addnews_ok.asp

成功插入一条"俄乌战争还在持续"新闻!

继续编辑 返回主页

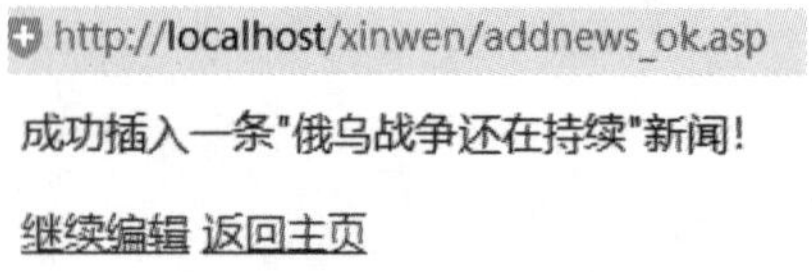

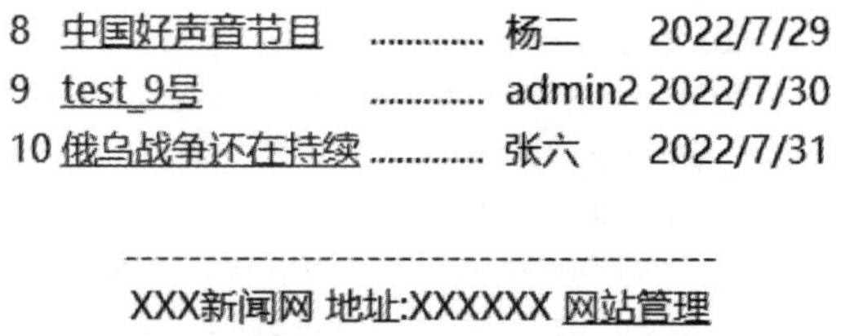

(b) 添加成功 addnews_ok.asp 结果

8 中国好声音节目 .... 杨二 2022/7/29
9 test_9号 admin2 2022/7/30
10 俄乌战争还在持续 .... 张六 2022/7/31

XXX新闻网 地址:XXXXXX 网站管理

(c) 添加新闻后首页 index.asp 显示新闻条目

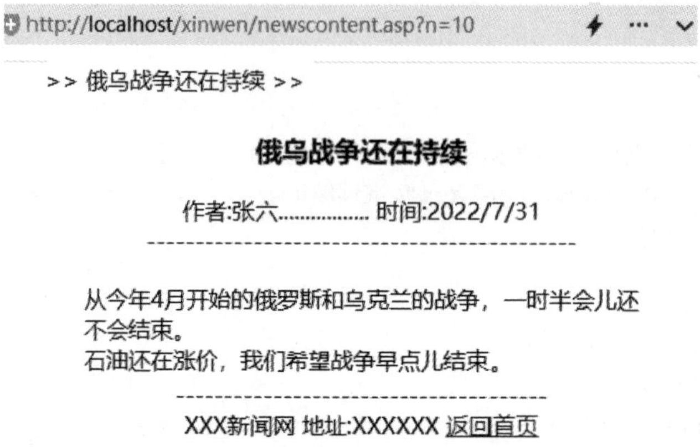

http://localhost/xinwen/newscontent.asp?n=10

>> 俄乌战争还在持续 >>

俄乌战争还在持续

作者:张六................. 时间:2022/7/31

从今年4月开始的俄罗斯和乌克兰的战争，一时半会儿还不会结束。
石油还在涨价，我们希望战争早点儿结束。

XXX新闻网 地址:XXXXXX 返回首页

(d) 新添加的新闻 newscontent.asp 显示效果

图 8-45 添加新闻详细过程

这时首页新闻条目中会出现新添加的新闻，如图 8-45(c)所示，若在图 8-45(c)中单击“俄乌战争还在继续”按钮，则会显示出新闻详情，如图 8-45(d)所示。

7. 删除新闻页 newsdele_ok.asp 动态设计开发

新建 delenews_ok.asp 页。该网页负责处理删除新闻，具体代码如下：

```
"delete from news where id=" & request.querystring("n")
------------------------ delenews_ok.asp 代码-------------------------
<!-- #include file="conn.asp" -->
<html>
```

```
<head> <title>删除新闻</title></head>
<%
if session("name0")<>"" then  '若管理员用户已登录，则继续
  conn.execute "delete from news where id="&request.querystring("n")
    '执行删除记录(按 id 号)的 SQL 命令(delete)
%>
<body>
<p>成功删除第<%=request.querystring("n")%>条新闻！ </p>
<p>
<a href="newsmanage.asp">继续编辑</a> <!-- 返回 newsmanage.asp -->
<a href="index.asp">返回主页</a>      <!-- 返回 index.asp -->
</p>
<%
  conn.close    '关闭并释放 conn
  set conn=nothing
else   非管理员用户浏览，则跳转到 error.asp
   response.redirect "error.asp"
end if
%>
</body></html>
-------------------------------------------------------------------
```

单击管理后台主页的“test_9 号”新闻条目后的“删除”按钮，如图 8-46(a)所示。删除 test_9 号新闻以后，首页及管理后台主页相应的新闻条目将消失，分别如图 8-46(d)、(e)所示。

8 中国好声音节目 .... 杨二 2022/7/29 编辑 删除
9 test_9号 .... admin2 2022/7/30 编辑 删除
10 俄乌战争还在持续 .... 张六 2022/7/31 编辑 删除

添加新闻 返回主页 退出管理

(a) 管理后台主页 newsmanage.asp 的部分内容

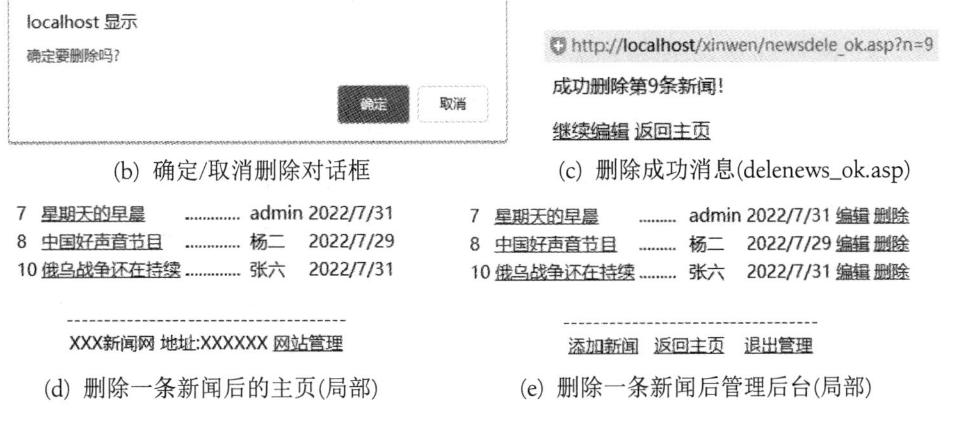

(b) 确定/取消删除对话框　　(c) 删除成功消息(delenews_ok.asp)

(d) 删除一条新闻后的主页(局部)　　(e) 删除一条新闻后管理后台(局部)

图 8-46　删除新闻的过程

8. 编辑新闻页 newsedit.asp 和 newsedit_ok.asp 动态设计开发

编辑新闻包括显示、编辑新闻页 newsedit.asp 和新闻处理页 newsedit_ok.asp。

(1) newsedit.asp 页主要功能是，当管理员在管理后台主页中单击某条新闻后的“编辑”按钮时，打开链接的 newsedit.asp 网页，并将这条新闻的 id 号传递过来。

(2) newsedit.asp 页根据传递过来的网页 id 号，查询并打开数据表 news 相应的记录，显示在表格内，同时创建表单项供管理员修改。

(3) 表格与表单 form 嵌套使用，表格显示原内容，表单输入新内容。原来是非空字段 id 和 dates 设置默认值，新 id 默认与原 id 相同，新 dates 默认为当前日期(由函数 date()提供)。

```
------------------------- newsedit.asp 代码-------------------------
<!-- #include file="conn.asp" -->
<html>
<head><title>编辑新闻页</title></head>
<%
if session("name0")<>"" then
  '是否有合法用户登录，有则断续
  id1=request.querystring("n")  '将调用者传过来的 n 存入 id1
  set rs=conn.execute("select * from news where id="& id1)
     '按 id1 执行 SQL 查询(select)，查询结果保存进 rs
%>
<body>
<h3> 编 辑 新 闻</h3>
<form action="newsedit_ok.asp" name="frm1" method="post">
  <!-- 用表单元素供管理员编辑新闻各元素(id,title,conten,editor,dates) -->
<table border=0 width=600>
  <!-- 将查询到的记录显示在表格内-->
  <tr><td width=100>序号(old):</td><td><%=rs("id")%></td></tr> <!--显示
    原序号-->
 <tr><td>序号(New):</td><td><input type="text" name="id0"
    value=<%=rs("id")%>>
 </td></tr>        <!-- 显示原序号，供修改 -->
  <tr><td>标题(old):</td><td><%=rs("title")%></td></tr> <!--显示原标题
    -->
  <tr><td>标题(New):</td><td><input type="text"
    name="title0"></td></tr>
     <!-- 表单文本框内，编辑新标题 -->
  <tr><td>内容(old):</td><td><%=rs("content")%></td></tr>
  <!-- 显示原新闻内容 -->
<tr><td>内容(New):</td><td><textarea name="content0" cols="60"
    rows="6">
</textarea></td></tr>       <!-- 在表单文本区域内，编辑新的新闻内容 -->
  <tr><td>作者(old):</td><td><%=rs("editor")%></td></tr> <!--显示作者
    -->
```

```
  <tr><td>作者(New):</td><td><input type="text" name="editor0" >
 </td></tr>      <!-- 在表单文本框内，编辑作者名 -->
  <tr><td>时间(old):</td><td><%=rs("dates")%></td></tr> <!--显示时间-->
<tr><td>时间(New):</td><td><input type="text" name="dates0"
    value=<%=date()%>>
</td></tr>        <!-- 在表单文本框内，显示当前日期，供编辑 -->
<tr><td align="center"> <input type="submit" value="更新"></td>
<td><input type="reset" value="重置">  放弃<a
    href="newsmanage.asp">
返回</a></td></tr>
 <tr></tr>   <!-- 空一行 -->
  <tr><td>编辑说明：</td><td>按序号更新，在需修改项对应 New 框内输入完整的内容，
    不需修改项(New)框内不要填写，全部填好后按[更新].</td></tr>
</table>
</form>
<% rs.close  '关闭并释放 rs 和 conn
   set rs=nothing
   conn.close
   set conn=nothing
 else  '非合法用户浏览,则跳转到 error.asp
   response.redirect "error.asp"
 end if
%>
</body>
</html>
-------------------------------------------------------------------
```

newsedit_ok.asp 页动态设计如下。

(1) request.form("id0")获取来自 newsedit.asp 页的 id0 号，建立新的记录集 rs，以可写入方式打开记录集 rs，经过适当的判断与处理后，用 request.form()方法获得表单信息修改记录集 rs 的各个字段，然后用 rs 更新数据表 news。

(2) 用表单信息修改记录集 rs 各个字段之前，先判断是否在每个表单项中改变了原新闻相应项的值，网页程序只更新修改过的字段值。

(3) 新闻内容项在更新之前，与添加新闻一样，也要将回车换行换成“
”，将空格字符更换成“ ”。

根据动态设计，开发出 Newsedit_ok.asp，具体代码如下：

```
----------------------- newsedit_ok.asp 代码--------------------------
<!-- #include file="conn.asp" -->
<html>
<head> <title>新闻更新</title></head>
<%
if session("name0")<>"" then  '如果管理员用户已登录，则继续
  set rs=server.createobject("adodb.recordset")
  '建立记录集 rs
```

```
  id=request.form("id0")
  exec="select * from news where id="&id
  rs.open exec,conn,1,3
  '以更新方式打开记录集 rs
Dim id1,title1,content1,editor1,dates1
'定义 5 个变量标记记录集 rs 的 5 个字段是否被修改
'下面对提交的 5 个表单元素逐个分析比较，判断是否输入了新值(非空字符)
'若有变化，则更换记录集 rs 相应项，并进行标记
  if request.form("id0")="" or CInt(request.form("id0"))=rs("id") then
  '如果表单项 id0 为空或与原 id 号相同，则 id1 标为 false。CInt()是转换为整数的函数
    id1=false
  else  '否则，将表单 id0 赋值给新闻 id，id1 标记为 true
    rs("id")=request.form("id0")
    id1=true '标记 rs("id")已修改
  end if
  if trim(request.form("title0"))<>"" then
     '若用户在表单项 title0 内输入了非空格字符
    rs("title")=request.form("title0")
     '则用 title0 更换 rs("title")的值
    title1=true '标记 rs("title")已修改
  end if
  if trim(request.form("content0"))<>"" then
      '若用户在表单项 content0 内输入了非空格字符
     content=request.form("content0")
       '则用 content 暂存 request.form("content0")的值

    content=replace(replace(content,chr(13)&chr(10),"<br>"),chr(32),"
     ")
      '将 content 里所有的回车换行 chr(13)chr(10)更换成"<br>"
       '将所有空格符 chr(32)更换成" "，这是为了使内容显示格式与编辑格式一致
    rs("content")=content  '将 content 存入 rs("content")
    content1=true          '标记 rs("content")已修改
  end if
  if trim(request.form("editor0"))<>"" then
    '若用户在表单项 editor0 内输入了非空格字符
    rs("editor")=request.form("editor0")
     '则用 editor0 更换 rs("editor")的值
    editor1=true  '标记 rs("editor")已修改
  end if
  if trim(request.form("dates0"))<>"" then
    '若 dates0 非空
    newdate=CDate(request.form("dates0"))
    if year(newdate)<>year(rs("dates")) or
    month(newdate)<>month(rs("dates")) or
    day(newdate)<>day(rs("dates")) then
```

```
      '若新时间(年-月-日)与旧时间(年-月-日)不相同
      rs("dates")=request.form("dates0")
       '则用 dates0 更换 rs("dates")的值
      dates1=true   '标记 rs("dates")已修改
     end if
   end if
%>
<body>
<p>
<%if id1 or title1 or content1 or editor1 or dates1 then
    '若记录集 rs 有一项或多项标记修改，则用 rs 更新数据表 news 相应的记录
     rs.update
%>
成功更新第<%=request.form("id0")%>条,标题为
    "<%=request.form("title0")%>"的新闻!
<%
 else   '否则
%>   新闻未更新.
<% end if %>
</p>
<p><a href="newsmanage.asp">继续编辑</a>
<a href="index.asp">返回主页</a> </p>
<%
  rs.close
  set rs=nothing
  conn.close
  set conn=nothing
else   '非管理员用户浏览，则跳转到 error.asp
  response.redirect "error.asp"
end if  %>
</body>
</html>
--------------------------------------------------------------------
```

当制作好 newsedit.asp 和 newseditor_ok.asp 网页以后，在管理后台主页找到一条新闻，如第 1 条新闻“在星期一的早晨”，如图 8-47(a)所示，单击后面的“编辑”按钮，跳转到 newsedit.asp 页，出现图 8-47(b)所示的界面。

新闻管理

ID	标题	....	作者	时间	编辑 删除
1	星期一的早晨	....	张三	2022/8/1	编辑 删除
2	星期二的上午	....	李四	2022/8/2	编辑 删除

(a) 编辑新闻页前 newsmanage.asp 管理后台情况

图 8-47　newsedit_ok.asp 管理后台

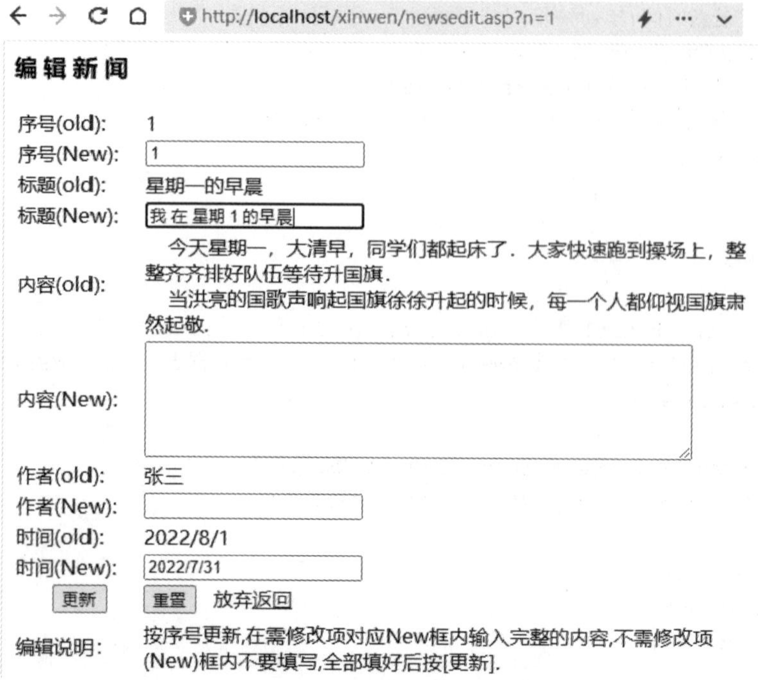

http://localhost/xinwen/newsedit.asp?n=1

编辑新闻

序号(old): 1
序号(New): 1
标题(old): 星期一的早晨
标题(New): 我 在 星期 1 的早晨
内容(old): 今天星期一，大清早，同学们都起床了．大家快速跑到操场上，整整齐齐排好队伍等待升国旗．
当洪亮的国歌声响起国旗徐徐升起的时候，每一个人都仰视国旗肃然起敬．
内容(New):
作者(old): 张三
作者(New):
时间(old): 2022/8/1
时间(New): 2022/7/31
更新 重置 放弃返回
编辑说明: 按序号更新,在需修改项对应New框内输入完整的内容,不需修改项(New)框内不要填写,全部填好后按[更新].

(b) 编辑新闻页 newsedit.asp 的界面

http://localhost/xinwen/newsedit_ok.asp

成功更新第1条,标题为"我 在 星期 1 的早晨"的新闻!

继续编辑 返回主页

(c) 更新数据库表页 newsedit_ok.asp 成功后显示的信息

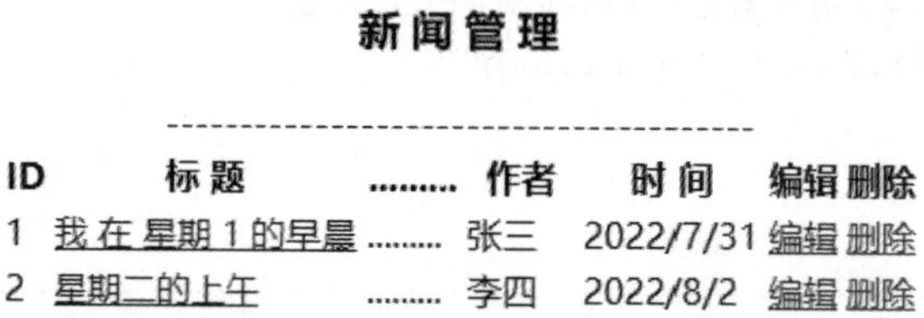

新闻管理

ID	标题	………	作者	时间	编辑 删除
1	我 在 星期 1 的早晨	………	张三	2022/7/31	编辑 删除
2	星期二的上午	………	李四	2022/8/2	编辑 删除

(d) 编辑新闻页后 newsmanage.asp 管理后台情况

续图 8-47

在这个界面中编辑修改这一条新闻，修改完以后单击“更新”按钮，便跳转到newseditor_ok.asp 页，更新成功后出现图 8-47(c)所示的界面，单击“继续编辑”按钮，跳转到管理后台主页，如图 8-47(d)所示。

图 8-47(d)与图 8-47(a)对比可见，第 1 页新闻标题与作者发生了改变，单击新闻标题“星期一的早晨”，跳转到 newscontent.asp，修改后的新闻网站主页显示的新闻条目如图 8-48(a)所示，新闻详细页如图 8-48(b)所示。

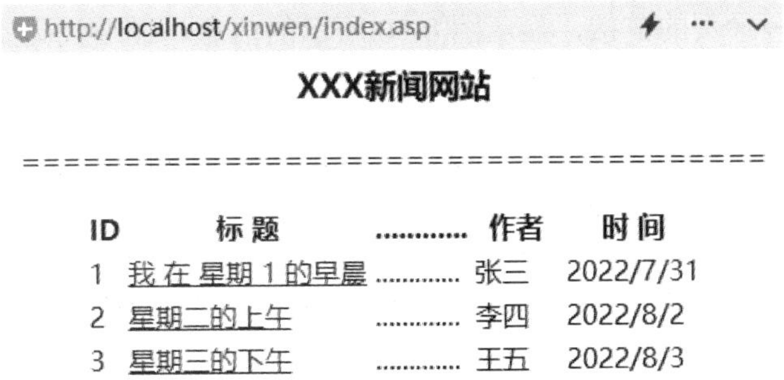

http://localhost/xinwen/index.asp

XXX新闻网站

==

ID	标 题	....	作者	时 间
1	我 在 星期 1 的早晨	....	张三	2022/7/31
2	星期二的上午	....	李四	2022/8/2
3	星期三的下午	....	王五	2022/8/3

(a) 编辑修改以后管理后台主页中第一条新闻的变化

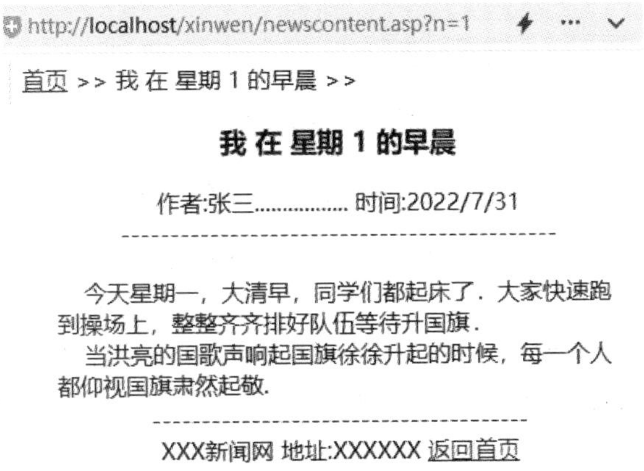

http://localhost/xinwen/newscontent.asp?n=1

首页 >> 我 在 星期 1 的早晨 >>

我 在 星期 1 的早晨

作者:张三................ 时间:2022/7/31

今天星期一，大清早，同学们都起床了．大家快速跑到操场上，整整齐齐排好队伍等待升国旗．

当洪亮的国歌声响起国旗徐徐升起的时候，每一个人都仰视国旗肃然起敬.

XXX新闻网 地址:XXXXXX 返回首页

(b) 编辑修改以后的详细 newscontent.asp 页

图 8-48　编辑修改新闻的过程

9. 其他页(error.asp 和 exit.asp 页)

(1) error.asp 页的功能是当只有管理员才能访问的网页(如 newmange.asp、addnews.asp 等)，被其他用户访问时，就跳转到 error.asp 网页来显示图 8-49 所示的信息。网页代码如下：

```
------------------------- error.asp 代码------------------------------
<%
response.write "<p>只有管理员才有权限管理网站!</p>"
response.write"<p>...... <a href='login.asp'>请登录 >></a></p>"
%>
----------------------------------------------------------------------
```

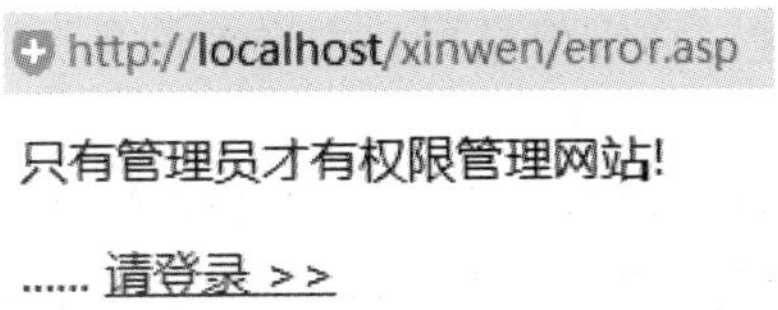

http://localhost/xinwen/error.asp

只有管理员才有权限管理网站!

...... 请登录 >>

图 8-49　error.asp 页显示的信息

(2) exit.asp 页的功能是在登录页(login.asp)或管理主页(newsmanage.asp)中，单击“退出登录”或“退出管理”按钮时，跳转到该页。首先清除已登录用户 session("name0")信息，再显示返回主页和登录页的链接，显示图 8-50 所示的信息。详细代码如下：

```
------------------------ exit.asp-代码--------------------------------
<%
  session("name0")=""      '将 session 保存的登录用户名置空
  response.write "<p>已退出登录</p>"
  response.write " <a href='index.asp'> 返回主页</a> "
  response.write " <a href='login.asp'> 返回登录页</a> "
%>
--------------------------------------------------------------------
```

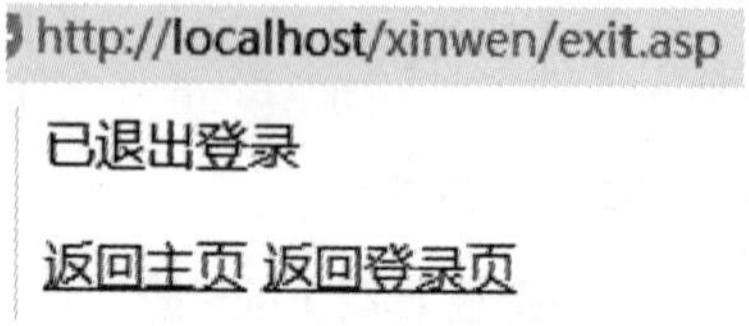

http://localhost/xinwen/exit.asp

已退出登录

返回主页 返回登录页

图 8-50　exit.asp 页显示的信息

至此，Web 动态新闻网站的设计制作已完成。该新闻网站已具备了动态新闻网站的主要功能，但静态设计(如页面布局、美工设计等)和安全设计还有待进一步加强。结合前面几章学过的知识，相信读者能设计、制作出既美观大方，又具有动态功能的新闻网站。其他类型的 Web 动态网站的设计制作，与此类似。

【练习八】

1. 表单参数的传递。设计制作 2 个 ASP 网页，第 1 个网页里有表单，表单里有 3~5 个表单项(包括文本型、单选按钮组、文本区域型等)，单击“提交”按钮后，跳转并将表单项参数传递给第 2 个网页；第 2 个网页接收第 1 个网页传递过来的表单参数，并显示出来。

2. 可视化数据库的连接与数据显示。参照 8.2 节，建一个目录作为网站主目录，设计一个 Access 数据库(数据库文件必须具有可写属性)保存在该目录下，表里有 3~5 个字段，预先输入 5~10 条记录；为该 Access 数据库建立一个 ODBC 数据源：在 IIS 里将所建目录作为默认网站的主目录；再在网站主目录下新建一个网页文件，采用可视方式建立记录集，再建一个主详细信息页，同时建立详细信息页。主详细信息页读取数据库表中的主要信息，单击信息标题名以后，打开详细信息页。

3. 手工编写代码的方式连接数据库，并显示数据表信息。参照 8.3 节有关知识，先建立一张学生成绩表(Access 数据库表，数据库文件必须具有可写属性)。再用 ADO 通过 ODBC 或 OLE 方式直接连接数据库，然后建立并打开记录集，从记录集中循环读取每个学生的成绩信息，显示在 table 表里。

【实验八】 Web 动态网站设计开发实验

实验内容：设计制作一个在线测试评分系统、Web 动态留言板或 Web 动态新闻网站。

要求如下：

1. 先要进行需求分析，包括动态网站的具体功能、应用。

2. 进行静态设计，包括网站主题、栏目规划、首页与其他页的版面布局、主色调与图形(获取、处理与安排)、网页的导航等。

3. 数据库与表的设计，根据需求分析要求，设计好数据库与数据表结构。数据库文件的“可写”属性设置，以及 Internet 来宾用户对该文件的读与写的权限设置。

4. 动态网页设计与实现。普通用户能浏览信息(若为在线测试评分系统，普通用户能注册、参与测试、查看成绩，若为留言板，则普通用户能注册、发言、查看发言)，管理员用户能登录、管理(查看、回复，或添加、删除、修改信息)网站信息。

5. 可以采用 DW 和 FW 等工具软件可视化设计制作网页，也可采用纯手工编写的方式编辑网页。网页图形绘制及图像处理建议采用 FW；布局等静态设计时采用可视化(DW 设计模式)为主、手工修改代码(DW 代码模式或记事本中进行)为辅的方式；动态内容的编写也可采用可视化方式或纯手工编写代码方式进行。

参 考 文 献

[1] 阳西述. 网页制作与网站设计[M]. 2 版.武汉：华中科技大学出版社，2011.
[2] 屈喜龙，李正庚. ASP+ACCESS 开发动态网站实例荟萃[M]. 北京：机械工业出版社，2006.
[3] 龙腾科技. Dreamweaver CS4 案例教程[M]. 北京：科学出版社，2009.
[4] 常春英，王雯捷，唐毅. 网页制作简明教程[M]. 北京：航空工业出版社，2009.
[5] 罗保山，吴煜煌. 动态网页制作实用教程[M]. 北京：电子工业出版社，2009.
[6] 胡仁基，吴晓春，熊慧. Fireworks CS4 标准实例教程[M]. 北京：机械工业出版社，2009.
[7] 杨晓华. ACCESS 数据库高手[M]. 北京：中国青年出版社，2002.
[8] 宋晓鹏. Windows Server 2003 基础与提高[M]. 北京：中国水利水电出版社，2004.
[9] 黄明，梁旭. ASP 信息系统设计与开发实例[M]. 北京：机械工业出版社，2005.